駿台受験シリーズ

短期攻略
大学入学共通テスト
化学

三門恒雄 著

駿台文庫
SUNDAIBUNKO

はじめに

　共通テスト「化学」の問題は，教科書の範囲から広く出題されますが，観察・実験を重視し，探求力・思考力・判断力を必要とする問題が多くなると考えられます。内容は基本的なものから難しいものまでを適度のバランスで含みます。全体のレベル調整は，内容だけでなく出題形式や選択肢などでも行われます。共通テストで高得点を得るためには基礎からムラなく地道に学習を積み重ねていくことが大切ですが，それを実際の成績に結びつけていくためには，しっかりと構成された良質の問題による演習が不可欠です。

　本書は過去30年以上にわたって出題されてきた共通一次試験，大学入試センター試験，共通テスト試行調査の問題について，形式，レベル，内容，頻出度などを綿密に分析し，共通テスト「化学」の内容にそって改作・新作し，編集して出来た問題集で，次のような特長を持っています。

◦ 1日3～4題の問題演習で共通テスト「化学」の内容を1ヶ月程度で終了できます。
◦「化学基礎」との関連を図りながら，「化学」の重要なテーマや項目を網羅しています。
◦ テーマ・項目に基づいて113題の大問に分け，大問ごとに共通テストでの標準的な所要時間，配点，難易度（易★，標準★★，やや難★★★）を示しました。
◦ 重要事項や関連知識が自然と吸収できるように，解答・解説は「短期攻略のツボ」などを適宜入れて，丁寧で詳しいものにしました。

　以上のような本書の特長を生かすためには，次のような使い方が効果的です。

①毎日少しずつ，所要時間を設定して問題を解く。
　－本番に備え，日頃から時間内で解くことに慣れておきましょう－
②解答をチェックして，出来なかったところや間違えたところに印をつけておく。
　－弱点を把握して，反復練習に備えておきましょう－
③解説をじっくり読んで，解法やポイントをしっかりつかむ。
　－参考書としても役立ててください－
④全分野を一通り終了したら，時間の許す限り問題を反復練習する。
　－時間がなければ，できなかったところだけでも再度やってみましょう－

　これから本書を利用する受験生の皆さん，日々の努力が本番の試験で実を結ぶよう，心より願っております。最後になりましたが，本書の刊行にあたり，駿台文庫の松永正則様をはじめ中越邁様と西田尚史様には大変お世話になりました。ここに深く感謝を申し上げます。

三門　恒雄

目　次

第1編　物質の状態と平衡

第1章　物質の状態とその変化
1　物質の三態とその変化……………… 6
2　状態変化, 分子間力……………… 8

第2章　気体の性質
3　理想気体の法則……………… 10
4　理想気体の状態方程式, 実在気体 12
5　実在気体と理想気体の比較……… 14
6　理想気体の法則の応用(1)………… 16
7　理想気体の法則の応用(2)………… 18
8　蒸気圧の性質……………… 20

第3章　固体の構造
9　金属の結晶構造……………… 23
10　結晶と化学結合, アモルファス… 24
11　イオン結晶, 共有結合(の)結晶… 26
12　イオン結晶の融点……………… 27

第4章　溶液の性質
13　溶解性と固体の溶解度……… 28
14　溶液の濃度, 気体の溶解度(ヘンリーの法則)　　　　　　…… 31
15　蒸気圧降下と沸点上昇度………… 33
16　ラウールの法則……………… 34
17　凝固点降下度……………… 35
18　凝固点降下度と会合度……… 37
19　浸透圧……………… 39
20　U字管を用いた浸透圧の実験…… 40
21　コロイド……………… 41

第2編　物質の変化と平衡

第1章　化学反応と熱・光エネルギー
22　熱化学方程式……………… 43
23　燃焼熱, エネルギー図………… 44
24　ヘスの法則と反応熱(1)………… 45
25　ヘスの法則と反応熱(2)………… 46
26　バイオエタノールのエネルギー… 47
27　中和熱と溶解熱, 化学反応と光… 48
28　結合エネルギー……………… 50
29　炭素の同素体と化学エネルギー… 51
30　可燃性ガスの燃焼 (爆発) ……… 52

第2章　化学反応と電気エネルギー
31　酸化還元反応……………… 54
32　酸化還元反応の利用 (COD) …… 55
33　酸化還元滴定 (ヨウ素滴定) …… 56
34　ダニエル (型) 電池……… 57
35　マンガン乾電池, 鉛蓄電池… 59
36　燃料電池……………… 61
37　電気分解とファラデーの法則…… 62
38　電気分解の応用(1)……………… 64
39　電気分解の応用(2)……………… 68

第3章　反応速度と化学平衡
40　反応速度と反応速度式………… 70
41　時計反応の反応速度………… 71
42　反応速度と化学平衡(1)………… 73
43　反応速度と化学平衡(2)………… 75

第4章　化学平衡と平衡移動
44　平衡移動の原理(1)……………… 77
45　平衡移動の原理(2)……………… 79
46　酸・塩基と電離平衡………… 81
47　炭酸ナトリウムの中和滴定……… 83

48 平衡定数（化学平衡の法則）…… 84
49 ルシャトリエの原理と平衡定数… 85
50 緩衝液…………………………… 87
51 塩の性質………………………… 88
52 Cl⁻の定量と溶解度積 …………… 90

第3編　無機物質

第1章　非金属元素とその化合物
53 17族元素（ハロゲン）とその化合物 91
54 16族・15族元素とその化合物 … 92
55 非金属元素の単体・化合物……… 94
56 気体の性質・発生………………… 95
57 気体の発生装置・捕集・乾燥…… 96
58 気体の性質と反応………………… 99

第2章　金属元素とその化合物
59 1族・2族元素とその化合物 …… 100
60 アンモニアソーダ法（ソルベー法）
　………100
61 元素の分類と性質………………… 101
62 13族・14族元素とその化合物 … 102
63 遷移元素とその化合物…………… 103
64 炎色反応，遷移元素のイオン…… 104
65 金属イオンの反応，錯イオン…… 106
66 錯塩………………………………… 108
67 金属イオンの分離・確認………… 110
68 金属化合物の性質と反応………… 112

第3章　生活と無機物質
69 生活と無機物質…………………… 114

第4章　総合問題
70 第4周期までの元素の単体や酸化物 116
71 酸化物の性質，化合物の識別…… 117
72 金属・非金属の単体や化合物，薬品
　の貯蔵　………118

第4編　有機化合物

第1章　有機化学の基礎
73 組成式・分子式の決定，官能基… 119
74 異性体……………………………… 120
75 不斉炭素原子，有機化合物の構造 121
76 立体異性体………………………… 122

第2章　脂肪族炭化水素
77 アルカン，アルケン，アルキン… 124
78 不飽和炭化水素の反応…………… 125

第3章　酸素を含む脂肪族化合物
79 アルコールの反応………………… 127
80 アルデヒド・ケトンなどの反応… 129
81 オゾン分解………………………… 130
82 カルボニル基とヒドロキシ基の反応
　………132
83 カルボン酸………………………… 133
84 構造式の決定……………………… 134
85 エステル…………………………… 135
86 油脂とそのけん化………………… 137

第4章　芳香族化合物
87 ベンゼン，トルエンとその反応… 139
88 ベンゼン環の安定性……………… 140
89 フェノール，サリチル酸とその反応
　………141
90 アニリンとその反応……………… 144
91 芳香族置換反応の配向性………… 145
92 合成反応などの計算……………… 147
93 有機化合物の分離(1)……………… 148
94 有機化合物の分離(2)……………… 150

第5章　生活と有機化合物
95 セッケン，食品，染料…………… 152
96 医薬品……………………………… 153

第6章　総合問題
　97　脂肪族・芳香族，反応の種類……155
　98　有機化合物の性質・反応，実験と装置
　　　　　　　　　　　　　　　　……156

第5編　高分子化合物

第1章　高分子化合物の分類と特徴
　99　高分子化合物の重合形式と構造…158
　100　高分子化合物の分類・特徴，プラスチ
　　　ック　　　　　　　　　………159
　101　高分子化合物の結晶部分と非結晶部分
　　　　　　　　　　　　　　　　……159

第2章　合成高分子化合物
　102　代表的な合成高分子化合物………161

　103　合成高分子化合物の構造…………162
　104　合成高分子化合物の計算…………163
　105　合成ゴム……………………………164
　106　ポリエステルの平均重合度………165

第3章　天然高分子化合物
　107　糖類………………………………167
　108　アミノ酸とタンパク質……………168
　109　アミノ酸の状態と pH……………169
　110　天然高分子化合物の計算…………171
　111　核酸………………………………172

第4章　生活と高分子化合物
　112　繊維・プラスチック，イオン交換樹脂
　　　　　　　　　　　　　　　　……174
　113　機能性高分子化合物………………175

第1編 物質の状態と平衡

第1章 物質の状態とその変化

★★1 物質の三態とその変化 【12分・17点】

必要があれば,原子量は次の値を使うこと。H 1.0 O 16

問1 水の状態変化に関する次の問い(**a**・**b**)に答えよ。

a 次の文章中の ア ~ ウ に当てはまる語の組合せとして最も適当なものを,下の①~⑧のうちから一つ選べ。

大気圧(1.013×10^5Pa)のもとで,氷に熱を加えていくと,図1に示すように温度が変化していき,0℃と100℃で状態の変化が起こる。0℃で氷が水に変化する現象(図中A)を ア といい,100℃で水が水蒸気に変化する現象(図中B)を イ という。水から水蒸気に変化する現象は常温・常圧でも起こっており,この現象は ウ とよばれる。

図1

	ア	イ	ウ
①	融解	凝縮	蒸発
②	融解	沸騰	蒸発
③	融解	凝縮	昇華
④	融解	沸騰	昇華
⑤	溶解	凝縮	昇華
⑥	溶解	沸騰	昇華
⑦	溶解	凝縮	蒸発
⑧	溶解	沸騰	蒸発

b 図中のA,Bの区間で加えられる熱量は,H_2O 1molあたりAでは6.0kJ,Bでは41kJである。0℃の氷9.0gを熱して,すべて100℃の水蒸気にするのに必要な熱量は何kJか。最も適当な数値を,次の①~⑤のうちから一つ選べ。ただし,水1gの温度を1K上げるのに必要な熱量を4.2Jとする。

① 20 ② 23 ③ 27 ④ 30 ⑤ 34

問2 図2は水の状態図である。図中の点ア ─→ イ ─→ ウの状態変化として最も適当なものを，次の①〜⑥のうちから一つ選べ。

図2

	ア ─→ イ ─→ ウ
①	固体 ─→ 液体 ─→ 気体
②	固体 ─→ 気体 ─→ 液体
③	液体 ─→ 固体 ─→ 気体
④	液体 ─→ 気体 ─→ 固体
⑤	気体 ─→ 固体 ─→ 液体
⑥	気体 ─→ 液体 ─→ 固体

問3 図3は，3種類の物質A, B, およびCについて，飽和蒸気圧と温度との関係（蒸気圧曲線）を示したものである。この図によって，次の文中の 1 ， 2 に当てはまるものを，下の①〜⑥のうちから一つずつ選べ。ただし，同じものをくり返し選んでもよい。

a 大気圧が1.0×10^5Paのとき，沸点の高いものから低いものへの順序は 1 である。

b 25℃で，揮発しやすいものから揮発しにくいものへの順序は 2 である。

① A－B－C　② A－C－B
③ B－A－C　④ B－C－A
⑤ C－A－B　⑥ C－B－A

図3

問4 物質の状態に関する記述として下線部に誤りを含むものを，次の①〜⑤のうちから一つ選べ。

① ピストン付き密閉容器内の気体の温度を一定にしたまま体積を小さくすると，単位時間・単位面積あたり容器の壁に衝突する分子の数が増える。

② 温度を上げると気体中の分子の拡散が速くなるのは，気体の分子がエネルギーを得て，その運動が活発になるからである。

③ 蒸気圧が一定の密閉容器内では，液体の表面から飛び出した分子は再び液体中にもどらない。

④ 大気中に放置したビーカー中の液体が蒸発して次第にその量が減少するのは，蒸発した分子が空気中に拡散していくからである。

⑤ 固体から液体へ状態が変化すると，この物質を構成する分子は，融解熱に相当するエネルギーを得て，自由に移動できるようになる。

★★ 2　状態変化, 分子間力

【11分・18点】

問1　容積を変えることができる容器に, 気体を入れて, 気体分子の速さの分布を測定したところ, 図1に示す曲線Aが得られた。次に, ある条件を変えて再び測定したところ, 曲線Bとなった。この変化に対応する操作として最も適当なものを, 次の①〜④のうちから一つ選べ。

図　1

① 気体の種類を変えず, 温度一定のもとで, 圧力を増加させた。
② 気体の種類を変えず, 圧力一定のもとで, 温度を上昇させた。
③ 気体の種類を変えず, 温度, 圧力一定のもとで, 分子の数を増すことによって体積を増加させた。
④ 温度, 圧力, 体積一定のもとで, 気体の種類を分子量のより大きなものに変えた。

問2　次の問い(**a**・**b**)に答えよ。

a　容積を変えることができる密閉容器の中に, 一定温度でベンゼンの蒸気と液体とが共存し, 平衡状態にある。ベンゼンの蒸気圧 P [Pa] と容器の容積 V [L] の関係を表すグラフとして最も適当なものを, 次の①〜④のうちから一つ選べ。

b　1.013×10^5 Pa のもとで純水を常温からゆっくり冷却する。全体が凍結するまでの冷却時間と温度 T [K] の関係を表すグラフとして最も適当なものを, 次の①〜④のうちから一つ選べ。

問3 次の記述①〜⑤のうちから，下線をつけた部分に誤りを含むものを一つ選べ。
① 液体の蒸気圧が温度の上昇とともに高くなるのは，蒸発熱以上のエネルギーをもつ液体分子の割合が増加するためである。
② 一定気圧のもとで沸騰している液体の蒸気圧は，液体の種類に関係なく，すべて同一である。
③ ふた付きの椀に熱い吸い物を入れて室温で放置すると，ふたが取れにくくなるのは，主として椀の中の水蒸気圧が低下するためである。
④ 海水は純水よりも沸点が高いので，海水のほうが同温の純水よりも水蒸気圧が高い。
⑤ ナフタレンは分子間の結合力が弱いために，結晶は室温で昇華しやすい。

問4 分子と分子の間にはたらく力に関する記述として誤りを含むものを，次の①〜⑤のうちから一つ選べ。
① 実在気体では分子間力がはたらいている。
② 1個の水分子は，隣接する水分子4個と水素結合をつくることができる。
③ メタン分子の間の分子間力は，水分子の間の水素結合の強さよりも強い。
④ 塩化水素分子は極性をもつので，分子間に静電気的な引力がはたらく。
⑤ 直鎖飽和炭化水素の炭素鎖が長くなると，分子間力が強くなる。

問5 次の図1は，14族，15族および16族元素の水素化合物の沸点を比較したものである。AとB，CとDおよびEとFは，それぞれ同じ族の元素の化合物である。B, D, Fの組合せとして正しいものを，次の①〜⑥のうちから一つ選べ。

図1

	B	D	F
①	SiH$_4$	PH$_3$	H$_2$S
②	SiH$_4$	H$_2$S	PH$_3$
③	PH$_3$	SiH$_4$	H$_2$S
④	PH$_3$	H$_2$S	SiH$_4$
⑤	H$_2$S	SiH$_4$	PH$_3$
⑥	H$_2$S	PH$_3$	SiH$_4$

第2章　気体の性質

★★3　理想気体の法則　　　　　　　　　　　　　　【17分・17点】

> 必要があれば，原子量は次の値を使うこと。
> H 1.0　He 4.0　C 12　N 14　O 16　Ne 20

問1　一定量の理想気体について，次の **a～e** の関係を示すグラフを，それぞれ下の①～⑧のうちから一つずつ選べ。ただし，同じものをくり返し選んでもよい。また，座標の原点はいずれも 0 とする。

　a　圧力を一定としたとき，体積と絶対温度との関係
　b　圧力を一定としたとき，絶対温度と体積の比の値と，絶対温度との関係
　c　体積を一定としたとき，圧力と絶対温度との関係
　d　温度を一定としたとき，圧力と体積との関係
　e　温度を一定としたとき，圧力と体積の積の値と，圧力との関係

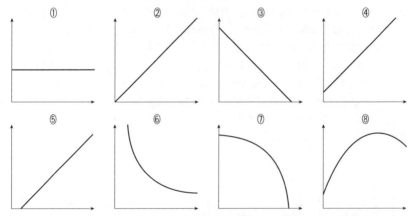

問2　水素ガスを容積 1L の容器に入れ，密封して 400K に加熱したところ，圧力は 3.32×10^5 Pa となった。容器内の水素の質量は何 g か。最も適当な数値を，次の①～⑥のうちから一つ選べ。ただし，気体定数は 8.3×10^3 Pa·L/(mol·K) とする。
　①　0.1　　②　0.2　　③　1　　④　2　　⑤　10　　⑥　20

問3 容積 200 mL の容器がある。この容器に 20℃, 1.0×10^5 Pa の純粋な気体を満たしたときと, この容器を真空にしたときとでは, 質量に 0.25 g の差があった。これに関する次の問い (**a**・**b**) に答えよ。ただし, 気体定数は 8.3×10^3 Pa·L/(mol·K) とする。

a この気体の分子量に最も近い値を, 次の①〜⑦のうちから一つ選べ。
① 16　② 26　③ 28　④ 30　⑤ 32
⑥ 42　⑦ 44

b この気体は何か。次の①〜⑤のうちから一つ選べ。
① 窒素　② 酸素　③ 二酸化炭素　④ 一酸化窒素
⑤ アセチレン

問4 図1中の2本の曲線は, 同じ質量の気体 A および B のそれぞれについて, 同じ温度における体積と圧力との関係を示したものである。A と B の組合せとして最も適当なものを, 次の①〜⑥のうちから一つ選べ。ただし, A および B はともに理想気体とみなす。

図1

	A	B
①	水素	ヘリウム
②	ヘリウム	水素
③	窒素	ネオン
④	ネオン	窒素
⑤	窒素	一酸化炭素
⑥	一酸化炭素	窒素

12 第 1 編　物質の状態と平衡

★★*4*　理想気体の状態方程式，実在気体　　　　　　　【19分・20点】

> 必要があれば，原子量は次の値を使うこと。H1.0　C12　O16　S32　Cl35.5

問1　二酸化炭素(a)，塩素(b)，硫化水素(c)がそれぞれ別々の容器に入れてある。それらの気体の温度と密度は，みな等しいものとする。3種の気体の圧力の大小関係を正しく示しているものを，次の①〜⑧のうちから一つ選べ。ただし，気体はすべて理想気体と見なしてよいものとする。

①　$a>b>c$　　②　$a>c>b$　　③　$b>a>c$

④　$b>c>a$　　⑤　$c>a>b$　　⑥　$c>b>a$

⑦　$a=b>c$　　⑧　$b>a=c$

問2　容積の等しい容器A，B，Cを真空にしたのち，それぞれ次の気体を封入した。

容器A：27℃，2.0×10^5Pa で2.5Lの体積を占める一酸化炭素

容器B：1.6gのメタン

容器C：0℃，1.013×10^5Pa(標準状態)で5.0Lの体積を占める窒素

　封入後の容器の温度を27℃に保ったとき，容器内の圧力の高いものから順に並べると，どのようになるか。正しいものを，次の①〜⑥のうちから一つ選べ。ただし，気体はいずれも理想気体とし，気体定数は 8.3×10^3Pa·L/(mol·K) とする。

①　$A>B>C$　　②　$A>C>B$　　③　$B>A>C$

④　$B>C>A$　　⑤　$C>A>B$　　⑥　$C>B>A$

問3　容積4.1Lのフラスコに，27℃で 1.0×10^5Pa の二酸化炭素を満たし，小さな穴をあけたアルミニウム箔でふたをした。これを，ある温度まで加熱したところ，フラスコの中から0.050molの二酸化炭素が追い出された。フラスコは熱膨張しないとすれば，この温度は何℃か。最も適当な数値を，次の①〜⑤のうちから一つ選べ。ただし，大気圧は 1.0×10^5Pa とし，気体定数は 8.3×10^3Pa·L/(mol·K) とする。

①　102　　②　156　　③　375　　④　429　　⑤　477

問4　高度10000mにおいて，大気圧は 2.6×10^4Pa，温度は−50℃である。気球が20℃，1.0×10^5Pa の海水面から上昇してこの高度に達したとき，気球の体積は何倍になるか。最も適当な数値を，次の①〜⑤のうちから一つ選べ。ただし，気体は理想気体であるとし，気球は自由に膨張できるものとする。

①　0.34　　②　1.7　　③　2.9　　④　3.8　　⑤　5.0

問5 図1の実線は，水素とメタンそれぞれ1molについて，0℃で圧力を変化させたときの PV/T の値を示したものである。ここで，P は圧力〔Pa〕，V はモル体積〔L/mol〕，T は絶対温度〔K〕である。また，q は $P \to 0$ Pa における PV/T の値である。この図に関する次の問い（**a**・**b**）に答えよ。

図1

a q の値に最も近い数値を，次の①〜⑥のうちから一つ選べ。
① 0.083×10^3 ② 0.12×10^3 ③ 0.50×10^3 ④ 1.0×10^3
⑤ 2.0×10^3 ⑥ 8.3×10^3

b PV/T の値が圧力によって変化しないためには（上の図の破線で表される場合），分子はどのような性質をもっていなくてはならないか。正しいものを，次の①〜⑥のうちから一つ選べ。
① 分子自身の体積が，圧力の増加にともなって減少する。
② 分子間力が働かず，分子自身の体積もゼロである。
③ 圧力を上げると，分子間に大きな引力がはたらく。
④ 圧力を上げると，分子間に大きな反発力がはたらく。
⑤ 圧力を上げると，分子の解離が起こる。
⑥ 圧力を上げると，二つの分子の会合が起こる。

5 実在気体と理想気体の比較　【12分・14点】

次の文章を読み，問い(**問1～4**)に答えよ。

1 molの理想気体の状態方程式は，式(1)で表される。

$$\frac{PV}{RT} = 1 \qquad (1)$$

(P：圧力〔Pa〕，V：体積〔L/mol〕，T：絶対温度〔K〕，R：気体定数〔Pa·L/(mol·K)〕)

式(1)は，実在気体に対して厳密には成立しない。その理由の一つは，式(1)は分子に大きさがないという仮定を含むからである。分子に大きさがあるとして式(1)を修正してみよう。分子に大きさがあると，その分，分子が運動できる空間は狭くなるので，式(1)の V の代わりに $V - b$ (b は分子の大きさで決まる定数)とおいて変形すると，式(2)が得られる。

$$\frac{PV}{RT} = \boxed{ア} \qquad (2)$$

横軸に P，縦軸に $\dfrac{PV}{RT}$ をとって式(2)をグラフに描くと，一定温度では直線になる。図1に示す水素(273K)のグラフは，比較的よく式(2)に従っている。式(1)が実在気体に対して厳密には成立しないもう一つの理由は，式(1)は $\boxed{イ}$ がないという仮定も含むからである。いずれの実在気体も分子の大きさと $\boxed{イ}$ があるので，実際にはこれらの両方の効果が合わさって $\dfrac{PV}{RT}$ の値が変化する。たとえば，図1に示す300K，低圧領域でのメタン1 molの体積は，$\boxed{イ}$ の効果が分子の大きさの効果より大きいので，同温・同圧の理想気体1 molの体積より $\boxed{ウ}$ い。$\boxed{イ}$ の効果は，分子の運動が激しいほど $\boxed{エ}$ くなるので，温度を高くすると理想気体との体積の差は $\boxed{オ}$ くなる。

図1

第2章 気体の性質 **15**

問1 　ア　に当てはまる式として最も適当なものを，次の①〜⑥のうちから一つ選べ。

① $1 + \dfrac{b}{R}P$　　② $1 - \dfrac{b}{R}P$　　③ $1 + \dfrac{RT}{b}P$　　④ $1 - \dfrac{RT}{b}P$

⑤ $1 + \dfrac{b}{RT}P$　　⑥ $1 - \dfrac{b}{RT}P$

問2 　イ　に当てはまる語句として最も適当なものを，次の①〜④のうちから一つ選べ。

① 分子間の引力　　② 熱運動　　③ ブラウン運動　　④ 質量

問3 　ウ　〜　オ　に当てはまる語の組合せとして最も適当なものを，次の①〜⑧のうちから一つ選べ。

	ウ	エ	オ
①	小さ	小さ	小さ
②	小さ	小さ	大き
③	小さ	大き	小さ
④	小さ	大き	大き
⑤	大き	小さ	小さ
⑥	大き	小さ	大き
⑦	大き	大き	小さ
⑧	大き	大き	大き

問4 図1の水素(273K)のグラフにおいて，$350 \times 10^5\,\mathrm{Pa}$ で $\dfrac{PV}{RT}$ の値が1.24である

とすると，この状態での水素 1mol の体積は何 mL か。最も適当な数値を，次の①〜⑤のうちから一つ選べ。ただし，気体定数は $8.3 \times 10^3\,\mathrm{Pa \cdot L/(mol \cdot K)}$ とする。

① 20　　② 40　　③ 60　　④ 80　　⑤ 100

★★6 理想気体の法則の応用(1)　　【13分・13点】

必要があれば，原子量は次の値を使うこと。N 14　O 16　Ar 40

問1　気体の圧力・体積・温度を変化させることができるコック付きの容器(図1)を用いて下記の〔実験1〕および〔実験2〕を行った。下の問い(**a**・**b**)に答えよ。ただし，気体は理想気体とし，温度の上昇による容器の熱膨張はないものとする。

図1

〔実験1〕　圧力 3×10^5 Pa，体積1L，温度100Kでピストンを固定した。次に，容器内の温度を400Kに上げ，**コックを開き**，大気(圧力 1×10^5 Pa，400K)に開放した後，コックを閉じた。

　a　このとき，容器内の気体の全物質量は初めの何倍に変化したか。最も適当な数値を，次の①～⑥のうちから一つ選べ。

　①　$\dfrac{1}{12}$　②　$\dfrac{1}{6}$　③　$\dfrac{1}{3}$　④　$\dfrac{1}{2}$　⑤　$\dfrac{2}{3}$　⑥　$\dfrac{3}{4}$

〔実験2〕　圧力 3×10^5 Pa，体積1L，温度100Kで図1の**コックを閉じ**，ピストンを動かせるようにした。次に，圧力と温度を調節して，図2のように(1)→(2)→(3)→(4)の順に気体の状態を変化させた。

　b　このときの圧力と温度の関係として最も適当なグラフを，次の①～⑤のうちから一つ選べ。

図2

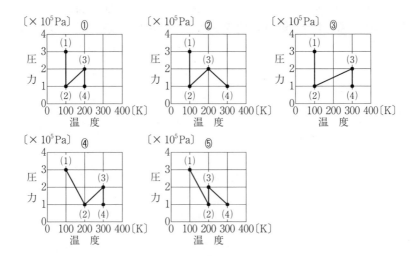

第2章　気体の性質　**17**

問2　ある温度で，1.0×10^5 Pa の酸素 6.0L と 2.0×10^5 Pa のアルゴン 2.0L を混合した。この混合気体の平均分子量はおよそいくらか。最も適当な数値を，次の①〜⑤のうちから一つ選べ。

① 18　　② 26　　③ 28　　④ 35　　⑤ 38

問3　気体に関する記述として正しいものを，次の①〜⑥のうちから二つ選べ。ただし，解答の順序は問わない。

① 体積一定で気体の温度を 100℃ から 200℃ にすると，圧力は2倍になる。

② 温度を一定に保って気体を圧縮すると，圧力が増加する。これは，圧縮によって気体分子の運動速度が大きくなるためである。

③ ある温度で，0.10 mol の窒素を入れた容器内の圧力が 0.10×10^5 Pa であった。この容器にさらに 0.02 mol の酸素を加えると，同じ温度での圧力は 0.12×10^5 Pa となる。

④ 空気中の酸素と窒素の組成比は一定で，定比例の法則を満足している。

⑤ 酸素と窒素が物質量の比で 1：4 である混合気体の密度は，0℃，1.013×10^5 Pa（標準状態）で $(28.0 \times 0.8 + 32.0 \times 0.2) \div 22.4 = 1.29$〔g/L〕である。

⑥ 二酸化窒素を含む空気を集気びんに入れてふたをし，長時間放置しておくと，空気よりも重い二酸化窒素は集気びんの底の方へ集まってくる。

18 第 1 編 物質の状態と平衡

★★★ 7 理想気体の法則の応用(2) 【30 分・24 点】

必要があれば，原子量は次の値を使うこと。H 1.0 C 12 O 16 Al 27 Ca 40

問 1 二つのフラスコからなる図 1 の容器を用いて，27℃，1.0×10^5 Pa の水素 H_2 1 L と，27℃，2.0×10^5 Pa の二酸化炭素 CO_2 1 L を，コックを開いて混ぜあわせ，長時間放置して，均一な混合気体をつくった。次の問い(**a・b**)に答えよ。

図 1

a 得られたこの混合気体に関する記述として誤りを含むものを，次の①〜⑤のうちから一つ選べ。

① 左右のフラスコ内にある分子は，開いてあるコックを通じて互いに拡散しあう。
② 水素分子と二酸化炭素分子の熱運動は，温度を上げると激しくなる。
③ 気体をすべて理想気体とすれば，水素の分圧は 27℃で 0.5×10^5 Pa である。
④ 気体をすべて理想気体とすれば，全圧は 27℃で 1.5×10^5 Pa である。
⑤ 全体を−173℃に冷却すると，全圧は約 3 分の 1 に減少する。

b 上記の混合気体の密度は，27℃，1.0×10^5 Pa の水素の密度の何倍となるか。最も適当な数値を，次の①〜④のうちから一つ選べ。

① 22.5 ② 23.0 ③ 45.0 ④ 46.0

問 2 カルシウムとアルミニウムとからなる合金がある。この合金中の二つの元素の量は，カルシウム 1 mol に対しアルミニウム 2 mol の割合になっている。これに関して次の問い(**a・b**)に答えよ。

a この合金中に含まれるカルシウムの質量パーセント(%)はいくらか。最も適当な数値を，次の①〜⑥のうちから一つ選べ。

① 2.5 ② 3.7 ③ 28.7 ④ 33.3 ⑤ 42.6
⑥ 67.5

b この合金 0.47 g をとり，塩酸に完全に溶かしたとき，発生する水素は，0℃，1.013×10^5 Pa(標準状態)で何 L か。最も適当な数値を，次の①〜⑥のうちから一つ選べ。

① 0.22 ② 0.36 ③ 0.45 ④ 0.60 ⑤ 0.72 ⑥ 0.90

問3 図2のように，内容積を1：2の割合に仕切った密閉容器がある。Aの部分にはアンモニア NH₃，Bの部分には塩化水素 HCl が，室温で，それぞれ圧力 1×10^5 Pa で入って

図2

いる。これに関して次の問い（**a**・**b**）に答えよ。ただし，気体はすべて理想気体とする。

a 仕切りを取り去り，十分な時間が経過した後の室温での状態として最も適当なものを，次の①〜⑤のうちから一つ選べ。
① NH₃ と HCl が均等に混合した気体となる。
② NH₃ と HCl がすべて反応して，NH₄Cl の気体となる。
③ NH₃ と HCl がすべて反応して，NH₄Cl の固体を生じる。
④ すべての HCl は NH₄Cl になり，未反応の NH₃ が残る。
⑤ すべての NH₃ は NH₄Cl になり，未反応の HCl が残る。

b **a**の状態における容器内の圧力〔Pa〕として最も適当な数値を，次の①〜⑤のうちから一つ選べ。

① 0　　② $\frac{1}{3} \times 10^5$　　③ $\frac{1}{2} \times 10^5$　　④ $\frac{2}{3} \times 10^5$　　⑤ 1×10^5

問4 触媒の入った容積12Lの反応容器に，400Kでエチレン1.00molと酸素0.50molの混合気体を封入したところ，次の二つの反応が同時に進行した。

$$2C_2H_4 + O_2 \longrightarrow 2CH_3CHO$$
$$C_2H_4 + 3O_2 \longrightarrow 2CO_2 + 2H_2O$$

酸素がすべて消費されたとき，生成したアセトアルデヒドと二酸化炭素の物質量の比は2：1であった。このとき，反応容器内の全圧は400Kで何Paか。また，生成したアセトアルデヒドの質量は何gか。最も適当な数値を，次の①〜⑧のうちから一つずつ選べ。ただし，反応容器内の物質はすべて気体であり，気体定数は 8.3×10^3 Pa·L/(mol·K) とする。

全圧 ☐1 Pa，アセトアルデヒドの質量 ☐2 g
① 1.3×10^5　② 2.2×10^5　③ 3.6×10^5　④ 4.1×10^5
⑤ 14　　　　　⑥ 18　　　　　⑦ 26　　　　　⑧ 32

★★ 8 蒸気圧の性質　　【18分・15点】

必要があれば，原子量は次の値を使うこと。H 1.0　O 16

問1　水への溶解度が無視できる気体の分子量を求めるため，図1に示す装置を使って，次のa～dの順序で実験を行った。

図1

- **a**　気体がつまった耐圧容器の質量を測定したところ，W_1〔g〕であった。
- **b**　耐圧容器から，ポリエチレン管を通じて気体をメスシリンダーにゆっくりと導き，内部の水面が水槽の水面より少し上まで下がったとき，気体の導入をやめた。メスシリンダーの目盛りを読んだところ，気体の体積はV_1〔L〕であった。
- **c**　メスシリンダーを下に動かし，内部の水面を水槽の水面と一致させて目盛りを読んだところ，気体の体積はV_2〔L〕であった。
- **d**　ポリエチレン管を外して耐圧容器の質量を測定したところ，W_2〔g〕であった。

　実験中，大気圧はP〔Pa〕，気温と水温は常にT〔K〕であった。水の蒸気圧をp〔Pa〕，気体定数をR〔Pa·L/(mol·K)〕とするとき，気体の分子量はどのように表されるか。最も適当なものを，次の①～⑥のうちから一つ選べ。ただし，ポリエチレン管の内容積は無視できるものとする。

① $\dfrac{RT(W_1 - W_2)}{(P+p)V_1}$　　② $\dfrac{RT(W_1 - W_2)}{PV_1}$　　③ $\dfrac{RT(W_1 - W_2)}{(P-p)V_1}$

④ $\dfrac{RT(W_1 - W_2)}{(P+p)V_2}$　　⑤ $\dfrac{RT(W_1 - W_2)}{PV_2}$　　⑥ $\dfrac{RT(W_1 - W_2)}{(P-p)V_2}$

問2 容積1Lの真空の容器に水を入れ，100℃に保って内部の圧力を測定した。水の質量を0～1gの範囲で変えたとき，内部の圧力はどのように変わるか。最も適当なグラフを，次の①～⑥のうちから一つ選べ。ただし，大気圧 1.013×10^5 Pa における水の沸点は，100℃である。また，気体定数は 8.3×10^3 Pa·L/(mol·K) とする。

問3 次の物質ア～エを，それぞれ容積1Lの容器に入れて密閉し，0～100℃の範囲で温度を変化させた。そのときの各容器内の圧力変化を図2に示す。直線または曲線 a～d と物質との組合せとして最も適当なものを，下の①～⑥のうちから一つ選べ。ただし，気体定数は 8.3×10^3 Pa·L/(mol·K) とする。

ア 0.02 mol の酸素
イ 0.04 mol の窒素
ウ 0.01 mol の水
エ 0.03 mol のジエチルエーテル

	a	b	c	d
①	ア	イ	ウ	エ
②	ア	ウ	エ	イ
③	ア	エ	イ	ウ
④	イ	ウ	ア	エ
⑤	イ	エ	ウ	ア
⑥	イ	エ	ア	ウ

図2

問 4 次の文章中の ア ・ イ に入れる数値の組合せとして最も適当なものを，下の①～⑤のうちから一つ選べ。

　図3は水の蒸気圧曲線を示す。ピストン付きの密閉容器に水 0.020 mol と窒素 0.020 mol を入れ，容器内の圧力を 1.0×10^5 Pa に保ちながら 110℃まで加熱して，水を完全に気化させた。この圧力を保ちながら温度を下げていったとき， ア ℃で水が凝縮し始めた。さらに温度を イ ℃まで下げたとき，容器には 0.025 mol の気体が残った。

図 3

	ア	イ
①	100	90
②	100	60
③	100	50
④	82	60
⑤	82	50

第3章 固体の構造

★★9 金属の結晶構造 【13分・14点】

問1 同じ大きさの球を用いて，面心立方格子と体心立方格子をつくった。図1は，それぞれの格子の，配列の最小単位(単位格子)を示したものである。これらに関する記述として正しいものを，下の①～⑤のうちから一つ選べ。

面心立方格子　　体心立方格子

図1

① 面心立方格子の方が，体心立方格子よりも単位格子内に含まれる球の数が多い。
② 面心立方格子と体心立方格子では，単位格子の一辺の長さが等しい。
③ 面心立方格子と体心立方格子では，一つの球に接する球の数が等しい。
④ 面心立方格子よりも体心立方格子の方が，同じ体積で比べると球が密に詰め込まれている。
⑤ 面心立方格子と体心立方格子は，ともに単位格子の中心に隙間がない。

問2 金属元素AとBの結晶の構造はともに体心立方格子である。AとBの結晶の密度をそれぞれ d_A と d_B，単位格子の体積をそれぞれ V_A と V_B とする。また，AとBの原子量を，それぞれ M_A と M_B とする。単位格子の体積の比 $\dfrac{V_A}{V_B}$ を与える式として最も適当なものを，次の①～⑤のうちから一つ選べ。

① $\dfrac{d_A M_B}{d_B M_A}$ 　② $\dfrac{d_B M_B}{d_A M_A}$ 　③ $\dfrac{d_A M_A}{d_B M_B}$ 　④ $\dfrac{d_B M_A}{d_A M_B}$ 　⑤ $\dfrac{d_A d_B}{M_A M_B}$

問3 銀は図2に示すように,面心立方格子(最密構造)からなる結晶をつくる。この結晶に関する次の問い(**a**・**b**)に答えよ。

a 図の立方体の一辺の長さは原子の半径の何倍になるか。最も適当なものを,次の①〜⑥のうちから一つ選べ。

図2

① $\dfrac{2}{\sqrt{3}}$　② $\sqrt{2}$　③ 2　④ $\dfrac{4}{\sqrt{3}}$　⑤ $2\sqrt{2}$　⑥ $2\sqrt{3}$

b 銀の結晶の単位格子の一辺を a〔cm〕,銀のモル質量を W〔g/mol〕,結晶の密度を d〔g/cm³〕とするとき,アボガドロ定数 N_A〔/mol〕を表す式として正しいものを一つ選べ。

① $\dfrac{W}{a^3 d}$　② $\dfrac{2W}{a^3 d}$　③ $\dfrac{4W}{a^3 d}$　④ $\dfrac{Wd}{a^3}$　⑤ $\dfrac{2Wd}{a^3}$　⑥ $\dfrac{4Wd}{a^3}$

★★10 結晶と化学結合,アモルファス 【14分・20点】

問1 水に関する記述として**誤りを含むもの**を,次の①〜⑤のうちから一つ選べ。
① 水分子の構造は折れ線形(くの字形)である。
② 水分子の酸素原子と水素原子の間で共有されている電子は,酸素原子のほうに引き寄せられている。
③ 水分子は配位結合をつくることができる。
④ 水分子が金属イオンに水和するとき,水分子の水素原子が金属イオンと結合する。
⑤ 水分子は,水素イオンを他の物質から受け取るとき,塩基として働く。

問2 次の**a**〜**d**は,ナトリウム,銅,黒鉛(グラファイト)の3種類の物質について,結晶構造の特徴を述べたものである。下線部が正しいものの組合せを,下の①〜⑥のうちから一つ選べ。

a ナトリウムの結晶(体心立方格子)では,<u>単位格子中に2個の原子が含まれている</u>。
b 銅の結晶(面心立方格子)では,どの原子も,<u>等距離にある8個の原子で囲まれている</u>。
c 黒鉛の結晶では,<u>ファンデルワールス力(分子間力)による結合は存在しない</u>。
d 銅と黒鉛では,<u>結晶内を動きやすい価電子が存在するので</u>,どちらの物質も電気をよく通す。

① a, b　② a, c　③ a, d　④ b, c　⑤ b, d　⑥ c, d

問3 塩化ナトリウムの結晶は，図1に示すように，ナトリウムイオンと塩化物イオンが交互に並んでいる。この結晶に関する次の問い（**a**・**b**）に答えよ。

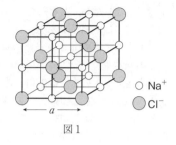
図1

a 塩化ナトリウムのイオン結晶において，Cl⁻イオンはいくつのNa⁺イオンと隣接しているか。最も適当な数を，次の①〜⑤のうちから一つ選べ。

① 2 ② 4 ③ 6 ④ 8 ⑤ 10

b 図の立方体の一辺の長さをa〔cm〕，結晶の密度をd〔g/cm³〕，アボガドロ定数をN_A〔/mol〕とするとき，塩化ナトリウムの式量をあたえる式として最も適当なものを，次の①〜⑥のうちから一つ選べ。

① $\dfrac{da^3 N_A}{8}$ ② $\dfrac{da^3 N_A}{4}$ ③ $\dfrac{da^3 N_A}{2}$ ④ $\dfrac{8N_A}{da^3}$ ⑤ $\dfrac{4N_A}{da^3}$

⑥ $\dfrac{2N_A}{da^3}$

問4 物質の構造に関連する記述として**誤りを含むもの**を，次の①〜⑤のうちから一つ選べ。

① 塩化ナトリウムの結晶中では，ナトリウムイオンと塩化物イオンはそれぞれ面心立方格子をつくっている。
② ダイヤモンドは，1個の炭素原子に4個の炭素原子が正四面体状に共有結合した構造をもっている。
③ ヘキサシアニド鉄(Ⅲ)酸イオンは，八面体型構造をもつ錯イオンである。
④ 氷の中の水分子は，それを取り囲む他の水分子と水素結合によって，三次元的につながっている。
⑤ 二酸化ケイ素の結晶は，ケイ素と酸素がイオン結合によって，三次元的につながったものである。

問5 非晶質（アモルファス）に関する次の記述**a〜c**のうち正しいものはどれか。すべてを選んだものを，下の①〜⑦のうちから一つ選べ。

a 非晶質は，原子・分子の配列に規則性がない。
b 非晶質や結晶は，一定の融点を示す。
c アモルファスシリコンは，太陽電池に利用されている。

① a ② b ③ c ④ a, b ⑤ a, c ⑥ b, c
⑦ a, b, c

★★★ 11 イオン結晶，共有結合(の)結晶 【13分・13点】

問1 図1は，原子Aの陽イオン(●)と原子Bの陰イオン(○)からできたイオン結晶の単位格子(結晶格子のくり返しの基本単位)を示している。この化合物の組成式として最も適当なものを，次の①～⑦のうちから一つ選べ。

① AB_3 ② A_4B_9 ③ AB_2 ④ AB
⑤ A_2B ⑥ A_9B_4 ⑦ A_3B

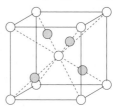

● Aの陽イオン
○ Bの陰イオン
図1

問2 図2は，原子Aの陽イオンと原子Bの陰イオンからなる結晶の単位格子を示したものである。この単位格子は一辺の長さがaの立方体である。この結晶に関する記述として正しいものを，次の①～⑤のうちから一つ選べ。

① 陽イオンと陰イオンとの最短距離は$\sqrt{3}a$である。
② 単位格子の一辺の長さaは，AとBの原子量およびアボガドロ定数だけから求められる。
③ 組成式はAB_8である。
④ 陽イオンに隣接する陰イオンの数と，陰イオンに隣接する陽イオンの数は等しい。
⑤ この単位格子は面心立方格子とよばれる。

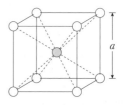

● Aの陽イオン
○ Bの陰イオン
図2

問3 ある元素の原子だけからなる共有結合(の)結晶がある。結晶の単位格子(立方体)と，その一部を拡大したものを図3に示す。単位格子の一辺の長さをa〔cm〕，結晶の密度をd〔g/cm³〕，アボガドロ定数をN_A〔/mol〕とするとき，下の問い(**a**，**b**)に答えよ。

図3

a この元素の原子量はどのように表されるか。最も適当な式を，次の①～④のうちから一つ選べ。

① $\dfrac{a^3 d N_A}{8}$ ② $\dfrac{a^3 d N_A}{9}$ ③ $\dfrac{a^3 d N_A}{10}$ ④ $\dfrac{a^3 d N_A}{12}$

b 原子間結合の長さ〔cm〕はどのように表されるか。最も適当な式を，次の①～④のうちから一つ選べ。

① $\dfrac{\sqrt{2}a}{4}$ ② $\dfrac{\sqrt{3}a}{4}$ ③ $\dfrac{\sqrt{2}a}{2}$ ④ $\dfrac{\sqrt{3}a}{2}$

★★ 12 イオン結晶の融点 【11分・11点】

次の文章を読み，問い（問1～3）に答えよ。

図1は，陽イオン（●）と陰イオン（○）からできたイオン結晶の単位格子（結晶格子の繰り返しの基本単位）を表している。NaCl，CaOなどはいずれもこの結晶構造をもつ。この単位格子の一辺の長さを l [nm]，陽イオンと陰イオンの半径をそれぞれ r_1 [nm]，r_2 [nm] とすると，次の関係式が成り立つ。

$l = $ ┃ A ┃

表1は，いろいろなイオンの半径[nm]を示したものである。
結晶中の最近接の陽イオンと陰イオンの間にはたらく引力の強さは，両イオンの価数の積に比例し，イオン間距離（陽イオンと陰イオンの中心間の距離）の2乗に反比例する。この引力が強いと，同型の結晶の融点は高くなる傾向がある。

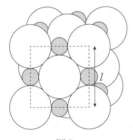

表1 イオン半径[nm]

Na$^+$	0.116	F$^-$	0.119
Ca^{2+}	0.114	Cl$^-$	0.167
Sr^{2+}	0.132	Br$^-$	0.182
Ba^{2+}	0.149	O^{2-}	0.126

図1

問1 ┃ A ┃ に当てはまる式として最も適当なものを，次の①～⑤のうちから一つ選べ。

① $r_1 + r_2$ ② $\dfrac{1}{2}(r_1 + r_2)$ ③ $2(r_1 + r_2)$ ④ $\dfrac{1}{\sqrt{2}}(r_1 + r_2)$

⑤ $\sqrt{2}(r_1 + r_2)$

問2 CaO結晶内で最近接のCa^{2+}とO^{2-}の間にはたらく引力は，NaCl結晶内で最近接のNa$^+$とCl$^-$の間にはたらく引力の何倍か。有効数字2桁で次の形式で表すとき，┃ a ┃ と ┃ b ┃ に当てはまる数字を，下の①～⓪のうちから一つずつ選べ。ただし，同じものを繰り返し選んでもよい。

┃ a ┃ . ┃ b ┃ 倍

① 1 ② 2 ③ 3 ④ 4 ⑤ 5 ⑥ 6 ⑦ 7
⑧ 8 ⑨ 9 ⓪ 0

問3 下線部に関して，NaF，NaBr，BaOの各結晶を，融点[℃]の値の大きい順に並べたものとして最も適当なものを，次の①～⑥のうちから一つ選べ。ただし，いずれの結晶も図1と同型の結晶構造をもつ。

① NaF > NaBr > BaO   ② NaF > BaO > NaBr
③ NaBr > NaF > BaO   ④ NaBr > BaO > NaF
⑤ BaO > NaF > NaBr   ⑥ BaO > NaBr > NaF

28　第 1 編　物質の状態と平衡

第4章　溶液の性質

★★*13* 溶解性と固体の溶解度　　　　　　　　　　【19分・21点】

問1　溶解性について述べた次の記述 **a ～ d** のうちで，ヘキサン，塩化ナトリウム，塩化銀のそれぞれに当てはまるものはどれか。最も適当な組合せを，下の①～⑥のうちから一つ選べ。

a　水にはよく溶けるが，ベンゼンにはほとんど溶けない。

b　水にはほとんど溶けないが，ベンゼンにはよく溶ける。

c　水にもベンゼンにもよく溶ける。

d　水にもベンゼンにもほとんど溶けない。

	ヘキサン	塩化ナトリウム	塩化銀
①	**b**	**a**	**d**
②	**d**	**a**	**d**
③	**b**	**a**	**b**
④	**d**	**c**	**d**
⑤	**b**	**c**	**b**
⑥	**d**	**c**	**b**

問2　次の化合物①～⑥のうちから，水に溶けて，その水溶液が電気をよく導くものを一つ選べ。

① 一酸化炭素　　② エタノール　　③ 四塩化炭素　　④ 二酸化ケイ素

⑤ 二酸化窒素　　⑥ グルコース（ブドウ糖）

問3　図1は，ある結晶の水に対する溶解度（水100 g に溶ける溶質のグラム数）と温度との関係を示したものである。水 100 g にこの結晶を溶かした 60℃ の水溶液 A がある。これを 20℃ まで冷却したところ，7.0 g の結晶が析出した。はじめの水溶液 A を濃縮して，60℃ の飽和水溶液にするためには，少なくとも何 g の水を蒸発させなければならないか。最も適当な数値を，次の①～⑤のうちから一つ選べ。ただし，結晶は水和水（結晶水）を含まない。

① 3.0　　② 5.0　　③ 7.0　　④ 10.0　　⑤ 12.0

問 4 図 2 の曲線は硝酸カリウムの水に対する溶解度（水 100 g に溶ける溶質の質量〔g〕）と温度との関係を示している。図中 A 点（●）にある溶液 500 g を 40℃ まで冷却するとき，析出する硝酸カリウムの結晶の質量〔g〕はいくらか。最も適当な数値を，次の①〜⑤のうちから一つ選べ。

図 2

① 21　② 45　③ 75　④ 107　⑤ 225

問5 図3は，水に対する硝酸カリウムと硝酸ナトリウムの溶解度曲線であり，縦軸（溶解度）は水100gに溶ける無水物の最大量〔g〕を示している。硝酸ナトリウム90gと硝酸カリウム50gの混合物を，60℃で100gの水に溶かした。この溶液に関する記述として誤りを含むものを，下の①〜⑤のうちから一つ選べ。ただし，溶解度は他の塩が共存しても変わらないものとする。

図3

① 硝酸カリウムが析出し始めるのは，およそ32℃まで冷却したときである。
② 22℃まで冷却すると，硝酸ナトリウムと硝酸カリウムの混合物が析出する。
③ 20℃から0℃に冷却したときに析出する量は，硝酸カリウムの方が硝酸ナトリウムより多い。
④ 10℃まで冷却したとき，溶液中に含まれる溶質の質量パーセント濃度は硝酸カリウムの方が高い。
⑤ 60℃から0℃の間で，硝酸ナトリウムのみを析出させることはできない。

問6 ある濃度の硫酸銅（Ⅱ）水溶液205gを，60℃から20℃に冷却したところ，25gのCuSO₄・5H₂O（式量250）の結晶が得られた。もとの水溶液に含まれていたCuSO₄（式量160）の質量は何gか。最も適当な数値を，次の①〜⑤のうちから一つ選べ。ただし，CuSO₄（無水塩）は，水100g当たり，60℃で40g，20℃で20gまで溶ける。
① 32　② 46　③ 48　④ 53　⑤ 80

第4章 溶液の性質 **31**

★★*14* 溶液の濃度，気体の溶解度（ヘンリーの法則） 【23分・25点】

必要があれば，原子量は次の値を使うこと。H 1.0　O 16　Cl 35.5

問1 次の文章中の ☐**1**☐ 及び ☐**2**☐ に当てはまる最も近い数値を，下の①〜⑧のうちからそれぞれ一つずつ選べ。ただし，同じものを繰り返し選んでもよい。

　　密度が $1.18\,g/cm^3$ で，HCl を 35 ％（質量パーセント）含んでいる塩酸がある。この塩酸の濃度は ☐**1**☐ mol/L であり，0.05 mol/L の希塩酸 500 ml をつくるのに，この塩酸 ☐**2**☐ mL が必要である。

① 0.05　② 0.5　③ 1.0　④ 1.1　⑤ 2.0　⑥ 2.2　⑦ 3.1
⑧ 11.3

問2 気体や固体の水への溶解に関する記述として正しいものを，次の①〜⑤のうちから一つ選べ。

① 気体の溶解度は，温度が低くなるほど，小さくなることが多い。
② 気体の溶解度は，一定温度のもとで，気体の圧力に無関係である。
③ 気体の溶解度は，気体の種類によらず，ほぼ同じである。
④ 固体の溶解度は，温度が高くなるほど，大きくなることが多い。
⑤ イオン結晶は溶けにくいが，分子結晶は溶けやすい。

問3 次の文章中の ☐**3**☐ 〜 ☐**5**☐ に入れるのに最も近い数値を，下の①〜⑧のうちから一つずつ選べ。ただし，同じものをくり返し選んでもよい。また，気体定数は $8.3 \times 10^3\,Pa \cdot L/(mol \cdot K)$ とする。

　　27℃，$1.0 \times 10^5\,Pa$ の酸素は，水 1L につき 30 mL 溶ける。この場合，水 1L に溶けている酸素の質量は ☐**3**☐ mg である。

　　温度を 27℃ に保ったまま，酸素の圧力を $5.0 \times 10^5\,Pa$ にすると，水 1L に溶け得る酸素の質量は ☐**4**☐ mg となり，その体積は 27℃，$5.0 \times 10^5\,Pa$ の下では，☐**5**☐ mL である。

① 21　② 30　③ 38　④ 43　⑤ 107　⑥ 150　⑦ 190
⑧ 215

問4 図1のようなピストン付き容器に，酸素で飽和した水と酸素とが圧力 1×10^5 Pa で閉じこめてある。このときの気体の酸素の体積を V とする。ピストンを押し，容器内の圧力をはじめの2倍に保って，十分な時間放置した。このときの気体の酸素の体積に関する記述として正しいものを，次の①〜⑤のうちから一つ選べ。ただし，実験はすべて5℃で行ったものとする。また，水の蒸気圧の影響は無視してよい。

① 0になる。　② $\dfrac{V}{2}$ より少し大きくなる。

③ $\dfrac{V}{2}$ になる。　④ $\dfrac{V}{2}$ より少し小さくなる。

⑤ V のまま変化しない。

図1

問5 0℃，1×10^5 Pa で，1Lの水に窒素は0.029 g，酸素は0.068 g 溶ける。0℃において，10×10^5 Pa の空気（体積比で窒素：酸素＝4：1）と平衡になった水10Lの質量を A 〔g〕とする。この水を同じ温度で 1×10^5 Pa の空気中に放置したところ，その質量は B 〔g〕になった。A と B の差はいくらか。最も適当な数値を，次の①〜⑤のうちから一つ選べ。ただし，水は蒸発しないものとする。

① 0.33　② 0.37　③ 3.3　④ 3.7　⑤ 4.9

問6 水に対する酸素の溶解度曲線を図2に示す。縦軸は，1×10^5 Pa で水1 mL に溶ける酸素の体積を，標準状態での値に換算したものである。0℃で 2×10^5 Pa の酸素と接していた4.0Lの水を，同じ圧力で60℃に温めたとき，出てくる酸素は何gか。最も適当な数値を，次の①〜⑤のうちから一つ選べ。

① 0.32　② 0.22　③ 0.16

④ 0.11　⑤ 0.080

図2

★★15 蒸気圧降下と沸点上昇度　【10分・12点】

問1 図1のように，空気を除いて密閉した容器のA側に純水を入れ，B側に高濃度のスクロース水溶液を入れる。この容器を室温で長く放置するとき，水面の高さはどうなるか。正しい記述を，次の①〜⑤のうちから一つ選べ。

図1

① A，Bそれぞれの側で蒸発する水分子の数と，凝縮する水分子の数がつり合っているので，水面の高さに変化がない。
② B側の水面がA側より高いので，B側からA側へ水分子が移り，やがて水面の高さが一致する。
③ B側の水蒸気圧がA側より低いため，B側では蒸発する水分子より凝縮する水分子の数が多く，B側の水面がさらに高くなる。
④ 純水を得る蒸留器と同じ機能をもつため，B側で蒸発する水分子がA側で凝縮し，A側の水面が高くなる。
⑤ B側では蒸気圧降下により沸点が上昇するため，A側でのみ蒸発と凝縮が起こり，水面の高さには変化がない。

問2 図2のAで示される曲線は，水の飽和蒸気圧曲線である。またBで示される曲線は，水1kgにスクロース0.1molを溶かした水溶液の飽和蒸気圧曲線である。水1kgに塩化ナトリウム0.1molを溶かした水溶液の沸点はおよそ何℃か。最も適当なものを，次の①〜⑥のうちから一つ選べ。ただし，塩化ナトリウムは水溶液中で完全に電離しているものとする。

図2

① 100　② t_1　③ $2t_1$　④ $t_1 - 100$　⑤ $2(t_1 - 100)$
⑥ $2(t_1 - 100) + 100$

問3 次に示す濃度0.10mol/kgの水溶液a〜cについて，沸点の高い順に並べたものとして正しいものを，下の①〜⑥のうちから一つ選べ。

a 塩化マグネシウム水溶液　b 尿素水溶液　c 塩化カリウム水溶液

① a＞b＞c　② a＞c＞b　③ b＞a＞c　④ b＞c＞a
⑤ c＞a＞b　⑥ c＞b＞a

34　第 1 編　物質の状態と平衡

★★*16* ラウールの法則　　　　　　　　　　　　　　　　【9分・8点】

> 必要があれば，原子量は次の値を使うこと。H1.0　O16

次の文章を読み，問い（**問1**・**問2**）に答えよ。

　一定温度において，純粋な溶媒に不揮発性の溶質を溶かして溶液にすると，その溶液の蒸気圧は純粋な溶媒の蒸気圧よりも低くなる。溶媒の物質量を n_A〔mol〕，溶質粒子の物質量を n_B〔mol〕とすると，溶媒と溶質粒子のそれぞれのモル分率 x_A と x_B は，次のように表される。

$$x_A = \frac{n_A}{n_A + n_B}, \ x_B = \frac{n_B}{n_A + n_B}$$

一定温度において，純粋な溶媒の蒸気圧を P_0，これに不揮発性の溶質を溶かした溶液の蒸気圧を P とすると，希薄溶液について次の関係式が成り立つことが知られている。これをラウールの法則という。

$$\frac{P}{P_0} = x_A \tag{1}$$

蒸気圧降下度を $\Delta P = P_0 - P$ とすると，式(1)より次式が導かれる。

$$\Delta P = P_0 - P_0 x_A = P_0(1 - x_A) = P_0 x_B \tag{2}$$

なお，希薄溶液では，n_B は n_A と比べて極めて小さいので，次の近似ができる。

$$n_A + n_B \fallingdotseq n_A$$

問1　20℃における純水の蒸気圧は，2.34×10^3 Pa である。ある不揮発性の溶質（非電解質）146 g を純水 1000 g に溶かして希薄溶液をつくったところ，蒸気圧が 18 Pa だけ降下した。この溶質の分子量はいくらか。最も適当な数値を，次の①～⑤のうちから一つ選べ。

　① 180　　② 221　　③ 280　　④ 342　　⑤ 442

問2　希薄溶液では，沸点上昇度 ΔT〔K〕は蒸気圧降下度 ΔP〔Pa〕に比例する。**問1**の水溶液の沸点は 100.210℃ であった。沸点を 100.315℃ にするには，**問1**の水溶液に同じ溶質をあと何 g 加えればよいか。最も適当な数値を，次の①～⑤のうちから一つ選べ。

　① 48　　② 60　　③ 73　　④ 120　　⑤ 220

★★17 凝固点降下度　　　　　　　　　　　　　　　　　　　【15分・14点】

問1　次の文章を読んで，下の問い（**a**・**b**）に答えよ。

有機化合物 X の分子量を求めるために，凝固点降下度を測定した。

純ベンゼンをガラスの容器に入れ，かき混ぜながら，氷で冷却したときの温度変化の様子（冷却曲線）を図1の曲線 A で示す。温度は最初急激に変化し，凝固点以下まで下がった後，少し上昇してから温度一定の状態が続き，再び急激に下がる。

また，ベンゼン 50.0 g に，化合物 X 1.22 g を溶解した溶液の冷却曲線を図1の曲線 B で示す。曲線 A では領域 I において温度が一定に保たれるが，曲線 B では温度が徐々に下がる。

図1

a　図1に関する記述として**誤りを含むもの**を，次の①～⑤のうちから一つ選べ。
　①　曲線 A の領域 I では，液体と固体のベンゼンが共存している。
　②　曲線 A の領域 I における温度は，ベンゼンの量に無関係である。
　③　曲線 B の領域 I では，ベンゼンが部分的に凝固している。
　④　曲線 B の領域 I で温度が徐々に下がるのは，ベンゼン溶液中の化合物 X の濃度が減少するからである。
　⑤　曲線 A の領域 II と曲線 B の領域 II では，いずれもベンゼンは完全に凝固している。

b　純ベンゼンおよび化合物 X を加えた溶液の凝固点は，図中の点 p および点 q で示される温度である。図1の冷却曲線から凝固点降下度を読み取り，化合物 X の分子量を計算すると，いくらになるか。最も適当な数値を，次の①～⑤のうちから一つ選べ。ただし，ベンゼンのモル凝固点降下は 5.1 K·kg/mol である。
　①　25　　②　63　　③　122　　④　207　　⑤　244

36 第 1 編　物質の状態と平衡

問2　凝固点降下度が最も小さい水溶液を, 次の①〜⑤のうちから一つ選べ。ただし, 電解質を溶質とする場合の凝固点降下の大きさは, 一定質量の溶媒に溶けているイオンの総数に比例するものとする。

① 　0.30 mol/kg　スクロース(ショ糖)水溶液

② 　0.50 mol/kg　グルコース(ブドウ糖)水溶液

③ 　0.30 mol/kg　KCl 水溶液

④ 　0.30 mol/kg　AlK(SO$_4$)$_2$ 水溶液

⑤ 　0.20 mol/kg　K$_2$SO$_4$ 水溶液

問3　1価の陽イオンと1価の陰イオンとから成る電解質がある。この電解質 0.01 mol を水 1000 g に溶かした溶液の凝固点降下度は ΔT であった。非電解質 1 mol を水 1000 g に溶かした溶液の凝固点降下度を ΔT_0 とすれば, この電解質の電離度を表す式として正しいものはどれか。次の①〜⑥のうちから一つ選べ。

① $\dfrac{100\Delta T - \Delta T_0}{2\Delta T_0}$　　② $\dfrac{\Delta T - \Delta T_0}{2\Delta T_0}$　　③ $\dfrac{\Delta T - \Delta T_0}{200\Delta T_0}$

④ $\dfrac{100\Delta T - \Delta T_0}{\Delta T_0}$　　⑤ $\dfrac{\Delta T - \Delta T_0}{\Delta T_0}$　　⑥ $\dfrac{\Delta T - \Delta T_0}{100\Delta T_0}$

★★★ 18 凝固点降下度と会合度 【14分・14点】

> 必要があれば，原子量は次の値を使うこと。H 1.0 C 12 O 16

次の文章を読み，問い(**問1～3**)に答えよ。

安息香酸は，ベンゼン溶液中で式(1)に示すように一部が会合して，二量体を形成している。

$$2\ \mathrm{C_6H_5COOH} \rightleftarrows (\mathrm{C_6H_5COOH})_2 \tag{1}$$

1kgのベンゼンにn〔mol〕の安息香酸を溶かしたときに，そのうちのx〔mol〕が会合して二量体になったとすると，会合度αは式(2)で定義される。

$$\alpha = \frac{x}{n} \tag{2}$$

このとき，安息香酸とその二量体の物質量は，それぞれn，αを用いて式(3)，式(4)で表される。

安息香酸　　$\boxed{\text{ア}}$ mol (3)

二量体　　　$\boxed{\text{イ}}$ mol (4)

したがって，このベンゼン溶液の凝固点降下度ΔT〔K〕は，ベンゼンのモル凝固点降下をK_f〔K・kg/mol〕とすると，式(5)で表される。

$$\Delta T = K_f n (\boxed{\text{ウ}}) \tag{5}$$

図1は，溶媒としてベンゼン，溶質としてナフタレンおよび安息香酸を用いて，凝固点降下度を測定したときの実験結果を，グラフで表したものである。

図1

38 第1編 物質の状態と平衡

問1 $\boxed{\text{ア}}$・$\boxed{\text{イ}}$ に当てはまる式として最も適当なものを，それぞれ次の①〜⑥のうちから一つずつ選べ。

① $\dfrac{1}{2}n\alpha$　　② $n\alpha$　　③ $2n\alpha$　　④ $\dfrac{1}{2}n(1-\alpha)$　　⑤ $n(1-\alpha)$

⑥ $2n(1+\alpha)$

問2 $\boxed{\text{ウ}}$ に当てはまる式として最も適当なものを，次の①〜⑥のうちから一つ選べ。

① $\dfrac{1}{2}\alpha$　　② α　　③ $\dfrac{2-\alpha}{2}$　　④ $\dfrac{1-2\alpha}{2}$　　⑤ $1-\alpha$

⑥ $1-2\alpha$

問3 a ナフタレン $C_{10}H_8$ は，ベンゼン溶液中で会合も解離もしない。図1のナフタレンのグラフを利用すると，ベンゼンのモル凝固点降下 K_f は何 K·kg/mol になるか。有効数字2桁で次の形式で表すとき，$\boxed{\text{エ}}$ 〜 $\boxed{\text{カ}}$ に当てはまる数字を，下の①〜⓪のうちから一つずつ選べ。ただし，同じものを繰り返し選んでもよい。

　　　$\boxed{\text{エ}}$.$\boxed{\text{オ}}$ $\times 10^{\boxed{\text{カ}}}$ K·kg/mol

b **a** の結果と，図1の安息香酸のグラフを利用すると，ベンゼン 1kg に安息香酸 15g を溶かした溶液の凝固点における安息香酸の会合度 α はいくらになるか。有効数字2桁で次の形式で表すとき，$\boxed{\text{キ}}$ 〜 $\boxed{\text{ケ}}$ に当てはまる数字を，下の①〜⓪のうちから一つずつ選べ。ただし，同じものを繰り返し選んでもよい。

　　　$\boxed{\text{キ}}$.$\boxed{\text{ク}}$ $\times 10^{-\boxed{\text{ケ}}}$

① 1　　② 2　　③ 3　　④ 4　　⑤ 5　　⑥ 6　　⑦ 7

⑧ 8　　⑨ 9　　⓪ 0

★★ 19 浸透圧 【16分・17点】

問1 浸透圧に関する次の問い(a・b)に答えよ。

a 希薄溶液と純溶媒が,半透膜を隔てて接しているときに生じる浸透圧は,理想気体の状態方程式と同じ形の式で表される。一定温度で,濃度が1g/Lの溶液の浸透圧と溶質の分子量との関係を示す図を,次の①〜⑥のうちから一つ選べ。

b 浸透圧が生じる理由を説明した記述として正しいものを,次の①〜④のうちから一つ選べ。
① 溶液中の溶質分子が半透膜の細孔をふさぐから。
② 溶液側から溶質分子が浸透する速さが,溶媒側から溶媒分子が浸透する速さよりも大きいから。
③ 溶液側から溶媒分子が浸透する圧力が,溶媒側から溶媒分子が浸透する圧力よりも大きいから。
④ 溶液側から溶媒分子が浸透する圧力が,溶媒側から溶媒分子が浸透する圧力よりも小さいから。

問2 ある非電解質0.84gを水に溶かして500mLにした溶液の浸透圧は,27℃で1.23×10^4Paであった。この物質の分子量はいくらか。最も適当な数値を,次の①〜⑤のうちから一つ選べ。ただし,気体定数は8.3×10^3Pa·L/(mol·K)とする。
① 34 ② 85 ③ 170 ④ 340 ⑤ 680

問3 半透膜と浸透圧に関する記述として誤りを含むものを,次の①〜⑤のうちから一つ選べ。
① セロハン膜は半透膜としてよく利用される。
② 純水と薄いタンパク質水溶液を半透膜で仕切り,液面の高さをそろえると,タンパク質水溶液側に水が移動する。
③ 薄いデンプン水溶液の浸透圧は,デンプン濃度に比例する。
④ 薄いデンプン水溶液の浸透圧は,溶液の温度によらない。
⑤ 海水に圧力をかけて半透膜を通すことにより,海水を淡水化できる。

★★20 U字管を用いた浸透圧の実験　　【9分・8点】

必要があれば，原子量は次の値を使うこと。H1.0　C12　O16

次の文章を読み，問い(問1・問2)に答えよ。

水分子は通すがスクロース $C_{12}H_{22}O_{11}$ 分子は通さない半透膜を中央に固定したU字管がある。図1のように，A側に水50mLを，B側にスクロース水溶液50mLを入れた。十分な時間をおくと液面の高さに h の差が生じ，B側の液面が高くなった。次にA側とB側の両方に，それぞれ体積 V の水を加え，放置したところ，液面の差は ア 。ここでA側から体積 $2V$ の水をとり除き，十分な時間放置したところ，液面の差は イ 。ただし，A側から体積 $2V$ の水をとり除いたときも，A側の液面はU字管の垂直部分にあるものとする。また，温度は一定とし，水の蒸発はないものとする。

図1

問1　ア ・ イ に当てはまる語句の組合せとして最も適当なものを，次の①～⑥のうちから一つ選べ。

	ア	イ
①	h より小さくなった	なくなった
②	h より小さくなった	h にもどった
③	h より大きくなった	なくなった
④	h より大きくなった	h にもどった
⑤	h になった	なくなった
⑥	h になった	h にもどった

問2　下線部において，B側の液面におもりを乗せた滑らかなピストンを置き，1.50×10^3 Pa の圧力をかけたところ，液面の高さに差がなくなった。B側の水溶液に含まれるスクロースの質量は何 mg か。スクロースの質量の値を有効数字2桁で次の形式で表すとき， ウ ～ オ に当てはまる数字を，下の①～⓪のうちから一つずつ選べ。ただし，温度は300K，気体定数は 8.3×10^3 Pa·L/(mol·K)とする。

ウ . エ $\times 10^{オ}$ mg

① 1　② 2　③ 3　④ 4　⑤ 5
⑥ 6　⑦ 7　⑧ 8　⑨ 9　⓪ 0

第4章 溶液の性質 *41*

★★*21* コロイド 【13分・17点】

問1 次の文章中の ☐1☐ ～ ☐4☐ に入れるのに最も適当な語を，それぞれの解答群のうちから一つずつ選べ。

水酸化鉄(Ⅲ)のコロイド溶液に少量の電解質を加えると ☐1☐ が起こる。このようなコロイドは ☐2☐ コロイドとよばれる。しかし ☐3☐ のコロイド溶液は ☐4☐ コロイドであるから，これに電解質を加えても ☐1☐ は起こりにくい。

☐1☐ の解答群

① 凝析   ② 透析   ③ 溶解   ④ 潮解

☐2☐ , ☐4☐ の解答群

① 疎水   ② 親水   ③ 金属

☐3☐ の解答群

① 粘土   ② 金   ③ デンプン

問2 金は密度の大きい金属であるが，金のコロイド粒子は水中に分散して，沈殿しない。その理由についての記述として正しいものを，次の①～④のうちから一つ選べ。

① 多数の水分子がコロイド粒子の表面をとりまいて，コロイド粒子が凝集するのを妨げているから。

② コロイド粒子は電気を帯びているため，コロイド粒子間に反発力が作用するから。

③ コロイド粒子は水分子よりはるかに大きくて，動きにくいから。

④ コロイド粒子は水分子よりはるかに大きいため，大きな浮力を受けるから。

問3 あるコロイド水溶液に，硫酸カリウムあるいは硝酸カリウムを少量加えたところ，沈殿が生じた。このとき，沈殿の生成に必要な塩の最小モル濃度は，硫酸カリウムのほうが硝酸カリウムより小さかった。これに関する記述として正しいものを，次の①～⑤のうちから一つ選べ。

① この溶液は正の電荷をもつコロイド溶液である。

② この溶液中で沈殿が生じる現象を塩析という。

③ この溶液は親水コロイド溶液である。

④ この溶液は保護コロイド溶液である。

⑤ 硫酸カリウムの最小モル濃度が硝酸カリウムと比べて小さいのは，硫酸カリウムの式量のほうが大きいからである。

42　第 1 編　物質の状態と平衡

問4　次の記述 **a** ～ **e** について，それぞれに最も関係の深い語句を，下の①～⑨のうちから一つずつ選べ。ただし，同じものをくり返し選んでもよい。

a　河川水を浄化して水道水とするとき，硫酸アルミニウムを加えて，粘土などコロイド状の不純物を沈殿除去する。

b　デンプンとグルコースの混合溶液をセロハンの袋に入れ，純水中に浸すと，グルコースのみが袋の外に出てくる。

c　コロイド溶液を限外顕微鏡で見ると，コロイド粒子が絶えず不規則に動いているのが観察される。

d　墨汁には炭素の微粒子が沈殿しないように，アラビアゴムなどが加えられている。

e　タンパク質の水溶液に多量の硫酸ナトリウムを加えると，沈殿が生じる。

①　凝析　　②　塩析　　③　透析　　④　電気泳動　　⑤　ブラウン運動
⑥　乳化　　⑦　親水コロイド　　⑧　疎水コロイド　　⑨　保護コロイド

第1章　化学反応と熱・光エネルギー　　**43**

第2編　物質の変化と平衡

第1章	化学反応と熱・光エネルギー

★★*22* 熱化学方程式　　【11分・12点】

必要があれば，原子量は次の値を使うこと。H1.0　O16

問1　次の熱化学方程式(1)・(2)をもとにした記述として**誤り**を含むものを，下の①～④のうちから一つ選べ。

$$2CO + O_2 = 2CO_2 + 566\,kJ \quad (1)$$

$$C(黒鉛) + O_2 = CO_2 + 394\,kJ \quad (2)$$

① $CO_2 \longrightarrow C(黒鉛) + O_2$ の反応は，吸熱反応である。

② $2CO \longrightarrow C(黒鉛) + CO_2$ の反応は，吸熱反応である。

③ 一酸化炭素2molと酸素1molがもっているエネルギーの和は，二酸化炭素2molがもっているエネルギーより大きい。

④ 一酸化炭素の生成熱は，111kJ/molである。

問2　次の熱化学方程式(1)～(4)を参考にした記述として**誤り**を含むものを，下の①～④のうちから一つ選べ。

$$CO(気) + \frac{1}{2}O_2(気) = CO_2(気) + 282.6\,kJ \quad (1)$$

$$H_2O(液) = H_2O(気) - 43.9\,kJ \quad (2)$$

$$H_2(気) + \frac{1}{2}O_2(気) = H_2O(気) + 241.6\,kJ \quad (3)$$

$$NaOH(固) + aq = NaOHaq + 44.3\,kJ \quad (4)$$

① 6gの水を蒸発させるためには，14.6kJの熱を加えなければならない。

② 液体の水の生成熱は，197.7kJ/mol（発熱）である。

③ 1molの水酸化ナトリウムを，多量の水に溶解したときに発生する熱量は，44.3kJである。

④ 一酸化炭素と水蒸気から，二酸化炭素と水素が生成する反応は，発熱反応である。

44 第2編　物質の変化と平衡

問3　次の熱化学方程式(1)〜(6)と関連して考えられる事項についての記述として**誤り**を含むものを，下の①〜④のうちから一つ選べ。

$$H_2(気) + \frac{1}{2}O_2(気) = H_2O(液) + 285.5\,kJ \tag{1}$$

$$H_2(気) + \frac{1}{2}O_2(気) = H_2O(気) + 241.6\,kJ \tag{2}$$

$$N_2(気) + O_2(気) = 2NO(気) - 180.6\,kJ \tag{3}$$

$$AgNO_3(固) + aq = AgNO_3aq - 22.6\,kJ \tag{4}$$

$$NaOH(固) + aq = NaOHaq + 44.3\,kJ \tag{5}$$

$$NaOH(固) + HClaq = NaClaq + H_2O(液) + 100.7\,kJ \tag{6}$$

① 水の蒸発熱は，$43.9\,kJ/mol$ である。
② 一酸化窒素の生成熱は，$-90.3\,kJ/mol$ である。
③ 純水に硝酸銀を溶解させると，溶液の温度が下がる。
④ 水酸化ナトリウム水溶液と塩酸の中和熱は，$100.7\,kJ/mol$ より大きい。

★★23　燃焼熱，エネルギー図　　　【20分・15点】

必要があれば，原子量は次の値を使うこと。H 1.0　C 12　O 16

問1　次の文章中の　1　，　2　に当てはまる最も適当な数値を，下の①〜⑦のうちから一つずつ選べ。

グルコース（ブドウ糖）$C_6H_{12}O_6$ が完全に燃焼するとき，$1\,mol$ あたり $2800\,kJ$ の熱量が発生する。したがって，グルコース $1\,g$ あたりの発熱量は　1　kJ である。また，この反応で，酸素 O_2 $1\,mol$ が消費されるときの発熱量は　2　kJ である。

① 7.9　② 15.6　③ 31.3　④ 234　⑤ 309　⑥ 467
⑦ 932

問2　メタンとエタンの燃焼熱は，それぞれ $890\,kJ/mol$，$1560\,kJ/mol$ である。0℃，$1.013 \times 10^5\,Pa$（標準状態）で $44.8\,L$ を占めるメタンとエタンの混合気体を完全に燃焼させたところ，$2785\,kJ$ の熱が発生した。この混合気体中には，物質量で何％のメタンが含まれていたか。最も適当な数値を，次の①〜⑤のうちから一つ選べ。

① 15　② 25　③ 50　④ 75　⑤ 85

問3 図1は，炭素，水素，酸素から二酸化炭素，水およびエタノールが生成する過程におけるエネルギーの量の変化を示したものである。この図と，次の熱化学方程式(1)〜(3)を用いて，エタノールの燃焼熱 Q を求めると何 kJ/mol となるか。最も近い数値を，下の①〜⑤のうちから一つ選べ。

図1

$$C(固) + O_2(気) = CO_2(気) + 393 kJ \quad (1)$$

$$H_2(気) + \frac{1}{2}O_2(気) = H_2O(液) + 284 kJ \quad (2)$$

$$2C(固) + 3H_2(気) + \frac{1}{2}O_2(気) = C_2H_5OH(液) + 276 kJ \quad (3)$$

① 171　② 341　③ 681　④ 1362　⑤ 2724

★★24　ヘスの法則と反応熱(1)　　【15分・12点】

問1　エチレンとエタンの生成熱は，それぞれ －52.2 kJ/mol と 84.0 kJ/mol である。エチレンに水素が付加してエタン 1 mol が生成する反応の反応熱〔kJ〕として最も適当な数値を，次の①〜⑥のうちから一つ選べ。

① －136.2　② －68.1　③ －31.8　④ 31.8　⑤ 68.1　⑥ 136.2

問2　C_2H_4(気)，$CH_2=CHCl$(気)，H_2O(気) の生成熱を，それぞれ A〔kJ/mol〕，B〔kJ/mol〕，C〔kJ/mol〕とするとき，次の熱化学方程式の Q の値を与える式を，下の①〜⓪のうちから一つ選べ。

$$2C_2H_4(気) + Cl_2(気) + \frac{1}{2}O_2(気)$$
$$= 2CH_2=CHCl(気) + H_2O(気) + Q〔kJ〕$$

① $2B + C - 2A$　② $2B + C - A$　③ $B + C - 2A$　④ $B + C - A$
⑤ $B + 2C - A$　⑥ $A - B - 2C$　⑦ $A - B - C$　⑧ $2A - B - C$
⑨ $A - 2B - C$　⓪ $2A - 2B - C$

46 第2編 物質の変化と平衡

★★ *25* ヘスの法則と反応熱(2) 【20分・17点】

必要があれば，原子量は次の値を使うこと。 H1.0　O16　S32

問1 熱化学方程式に関する次の問い(**a・b**)に答えよ。

a 硫化水素の生成熱は，硫化水素および硫黄の燃焼熱のほかに，ある物質の燃焼熱がわかれば求められる。その物質は何か。次の①〜⑤のうちから一つ選べ。

　　① 水　　② 水素　　③ 酸素　　④ 二酸化硫黄　　⑤ 三酸化硫黄

b 1.0gの二酸化硫黄を三酸化硫黄に酸化すると，9.7kJの熱を発生する。次の熱化学方程式の Q に最も近い数値を，下の①〜⑤のうちから一つ選べ。

$$SO_2(気) + \frac{1}{2}O_2(気) = SO_3(気) + Q(kJ)$$

　　① 310　　② 460　　③ 620　　④ 780　　⑤ 1200

問2 触媒を用い，高温・高圧で一酸化炭素と水素を反応させると，次の式にしたがってメタノールが生じる。

$$CO(気) + 2H_2(気) \longrightarrow CH_3OH(気)$$

この反応によって，メタノール1molが生成するときの反応熱を，次の(1)〜(3)を用いて計算すると，何kJになるか。最も適当な数値を，下の①〜⑥のうちから一つ選べ。

$$CO(気) + \frac{1}{2}O_2(気) = CO_2(気) + 284kJ \tag{1}$$

$$H_2(気) + \frac{1}{2}O_2(気) = H_2O(気) + 242kJ \tag{2}$$

$$CH_3OH(気) + \frac{3}{2}O_2(気) = CO_2(気) + 2H_2O(気) + 677kJ \tag{3}$$

　　① −151　　② −133　　③ −91　　④ 91　　⑤ 133　　⑥ 151

問3 ナフタレン($C_{10}H_8$)の小片を酸素中で完全燃焼させたところ，水(液)1.80gを生じた。このとき発生する熱量[kJ]はいくらか。最も適当な数値を，次の①〜⑤のうちから一つ選べ。ただし，ナフタレン(固)，水(液)および二酸化炭素(気)の生成熱は，それぞれ，−77.7kJ/mol，285.5kJ/mol，393.3kJ/molである。

　　① 124.9　　② 128.8　　③ 749.4　　④ 1124.1　　⑤ 5152.7

問4 アセチレンの燃焼反応は，次の熱化学方程式で表される。

$$C_2H_2 + \frac{5}{2}O_2 = 2CO_2 + H_2O(液) + 1309kJ$$

CO_2 および H_2O(気)の生成熱は，それぞれ 394kJ/mol および 242kJ/mol，また水の蒸発熱は44kJ/molである。以上から，アセチレンの生成熱を計算すると何kJ/molになるか。最も適当な数値を，次の①〜⑥のうちから一つ選べ。

　　① 323　　② 279　　③ 235　　④ −235　　⑤ −279　　⑥ −323

第1章　化学反応と熱・光エネルギー　**47**

★★**26** バイオエタノールのエネルギー　　【14分・15点】

次の文章を読み，問い(問1〜4)に答えよ。

光合成は，一般に植物が光のエネルギーを受け取り，二酸化炭素と水から様々な反応段階を経て，グルコース $C_6H_{12}O_6$ などを生成する反応である。(1)生体内でグルコースは，呼吸反応により分解され，生命活動のためのエネルギーを供給する。生物は，酸素がない条件下では，(2)アルコール発酵によって生命活動に必要なエネルギーを得ることもある。アルコール発酵により生成したエタノール C_2H_5OH は，特に「バイオエタノール」とよばれ，エネルギー源として利用されている。

問1　CO_2(気)と H_2O(液)から，グルコース $C_6H_{12}O_6$(固)が1mol生成するときの熱化学方程式は，次式で表される。

$$\boxed{ア}\,CO_2(気) + \boxed{イ}\,H_2O(液) = C_6H_{12}O_6(固) + \boxed{ウ}\,O_2(気) + Q(kJ)$$

a　$\boxed{ア}$〜$\boxed{ウ}$に当てはまる数字を，次の①〜⑥のうちから一つずつ選べ。ただし，同じものを繰り返し選んでもよい。

① 1　② 2　③ 3　④ 4　⑤ 5　⑥ 6

b　CO_2(気)，H_2O(液)，グルコース $C_6H_{12}O_6$(固)の生成熱(kJ/mol)は，それぞれ394，286，1272である。これらのデータを用いると，Q は何kJになるか。最も適当な数値を，次の①〜⑥のうちから一つ選べ。

① -2.8×10^3　② -1.4×10^3　③ -5.9×10^2　④ 5.9×10^2
⑤ 1.4×10^3　⑥ 2.8×10^3

問2　下線部(1)に関連して，1molのグルコース(固)が完全燃焼したときに得られるエネルギーを Q_1(kJ)とする。Q_1 を問1の Q を用いて表した式として最も適当なものを，次の①〜④のうちから一つ選べ。

① $-Q$　② $-\dfrac{1}{2}Q$　③ $\dfrac{1}{2}Q$　④ Q

問3　下線部(2)に関連して，1molのグルコース(固)がアルコール発酵したときに得られるエネルギーを Q_2(kJ)とする。問1bで示したデータとエタノール(液)の生成熱277kJ/molを用いると，Q_2 は何kJになるか。最も適当な数値を，次の①〜⑤のうちから一つ選べ。

① 10　② 30　③ 50　④ 70　⑤ 90

問4　アルコール発酵で生成したバイオエタノール1molを完全燃焼させたときに得られるエネルギー(kJ)を，Q_1 と Q_2 を用いて表した式として最も適当なものを，次の①〜⑥のうちから一つ選べ。

① $Q_1 - Q_2$　　② $Q_2 - Q_1$　　③ $\dfrac{1}{2}(Q_1 - Q_2)$

④ $\dfrac{1}{2}(Q_2 - Q_1)$　⑤ $2(Q_1 - Q_2)$　⑥ $2(Q_2 - Q_1)$

★★★ 27 中和熱と溶解熱，化学反応と光　【18分・16点】

問1 外界との熱の出入りを避けるため，図のような装置を用い，中和熱を測定する実験を行った。魔法びんの中に入っている 0.500 mol/L，20.5℃の水酸化ナトリウム水溶液 200 mL に，0.500 mol/L，20.5℃の塩酸を 50.0 mL ずつ加えてよくかきまぜてから，温度を測定した。このときの溶液の温度変化と加えた塩酸の量との関係は，どのようなグラフで示されるか。最も適当なものを，次の①〜⑨のうちから一つ選べ。

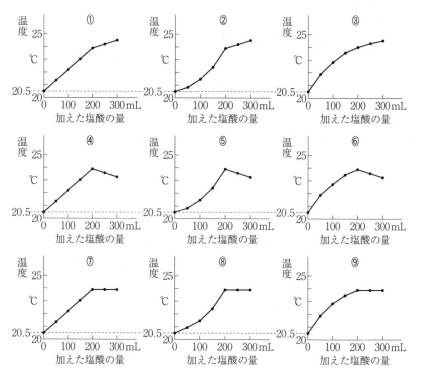

第1章　化学反応と熱・光エネルギー　**49**

問2　塩化アンモニウム NH_4Cl と塩化水素 HCl の水に対する溶解熱，およびアンモニア NH_3 と塩化水素の反応熱は，それぞれ次の式(1)〜(3)で与えられる。

$$NH_4Cl(固) + aq = NH_4Claq - 14.6\,kJ \tag{1}$$

$$HCl(気) + aq = HClaq + 74.8\,kJ \tag{2}$$

$$NH_3(気) + HCl(気) = NH_4Cl(固) + 176.0\,kJ \tag{3}$$

これらの式から次の反応

$$NH_3(気) + HClaq \longrightarrow NH_4Claq$$

の反応熱〔kJ/mol〕として最も適当な数値を，次の①〜④のうちから一つ選べ。

① −265.4　　② −115.8　　③ 86.6　　④ 236.2

問3　ある容器に15℃の水 500 mL を入れ，そこに固体水酸化ナトリウム 1.0 mol を加え，すばやく溶解させたところ，溶液の温度は図1の領域 A の変化を示した。逃げた熱の補正をすると，溶液の温度は35℃まで上昇したことになる。溶液の温度が30℃まで下がったとき，同じ温度の 2.0 mol/L 塩酸 500 mL をすばやく加えたところ，再び温度が上昇して領域 B の温度変化を示した。この図から温度上昇を読み取り

$$HClaq + NaOH(固)$$
$$\longrightarrow NaClaq + H_2O$$

の反応熱〔kJ/mol〕として最も適当な数値

図1

を，次の①〜⑤のうちから一つ選べ。ただし，固体水酸化ナトリウムの溶解や中和反応による溶液の体積変化はないものとし，溶液の密度は 1.0 g/mL，比熱(物質 1 g の温度を 1℃上げるのに必要な熱量)は 4.2 J/(℃·g)とする。

① 54.6　　② 96.6　　③ 138.6　　④ 180.6　　⑤ 222.6

問4　化学反応と光に関する記述として**誤りを含むもの**を，次の①〜⑤のうちから一つ選べ。

① 水素と塩素の混合気体に強い光を当てると，光エネルギーを吸収して，爆発的に反応する。

② ホタルやウミホタルが光を発する現象は，化学発光の一種である。

③ 臭化銀には感光性があり，光を当てると銀が析出する。

④ 緑色植物は光エネルギーを吸収して，CO_2 と H_2O からデンプンなどの糖類を合成する。

⑤ 光化学反応は，物質のもつ化学エネルギーの差が，光となって放出されたとき起こる。

50 第2編 物質の変化と平衡

★★**28** 結合エネルギー　　　　　　　　　　　　　　　　【18分・15点】

問1　$H-H$ と $H-F$ の結合エネルギーは，それぞれ $436\,kJ/mol$ および $568\,kJ/mol$ であり，HF の生成熱は $271\,kJ/mol$ である。$F-F$ の結合エネルギーは何 kJ/mol か。最も適当な数値を，次の①〜⑤のうちから一つ選べ。

①　79　　②　133　　③　158　　④　403　　⑤　429

問2　H_2 の結合エネルギーは $436\,kJ/mol$，N_2 の結合エネルギーは $946\,kJ/mol$ である。$N-H$ の結合エネルギーに関する次の熱化学方程式(1)が与えられたとき，熱化学方程式(2)の数値 Q として正しいものを，下の①〜⑥のうちから一つ選べ。

$$NH_3(気) = N(気) + 3H(気) - 1173\,kJ \tag{1}$$

$$N_2(気) + 3H_2(気) = 2NH_3(気) + Q\,kJ \tag{2}$$

①　92　　②　209　　③　4600　　④　−92　　⑤　−209　　⑥　−4600

問3　次の熱化学方程式(1)から $C-H$ の結合エネルギーを求め，その結果と熱化学方程式(2)を用いて，$C-C$ の結合エネルギーを計算せよ。得られた $C-C$ の結合エネルギーの数値〔kJ/mol〕として最も適当なものを，下の①〜⑤のうちから一つ選べ。ただし，$CH_4(気)$ と $C_2H_6(気)$ に含まれる各 $C-H$ の結合エネルギーは，すべて等しいものとする。

$$CH_4(気) = C(気) + 4H(気) - 1664\,kJ \tag{1}$$

$$C_2H_6(気) = 2C(気) + 6H(気) - 2826\,kJ \tag{2}$$

①　165　　②　330　　③　416　　④　581　　⑤　1162

問4　$H_2O(気)$ $1\,mol$ 中の $O-H$ 結合を，すべて切断するのに必要なエネルギーは何 kJ か。最も適当な数値を，下の①〜⑤のうちから一つ選べ。ただし，$H-H$ および $O=O$ の結合エネルギーは，それぞれ $436\,kJ/mol$，$498\,kJ/mol$ とする。また，$H_2O(液)$ の生成熱〔kJ/mol〕および蒸発熱〔kJ/mol〕は，それぞれ次の熱化学方程式(1)，(2)で表されるものとする。

$$H_2 + \frac{1}{2}O_2 = H_2O(液) + 286\,kJ \tag{1}$$

$$H_2O(液) = H_2O(気) - 44\,kJ \tag{2}$$

①　443　　②　692　　③　927　　④　971　　⑤　1176

★★29 炭素の同素体と化学エネルギー 【14分・14点】

> 必要があれば，原子量は次の値を使うこと。C 12

次の文章を読み，問い(**問1〜3**)に答えよ。

炭素の同素体である黒鉛，ダイヤモンド，フラーレンがそれぞれ12gずつある。これらのもつエネルギー（化学エネルギー）を比較すると，　ア　が最も小さく，フラーレンと　ア　のエネルギー差は　イ　kJである。ただし，各同素体の完全燃焼は，以下の熱化学方程式で表される。

$$C(黒鉛) + O_2(気) = CO_2(気) + 394 kJ$$
$$C(ダイヤモンド) + O_2(気) = CO_2(気) + 396 kJ$$
$$C_{60}(フラーレン) + 60 O_2(気) = 60 CO_2(気) + 25930 kJ$$

図1に示すように，黒鉛はそれぞれの炭素原子が他の3個の原子と共有結合し，ダイヤモンドは他の4個の原子と共有結合している。したがって，黒鉛およびダイヤモンドそれぞれ12g中に含まれる共有結合の数は，それぞれ　ウ　molおよび　エ　molである。黒鉛12gに含まれるすべての共有結合を切断するために必要なエネルギーは718kJなので，炭素原子間の共有結合1molを切断するために必要なエネルギーは，黒鉛では　オ　kJ，ダイヤモンドでは　カ　kJとなる。

黒鉛　　　　　　　　　　　ダイヤモンド
図1

問1　　ア　・　イ　に当てはまる語・数値の組合せとして最も適当なものを，次の①〜⑥のうちから一つ選べ。

	ア	イ
①	黒鉛	34
②	黒鉛	36
③	黒鉛	38
④	ダイヤモンド	34
⑤	ダイヤモンド	36
⑥	ダイヤモンド	38

問2 　ウ　・　エ　に当てはまる数値として最も適当なものを，それぞれ次の①～⑥のうちから一つずつ選べ。

① 1　② $\dfrac{3}{2}$　③ 2　④ $\dfrac{5}{2}$　⑤ 3　⑥ 4

問3 　オ　・　カ　に当てはまる数値を，それぞれ有効数字3桁で次の形式で表すとき，　a　～　c　，　d　～　f　に当てはまる数字を，下の①～⓪のうちから一つずつ選べ。ただし，同じものを繰り返し選んでもよい。

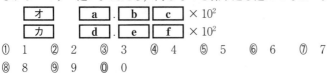

① 1　② 2　③ 3　④ 4　⑤ 5　⑥ 6　⑦ 7
⑧ 8　⑨ 9　⓪ 0

★★★30 可燃性ガスの燃焼（爆発）　【15分・12点】

次の文章を読み，問い（問1～3）に答えよ。

プロパンガスの爆発事故を新聞記事で読んだ生徒が，爆発という現象を化学的に理解したいと思い，図書館で資料を調べたところ，次のことがわかった。

> 空気と混合した可燃性ガスは，火種があると爆発的に燃焼する危険があるので，都市ガスやけいたい用のガスボンベなどを扱うときには十分な注意が必要である。しかし，空気中に占める可燃性ガスの濃度が特定の限界値より小さいと爆発は起こらない。この限界となる濃度を爆発下限界という。表1は，メタン，エタン，プロパンの25℃におけるそれぞれの爆発下限界 L_{25}（空気中の体積パーセント）と燃焼熱〔kJ/mol〕を示したものである。
>
> 表1
>
> | 可燃性ガス | メタン | エタン | プロパン |
> |---|---|---|---|
> | L_{25}〔%〕 | 5.0 | 3.1 | 2.1 |
> | 燃焼熱〔kJ/mol〕 | 891 | 1560 | 2220 |
>
> このような爆発下限界が存在するのは，燃焼（爆発）を維持するのに一定温度以上の火炎温度を保つ必要があるためである。爆発下限界における火炎温度は，それぞれの可燃性ガスの燃焼熱を用いて推定することができる。

問1 　爆発下限界の濃度のプロパンを含む25℃，$1.013×10^5$Paの空気（平均分子量29）が29gある。この空気中のプロパンが完全燃焼したときに発生する熱量は何kJか。最も適当な数値を，次の①～⑤のうちから一つ選べ。

① 12　② 25　③ 33　④ 47　⑤ 58

問2　下線部に関して，問1で求めた熱量で，空気全体が均一に加熱されたとすると，その温度(火炎温度)は何℃になると推定されるか。有効数字2桁で次の形式で表したとき，$\boxed{a}$～$\boxed{c}$ に当てはまる数を，下の①〜⓪のうちから一つずつ選べ。ただし，空気の比熱は温度によらず 1.0 J/(g·K) とし，燃焼にともなう空気成分の変化は無視できるものとする。

① 1　② 2　③ 3　④ 4　⑤ 5　⑥ 6　⑦ 7
⑧ 8　⑨ 9　⓪ 0

問3　表1をもとに考察すると，爆発下限界における火炎温度[℃]と L_{25} の値[%]との関係はどのようになると考えられるか。最も適当なグラフを，次の①〜⑥のうちから一つ選べ。ただし，座標の横軸と縦軸の目盛は，いずれも等間隔になっているものとする。

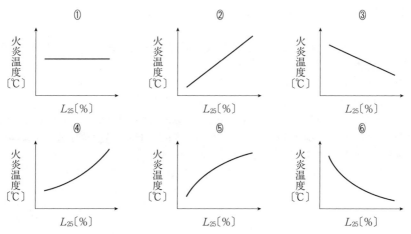

54　第2編　物質の変化と平衡

第2章　　化学反応と電気エネルギー

★★*31* 酸化還元反応　　　　　　　　　　　　　　　【18分・21点】

問1　硫酸で酸性にした過酸化水素水溶液に，0.25 mol/L の過マンガン酸カリウム水溶液を 60 mL 加えた。このとき，次の酸化還元反応が起こっている。

$$H_2O_2 \longrightarrow O_2 + 2H^+ + 2e^-$$
$$MnO_4^- + 8H^+ + 5e^- \longrightarrow Mn^{2+} + 4H_2O$$

過マンガン酸カリウムが完全に反応したとすると，発生する酸素の体積は 0℃，1.013×10^5 Pa（標準状態）で何 L か。発生した気体は水溶液に溶けないものとして，最も適当な数値を，次の①～⑥のうちから一つ選べ。

① 0.17　　② 0.34　　③ 0.84　　④ 1.7　　⑤ 3.4　　⑥ 8.4

問2　酸性の水溶液中で，次のア～ウの酸化還元反応が起こる。

ア　硫酸鉄(Ⅱ)の水溶液に過酸化水素水を加えると，鉄(Ⅱ)イオンは鉄(Ⅲ)イオンに変化する。

イ　ヨウ化カリウムの水溶液に過酸化水素水を加えると，ヨウ化物イオンはヨウ素に変化する。

ウ　ヨウ化カリウムの水溶液に硫酸鉄(Ⅲ)の水溶液を加えると，鉄(Ⅲ)イオンは鉄(Ⅱ)イオンに，ヨウ化物イオンはヨウ素に変化する。

ア～ウの反応から，鉄(Ⅲ)イオン(Fe^{3+})，過酸化水素(H_2O_2)，ヨウ素(I_2)の酸化剤としての強さの順序を知ることができる。Fe^{3+}，H_2O_2，I_2 が酸化剤としての強さの順に正しく並べられているものを，次の①～⑥のうちから一つ選べ。

① $Fe^{3+} > H_2O_2 > I_2$　　② $Fe^{3+} > I_2 > H_2O_2$　　③ $H_2O_2 > Fe^{3+} > I_2$

④ $H_2O_2 > I_2 > Fe^{3+}$　　⑤ $I_2 > H_2O_2 > Fe^{3+}$　　⑥ $I_2 > Fe^{3+} > H_2O_2$

★★ 32 酸化還元反応の利用（COD） 【12分・11点】

必要があれば，原子量は次の値を使うこと。O 16

次の文章を読み，問い（問1～3）に答えよ。

湖沼や海域などの水質汚濁源として，工場や家庭の排水に含まれる有機物がある。このような水質汚濁の程度を表す指標にCOD（化学的酸素要求量）がある。CODは，試料水1L中の有機物などを強い酸化剤で完全に酸化したときに消費される酸化剤の量を，酸化剤としての酸素 O_2 の質量 [mg] に換算したものであり，mg/Lの単位で表される。実験に用いる酸化剤としては，通常は過マンガン酸カリウムの硫酸酸性溶液が用いられる。

酸素および過マンガン酸カリウムの酸化剤としての変化は，それぞれ次の式(1)と式(2)で表される。

$O_2 + 4H^+ +$ [a] $e^- \longrightarrow 2H_2O$ (1)

$MnO_4^- + 8H^+ +$ [b] $e^- \longrightarrow Mn^{2+} + 4H_2O$ (2)

式(1)，式(2)より，$KMnO_4$ の消費量1molは，O_2 の消費量 [c] mol に換算される。

問1 [a]，[b] に当てはまる数として最も適当なものを，それぞれ次の①～⑧のうちから一つずつ選べ。

① 1 ② 2 ③ 3 ④ 4 ⑤ 5 ⑥ 6 ⑦ 7 ⑧ 8

問2 [c] を [a]，[b] を用いて表した式として最も適当なものを，次の①～⑥のうちから一つ選べ。

問3 ある湖沼で採取した試料水100mL中の有機物などを完全に酸化するのに，1.00×10^{-2} mol/L の過マンガン酸カリウム水溶液1.00mLを要した。この湖沼のCODは何mg/Lか。最も適当な数値を，次の①～⑥のうちから一つ選べ。

① 0.20 ② 0.40 ③ 0.60 ④ 2.0 ⑤ 4.0 ⑥ 6.0

56 第2編 物質の変化と平衡

★★*33* 酸化還元滴定（ヨウ素滴定） 【10分・13点】

> 必要があれば，原子量は次の値を使うこと。H1.0 O16 Cl35.5

次の文章を読み，問い(**問1～3**)に答えよ。

塩素は水に少し溶け，その一部が水と次のように反応して塩化水素 HCl と次亜塩素酸 HClO を生じる。

$$Cl_2 + H_2O \rightleftharpoons HCl + HClO$$

塩素による水道水の殺菌は，生じた次亜塩素酸の強い酸化作用を利用している。
水道水中の次亜塩素酸の濃度を調べるために，次の**実験Ⅰ・Ⅱ**を順に行った。

実験Ⅰ：水道水（試料水）100 mL をコニカルビーカーに取り，十分な量のヨウ化カリウム水溶液と酢酸を加えて，ヨウ素を生成させた。

実験Ⅱ：実験Ⅰで生成させたヨウ素を，0.0100 mol/L のチオ硫酸ナトリウム $Na_2S_2O_3$ 水溶液で滴定した。

問1 実験Ⅰ・Ⅱで起こった反応は，それぞれ次の反応式で表される。

実験Ⅰ：$HClO + \boxed{\text{a}}\,e^- + H^+ \longrightarrow Cl^- + H_2O$

$2I^- \longrightarrow I_2 + \boxed{\text{b}}\,e^-$

実験Ⅱ：$I_2 + \boxed{\text{b}}\,e^- \longrightarrow 2I^-$

$2S_2O_3{}^{2-} \longrightarrow S_4O_6{}^{2-} + \boxed{\text{c}}\,e^-$

反応式中の $\boxed{\text{a}}$ ～ $\boxed{\text{c}}$ に当てはまる数字として最も適当なものを，それぞれ次の①～⑤のうちから一つずつ選べ。ただし，同じものを繰り返し選んでもよい。

① 1 ② 2 ③ 3 ④ 4 ⑤ 5

問2 実験Ⅱの滴定では，ヨウ素の色が消える少し手前で指示薬のデンプン溶液を加える。滴定の終点を判断するときの溶液の色の変化として最も適当なものを，次の①～⑥のうちから一つ選べ。

① 青紫色から無色になる ② 無色から青紫色になる
③ 赤色から無色になる ④ 無色から赤色になる
⑤ 緑色から無色になる ⑥ 無色から緑色になる

問3 実験Ⅱの滴定では，終点までの滴下量が 2.50 mL であった。試料水 1 L あたりに含まれる次亜塩素酸の質量は何 mg か。有効数字3桁で次の形式で表すとき，$\boxed{\text{d}}$ ～ $\boxed{\text{f}}$ に当てはまる数字を，下の①～⓪のうちから一つずつ選べ。ただし，同じものを繰り返し選んでもよい。

$\boxed{\text{d}}\,.\,\boxed{\text{e}}\,\boxed{\text{f}}$ mg

① 1 ② 2 ③ 3 ④ 4 ⑤ 5 ⑥ 6 ⑦ 7
⑧ 8 ⑨ 9 ⓪ 0

第2章　化学反応と電気エネルギー　**57**

★★*34* ダニエル（型）電池　　　　　　　　　　　　　　　　【7分・7点】

> 必要があれば，原子量は次の値を使うこと。Zn 65.4　Ag 108

問1　ダニエル電池を式で表すと次のようになる。

　　　Zn｜ZnSO₄ aq｜CuSO₄ aq｜Cu

　この電池の両極を外部回路に接続して，豆電球を点灯させた。この電池を含む回路に関する次の記述 **a ～ c** のうち，正しいものはどれか。すべてを正しく選んだものを，下の①～⑦のうちから一つ選べ。

a　負極では，Zn ⟶ Zn²⁺ ＋ 2e⁻ の反応が進行する。

b　負極の亜鉛板の質量変化と，正極の銅板の質量変化は等しい。

c　電流は，亜鉛板から豆電球を経て銅板に流れる。

　① **a**　　② **b**　　③ **c**　　④ **a, b**　　⑤ **a, c**　　⑥ **b, c**

　⑦ **a, b, c**

問2　次の電池①～③のうちから，起電力が最も大きいものを一つ選べ。ただし，電解質の濃度はすべて同じ(0.5 mol/L)とする。また，中央の｜は溶液間の隔膜を，aq は水溶液を表す。

　① Zn｜ZnSO₄ aq｜NiSO₄ aq｜Ni　　② Zn｜ZnSO₄ aq｜CuSO₄ aq｜Cu

　③ Ni｜NiSO₄ aq｜CuSO₄ aq｜Cu

問3 図1のような電池がある。亜鉛極と銀極を，ある時間だけ導線で連結しておいたところ，亜鉛板の質量が1.31gだけ減少した。この実験について，次の問い(**a**・**b**)に答えよ。ただし，ファラデー定数を 9.65×10^4 C/mol とする。

図1

a このときの銀板の質量変化〔g〕として最も適当なものを，次の①～⑧のうちから一つ選べ。ただし，符号の＋は増加を，－は減少を表す。

① ＋0.54　② －0.54　③ ＋1.08　④ －1.08
⑤ ＋2.16　⑥ －2.16　⑦ ＋4.32　⑧ －4.32

b このとき導線中を流れた電気量〔C〕に最も近い値と電流の方向との組合せを，次の①～⑧のうちから一つ選べ。

	電流の方向	電気量〔C〕
①	銀板から亜鉛板	483
②	銀板から亜鉛板	965
③	銀板から亜鉛板	1930
④	銀板から亜鉛板	3860
⑤	亜鉛板から銀板	483
⑥	亜鉛板から銀板	965
⑦	亜鉛板から銀板	1930
⑧	亜鉛板から銀板	3860

★★35 マンガン乾電池, 鉛蓄電池 【18分・17点】

必要があれば, 原子量は次の値を使うこと。 H 1.0 O 16 S 32 Pb 207

問1 マンガン乾電池の放電で, 0.1Aの電流が2.7時間流れた。負極で酸化された亜鉛 Zn は何 mol か。最も適当な数値を, 次の①〜⑤のうちから一つ選べ。ただし, ファラデー定数は 9.65×10^4 C/mol とする。

① 0.005 ② 0.01 ③ 0.02 ④ 0.05 ⑤ 0.1

問2 鉛蓄電池に関する次の記述①〜⑤のうちから, 正しいものを一つ選べ。
① 鉛蓄電池の電解液は, 希塩酸である。
② 鉛蓄電池は放電するにつれて, 両極の表面がともに白色になる。
③ 鉛蓄電池を放電させるとき, 正極で酸化が起こる。
④ 鉛蓄電池は放電するにつれて, 電解液の濃度が高くなる。
⑤ 鉛蓄電池を充電すると, 一方の電極は鉛に, 他方の電極は塩化鉛になる。

問3 図1は鉛蓄電池の模式図である。この鉛蓄電池に関する次の問い (**a**・**b**) に答えよ。

a 次の記述中の ア ・ イ に当てはまる語句の組合せとして最も適当なものを, 下の①〜⑥のうちから一つ選べ。

電極Aと電極Bの間に豆電球をつないで放電させると, PbO₂ は ア される。このとき硫酸の濃度は イ 。

図1

	ア	イ
①	酸 化	増加する
②	酸 化	変化しない
③	酸 化	減少する
④	還 元	増加する
⑤	還 元	変化しない
⑥	還 元	減少する

b 鉛蓄電池を放電させたとき，電極A，電極Bの質量の変化量の関係を表す直線として最も適当なものを，図2の①〜⑥のうちから一つ選べ。

図2

★★ 36 燃料電池　　【14分・14点】

必要があれば，原子量は次の値を使うこと。H 1.0　O 16

次の文章を読み，問い(**問1〜3**)に答えよ。

図1は，水素を燃料としたリン酸型燃料電池の原理を示したものである。電極Aでは水素分子が水素イオンと電子になる反応が進行する。この反応で生じた電子は，導線を通って電極Bに移動し，供給された酸素と電解液（リン酸水溶液）中を移動してきた水素イオンと反応して水になる。

図1

問1 図1の電池に関する記述として**誤りを含むもの**を，次の①〜④のうちから一つ選べ。
① 水素と酸素の化学反応にともなって生じるエネルギーを，電気エネルギーとして取り出している。
② 電子が外部に流れ出る電極Aが負極，外部から流れ込む電極Bが正極となる。
③ 反応に使われる水素と酸素の同温・同圧における体積は等しい。
④ 1C（クーロン）の電気量を取り出すのに必要な水素の物質量は，水の電気分解において1Cの電気量を通じたとき発生する水素の物質量に等しい。

問2 図1の電池を放電させたところ，電極Bから生成水 1.8g が得られた。流れた電気量は何Cか。最も適当な数値を，次の①〜⑤のうちから一つ選べ。ただし，ファラデー定数は 9.65×10^4 C/mol とする。
① 4.8×10^3　② 9.7×10^3　③ 1.9×10^4　④ 3.9×10^4
⑤ 4.8×10^4

問3 水素の代わりにメタノールを燃料とした燃料電池がある。これを放電させると、メタノールは次式のように変化する。

CH₃OH + [x] H₂O ⟶ CO₂ + [y] H⁺ + [z] e⁻

a [x] ～ [z] に当てはまる数字を、それぞれ次の①～⑧のうちから一つずつ選べ。

① 1　② 2　③ 3　④ 4　⑤ 5　⑥ 6　⑦ 7　⑧ 8

b メタノールが1.0mol反応するとき、酸素は何mol反応するか。最も適当な数値を、次の①～⑤のうちから一つ選べ。

① 1.0　② 1.5　③ 2.0　④ 2.5　⑤ 3.0

★★37 電気分解とファラデーの法則　【18分・22点】

問1 図1のような電解槽で、下の表のア、イ、ウのように電極と電解質溶液を組み合わせて電気分解を行うとき、おのおのの電極で起こる現象 [1] ～ [6] の記述として最も適当なものを、下に示した解答群の①～⑦のうちから一つずつ選べ。ただし、同じものをくり返し選んでもよい。

図1

組合せ	陽極 電極	陽極 現象	陰極 電極	陰極 現象	電解質溶液
ア	白金	[1]	白金	[2]	希硫酸
イ	銅	[3]	銅	[4]	硫酸銅(Ⅱ)水溶液
ウ	炭素(黒鉛)	[5]	白金	[6]	塩化ナトリウム水溶液

解答群　① 何の変化も起こらない。
　　　　② 電極の物質がイオンとなって溶け出す。
　　　　③ 溶液中のイオンが金属となって析出する。
　　　　④ 気体の酸素が発生する。
　　　　⑤ 気体の水素が発生する。
　　　　⑥ 気体の二酸化硫黄が発生する。
　　　　⑦ 気体の塩素が発生する。

第2章 化学反応と電気エネルギー **63**

問2 電気分解のさいに，電極で変化するイオンの物質量〔mol〕は通じた電気量に比例し，同一の電気量を通じたときに電極で変化するイオンの物質量はイオンの価数に反比例することがファラデーにより実験的に発見されている。また，1C（クーロン）は1A（アンペア）の電流が1s（秒）流れた時の電気量であり，1molの電子のもつ電気量の絶対値は 9.65×10^4 C である。

　原子量 M の2価の金属イオンを含む水溶液の電気分解において，i〔A〕の電流を t〔s〕通じた場合，析出する金属の質量〔g〕を表す式として正しいものはどれか。次の①〜⑤のうちから一つ選べ。

① $\dfrac{M}{2} \times \dfrac{i \times t}{96500}$　　② $\dfrac{M}{2} \times \dfrac{96500}{i \times t}$　　③ $\dfrac{2}{M} \times \dfrac{i \times t}{96500}$　　④ $\dfrac{2}{M} \times \dfrac{96500}{i \times t}$

⑤ $\dfrac{2}{M} \times 96500 \times i \times t$

問3 硝酸銀水溶液を電解槽に入れ，二枚の銀板をそれぞれ陰極，陽極として，A〔A〕の電流を t 秒間通じたところ，陰極の質量は，ちょうど1g増加した。この実験について，次の問い（**a・b**）に答えよ。

a 銀の原子量を M，ファラデー定数の値を F〔C/mol〕とすれば，M，A および t と F との間には，次の関係がある。

　　$F = \boxed{}$

$\boxed{}$ に入れるのに最も適当なものを，次の①〜⑧のうちから一つ選べ。

① MAt　　② $\dfrac{MA}{t}$　　③ $\dfrac{Mt}{A}$　　④ $\dfrac{At}{M}$　　⑤ $\dfrac{M}{At}$　　⑥ $\dfrac{A}{Mt}$

⑦ $\dfrac{t}{MA}$　　⑧ $\dfrac{1}{MAt}$

b この電気分解で起こった変化についての正しい記述を，次の①〜③のうちから一つ選べ。

① 陽極の質量は減少したが，水溶液中の銀イオンの濃度は変わらなかった。

② 水溶液中の銀イオンの濃度は減少したが，陽極の質量は変わらなかった。

③ 陽極の質量と水溶液中の銀イオンの濃度は，ともに減少した。

64 第2編 物質の変化と平衡

問4 白金を陰極および陽極として，硫酸銅(Ⅱ)水溶液の電気分解を行った。これに
関連して，次の問い(**a・b**)に答えよ。ただし，ファラデー定数を 9.65×10^4
C/mol，Cu の原子量を 63.5 とする。

a 陰極に w〔g〕の銅が析出した。このとき流れた電気量は何 C か。次の①～⑨の
うちから一つ選べ。

① $\dfrac{63.5 \times 96500 \times 2}{w}$ 　② $\dfrac{63.5 \times 96500}{w}$ 　③ $\dfrac{63.5 \times 96500}{w \times 2}$

④ $\dfrac{63.5 \times w \times 2}{96500}$ 　⑤ $\dfrac{63.5 \times w}{96500}$ 　⑥ $\dfrac{63.5 \times w}{96500 \times 2}$

⑦ $\dfrac{96500 \times w \times 2}{63.5}$ 　⑧ $\dfrac{96500 \times w}{63.5}$ 　⑨ $\dfrac{96500 \times w}{63.5 \times 2}$

b 電解の進行に伴って，電解液中の各イオンの量はどのように変化したか。最も
適当なものを，次の①～⑥のうちから一つ選べ。

	①	②	③	④	⑤	⑥
水素イオン	不　変	不　変	増　加	増　加	減　少	減　少
銅(Ⅱ)イオン	増　加	減　少	増　加	減　少	増　加	減　少
硫酸イオン	減　少	増　加	不　変	不　変	減　少	不　変

★★**38** 電気分解の応用(1) 　　　　　　【28分・27点】

> 必要があれば，原子量は次の値を使うこと。
> H1.0　O16　Cu63.5　Ag108

問1 白金板を電極として硫酸銅(Ⅱ)水溶液を，0.50 A の電流で 96.5 分間電気分解
した。陰極で析出する銅の質量〔g〕と陽極で発生する酸素の 0℃，1.013×10^5 Pa
(標準状態)での体積〔mL〕の組合せとして最も適当なものを，次の①～⑥のうち
から一つ選べ。ただし，ファラデー定数は 9.65×10^4 C/mol とする。

	銅の質量〔g〕	酸素の体積〔mL〕
①	0.95	42
②	0.95	84
③	0.95	168
④	1.9	168
⑤	1.9	84
⑥	1.9	42

問2　陽極および陰極に白金板を用い，希硫酸水溶液の電気分解を行った。965Cの電気量を流したとき，陽極および陰極で生成する気体の質量はそれぞれ何gか。最も適当な数値を，次の①〜⑦のうちから一つずつ選べ。ただし，ファラデー定数は 9.65×10^4 C/mol とする。

陽極 [1] g，陰極 [2] g

① 0.005　② 0.01　③ 0.02　④ 0.04　⑤ 0.08　⑥ 0.16
⑦ 0.32

問3　図1のAのように，水酸化ナトリウム水溶液を入れたビーカーに炭素電極2本を浸し，直流電源により電気分解を行った。このとき，発生した気体は，体積比2：1で電極部に蓄えられた。次に直流電源をはずし，図1のBのように小さな電球（表示灯）をつなぐと点灯し，蓄えられた気体が徐々に減少した。電球をつないだとき各電極で起こっている反応として最も適当なものを，下の①〜⑤のうちから，それぞれ一つずつ選べ。

（＋）極での反応 [3]　　（－）極での反応 [4]

図1

① $4OH^- \longrightarrow O_2 + 2H_2O + 4e^-$　　② $H_2 + 2OH^- \longrightarrow 2H_2O + 2e^-$
③ $Na^+ + e^- \longrightarrow Na$　　④ $2H_2O + 2e^- \longrightarrow H_2 + 2OH^-$
⑤ $O_2 + 2H_2O + 4e^- \longrightarrow 4OH^-$

問 4 図2のように三つの電解槽を直流電源につなぎ，一定時間電流を流したところ，電極Ⅰに銅 0.635 g が析出した。この間に電極Ⅲ，電極Ⅳおよび電極Ⅴにおいて生じた変化の記述として正しいものを，それぞれの解答群のうちから一つずつ選べ。ただし，気体の体積は 0℃，1.013×10^5 Pa（標準状態）で測った値とする。

図2

a 電極Ⅲにおける変化
① 電極の質量が増加した。　② 電極の質量が減少した。
③ 気体が発生し，電極の周囲の溶液が酸性になった。
④ 気体が発生し，電極の周囲の溶液がアルカリ性になった。

b 電極Ⅳにおける変化
① 酸素が発生した。　② 塩素が発生した。
③ 気体は発生せず，電極の周囲の溶液が酸性になった。
④ 気体は発生せず，電極の周囲の溶液がアルカリ性になった。

c 電極Ⅴにおける変化
① 水素 0.056 L が発生した。　② 水素 0.112 L が発生した。
③ 水素 0.224 L が発生した。　④ 水素 0.448 L が発生した。
⑤ 銀 0.54 g が析出した。　⑥ 銀 1.08 g が析出した。
⑦ 銀 2.16 g が析出した。　⑧ 銀 4.32 g が析出した。

問5 図3に示す電気分解の装置において,電解槽Ⅰに金属Mの硫酸塩水溶液が入っており,電解槽Ⅱに水酸化ナトリウム水溶液が入っている。図3の回路に流れる電流を0.965Aにして30分間電気分解したとき,白金電極アに析出する金属Mの物質量〔mol〕と時間(10～30分)の間には,図4のグラフに示す関係があった。下の問い(**a**・**b**)に答えよ。ただし,ファラデー定数は9.65×10^4 C/molとする。

図3　　　　　　　　　　　　　　図4

a 白金電極アに金属Mが5.0×10^{-3} mol析出するのに要した電気量は何Cか。最も適当な数値を,次の①～⑤のうちから一つ選べ。
① 16　② 48　③ 97　④ 4.8×10^2　⑤ 9.7×10^2

b 白金電極ウとエで発生した気体の物質量〔mol〕と時間の関係のグラフとして最も適当なものを,次の①～⑥のうちから一つ選べ。

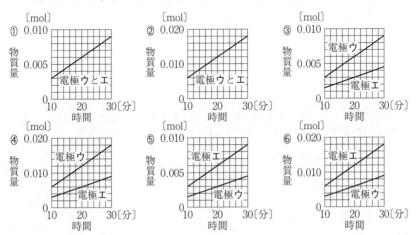

★★★ 39 電気分解の応用(2) 【25分・23点】

必要があれば，原子量は次の値を使うこと。Cu63.5 Zn65.4

問1 図1の装置は，2種類の電池を直列につないで，硫酸ナトリウム水溶液を電気分解するためのものである。ある時間だけXとYを接続しておいたところ270Cの電気量が流れた。この実験について次の問い(**a**・**b**)に答えよ。ただし，ファラデー定数は 9.65×10^4 C/mol とする。

図1

a 次の記述のうち正しいものには①を，正しくないものには②を記せ。

1	電流はF→Y→X→Aの方向に流れた。
2	電極Aの質量は減少した。
3	電極Cの質量は減少した。
4	電極D付近の溶液は酸性になった。
5	電極Eの質量は減少した。
6	電極Fの質量は増加した。

b 電極Bの質量は何g変化したか。最も適当なものを，次の①～⑥のうちから一つ選べ。

① 0.89g増　② 0.178g増　③ 0.089g増　④ 0.089g減
⑤ 0.178g減　⑥ 0.89g減

問2 図2のように，陽イオンだけを通す隔膜で仕切ったAおよびB室に，1.00mol/Lの塩化ナトリウム水溶液を500mLずつ入れ，電気分解を行った。電気分解後，A室の塩化ナトリウム水溶液の濃度は，0.900mol/Lになった。

陽イオンだけを通す隔膜
図2

次の問い(**a**・**b**)に答えよ。ただし，電気分解の前後で，AおよびB室の溶液の体積は変わらないものとする。

a 電気分解で流れた電気量は何Cか。最も適当な数値を，次の①〜⑥のうちから一つ選べ。なお，ファラデー定数は 9.65×10^4 C/mol である。
① 3620　② 4830　③ 7240　④ 9650　⑤ 12100　⑥ 14500

b 電気分解後，B室の溶液の一部をとり出し，純水で100倍にうすめた。この溶液の水酸化物イオン濃度は何mol/Lか。最も適当な数値を，次の①〜⑥のうちから一つ選べ。
① 1.00×10^{-6}　② 1.00×10^{-5}　③ 1.00×10^{-4}　④ 1.00×10^{-3}
⑤ 1.00×10^{-2}　⑥ 1.00×10^{-1}

問3 銅の電解精錬の過程を実験室で再現するために，希硫酸に硫酸銅(Ⅱ)を溶かした溶液1000mLを電解槽に入れ，不純物を含んだ銅(粗銅)を陽極に，純粋な銅(純銅)を陰極にして電気分解を行った。このことに関して，次の問い(**a**・**b**)に答えよ。

a 粗銅の電極には，不純物として，主に亜鉛，金，銀，鉄，ニッケルが含まれている。この不純物の金属には，電気分解後，陽極泥に含まれるものと，水溶液中にイオンとして存在するものとがある。陽極泥に含まれる金属はどれか。最も適当なものを，次の①〜⑦のうちから一つ選べ。
① 亜鉛，鉄　② 亜鉛，鉄，ニッケル　③ 銀，ニッケル
④ 金，ニッケル　⑤ 金，鉄　⑥ 金，銀　⑦ 金，銀，鉄

b 直流電流を通じて電気分解したところ，粗銅は67.14g減少し，一方，純銅は66.50g増加した。また，陽極泥の質量は0.34gで，溶液中の銅イオンの濃度は0.0400mol/Lだけ減少した。この電気分解で水溶液中に溶け出した不純物の金属の質量は何gか。最も適当な数値を，次の①〜⑨のうちから一つ選べ。ただし，この電気分解により溶液の体積は変化しないものとし，また，不純物としては金属だけが含まれているものとする。
① 0.30　② 0.34　③ 0.64　④ 1.27　⑤ 2.20　⑥ 2.54
⑦ 2.84　⑧ 3.18　⑨ 3.52

70 第2編 物質の変化と平衡

第3章	反応速度と化学平衡

★★ **40** 反応速度と反応速度式 【13分・16点】

問1 反応の速さに関する記述として**誤り**を含むものを，次の①～⑤のうちから一つ選べ。

① 可逆反応において，温度を上げると，正反応も逆反応も速くなる。

② 温度を10℃上げると速さが2倍になる反応では，温度を20℃下げると，速さは $\frac{1}{8}$ になる。

③ 反応物の濃度が高くなれば，分子どうしの衝突回数が増加し，反応の速さは増大する。

④ 活性化エネルギーが小さくなれば，活性化エネルギーを超える分子の数が増加するので，反応の速さは増大する。

⑤ 可逆反応における見かけの反応の速さは，時間の経過とともに減少し，反応は平衡に達する。

問2 化学反応に対する触媒の作用についての記述として正しいものを，次の①～⑤のうちから一つ選べ。

① 触媒の作用をもつものはすべて固体である。

② 触媒の作用により反応熱が大きくなる。

③ 触媒の作用により反応の経路が変わる。

④ 触媒の作用により正反応の速さは増すが，逆反応の速さは変わらない。

⑤ 化学平衡の状態になったところに触媒を加えると，平衡が移動し生成物の量が増す。

問3 $2A + B \longrightarrow 2C$ で表される反応がある。この反応について，次の問い（**a・b**）に答えよ。

a ある時点におけるCの増加速度は $4.0 \times 10^{-3}\,\text{mol/(L·s)}$ であった。この時点におけるBの減少速度は何 mol/(L·s) か。最も適当な数値を，次の①～⑤のうちから一つ選べ。

① 1.0×10^{-3}　② 2.0×10^{-3}　③ 4.0×10^{-3}　④ 6.0×10^{-3}

⑤ 8.0×10^{-3}

b Aの濃度を2倍にしたところ，Cの増加速度は4倍になった。また，Bの濃度を2倍にしたところ，Cの増加速度は2倍になった。この反応の反応速度式として最も適当なものを，次の①～⑤のうちから一つ選べ。ただし，Cの増加速度を v，反応速度定数を k とする。

① $v = k[A]$　② $v = k[B]^2$　③ $v = k[A]^2[B]$　④ $v = k[A][B]^2$

⑤ $v = k[A][B]$

第3章　反応速度と化学平衡　**71**

問4　一定容積の密閉容器の中でヨウ化水素を熱すると，次のように分解して水素とヨウ素になる。ただし，HI，H_2，I_2 はすべて気体とする。

$$2HI \longrightarrow H_2 + I_2$$

この反応の速さ v は，次式で表される。

$$v = k[HI]^2 \quad (k \text{ は比例定数})$$

容器中に含まれるヨウ化水素分子の数を3倍にすると，ヨウ化水素分子どうしが単位時間あたり衝突する回数は何倍になるか。最も適当な数値を，次の①～⑤のうちから一つ選べ。

①　$\dfrac{1}{3}$　　②　1　　③　3　　④　6　　⑤　9

★★★*41* 時計反応の反応速度　　　　　　　　　【13分・12点】

次の文章を読み，問い（問1～3）に答えよ。

次に示す溶液Aと溶液Bを一定量ずつとって混合すると，混合溶液ははじめのうち無色であるが，ある時間（誘導時間）が経過した後，溶液は突然青紫色に変化する。このような反応を時計反応という。

溶液A：ヨウ化カリウム KI 50g，チオ硫酸ナトリウム $Na_2S_2O_3$ 90mg，5％デンプン水溶液 10mL を，水に溶解して全体を1Lとしたもの。

溶液B：ペルオキソ二硫酸ナトリウム $Na_2S_2O_8$ 5g を水に溶解して全体を1Lとしたもの。

表1は，溶液Aの一定量に対して加える溶液Bの量を変えて行った三つの実験の結果ア～ウを示したものである。ただし，温度は18℃で一定である。なお，混合後の溶液の体積が同じになるように実験イ，ウでは水も加えた。

表1

実験結果	溶液A〔mL〕	溶液B〔mL〕	加えた水〔mL〕	誘導時間〔秒〕
ア	3	3	0	42
イ	3	2	1	63
ウ	3	1	2	129

この実験では，強い酸化剤（$Na_2S_2O_8$）と2種類の還元剤（KIと $Na_2S_2O_3$）との反応が起こる。それぞれの変化は，次式(1)～(3)で表される。

酸化剤　$S_2O_8{}^{2-} + 2e^- \longrightarrow 2SO_4{}^{2-}$ 　　　　　　　　　　　　(1)

還元剤　$2I^- \longrightarrow I_2 + 2e^-$ 　　　　　　　　　　　　　　　　　　(2)

還元剤　$2S_2O_3{}^{2-} \longrightarrow S_4O_6{}^{2-} + 2e^-$ 　　　　　　　　　　　(3)

$S_2O_3{}^{2-}$ の方が I^- より還元力が強いため，まず式(1)と式(3)の反応が起こるが，$S_2O_3{}^{2-}$ が消費されて，ある濃度以下になると，式(1)と式(2)の反応が起こり始める。このとき，溶液は無色から青紫色に変化する。

問1 溶液Aと溶液Bの混合溶液が誘導時間後に青紫色に変化するのは,デンプンと何が反応するためか。最も適当なものを,次の①～⑥のうちから一つ選べ。
① $S_2O_8^{2-}$ ② SO_4^{2-} ③ I^- ④ I_2 ⑤ $S_2O_3^{2-}$ ⑥ $S_4O_6^{2-}$

問2 誘導時間を t^* とすると,$\dfrac{1}{t^*}$ は誘導時間中に起こる反応の平均反応速度に比例すると考えてよい。$S_2O_8^{2-}$ のモル濃度 $[S_2O_8^{2-}]$ と t^* の関係はどのような式で表されるか。最も適当なものを,次の①～⑥のうちから一つ選べ。ただし,k は定数とする。なお,必要があれば,表1の数値と下の方眼紙を使うこと。
① $t^* = k[S_2O_8^{2-}]$ ② $t^* = k[S_2O_8^{2-}]^{-1}$ ③ $t^* = k[S_2O_8^{2-}]^2$
④ $t^* = k[S_2O_8^{2-}]^{-2}$ ⑤ $t^* = k[S_2O_8^{2-}]^{\frac{1}{2}}$ ⑥ $t^* = k[S_2O_8^{2-}]^{-\frac{1}{2}}$

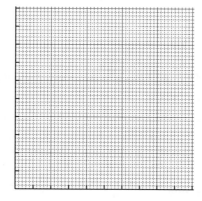

問3 この実験で起こる反応に関する記述として誤りを含むものを,次の①～④のうちから一つ選べ。
① 温度を上げると,t^* は大きくなる。
② $S_2O_3^{2-}$ の濃度を大きくすると,t^* は大きくなる。
③ 少量の触媒を加えると,t^* は小さくなる。
④ $S_2O_8^{2-}$ が SO_4^{2-} になると,硫黄原子の酸化数は+7から+6に減少する。

★★ 42 反応速度と化学平衡(1)　　【7分・11点】

必要があれば，原子量は次の値を使うこと。H 1.0　C 12　O 16

問1　水素とヨウ素の混合物を密閉容器に入れ，450℃で反応させると，ヨウ化水素が生成し，やがて平衡に達する。

$$H_2 + I_2 \underset{逆反応}{\overset{正反応}{\rightleftarrows}} 2HI$$

反応開始後の正反応の速さと逆反応の速さを表す図として最も適当なものを，次の①～⑤のうちから一つ選べ。

問2　同じ質量の水素と二酸化炭素とを混合し，容器に入れて密閉した。この混合気体をある一定の温度に保ったところ，次の反応が起こって平衡状態に達した。

$$H_2(気) + CO_2(気) \rightleftarrows H_2O(気) + CO(気)$$

この平衡状態に関する記述として正しいものを，次の①～⑤のうちから二つ選べ。ただし，解答の順序は問わない。

① 平衡状態における H_2，CO_2，H_2O，CO の分圧は，すべて等しい。
② 平衡状態に達したあとでも，H_2 分子と CO_2 分子との反応，及び H_2O 分子と CO 分子との反応は，ともに起こっている。
③ 平衡状態における H_2O と CO の分圧は等しい。
④ 容器内の混合気体の H，C，O の原子数の比は，はじめと平衡状態に達したときとでは異なっている。
⑤ 平衡状態に達したあとでも，混合気体中の H_2 の質量は CO_2 の質量に等しい。

74 第2編 物質の変化と平衡

問3 酸性の水溶液中で，酢酸エチルの加水分解を行う。この反応は可逆反応であって，次の式で表される。

$$CH_3COOC_2H_5 + H_2O \underset{逆反応}{\overset{正反応}{\rightleftarrows}} CH_3COOH + C_2H_5OH$$

酢酸エチルの加水分解反応に関する記述として正しいものを，次の①～⑤のうちから一つ選べ。

① 酢酸エチルの濃度を高くしても，正反応の速さは変わらない。

② 溶液の温度を上げると，正反応の速さは大きくなるが，逆反応の速さは小さくなる。

③ 酢酸エチルの濃度が減少する速さと，エタノールの濃度が増加する速さは異なる。

④ 反応が平衡に達すると，正反応と逆反応の速さは等しくなる。

⑤ 逆反応の速さは，溶液にエタノールを加えても変わらない。

★★ 43 反応速度と化学平衡(2) 【10分・13点】

問1 熱化学方程式,

$$H_2(気) + I_2(気) = 2HI(気) + 10 kJ$$

で表される反応が平衡状態にある。体積一定で，温度を上げたとき，正反応と逆反応の速度はどのように変化するか。正しい組合せを，次の①～⑥のうちから一つ選べ。

	正反応の速度	逆反応の速度
①	増　加	増　加
②	減　少	変化なし
③	増　加	減　少
④	変化なし	増　加
⑤	変化なし	減　少
⑥	減　少	減　少

問2 25℃, 1.0×10^5 Pa のもとで，3.0 L のアセチレン(HC≡CH)と 7.0 L の水素とを混合して，容積 10.0 L の容器に入れた。これに少量の触媒（白金）を加えて 25℃ に保っておいたところ，混合気体の圧力はしだいに減少して，ついに一定となり，アセチレンはすべてエタン(CH₃−CH₃)に変わった。図1の曲線Aは，この時の圧力変化を示す。この実験について，次の問い（**a・b**）に答えよ。

図1

a 触媒の量だけを2倍にして，上と同じ実験を行ったところ，反応初期の圧力変化は図1の曲線B（破線）となった。この場合，反応の進行とともに，容器内の混合気体の圧力はおよそどのように変化するか。最も適当なグラフを，次の①～⑥のうちから一つ選べ。

b はじめの実験で，混合気体の圧力が一定となった時の水素の分圧は何 Pa か。最も適当な数値を，次の①～⑥のうちから一つ選べ。

① 1.0×10^4　　② 2.0×10^4　　③ 3.0×10^4　　④ 4.0×10^4
⑤ 5.0×10^4　　⑥ 6.0×10^4

問3 エチレン 0.8 mol とヨウ化水素 1.0 mol の混合気体が反応して，ヨウ化エチルを生成するときの物質量の時間変化を図2に示す。この図に関する記述として**誤り**を**含むもの**を，下の①～⑤のうちから一つ選べ。

図2　物質量の時間変化

① 反応時間が同じ時点では，エチレンの物質量が減少する速さと，ヨウ化水素の物質量が減少する速さは等しい。
② 反応時間が同じ時点では，ヨウ化エチルの物質量が増加する速さと，ヨウ化水素の物質量が減少する速さは等しい。
③ ヨウ化エチルの物質量が増加する速さは，反応開始時が最も小さい。
④ 反応を始めてからある時間までに減少したヨウ化水素の物質量と，同じ時間内に増加したヨウ化エチルの物質量は等しい。
⑤ ヨウ化水素とエチレンの物質量の比は，反応が進むにつれて変化する。

第4章　化学平衡と平衡移動　**77**

第4章	化学平衡と平衡移動

★★*44* 平衡移動の原理(1) 　　　　　　　　　　【14分・16点】

問1 次の化学平衡(a・b)において，右辺の物質の量を増加させるには，温度と圧力をそれぞれどのように変えればよいか。表1中の　1 ～ 4 に当てはまるものを，下の①～③のうちからそれぞれ一つずつ選べ。ただし，同じものをくり返し選んでもよい。

　　a　　$CO + 2H_2 \rightleftarrows CH_3OH$（気体）

　　b　　$CO_2 + H_2 \rightleftarrows CO + H_2O$（気体）

　　ただし，これらの平衡に関係する熱化学方程式は，次の通りである。

　　　$CO + 2H_2 = CH_3OH$（気体）$+ 105\,kJ$

　　　$CO_2 + H_2 = CO + H_2O$（気体）$- 41\,kJ$

	温　度	圧　力
a	1	2
b	3	4

　　　　表1

　① 　高くする　　② 　低くする　　③ 　変えても効果はない

問2 無色の気体である四酸化二窒素 N_2O_4 は常温・常圧で熱を吸収し，一部解離して，褐色の二酸化窒素 NO_2 を生じる。この N_2O_4 と NO_2 の混合気体が，先を閉じた注射器の中で平衡状態になっている。この混合気体の温度を変えたり，注射器のピストンを動かして圧力を変えたりして，気体の色の変化を観察した。この実験に関する記述として正しいものを，次の①～⑤のうちから一つ選べ。

　① 　体積一定のもとで温度を高くすると，褐色がうすくなる。

　② 　体積一定のもとでは，温度を変えても色の変化はない。

　③ 　常温で圧力を急に減らすと，初め褐色がうすくなるが，やがて褐色が濃くなる。

　④ 　常温で圧力を急に加えると，初め褐色が濃くなり，やがて褐色がさらに濃くなる。

　⑤ 　常温で圧力を変えても，色の変化はない。

問 3 窒素と水素からアンモニアが生成するとき，その熱化学方程式は次式で表される。

$$N_2(気) + 3H_2(気) = 2NH_3(気) + 92 kJ$$

物質量比 1 : 3 の窒素と水素の混合気体を反応させると，やがて平衡状態に達する。その後，平衡を保ちながら，圧力一定で温度を変えたときと，温度一定で圧力を変えたときのアンモニアの体積百分率の変化を測定した。この変化を表す図の組合せとして最も適当なものを，次の ① ～ ⑥ のうちから一つ選べ。

第4章　化学平衡と平衡移動　**79**

問4　次の熱化学方程式A～Eで表される反応に関する記述として**誤りを含むもの**を，下の①～⑥のうちから二つ選べ。ただし，解答の順序は問わない。方程式中で，物質の化学式にその状態が付記されていない物質は，すべて気体の状態にある。

A　$2HI = H_2 + I_2 - 10\,kJ$

B　$2NO = N_2 + O_2 + 181\,kJ$

C　$C(黒鉛) + H_2O = CO + H_2 - 131\,kJ$

D　$2SO_2 + O_2 = 2SO_3 + 198\,kJ$

E　$2O_3 = 3O_2 + 285\,kJ$

① Aの反応で，正反応（HIが分解する反応）の活性化エネルギーは，逆反応の活性化エネルギーより大きい。

② A, B, Cの反応では，温度を一定にして圧力を上げても化学平衡は移動しない。

③ Bの反応が平衡に達しているとき，正反応でNOが分解する速度と逆反応でNOが生成する速度は等しい。

④ Dの反応で，平衡におけるSO_3の生成率は，温度が低く圧力が高いほど大きい。

⑤ Dの反応で，白金を触媒として加えると，反応熱は198 kJよりも大きくなる。

⑥ Eの反応では，圧力を下げても，温度を低くしても，化学平衡が右へ移動する。

★★★ *45* 平衡移動の原理(2)　　　　　　　　　　【19分・20点】

問1　二酸化窒素と四酸化二窒素の間には次の化学平衡が存在する。

$$2NO_2 \rightleftharpoons N_2O_4$$

この反応は，右に進むとき発熱である。この反応について次の問い（**a** ～ **c**）に答えよ。ただし，NO_2とN_2O_4は，いずれも理想気体とみなし，液化は起こらないものとする。

a　この反応に関する次の記述のうち，正しいものは①を，誤りを含むものは②を選べ。

　　$\boxed{1}$　一定体積中のNO_2分子の数は，平衡状態に達した後は一定に保たれる。

　　$\boxed{2}$　平衡状態では，一定体積中のNO_2分子の数は，つねにN_2O_4分子の数の2倍である。

　　$\boxed{3}$　ある物質量のNO_2のみから出発したときと，その半分の物質量のN_2O_4のみから出発したときとでは，同温同圧で到達する平衡状態は完全に同じである。

　　$\boxed{4}$　体積を一定に保ったままで，外部からこの混合気体を冷却すると，平衡は発熱の方向に移動するので，その反応熱のために，内部の温度はかえって上昇する。

b この混合気体を容積一定の容器に入れ,温度(T)を変化させて,その圧力(P)を測定した。PとTの関係を示すグラフとして最も適当なものを,次の①～⑥のうちから一つ選べ。

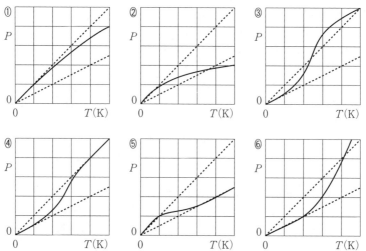

c この混合気体を容積一定の容器中で冷却した。このとき気体の密度および平均分子量(見かけの分子量)はどのように変化するか。正しいものを,次の①～③のうちからそれぞれ一つずつ選べ。ただし,同じものをくり返し選んでもよい。

　　　 5 　気体の密度　　　 6 　気体の平均分子量
　　① 増加する　　② 減少する　　③ 変化しない

問2　次に示す気体(**a**～**c**)について,下の 7 , 8 の数または圧力の大きさの関係を,①～⑥のうちからそれぞれ一つずつ選べ。ただし,同じものをくり返し選んでもよい。また,**a**および**b**はいずれも平衡状態にあるものとする。

a 二酸化窒素(NO_2)と四酸化二窒素(N_2O_4)の混合物(25℃,1×10^5Pa,1L)
b 二酸化窒素(NO_2)と四酸化二窒素(N_2O_4)の混合物(25℃,0.25×10^5Pa,4L)
c 一酸化窒素(NO)(25℃,1×10^5Pa,1L)

　　　 7 　各気体に含まれる窒素原子の数
　　　 8 　各気体を膨張あるいは圧縮して体積を2Lとしたとき,それが25℃において示す圧力

① a>b>c　② b>c>a　③ c>a>b　④ c>b>a
⑤ a>c>b　⑥ b>a>c

第4章　化学平衡と平衡移動　**81**

問3　次の文章を読み，下の問い(**a・b**)に答えよ。

エチレンと水素からエタンが生成する反応は可逆反応であり，次の熱化学方程式で示される。

C_2H_4(気体) ＋ H_2(気体) ＝ C_2H_6(気体) ＋ Q〔kJ〕

a　いま，エチレン 2.0mol と水素 4.0mol を混合した。この混合気体が 1.0×10^5Pa，1000K で平衡に達したのち，エタンの量を測定したところ，1.3mol であった。このときの水素の分圧は何 Pa か。最も適当な数値を，次の①～⑥のうちから一つ選べ。

① 4.7×10^5　　② 2.7×10^5　　③ 1.0×10^5　　④ 0.70×10^5

⑤ 0.57×10^5　　⑥ 0.27×10^5

b　次に，圧力を 1.0×10^5Pa に保ったまま温度を上げると，水素の分圧が増大した。このことから，上の熱化学方程式の Q として正しいものを，次の①～④のうちから一つ選べ。

① $Q > 0$　　② $Q = 0$　　③ $Q < 0$　　④ これだけでは判断できない。

★★*46* 酸・塩基と電離平衡　　　　　　　　　　【20分・18点】

必要があれば，原子量は次の値を使うこと。H1.0　O16

問1　次の記述(**a・b**)中の x と y の大小関係はどのようになるか。最も適当なものを，下の①～③のうちからそれぞれ一つずつ選べ。ただし，同じものをくり返し選んでもよい。

a　一定容積の容器の中に HI 1mol を封入して加熱すると，HI の一部は解離して H_2 と I_2 を生成し，平衡状態になる。このときの I_2 の体積百分率を x〔％〕とする。別の同じ容器の中に HI 2mol を封入して，前と同じ温度に加熱して平衡状態になったときの I_2 の体積百分率を y〔％〕とする。ただし，平衡状態にある物質はすべて理想気体とする。

b　塩酸に水酸化ナトリウム水溶液を加えると，発熱反応が起こる。20℃における水のイオン積を x (mol/L)^2，60℃における水のイオン積を y (mol/L)^2 とする。

① $x > y$　　② $x < y$　　③ $x = y$

問2　酸，塩基に関する次の記述のうち，正しいものはどれか。次の①～④のうちから一つ選べ。

① 電離度が1に近い酸は弱酸である。

② 酸の価数が大きい酸ほど強酸であり，塩基の価数が大きい塩基ほど強塩基である。

③ 同じモル濃度の強酸と弱酸とでは，強酸の pH の値の方が小さい。

④ pH6 の酢酸水溶液を水で 1000 倍にうすめると，pH は約9になる。

82 第2編 物質の変化と平衡

問3 酸や塩基に関する記述として正しいものを，次の①～⑤のうちから一つ選べ。

① 水溶液中での酢酸の電離度は，その濃度が小さくなるにつれて，小さくなる。

② 純水の電離度は，室温で 1×10^{-7} である。

③ 一定温度の酸や塩基のうすい水溶液では，水のイオン積は pH によらず一定である。

④ pH 4 の塩酸と pH 12 の水酸化ナトリウム水溶液とを同体積ずつ混合すると，その溶液の pH は 8 となる。

⑤ 酢酸水溶液に水酸化ナトリウム水溶液を加えると，溶液中の酢酸イオンの濃度が減少する。

問4 アンモニアを水に溶かすと，次式に示すような平衡状態になる。

$$NH_3 + H_2O \rightleftarrows NH_4^+ + OH^-$$

これに，次の **a ～ c** の水溶液を少量加えたとき，平衡が右へ移動するものはどれか。すべてを正しく選んだものを，下の①～⑦のうちから一つ選べ。ただし，水溶液の温度や体積の変化は無視できるものとする。

a HCl **b** NaOH **c** NH₄Cl

① **a** ② **b** ③ **c** ④ **a, b** ⑤ **a, c** ⑥ **b, c**

⑦ **a, b, c**

問5 硫化水素 H_2S は弱酸で，水溶液中で次のように2段階に電離する。

$$H_2S + H_2O \rightleftarrows H_3O^+ + HS^-$$
$$HS^- + H_2O \rightleftarrows H_3O^+ + S^{2-}$$

硫化水素の飽和水溶液（約 0.1 mol/L）をそれぞれ 100 mL とり，次の **a ～ d** の実験を行った。このときの変化を，下の①～③のうちからそれぞれ一つずつ選べ。ただし，同じものをくり返し選んでもよい。

a 1 mol/L の硫酸 1 mL を加えると S^{2-} の濃度は \boxed{1}。

b 1 mol/L の水酸化ナトリウム水溶液 10 mL を加えると HS^- の濃度は \boxed{2}。

c **b** の操作を行った溶液に，さらに 1 mol/L の水酸化ナトリウム水溶液 5 mL を加えると HS^- の濃度は \boxed{3}。

d 溶液を沸騰させると HS^- の濃度は \boxed{4}。ただし，沸騰によって溶液の体積は変化しないものとする。

① 増加する ② 減少する ③ 変化しない

47 炭酸ナトリウムの中和滴定 【12分・11点】

必要があれば，原子量は次の値を使うこと。
C 12 O 16 Na 23 S 32 K 39 Ba 137

次の文章を読み，問い(問1～3)に答えよ。

硫酸カリウムと炭酸ナトリウムの混合物がある。この混合物1.00gに水を加えて100mLの水溶液Xをつくった。Xの10.0mLをとり，pH8付近で鋭敏に変色する_ア_指示薬を加え，0.10mol/Lの塩酸で滴定したところ，変色するまでに8.00mLを要した。また，Xの10.0mLを別にとり，塩酸で酸性にして加熱した後，十分な量の塩化バリウム水溶液を加えたところ，_イ_沈殿が生じた。なお，図1は，0.10mol/Lの炭酸ナトリウム水溶液10.0mLを，0.10mol/Lの塩酸で滴定したときの水溶液のpH変化を参考として示したものである。

0.10mol/Lの炭酸ナトリウム水溶液10.0mLを，0.10mol/Lの塩酸で滴定したときの水溶液のpH変化

図1

問1 下線部アの指示薬として最も適当なものを，次の①～④のうちから一つ選べ。
① フェノールフタレイン ② メチルオレンジ ③ メチルレッド
④ ブロモチモールブルー

問2 下線部イの沈殿は何色か。最も適当なものを，次の①～⑥のうちから一つ選べ。
① 白色   ② 黄色   ③ 赤色   ④ 緑色   ⑤ 青色   ⑥ 黒色

問3 下線部イの沈殿は何mg生じたか。最も適当な数値を，次の①～⑤のうちから一つ選べ。
① 10   ② 20   ③ 30   ④ 40   ⑤ 50

84 第2編 物質の変化と平衡

★★★*48* 平衡定数(化学平衡の法則) 【19分・18点】

問1 容積一定の容器中に H_2 と I_2 を 0.50 mol ずつ入れて,温度を 448℃ に保ったところ,HI が 0.78 mol 生成して平衡状態に達した。

この温度における次の可逆反応の平衡定数はいくらか。最も適当な数値を,下の①~⑤のうちから一つ選べ。

$$H_2 + I_2 \rightleftarrows 2HI$$

① 10 ② 20 ③ 30 ④ 40 ⑤ 50

問2 次の可逆反応の平衡定数は,1120℃ で 2.0 である。

$$CO_2(気) + H_2(気) = CO(気) + H_2O(気) - 31\,kJ$$

この反応に関する次の文章中の ア ・
イ に当てはまる語句の組合せとして最
も適当なものを,右の①~⑥のうちから一
つ選べ。

一定容積の反応容器中に 1120℃ で,
CO_2 0.5 mol,H_2 0.5 mol,CO 1.0 mol,
H_2O 1.0 mol を入れると,反応は ア 方向
へ進む。また,この反応の 700℃ における
平衡定数は イ 。

	ア	イ
①	右	2.0より大きい
②	右	2.0より小さい
③	右	2.0である
④	左	2.0より大きい
⑤	左	2.0より小さい
⑥	左	2.0である

問3 25℃ において,0.030 mol/L の酢酸水溶液がある。これに関して,次の問い(**a**・**b**)に答えよ。ただし,25℃ における酢酸の電離定数 K_a は 2.7×10^{-5} mol/L とする。

a この酢酸水溶液中の酢酸の電離度 α はいくらか。最も適当な数値を,次の①~⑤のうちから一つ選べ。

① 0.010 ② 0.020 ③ 0.030 ④ 0.040 ⑤ 0.060

b この酢酸水溶液を水でうすめると,電離度 α と pH はどのように変化するか。最も適当なものを,次の①~⑥のうちから一つ選べ。

	α	pH
①	小さくなる	小さくなる
②	小さくなる	大きくなる
③	大きくなる	小さくなる
④	大きくなる	大きくなる
⑤	変わらない	小さくなる
⑥	変わらない	大きくなる

問4 pH が 3.0 の塩酸中に,塩化銀の沈殿が少量存在して溶解平衡になっている。この水溶液中に溶けている銀イオンの濃度は何 mol/L か。最も適当な数値を,次の①~⑥のうちから一つ選べ。ただし,塩化銀の溶解度積は 1.8×10^{-10} $(mol/L)^2$ とする。

① 9.0×10^{-10} ② 1.8×10^{-9} ③ 9.0×10^{-9} ④ 1.8×10^{-8}
⑤ 9.0×10^{-8} ⑥ 1.8×10^{-7}

第4章 化学平衡と平衡移動 **85**

★★★*49* ルシャトリエの原理と平衡定数 【13分・14点】

次の文章を読み，問い(**問1 ~ 4**)に答えよ。

ある温度で，3種類の気体(X，Y，Z)が，ピストンの付いた容積 V〔L〕の容器内で，次の式(1)(a，b，c は反応式の係数)で表される反応の平衡状態にある。

$$a\text{X}(気) + b\text{Y}(気) \rightleftarrows c\text{Z}(気) \tag{1}$$

温度を一定に保ち，ピストンを押し下げて容積を $\dfrac{V}{n}$〔L〕($n > 1$) にすると，| ア | の原理により，その変化を緩和する方向すなわち混合気体の総物質量が | イ | する方向に平衡が移動する。この平衡移動を平衡定数から考察してみよう。

X，Y，Z のモル濃度〔mol/L〕を，それぞれ[X]，[Y]，[Z]とすると，式(1)の反応の平衡定数 K は，次の式(2)で表される。

$$K = \frac{\boxed{\text{A}}}{\boxed{\text{B}}} \tag{2}$$

ピストンを押し下げた瞬間では，まだ平衡は移動していないので，その時点の式(2)の右辺に相当する値を K^* とすると，K^* は次の式(3)で表される。

$$K^* = \boxed{\text{C}} \times \frac{\boxed{\text{A}}}{\boxed{\text{B}}} \tag{3}$$

このまま同じ温度で容積を一定に保つと，最終的には新たな平衡状態に達して K^* の値は K の値に等しくなるので，平衡移動の方向は K^* の値が K の値に近づく方向となる。この結論は | ア | の原理と矛盾しない。

問1 | ア |，| イ | に当てはまる語句の組合せとして最も適当なものを，次の①~⑥のうちから一つ選べ。

	ア	イ
①	ルシャトリエ	増加
②	ルシャトリエ	減少
③	プルースト	増加
④	プルースト	減少
⑤	ラボアジエ	増加
⑥	ラボアジエ	減少

問2 | A |，| B | に当てはまる式として最も適当なものを，それぞれ次の①~⑥のうちから一つずつ選べ。

① $[\text{X}]^a$　　　② $[\text{Y}]^b$　　　③ $[\text{Z}]^c$

④ $[\text{X}]^a[\text{Y}]^b$　　　⑤ $[\text{X}]^a[\text{Z}]^c$　　　⑥ $[\text{Y}]^b[\text{Z}]^c$

86 第2編 物質の変化と平衡

問3 ☐C☐ に当てはまる式として最も適当なものを，次の①〜⑤のうちから一つ選べ。

① n ② n^{a+b} ③ n^c ④ n^{a+b-c} ⑤ n^{c-a-b}

問4 下線部に関連して，(a, b, c) が $(1, 1, 2)$ の場合と $(1, 3, 2)$ の場合のそれぞれについて，式(3)の ☐C☐ の値および平衡状態に達するまでの K^* の値の変化として最も適当な組合せを，次の①〜⑤のうちから一つずつ選べ。

	C の値	K^* の値の変化
①	1 より大きい	小さくなる
②	1 より大きい	大きくなる
③	1 より小さい	小さくなる
④	1 より小さい	大きくなる
⑤	1	変化しない

第4章　化学平衡と平衡移動　**87**

★★★*50* 緩衝液

【15分・15点】

次の文章を読み，問い(**問1～3**)に答えよ。

酢酸水溶液では，次の平衡が成り立っている。

$$CH_3COOH \rightleftharpoons CH_3COO^- + H^+$$

これに酢酸ナトリウムを加えると，　ア　の濃度が増加するので，ルシャトリエの原理にしたがって，上式の平衡が移動し，酢酸はほとんど電離していない状態になる。この酢酸と酢酸ナトリウムの混合溶液に少量の塩基を加えても，溶液の pH はほとんど変わらない。これは，　イ　が溶液中の酸によって消費されるためである。また，少量の酸を加えても，　ア　が　ウ　と反応するので，溶液の pH はほとんど変わらない。このような性質をもつ溶液を緩衝液という。

問1　　ア　～　ウ　に当てはまるものを，次の①～⑤のうちから一つずつ選べ。ただし，同じものを繰り返し選んでもよい。

① H^+　② OH^-　③ CH_3COO^-　④ Na^+　⑤ CH_3COOH

問2　酢酸 0.10 mol と酢酸ナトリウム 0.10 mol が溶けている 25℃の水溶液 1.0 L がある。この水溶液の水素イオン濃度は何 mol/L か。最も適当な数値を，次の①～⑤のうちから一つ選べ。ただし，酢酸の電離定数(25℃)は 2.8×10^{-5} mol/L とする。

① 7.0×10^{-6}　② 1.4×10^{-5}　③ 2.1×10^{-5}　④ 2.8×10^{-5}
⑤ 3.5×10^{-5}

問3　次の問い(**a・b**)に答えよ。ただし，水溶液の温度と体積は，いずれも 25℃，1.0 L で一定とし，水のイオン積は 1.0×10^{-14} (mol/L)^2 とする。

a　純水 1.0 L に塩化水素 0.05 mol を吸収させると，水素イオン濃度は純水と比べて何倍に変化するか。有効数字1桁で次の形式で表すとき，　エ　，　オ　に当てはまる数字を，下の①～⓪のうちから一つずつ選べ。ただし，同じものを繰り返し選んでもよい。

　エ　× 10$^{\boxed{オ}}$ 倍

b　**問2**の水溶液に塩化水素 0.05 mol を吸収させると，水素イオン濃度は**問2**の水溶液と比べて何倍に変化するか。有効数字1桁で次の形式で表すとき，　カ　，　キ　に当てはまる数字を，下の①～⓪のうちから一つずつ選べ。ただし，同じものを繰り返し選んでもよい。

　カ　× 10$^{\boxed{キ}}$ 倍

① 1　② 2　③ 3　④ 4　⑤ 5　⑥ 6　⑦ 7　⑧ 8
⑨ 9　⓪ 0

88 第2編 物質の変化と平衡

★★*51* 塩の性質 【13分・14点】

次の文章を読み，問い(問1〜4)に答えよ。

炭酸水素ナトリウム $NaHCO_3$ の水溶液は酸性，中性，塩基性のいずれを示すのか，電離定数をもとに考察してみよう。二酸化炭素の水溶液では生じた炭酸 H_2CO_3 が，次のように二段階で電離して平衡状態になる。

$$H_2CO_3 \rightleftharpoons H^+ + HCO_3^- \tag{1}$$

$$HCO_3^- \rightleftharpoons H^+ + CO_3^{2-} \tag{2}$$

式(1)，式(2)の電離定数 K_1，K_2 は，25℃でそれぞれ 7.8×10^{-7} mol/L，1.3×10^{-10} mol/L である。また，水のイオン積 K_w は，25℃で 1.0×10^{-14} (mol/L)^2 である。

$NaHCO_3$ は，水溶液中で電離し，Na^+ と HCO_3^- を生じる。このとき生じた HCO_3^- は，次のように2種類の反応を起こすと考えられる。

$$HCO_3^- \rightleftharpoons H^+ + CO_3^{2-} \tag{a}$$

$$HCO_3^- + H_2O \rightleftharpoons H_2CO_3 + OH^- \tag{b}$$

式(a)は式(2)と同じである。式(b)の反応の平衡定数 K と $[H_2O]$ の積を K_h〔mol/L〕とおくと，K_h は次式で表される。

$$K_h = \frac{[\boxed{\text{ア}}][\boxed{\text{イ}}]}{[\boxed{\text{ウ}}]} \tag{3}$$

式(3)の右辺の分母と分子に $[H^+]$ をかけて変形すると，次式が得られる。

$$K_h = \frac{[\boxed{\text{ア}}][\boxed{\text{イ}}] \times [H^+]}{[\boxed{\text{ウ}}] \times [H^+]} = \boxed{\text{エ}} \tag{4}$$

式(4)より，K_h の値を有効数字2桁で求めると，$\boxed{\text{x}}\,.\,\boxed{\text{y}} \times 10^{-\boxed{\text{z}}}$ mol/L となる。

式(a)の反応の K_2 と式(b)の反応の K_h について，数値を比べると，$\boxed{\text{オ}}$ の方が大きいので，式 $\boxed{\text{カ}}$ の反応の方がより右へ進行するはずである。よって，$NaHCO_3$ の水溶液は $\boxed{\text{キ}}$ を示すと考えられる。

問1 $\boxed{\text{ア}} \sim \boxed{\text{ウ}}$ に当てはまる化学式として最も適当なものを，それぞれ次の①〜⑤のうちから一つずつ選べ。ただし，$\boxed{\text{ア}}$ と $\boxed{\text{イ}}$ の順序は問わない。

① H^+ ② OH^- ③ H_2CO_3 ④ HCO_3^- ⑤ CO_3^{2-}

問2 $\boxed{\text{エ}}$ に当てはまる式として最も適当なものを，次の①〜⑥のうちから一つ選べ。

① $\dfrac{K_w}{K_1}$ ② $\dfrac{K_1}{K_w}$ ③ $\dfrac{K_w}{K_2}$ ④ $\dfrac{K_2}{K_w}$ ⑤ $\dfrac{K_2 K_w}{K_1}$ ⑥ $\dfrac{K_1 K_w}{K_2}$

問3 $\boxed{\text{x}} \sim \boxed{\text{z}}$ に当てはまる数字を，次の①〜⓪のうちから一つずつ選べ。ただし，同じものを繰り返し選んでもよい。

① 1 ② 2 ③ 3 ④ 4 ⑤ 5
⑥ 6 ⑦ 7 ⑧ 8 ⑨ 9 ⓪ 0

第4章 化学平衡と平衡移動 89

問4 オ ～ キ に当てはまる記号・語句の組合せとして最も適当なものを，次の①～⑥のうちから一つ選べ。

	オ	カ	キ
①	K_2	(a)	中性
②	K_2	(a)	酸性
③	K_2	(b)	塩基性
④	K_h	(a)	酸性
⑤	K_h	(b)	塩基性
⑥	K_h	(b)	中性

90 第2編 物質の変化と平衡

★★*52* Cl⁻の定量と溶解度積 　　　　　　　　　　　　　【13分・15点】

次の文章を読み，問い(問1〜4)に答えよ。

濃度不明の Cl⁻ を含む試料水溶液に，指示薬として，K_2CrO_4 水溶液を少量加えた後，濃度のわかっている $AgNO_3$ 水溶液を滴下していくと，まず ア 色の AgCl の沈殿が生じる。$AgNO_3$ 水溶液の滴下を続けて，Cl⁻ がほぼ完全に AgCl として沈殿すると，イ 色の Ag_2CrO_4 の沈殿が生じ始める。このときを終点とすると，終点までの滴下量から Cl⁻ を定量することができる。以下に，この滴定法(モール法)の実験例を示す。ただし，AgCl と Ag_2CrO_4 の溶解度積は，それぞれ $1.8 \times 10^{-10}\,(mol/L)^2$，$4.0 \times 10^{-12}(mol/L)^3$ とする。

〔実験〕濃度不明の NaCl 水溶液が 10.0mL ある。この溶液にはあらかじめ 2.0×10^{-4} mol の K_2CrO_4 を溶かしてある。この溶液に 0.10mol/L の $AgNO_3$ 水溶液を少しずつ滴下していったところ，溶液は ア 色に濁ったが，10.0mL まで滴下したときに，Ag_2CrO_4 の <u>イ 色がわずかに残るようになった</u>ので，終点とした。

問1 ア ・ イ に当てはまる語として最も適当なものを，それぞれ次の①〜⑥のうちから一つずつ選べ。

① 白　　② 黄　　③ 青　　④ 緑　　⑤ 赤褐　　⑥ 黒

問2 はじめに用いた NaCl 水溶液の濃度は何 mol/L か。最も適当な数値を，次の①〜⑤のうちから一つ選べ。

① 0.025　　② 0.050　　③ 0.10　　④ 0.20　　⑤ 0.40

問3 下線部について，このとき溶液中の Ag⁺ の濃度は何 mol/L になっているか。最も適当な数値を，次の①〜⑤のうちから一つ選べ。

① 1.0×10^{-5}　　② 1.4×10^{-5}　　③ 2.0×10^{-5}　　④ 2.8×10^{-5}

⑤ 4.0×10^{-5}

問4 下線部について，このとき溶液中の Cl⁻ の濃度は，はじめに用いた NaCl 水溶液中の Cl⁻ の濃度の何%になっているか。最も適当な数値を，次の①〜⑤のうちから一つ選べ。

① 3.0×10^{-3}　　② 9.0×10^{-3}　　③ 1.8×10^{-2}　　④ 3.6×10^{-2}

⑤ 4.5×10^{-2}

第3編　無機物質

第1章　非金属元素とその化合物

★53　17族元素(ハロゲン)とその化合物　【7分・12点】

問1　ハロゲンに関する次の文章中の　1　～　4　に当てはまる元素を，下の①～④のうちから一つずつ選べ。ただし，同じものをくり返し選んでもよい。

　　フッ素，塩素，臭素およびヨウ素の中で，単体の融点が最も低い元素は　1　であり，反応性が最も低い元素は　2　である。　3　の単体は常温で赤褐色の液体である。また，1価の陰イオンがアルゴンと同じ電子配置をとるハロゲンは　4　である。

①　F　　②　Cl　　③　Br　　④　I

問2　次の記述①～⑤のうちから，正しいものを一つ選べ。

①　ハロゲンの単体は，いずれも常温・常圧で気体である。

②　臭素は，ガラスを侵す。

③　銀のハロゲン化物は，いずれも水に溶けやすい。

④　ハロゲンの単体の酸化力は，原子番号が大きいほど弱くなる。

⑤　塩素を得るには，アルミニウムに塩酸を加えて加熱する。

問3　ヨウ素の性質に関する次の記述 ①～⑤ のうちから，**誤りを含むもの**を一つ選べ。

①　ヨウ素は，固体も気体も有色である。

②　ヨウ素は，昇華性の結晶をつくる。

③　同温・同圧において，気体のヨウ素の密度は，空気のそれより大きい。

④　デンプン水溶液は，ヨウ素デンプン反応により青～青紫色になる。

⑤　ヨウ素は，水によく溶ける。

★★ 54 16族・15族元素とその化合物 【18分・20点】

必要があれば，原子量は次の値を使うこと。H 1.0 N 14 O 16 S 32

問1 オゾン O_3 に関する記述について**誤りを含むもの**を，次の①〜⑤のうちから一つ選べ。
① 酸素の同素体である。
② 湿ったヨウ化カリウムデンプン紙を青変させる。
③ 無色・無臭の気体である。
④ 酸素に紫外線を照射すると生成する。
⑤ 酸素の中で放電すると生成する。

問2 二酸化硫黄と硫化水素の性質として正しいものを，次の①〜⑧のうちから二つ選べ。ただし，解答の順序は問わない。
① 二酸化硫黄は硫化水素と反応して，硫黄を生じる。
② 二酸化硫黄は無色，無臭の気体である。
③ 二酸化硫黄の水溶液は，中性である。
④ 硫化水素は，無色，無臭，無毒の気体である。
⑤ 硫化水素は，空気よりも軽い気体である。
⑥ 硫化鉄(Ⅱ)に希硫酸を加えると，硫化水素が発生する。
⑦ 硫化水素の水溶液は，弱いアルカリ性を示す。
⑧ 硫酸銅(Ⅱ)の水溶液に硫化水素を通じると，白色沈殿が生じる。

問3 次の3段階の反応を利用すると，硫化鉄(Ⅱ)から硫酸をつくることができる。

$4FeS + 7O_2 \longrightarrow 2Fe_2O_3 + 4SO_2$ (1)
$2SO_2 + O_2 \longrightarrow 2SO_3$ (2)
$SO_3 + H_2O \longrightarrow H_2SO_4$ (3)

硫化鉄(Ⅱ)から，質量パーセント濃度80％の硫酸196gをつくるのに必要な酸素は何molか。最も適当な数値を，次の①〜⑥のうちから一つ選べ。
① 0.8 ② 1.4 ③ 1.8 ④ 2.8 ⑤ 3.6 ⑥ 5.6

問4 濃硫酸と2mol/Lの希硫酸をそれぞれ別のビーカーに入れて実験室に放置し，1日ごとに質量を測定した。得られた質量変化を図1の曲線AおよびBで示した。このような質量変化を説明する用語として最も適当なものを，次の①〜⑥のうちから一つずつ選べ。

A , B [2]

① 吸湿 ② 凝縮 ③ 昇華
④ 蒸発 ⑤ 潮解 ⑥ 風解

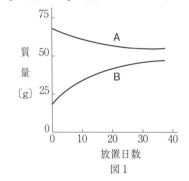

図1

第1章　非金属元素とその化合物　**93**

問5　濃硫酸について次の記述①〜⑤のうちから，誤りを含むものを一つ選べ。

① 濃硫酸は吸湿性が強いので，乾燥剤として使われる。

② 濃硫酸に水を注ぐと，発熱して水が沸騰し，はねるので危険である。

③ 熱濃硫酸は酸化力が強いので，銀を溶かすことができる。

④ 濃硫酸を塩化ナトリウムと混ぜて熱すると，塩素が発生する。

⑤ 濃硫酸に三酸化硫黄を吸収させると，発煙硫酸が得られる。

問6　硝酸に関する次の文章中の ア 〜 ウ に当てはまる語，数値の組合せとして最も適当なものを，下の ①〜⑥ のうちから一つ選べ。

　硝酸を工業的に製造するためには，まず白金を触媒として ア を空気で酸化し，一酸化窒素に変える。この一酸化窒素を，さらに空気で酸化して二酸化窒素にする。これを水と反応させて硝酸を得る。この製法は， イ 法とよばれる。この製法によると，1.7kgのアンモニアから理論上，質量パーセント濃度63％の硝酸が ウ kg得られる。

	ア	イ	ウ
①	アンモニア	ハーバー・ボッシュ	5
②	アンモニア	オストワルト	5
③	アンモニア	オストワルト	10
④	窒　素	ハーバー・ボッシュ	5
⑤	窒　素	ハーバー・ボッシュ	10
⑥	窒　素	オストワルト	10

94　第3編　無機物質

★★55 非金属元素の単体・化合物 【11分・19点】

問1　次の **a**・**b** に当てはまるものを，下の①〜⑤のうちからそれぞれ一つずつ選べ。

a　水に溶けて塩基性を示す水素化合物をつくる元素

b　水に溶けて強い酸性を示す水素化合物をつくる元素

①　炭素　　②　窒素　　③　フッ素　　④　硫黄　　⑤　ヨウ素

問2　貴ガス(希ガス)に関する次の記述 **a** 〜 **c** に当てはまる気体の組合せとして正しいものを，右の①〜⑥のうちから一つ選べ。

	a	**b**	**c**
①	ヘリウム	アルゴン	ネオン
②	ヘリウム	ネオン	アルゴン
③	アルゴン	ヘリウム	ネオン
④	アルゴン	ネオン	ヘリウム
⑤	ネオン	ヘリウム	アルゴン
⑥	ネオン	アルゴン	ヘリウム

a　大気中にわずかしかなく，通常地殻に埋蔵されており，気球や飛行船の充填ガスに用いられる。

b　貴ガスの中では大気中に最も多く含まれ，白熱電球に封入されている。

c　貴ガスの中では原子量が2番目に小さく，広告用の表示機器に用いられている。

問3　次の記述 **a** 〜 **c** は，酸化数 +1 の塩素原子1個を含むオキソ酸，酸化数 +5 の窒素原子1個を含むオキソ酸，またはその両方に当てはまる。両方に当てはまる記述をすべて選び出したものを，下の①〜⑥のうちから一つ選べ。

a　強い酸化作用を示す。

b　弱酸である。

c　1価の酸である。

①　a　　②　b　　③　c　　④　a，b　　⑤　a，c　　⑥　b，c

問4　次の記述 **a** 〜 **d** のうち，濃硫酸，濃硝酸，濃塩酸のいずれにも当てはまる性質として，正しいものはどれか。下の①〜⑤のうちから一つ選べ。

a　ガラスを侵さない。

b　還元作用がある。

c　金や白金とは反応しない。

d　揮発性の酸である。

①　a・c　　②　a・d　　③　c・d　　④　a・b・c　　⑤　b・c・d

問5　次の記述①〜⑥のうちから，内容に誤りを含むものを二つ選べ。ただし，解答の順序は問わない。

①　赤リンは，空気中で自然発火しやすい。

②　フッ化水素酸は，ガラスと反応してこれを溶かす。

③　二酸化硫黄と三酸化硫黄は，いずれも酸性酸化物である。

④　硫酸とリン酸は，いずれも2価の酸である。

⑤　濃硝酸は，強い酸化作用を示す。

⑥　ケイ素は，酸化物やケイ酸塩の形で天然に存在する。

第1章　非金属元素とその化合物　**95**

★★*56* 気体の性質・発生　　　　　　　　　　　【14分・19点】

問1　下の表は，周期表の一部を示したものであり，第1～3周期に属する元素をア，イ，…，ツで表示してある。常温・常圧で単体が気体である元素だけが並んでいる組を，次の①～⑤のうちから一つ選べ。

① ウ，オ，ク，コ，シ　　② エ，カ，ク，コ，シ　　③ ア，キ，ケ，チ，ツ
④ オ，キ，ケ，シ，セ　　⑤ ア，ケ，シ，ソ，ツ

族 周期	1	2									13	14	15	16	17	18
1	ア															イ
2	ウ	エ									オ	カ	キ	ク	ケ	コ
3	サ	シ									ス	セ	ソ	タ	チ	ツ
4																

問2　次の①～⑤のうちから，常温・常圧で有色の気体の組を一つ選べ。

① Cl_2 と NO　　② Cl_2 と NO_2　　③ H_2S と SO_2　　④ H_2S と NO_2
⑤ NO と SO_2

問3　次の①～⑤のうちから，刺激臭のあるものの組合せを一つ選べ。

① CH_4 と HCl　　② Na と Ca　　③ $NaOH$ と $Ca(OH)_2$
④ CH_3COOH と NH_3　　⑤ CuO と $CaCO_3$

問4　次の **a**・**b** に当てはまる物質を，それぞれの解答群の①～⑤のうちから一つずつ選べ。

a　希塩酸と反応して気体を発生する物質
　① $NaCl$　　② $NaNO_3$　　③ Na_2CO_3　　④ Na_2SO_4　　⑤ $NaHSO_4$

b　濃い水酸化ナトリウム水溶液と反応して気体を発生する物質
　① $LiCl$　　② $NaCl$　　③ KCl　　④ NH_4Cl　　⑤ $AgCl$

問5　次の **a**～**c** に当てはまる反応を，下の①～⑦のうちからそれぞれ二つずつ選べ。ただし，同じものをくり返し選んでもよい。また，解答の順序は問わない。

a　単体の気体が発生する。
b　酸性酸化物の気体が発生する。
c　有色の気体が発生する。

① アルミニウム片を水酸化ナトリウム水溶液に入れる。
② 塩化ナトリウムに濃硫酸を加えて，加熱する。
③ 銀を濃硝酸に入れる。
④ 水酸化カルシウムと塩化アンモニウムを混ぜて，おだやかに加熱する。
⑤ 炭化カルシウム（カーバイド）に水を加える。
⑥ 濃塩酸に酸化マンガン(Ⅳ)を加えて，加熱する。
⑦ 炭酸カルシウムを強熱する。

96　第3編　無機物質

★★57 気体の発生装置・捕集・乾燥　【18分・30点】

問1　図1は固体と液体の反応を利用して気体を発生させる装置である。AとBの接合部Eの気密は保たれている。Bに亜鉛粒を入れ，Aに希硫酸を入れる。コック（活栓）Dを開くと水素が発生する。コックDを閉じると，希硫酸が移動して亜鉛との接触が断たれ，水素の発生が止まる。この実験を行うとき，次の a・b について最も適当なものを，それぞれの解答群の①〜⑤のうちから一つずつ選べ。

a 亜鉛のかわりに用いることができる物質
　① CaC_2　② Fe　③ Pb　④ Cu
　⑤ SiO_2

b 水素発生中に，コックDを閉じるとき，希硫酸の移動する方向
　① A→C　② C→B　③ B→D　④ B→C→A
　⑤ A→C→B

図1

問2　乾いた塩素を得る目的で，図2のような装置を組み立てた。この実験について下の問い a〜f に答えよ。

図2

a aに入れる試薬をA群から一つ選べ。
b bに入れる試薬をA群から一つ選べ。
c 空ビンcが用いられている理由をB群から一つ選べ。
d dには水が入れてある。その理由をC群から一つ選べ。
e eは生成した塩素を乾燥するためのものである。このビンに入れるのに適当な試薬を，A群から一つ選べ。
f bに入れる試薬の成分元素の一つは，反応によって酸化数が変化する。変化に相当する数をD群から一つ選べ。

第1章 非金属元素とその化合物　**97**

〔A 群〕
① 濃硫酸　　② 希硫酸　　③ 濃塩酸　　④ 塩化ナトリウム
⑤ 酸化鉄（Ⅲ）　　⑥ 酸化銅（Ⅱ）
⑦ 酸化マンガン（Ⅳ）　　⑧ 炭酸カルシウム
⑨ 塩化カルシウム水溶液　　⓪ 10％過酸化水素水

〔B 群〕
① 生成した塩素を凝縮させるため。
② ビン d からフラスコ b への水の逆流を防ぐため。
③ 塩素の発生効率を上げるため。
④ 発生した気体に含まれる水分を凝縮させるため。
⑤ 発生した気体の中の塩素よりも重い気体を集めるため。

〔C 群〕
① 反応により熱せられた塩素を冷やすため。
② 塩素とともに生じた塩化水素を除くため。
③ 塩素とともに生じた酸素を除くため。
④ 塩素とともに生じた二酸化炭素を除くため。

〔D 群〕
① -5　　② -4　　③ -3　　④ -2　　⑤ -1　　⑥ $+1$
⑦ $+2$　　⑧ $+3$　　⑨ $+4$　　⓪ $+5$

問3　実験室で少量の気体をつくる方法について，次の問い(a・b)に答えよ。

a　アンモニアおよび水素を発生させるために，それぞれ2種類の試薬(希硫酸以外はすべて固体)を反応させた。下の①〜⓪のうちから最も適当な試薬を選べ。同じ試薬をくり返し選んでもよい。

アンモニア　| 1 |と| 2 |
水　素　　　| 3 |と| 4 |

①　ケイ酸　②　希硫酸　③　亜鉛　④　銅　⑤　塩素酸カリウム
⑥　塩化アンモニウム　⑦　硫酸カルシウム　⑧　水酸化カルシウム
⑨　さらし粉　⓪　塩化ナトリウム

b　安全性を考慮したうえで，アンモニアおよび水素の発生装置と捕集装置として最も適当なものを，下のA群(発生装置)およびB群(捕集装置)のうちから，それぞれ一つずつ選べ。ただし，同じものをくり返し選んでもよい。

　　　　　　発生装置　捕集装置
アンモニア　| 5 |　| 6 |
水　素　　　| 7 |　| 8 |

問4　次に示す実験操作①〜⑤のうちから，正しいものを一つ選べ。
①　銅に希硝酸を作用させ，発生する気体を水上置換法で集める。
②　銅に濃硫酸を加えて加熱し，発生する気体を上方置換法で集める。
③　塩化アンモニウムと水酸化カルシウムをよく混合して加熱し，発生する気体を十酸化四リンで乾燥する。
④　石灰石に塩酸を作用させ，発生する気体をソーダ石灰(NaOHとCaOの混合物)で乾燥する。
⑤　硫化鉄(Ⅱ)に塩酸を作用させ，発生する気体を水酸化ナトリウム水溶液の入った洗気ビンで洗浄する。

第1章　非金属元素とその化合物　**99**

★★*58* 気体の性質と反応　【10分・16点】

問1　次の記述 **a**・**b** に当てはまるものを，下の①～⑥のうちからそれぞれ一つずつ選べ。ただし，同じものをくり返し選んでもよい。

a　無色，無臭，有毒な気体で，高温において還元力が強く，この性質は鉄の製錬に用いられる。

b　刺激臭のある無色，有毒な気体で，還元性があり漂白作用がある。

① CO　　② CO_2　　③ NO　　④ NO_2　　⑤ Cl_2　　⑥ SO_2

問2　次の文中の　1　・　2　に入れるのに最も適当な物質を，下の①～⑧のうちから一つずつ選べ。

　1　は，水に溶けやすく，水溶液は弱酸性を示す。この水溶液に水酸化ナトリウムを加えて加熱すると，においのある気体が発生し，この気体に水でしめらせた赤色リトマス紙をかざすと，リトマス紙が青変する。

　2　に，塩酸を加えると，においのある気体を発生する。この気体に水でしめらせた赤色リトマス紙をかざすと，しだいに赤色が消える。

① 酸化アルミニウム　　② 水酸化カルシウム　　③ 炭酸カルシウム
④ 塩化カリウム　　⑤ 塩化アンモニウム　　⑥ ヨウ素　　⑦ スクロース
⑧ さらし粉

問3　次の記述 **a**～**d** における気体ア～エの化学式として正しい組合せを，右の①～⑤のうちから一つ選べ。

	ア	イ	ウ	エ
①	H_2S	N_2	HCl	NH_3
②	HCl	O_2	NH_3	H_2S
③	NH_3	N_2	HCl	H_2S
④	NH_3	O_2	HCl	H_2S
⑤	H_2S	O_2	HCl	NH_3

a　気体アとウを混合すると，白煙が生じる。

b　気体イの同素体は，大気上層で紫外線を吸収する。

c　気体ウとエは，水に溶けると酸性を示す。

d　気体エは腐卵臭があり，水溶液中で還元性を示す。

問4　次の文中の **a**～**d** に当てはまる物質を，下の①～⑨のうちから一つずつ選べ。

a　希塩酸を加えると，刺激臭のある無色の気体が発生した。この気体の水溶液は弱酸性を示し，また硫化水素と反応して硫黄を生じた。

b　希硝酸を加えると，無色の気体が発生した。この気体は空気に触れて，赤褐色に変わった。

c　濃硫酸を加えて加熱し，発生した気体をガラスに触れさせたところ，ガラスの表面が侵された。

d　希硫酸を作用させると，悪臭のある気体が発生した。この気体を硫酸銅(Ⅱ)水溶液に通じたところ，黒色沈殿が生じた。

① 銅　　② 金　　③ 二クロム酸カリウム　　④ 硫化鉄(Ⅱ)
⑤ フッ化カルシウム　　⑥ 亜硫酸ナトリウム　　⑦ 硫酸ナトリウム
⑧ 炭酸ナトリウム　　⑨ 過酸化水素水

100 第3編 無機物質

第2章 金属元素とその化合物

★★59 1族・2族元素とその化合物 　【12分・16点】

問1 次の①～⑤のうちから，アルカリ土類金属の元素を一つ選べ。

① B 　② Ca 　③ K 　④ Mn 　⑤ Na

問2 アルカリ土類金属に関する次の記述①～⑤のうちから，誤りを含むものを一つ選べ。

① 特有の炎色反応を示す。

② 単体は常温では水と反応しない。

③ 酸化物は水と反応して水酸化物になる。

④ 水酸化物の水溶液は塩基性を示す。

⑤ 炭酸塩は水に溶けにくい。

問3 水酸化ナトリウムについての次の記述①～④のうちから，誤りを含むものを一つ選べ。

① 水酸化ナトリウムは，塩化ナトリウム水溶液の電気分解によってつくられる。

② 水酸化ナトリウム水溶液に塩素を通じると，次亜塩素酸イオンが生じる。

③ 水酸化ナトリウム水溶液に二酸化炭素を吸収させると，炭酸イオンが生じる。

④ 水酸化ナトリウムの結晶は空気中で風解する。

★★60 アンモニアソーダ法（ソルベー法） 　【8分・13点】

次の文章を読み，問い（**問1・問2**）に答えよ。

ガラスの製造などに用いられる炭酸ナトリウムは，工業的にはアンモニアソーダ法（ソルベー法）とよばれる製法でつくられる。この製法の工程には，以下の**a～d**に示す反応が関連する。

a 飽和食塩水にアンモニアと 1 を吹きこむと，溶解度の小さい 2 が析出し，溶液中には 3 が多量に生成する。

b 2 を取り出して加熱すると，炭酸ナトリウムと 1 と 4 とに分解する。ここで得られる 1 は，**a**の反応に利用される。

c 石灰石（炭酸カルシウム）を強く熱すると， 1 と 5 とに分解する。この 1 は**a**の反応に利用される。

d 5 に水を加えると，発熱して反応し 6 になる。また，**a**の操作後， 2 を除いた溶液に 6 を加えて加熱すると，アンモニアが発生する。これは再び**a**の反応に利用される。

a～dに含まれる反応を一つにまとめると，次の化学反応式が得られる。

2 7 ＋ 8 ⟶ Na_2CO_3 ＋ 9

第2章　金属元素とその化合物　*101*

問1　1 ～ 9 に相当するものの化学式を，それぞれの解答群のうちから一つずつ選べ。

1 と 4 の解答群

① Cl_2　② H_2　③ N_2　④ O_2　⑤ CO　⑥ CO_2
⑦ NH_3　⑧ NO_2　⑨ HCl　⓪ H_2O

2 と 5 と 6 ， 7 と 8 と 9 の解答群

① $NaCl$　② $NaOH$　③ $NaHCO_3$　④ Na_2CO_3　⑤ NH_4Cl
⑥ $(NH_4)_2CO_3$　⑦ CaO　⑧ $Ca(OH)_2$　⑨ $CaCl_2$　⓪ $CaCO_3$

3 の解答群

① H_3O^+　② NH_4^+　③ Na^+　④ NO_3^-　⑤ OCl^-

問2　$1.06\,kg$ の炭酸ナトリウム無水塩（式量106）の製造には，塩化ナトリウム（式量58.5）を何 kg 必要とするか。有効数字3桁で次の形式で表すとき， 10 ～ 12 に当てはまる数字を，下の①～⓪のうちから一つずつ選べ。ただし，同じものを繰り返し選んでもよい。

10 . 11 12 kg

① 1　② 2　③ 3　④ 4　⑤ 5　⑥ 6　⑦ 7
⑧ 8　⑨ 9　⓪ 0

★*61* 元素の分類と性質　【6分・12点】

問1　次の①～⑤のうちから，典型元素の組合せを一つ選べ。
① Mg と Zn　② Na と Fe　③ Ag と Au　④ K と Cu
⑤ Al と Ni

問2　次の①～⑤のうちから，常温で自由電子をもつ単体を一つ選べ。
① I_2　② Ne　③ P_4　④ S_8　⑤ Zn

問3　次の①～⑤のうちから，強酸の水溶液とも，強塩基の水溶液とも反応して，塩を生じる酸化物を一つ選べ。
① CaO　② CO_2　③ Na_2O　④ SO_2　⑤ ZnO

問4　次の①～⑤のうちから，常温・常圧で，単体がいずれも固体である元素の組を一つ選べ。
① $C,\ N,\ O$　② $Cl,\ Br,\ I$　③ $Li,\ Mg,\ Hg$　④ $Ne,\ Ar,\ Kr$
⑤ $Si,\ P,\ S$

102 第3編 無機物質

★★*62* 13族・14族元素とその化合物 【12分・13点】

> 必要があれば，原子量は次の値を使うこと。C 12 N 14 O 16 Na 23 Al 27
> Si 28 Cl 35.5 K 39 Ca 40 Br 80

問1 アルミニウムと酸化アルミニウムの性質に関する次の記述 **a ～ d** のうちで，正しいものはどれか。最も適当な組合せを，下の①～⑥のうちから一つ選べ。

a 融点は，酸化アルミニウムの方がアルミニウムより高い。

b いずれもよく電気を導く。

c アルミニウムは，アルミニウムイオンを含む水溶液から電気分解で得られる。

d 空気中ではアルミニウムの表面に，酸化アルミニウムの被膜ができる。

① **a**, **b**　② **a**, **c**　③ **a**, **d**　④ **b**, **c**　⑤ **b**, **d**

⑥ **c**, **d**

問2 次の記述①～⑤のうちから，誤りを含むものを一つ選べ。

① スズ Sn は，塩酸に溶ける。

② 塩化スズ(II)$SnCl_2$ は，還元作用を示す。

③ 硫酸鉛(II)$PbSO_4$ は，希硫酸に溶けにくい。

④ 塩化鉛(II)$PbCl_2$ は，冷水に溶けにくい。

⑤ 酸化鉛(IV)PbO_2 は，還元剤として使われる。

問3 5種類の元素 A ～ E に関する，次のア～オの記述を読んで，A ～ E に当てはまる元素を，下の①～⓪のうちからそれぞれ一つずつ選べ。

A $\boxed{1}$, B $\boxed{2}$, C $\boxed{3}$, D $\boxed{4}$, E $\boxed{5}$

ア A の単体 1.00 g を B の単体と反応させると，AB の組成をもつ固体の化合物 2.54 g が生成する。

イ A の単体と C の単体は，ともに常温で水と反応して水素を発生する。

ウ B の単体と，水素とを混合して日光に当てると，爆発的に反応する。

エ D の単体は空気の一成分であり，E の単体と化合して ED_2 の分子式をもつ気体となる。

オ C の単体と水との反応によって生成する物質の水溶液に気体 ED_2 を通すと，白色の沈殿が生成する。

① 炭素　② 窒素　③ 酸素　④ ナトリウム　⑤ アルミニウム

⑥ ケイ素　⑦ 塩素　⑧ カリウム　⑨ カルシウム　⓪ 臭素

第2章　金属元素とその化合物　**103**

★★**63** 遷移元素とその化合物　　　　　　　　　　　　【18分・20点】

> 必要があれば，原子量は次の値を使うこと。
> 　H 1.0　O 16　S 32　Fe 56　Cu 64

問1　クロム，マンガン，鉄のすべてに当てはまる記述として正しいものを，次の①〜⑤のうちから一つ選べ。

①　典型元素である。　　②　化合物には無色のものが多い。

③　両性元素である。　　④　酸化数の異なるいくつかの化合物をつくる。

⑤　単体は熱伝導性が悪く，断熱材となる。

問2　次の記述 **a・b** に当てはまる最も適当な金属を，下の①〜⑦のうちから一つずつ選べ。

a　工業的には，酸化物をコークスとともに加熱し，還元してつくられる。濃硝酸には，不動態になって溶けない。

b　湿った空気中に放置すると，酸化されて緑青(ろくしょう)が生じる。また，貨幣や電線の材料として用いられる。

　①　亜鉛　　②　アルミニウム　　③　金　　④　銀　　⑤　鉄　　⑥　銅

　⑦　マグネシウム

問3　鉄粉 28 g をすべて酸化鉄(Ⅲ)Fe_2O_3 に変えるのに必要な酸素は，0℃，1.013 × 10^5 Pa(標準状態)で何 L か。最も適当な数値を，次の①〜⑥のうちから一つ選べ。

　①　2.1　　②　2.8　　③　4.2　　④　5.6　　⑤　6.3　　⑥　8.4

問4　塩化鉄(Ⅲ)の酸性水溶液 10 mL に，十分量のアンモニア水を加えて水酸化鉄(Ⅲ)を沈殿させた。この沈殿をろ過して取り出し，強熱して酸化鉄(Ⅲ)Fe_2O_3 としたのち，室温まで冷やした。この Fe_2O_3 の質量は 0.32 g であった。はじめの水溶液中の塩化鉄(Ⅲ)の濃度は何 mol/L か。最も適当な数値を，次の①〜⑤のうちから一つ選べ。

　①　0.20　　②　0.40　　③　0.80　　④　2.0　　⑤　4.0

問5　硫酸銅(Ⅱ)五水和物 62 mg を空気中 900℃で加熱したところ，質量が 20 mg になった。加熱して得られた物質の組成として最も適当なものを，次の①〜⑤のうちから一つ選べ。

　①　Cu　　②　CuO　　③　$CuSO_4$　　④　$CuSO_4 \cdot H_2O$　　⑤　$CuSO_4 \cdot 3H_2O$

104 第3編 無機物質

★★64 炎色反応，遷移元素のイオン 【14分・19点】

問1 白金線を濃塩酸に浸した後，₁ガスバーナーの炎(外炎)に入れた。次に，白金線の先を₂金属塩の水溶液に浸して炎に入れたところ，黄色の炎色反応が観察された。次の問い(a・b)に答えよ。

a 下線部1の操作を行った理由として最も適当なものを，次の ①～④ のうちから一つ選べ。

① 白金線の表面を酸化するため。

② 白金線の表面を還元するため。

③ 炎色反応を示す物質が白金線に付着していないことを確かめるため。

④ 白金線が炎の中で溶融しないことを確かめるため。

b 下線部2の結果から，溶けているイオンとして正しいものを，次の①～④のうちから一つ選べ。

① Li^+ ② Na^+ ③ K^+ ④ Sr^{2+}

問2 次の記述 a～d に当てはまる酸化物 CaO, CuO, SiO_2, ZnO の組合せとして最も適当なものを，下の①～⑤のうちから一つ選べ。

a 塩酸には溶けないが，フッ化水素酸に溶ける。

b 濃い水酸化ナトリウム水溶液に溶かし，その溶液を弱い塩基性にしてから硫化水素を吹き込むと，白色の沈殿が生じる。

c 水に溶かすと，その溶液は強い塩基性を示す。

d 希塩酸に溶かし，その溶液に硫化水素を吹き込むと，黒色の沈殿が生じる。

	a	b	c	d
①	SiO_2	CuO	CaO	ZnO
②	ZnO	CaO	SiO_2	CuO
③	SiO_2	ZnO	CaO	CuO
④	CuO	CaO	SiO_2	ZnO
⑤	SiO_2	ZnO	CuO	CaO

第2章 金属元素とその化合物 **105**

問3 次の記述 **a・b** 中の □ア□ ～ □エ□ に当てはまる語句および化学式として最も適当な組合せを、下のそれぞれの解答群①～⑥のうちから一つずつ選べ。

a 銅(Ⅱ)イオンを含む水溶液に水酸化ナトリウム水溶液を加えると、□ア□ の沈殿が生じる。この沈殿を取り出し、60～80℃に加熱すると、黒色の □イ□ が生成する。

	①	②	③	④	⑤	⑥
ア	赤 色	黄 色	青白色	赤 色	黄 色	青白色
イ	CuO	CuO	CuO	Cu_2O	Cu_2O	Cu

b 黄色のクロム酸カリウム水溶液を □ウ□ にすると、赤橙色の □エ□ が生成する。

	①	②	③	④	⑤	⑥
ウ	酸 性	酸 性	酸 性	塩基性	塩基性	塩基性
エ	$Cr_2O_7{}^{2-}$	$CrO_4{}^{2-}$	Cr^{3+}	$Cr_2O_7{}^{2-}$	$CrO_4{}^{2-}$	Cr^{3+}

問4 次の記述①～⑤のうちから、**誤りを含むもの**を一つ選べ。

① 塩化鉄(Ⅲ)水溶液に、水酸化ナトリウム水溶液を加えると、沈殿が生じる。

② 硫酸鉄(Ⅱ)水溶液に、KSCN水溶液を加えると、血赤色の沈殿が生じる。

③ 塩化鉄(Ⅲ)水溶液に、$K_4[Fe(CN)_6]$水溶液を加えると、濃青色の沈殿が生じる。

④ 硫酸鉄(Ⅱ)水溶液に、$K_3[Fe(CN)_6]$水溶液を加えると、濃青色の沈殿が生じる。

⑤ 硫酸鉄(Ⅱ)水溶液に、アンモニア水を加えると、沈殿が生じる。

106　第3編　無機物質

★★★65　金属イオンの反応，錯イオン　　　　　【24分・22点】

問1　次の記述 a ～ d のすべてに当てはまる金属イオンを，下の①～⑤のうちから一つ選べ。

a　アンモニア水を加えると沈殿を生じ，過剰に加えるとこの沈殿は溶ける。

b　弱アルカリ性で硫化水素を通じると，硫化物の沈殿を生じる。

c　塩酸を加えても沈殿を生じない。

d　水酸化ナトリウム水溶液を加えると沈殿を生じ，過剰に加えるとこの沈殿は溶ける。

　　① Ag^+　　② Al^{3+}　　③ Cu^{2+}　　④ Pb^{2+}　　⑤ Zn^{2+}

問2　次の記述①～⑤のうちから，誤りを含むものを一つ選べ。

① 銀イオンと銅(Ⅱ)イオンとを含む水溶液に水酸化ナトリウム水溶液を加えていくと，沈殿が生じるが，さらに加えても沈殿は溶けない。

② 亜鉛イオンと鉄(Ⅱ)イオンとを含む水溶液に濃い水酸化ナトリウム水溶液を加えていくと，沈殿が生じるが，さらに加えると沈殿は完全に溶ける。

③ 銀イオンと銅(Ⅱ)イオンとを含む水溶液にアンモニア水を加えていくと，沈殿が生じるが，さらに加えると沈殿は完全に溶ける。

④ バリウムイオンを含む水溶液に硫酸ナトリウム水溶液を加えると，沈殿が生じる。

⑤ 鉛(Ⅱ)イオンを含む水溶液に塩酸を加えると，沈殿が生じる。

問3　錯イオンに関する次の記述 a 中の ア ・ イ および記述 b 中の ウ ・ エ に当てはまる語および数値の組合せとして最も適当なものを，それぞれの解答群の①～⑥のうちから一つずつ選べ。

a　硫酸銅(Ⅱ)の水溶液にアンモニア水を加えていくと青白色の沈殿が生じる。さらにアンモニア水を加えると沈殿は溶解し，配位数が4の銅の錯イオンを含む ア の溶液となる。この錯イオンの形は イ である。

	ア	イ
①	赤褐色	正四面体
②	赤褐色	正方形
③	赤褐色	正八面体
④	深青色	正四面体
⑤	深青色	正方形
⑥	深青色	正八面体

b 塩化銀は水に溶けにくいが，アンモニア水には溶けて銀の錯イオンを含む無色の溶液となる。この錯イオンはジアンミン銀(Ⅰ)イオンとよばれ，配位数は ウ ，配位子は エ である。

	ウ	エ
①	2	塩化物イオン
②	2	アンモニア分子
③	2	水酸化物イオン
④	4	塩化物イオン
⑤	4	アンモニア分子
⑥	4	水酸化物イオン

問4 次の問い(**a・b**)に答えよ。

a 塩化ナトリウム水溶液に，A欄の水溶液を加えると白色沈殿が生成し，さらにB欄の水溶液を加えていくとその沈殿が溶解した。AとBの溶液の組合せとして正しいものを，次の①～⑤のうちから一つ選べ。

	①	②	③	④	⑤
A	$CuSO_4$	NH_3	$AgNO_3$	$AgNO_3$	$AgNO_3$
B	NH_3	H_2SO_4	HNO_3	H_2S	NH_3

b 硫酸バリウムと炭酸カルシウムの混合物(粉末)から，炭酸カルシウムだけを溶解させたい。このための試薬として最も適当なものを，次の①～⑤のうちから一つ選べ。

① 酢酸ナトリウム水溶液　② アンモニア水　③ 過酸化水素水

④ 希硝酸　⑤ 水酸化ナトリウム水溶液

問5 0.1mol/Lの硝酸鉛(Ⅱ)水溶液300mLに，0.2mol/Lの硫酸100mLを加えると，硫酸鉛(Ⅱ)が沈殿した。沈殿をろ過してから，ろ液に純水を加え，溶液の体積を500mLにした。次の記述①～⑤のうちから，正しいものを一つ選べ。

① 溶液には，未反応の硫酸が0.01mol残っている。

② 溶液のpHは，7より大きい。

③ 溶液中の硝酸の濃度は，0.04mol/Lである。

④ 沈殿した硫酸鉛(Ⅱ)は，0.04molである。

⑤ 溶液中に残っている鉛(Ⅱ)イオンの濃度は，0.02mol/Lである。

***66** 錯塩 【22分・21点】

必要があれば，原子量は次の値を使うこと。
H 1.0 N 14 Br 80 Ag 108 Pt 195

次の文章(**A**・**B**)を読み，問い(**問1～6**)に答えよ。

A 表1は，Co^{3+}, NH_3, Cl^-からなる4種類のコバルト(Ⅲ)化合物A～Dのそれぞれについて，組成式・色，およびその化合物1molに十分な量の$AgNO_3$水溶液を加えたときに沈殿する$AgCl$の物質量〔mol〕を示したものである。

表1

コバルト(Ⅲ)化合物	組成式	色	化合物1molあたり沈殿するAgCl量〔mol〕
A	$CoCl_3 \cdot 6NH_3$	黄	3
B	$CoCl_3 \cdot 5NH_3$	紫	2
C	$CoCl_3 \cdot 4NH_3$	緑	1
D	$CoCl_3 \cdot 4NH_3$	青紫	1

表1より，A～D中のコバルト(Ⅲ)イオンは，その周囲の6ケ所でイオン結合とは異なる結合をしているのではないかと推測できる。この6ケ所の結合の立体的な配置に対称性があるとすると，その立体配置として図1に示すような3種類の構造が考えられる。

平面正六角形　　正三角柱　　正八面体
図1

番号1～6の位置に，イオンや分子がイオン結合とは異なる結合をするとき，Clが2個，NH_3が4個結合する場合，2個のClの位置は，平面正六角形では　**x**　通り，正三角柱では　**y**　通り，正八面体では　**z**　通りが可能である。

表1の実験事実とこのような考察に基づくと，コバルト(Ⅲ)イオンはその周囲に6個の他のイオンや分子を結合させた化合物を形成し，その6個は　**A**　の各頂点に位置した立体構造をとると考えられる。このような化合物に含まれる，イオン結合とは異なる結合を　**B**　結合という。

問1　**x**　～　**z**　に当てはまる数を，それぞれ次の①～⑤のうちから一つずつ選べ。ただし，同じものを繰り返し選んでもよい。
　① 1　　② 2　　③ 3　　④ 4　　⑤ 5

第2章　金属元素とその化合物　**109**

問2　　A　・　B　に当てはまる語句の組合せとして最も適当なものを，次の①
～⑥のうちから一つ選べ。

	A	B
①	正面正六角形	水素
②	正面正六角形	配位
③	正三角柱	水素
④	正三角柱	配位
⑤	正八面体	水素
⑥	正八面体	配位

B　Pt, NH_3, Br を含む錯塩 $[PtBr_x(NH_3)_y]Br_z$ がある。$x \sim z$ を決めるために，次
の実験 I ～ III を行った。

　　実験 I　0.150 g の錯塩の試料を，強熱して熱分解させたところ，0.0502 g の Pt(単
　　体)が得られた。

　　実験 II　実験 I と同量の試料を水に溶かし，0.0100 mol/L の $AgNO_3$ 水溶液です
　　ばやく滴定したところ，51.50 mL を要した。

　　実験 III　実験 I と同量の試料を水に溶かし，湯浴上で 2 時間加熱した後，その溶
　　液に 0.200 mol の $AgNO_3$ を加えたところ，0.1940 g の沈殿が生じた。

問3　実験 I の結果より，この錯塩 1 mol の質量を求めると何 g になるか。有効数字
3 桁で次の形式で表すとき，　a　～　d　に当てはまる数字を，下の①～⓪のう
ちから一つずつ選べ。ただし，同じものを繰り返し選んでもよい。

　　a　.　b　c　×10^{d} g

　①　1　　②　2　　③　3　　④　4　　⑤　5
　⑥　6　　⑦　7　　⑧　8　　⑨　9　　⓪　0

問4　問3と実験 II の結果より，z を求めるといくらになるか。最も適当な数を，次
の①～⑥のうちから一つ選べ。ただし，実験 II では，錯イオンとイオン結合してい
た臭素がすべて $AgBr$ となって沈殿したものとする。

　①　1　　②　2　　③　3　　④　4　　⑤　5　　⑥　6

問5　問3・問4と実験 III の結果より，x を求めるといくらになるか。最も適当な数
を，次の①～④のうちから一つ選べ。ただし，実験 III では，錯塩に含まれるすべて
の臭素が $AgBr$ となって沈殿したものとする。

　①　1　　②　2　　③　3　　④　4

問6　問3・問5より，y を求めるといくらになるか。最も適当な数を，次の①～④
のうちから一つ選べ。

　①　1　　②　2　　③　3　　④　4

110 第3編 無機物質

**67 金属イオンの分離・確認 【14分・14点】

問1 Ag^+, Al^{3+}, Cu^{2+}, Fe^{2+}, Zn^{2+} のうちの2種類の金属イオンを含む微酸性水溶液Aと，残りの金属イオンのうちの2種類を含む微酸性水溶液Bがある。これらの水溶液を用いて，次のア〜エの実験を行った。

ア 水溶液Aに硫化水素を十分に通じると，黒色沈殿が生じた。

イ アの上澄み液を別の試験管に移し，ヘキサシアニド鉄(Ⅲ)酸カリウム水溶液を加えると，青色沈殿が生じた。

ウ 水溶液Bに希塩酸を加えると，白色沈殿が生じた。

エ ウの上澄み液を別の試験管に移し，アンモニア水を加えて塩基性(アルカリ性)にすると，白色沈殿が生じた。さらにアンモニア水を加えていくと，沈殿が溶解した。

このような反応を示す水溶液AおよびBの正しい組合せを，次の①〜⑧のうちから一つ選べ。

	水溶液A	水溶液B
①	Ag^+, Al^{3+}	Cu^{2+}, Fe^{2+}
②	Ag^+, Cu^{2+}	Al^{3+}, Zn^{2+}
③	Ag^+, Fe^{2+}	Cu^{2+}, Zn^{2+}
④	Al^{3+}, Cu^{2+}	Ag^+, Zn^{2+}
⑤	Cu^{2+}, Fe^{2+}	Ag^+, Al^{3+}
⑥	Cu^{2+}, Fe^{2+}	Ag^+, Zn^{2+}
⑦	Fe^{2+}, Zn^{2+}	Ag^+, Al^{3+}
⑧	Fe^{2+}, Zn^{2+}	Ag^+, Cu^{2+}

問2 次の実験アおよびイで観察される現象として，正しい組合せを下の①〜⑥のうちから一つ選べ。

ア 硝酸銀水溶液に銅の小片を加えて放置した後，この溶液の一部をとり，過剰のアンモニア水を加える。

イ 硝酸銅(Ⅱ)水溶液に鉛の小片を加えて放置した後，この溶液の一部をとり，塩酸を加える。

	ア アンモニア水を加える	イ 塩酸を加える
①	溶液が深青色になる	青色の沈殿が生じる
②	溶液が深青色になる	白色の沈殿が生じる
③	溶液が深青色になる	沈殿は生じない
④	溶液の色は変化しない	青色の沈殿が生じる
⑤	溶液の色は変化しない	白色の沈殿が生じる
⑥	溶液の色は変化しない	沈殿は生じない

問3 4種類の陽イオン Ag$^+$, Ba^{2+}, Fe^{3+} および Al^{3+} を含む水溶液がある。これらのイオンをそれぞれ分離するために，次の図に示すような実験を行った。試薬 1 ～ 3 を，下の解答群の①～⑤のうちからそれぞれ一つずつ選べ。

解答群
① 希硝酸　② 希塩酸　③ アンモニア水　④ 硫酸カリウム水溶液
⑤ 水酸化ナトリウム水溶液

112 第3編　無機物質

★★68 金属化合物の性質と反応　　　　　　　　　　　【16分・24点】

問1 次の化合物 **a**・**b** に当てはまるものを，下の①〜⑥のうちからそれぞれ一つずつ選べ。

a 白色の固体で，水にほとんど溶けない化合物

b 黄色の固体で，水に溶ける化合物

① 酸化亜鉛　　　　　　② ヨウ化銀　　③ 炭酸ナトリウム

④ クロム酸カリウム　　⑤ 硝酸銀　　　⑥ 硫酸銅(Ⅱ)

問2 次の **a**〜**d** に該当する化合物を，下の①〜⓪のうちからそれぞれ一つずつ選べ。ただし，同じものをくり返して選んでもよい。

a この粉末は，熱しても，塩酸を加えても，二酸化炭素を発生した。

b この水溶液にアンモニア水を加えたところ，赤褐色の沈殿が生じた。さらに過剰のアンモニア水を加えたが，この沈殿は溶けなかった。

c この水溶液に水酸化ナトリウム水溶液を少量加えたところ，白色の沈殿が生じた。さらに過剰の水酸化ナトリウム水溶液を加えたところ，この沈殿は溶けた。

d この水溶液にアンモニア水を加えたところ，青白色の沈殿が生じた。さらに過剰のアンモニア水を加えたところ，この沈殿は溶けて深青色の溶液となった。

① 炭酸水素ナトリウム　　② 炭酸ナトリウム　　③ 硫酸マグネシウム

④ 水酸化カルシウム　　　⑤ 塩化バリウム　　　⑥ 塩化アルミニウム

⑦ 硫酸鉄(Ⅱ)　　　　　　⑧ 塩化鉄(Ⅲ)　　　　⑨ 硫酸銅(Ⅱ)　　　⓪ 硝酸銀

問3 A，B，C，D は，それぞれ下の①〜⑧に示した塩の一つを溶かした水溶液である。次の記述 **a**〜**e** を読んで，A，B，C，D に含まれる塩を，①〜⑧のうちからそれぞれ一つずつ選べ。

a A は黄色の炎色反応を示した。

b B に水酸化ナトリウム水溶液を加えると，赤褐色沈殿が生じた。さらに水酸化ナトリウム水溶液を加えても，沈殿は変化しなかった。

c C に水酸化ナトリウム水溶液を加えると，白色沈殿が生じた。さらに水酸化ナトリウム水溶液を加えると，沈殿は溶解した。

d D に塩酸を加えると，白色沈殿が生じた。

e B 及び C のそれぞれに D を加えると，どちらからも白色沈殿が生じた。

A ☐ 1 ☐　　B ☐ 2 ☐　　C ☐ 3 ☐　　D ☐ 4 ☐

① $AgNO_3$　② $AlCl_3$　③ $Al(NO_3)_3$　④ $CaCl_2$　⑤ $FeCl_3$

⑥ K_2CO_3　⑦ Na_2CO_3　⑧ $Zn(NO_3)_2$

問4 水溶液中における硫酸銀と塩化バリウムとの反応は，次式で表される。
$$Ag_2SO_4 + BaCl_2 \longrightarrow 2AgCl\downarrow + BaSO_4\downarrow$$

図1に示す装置を用いて，硫酸銀水溶液に塩化バリウム水溶液を滴下し，滴下量と溶液に流れる電流との関係を調べると，この反応による溶液中のイオン濃度の変化の様子を知ることができる。

いま，ビーカーに0.01 mol/Lの硫酸銀水溶液を100 mLとり，ビュレットに入れた0.5 mol/Lの塩化バリウム水溶液を少しずつ加え，ガラス棒でよくかき混ぜて，両極間に流れる電流を測定した。

図1

塩化バリウム水溶液の滴下量と電流との関係を最もよく表しているグラフを，次の①～④のうちから一つ選べ。

第3章　生活と無機物質

**69 生活と無機物質　【14分・16点】

問1　われわれの生活において，さまざまな物質が，その化学的性質を生かして広く用いられている。これに関する記述として下線をつけた部分に誤りを含むものを，次の①〜⑤のうちから一つ選べ。

① 酸化マグネシウムは融点が高いことを利用して，耐火れんがの原料として使われている。
② 焼きセッコウは水を加えると固まることを利用して，建築材料や塑像などに使われている。
③ ハロゲン化銀は感光性をもつことを利用して，写真のフィルムに使われている。
④ さらし粉は還元作用をもつことを利用して，漂白剤や殺菌剤に使われている。
⑤ 酸化チタン(Ⅳ)は光触媒作用をもつことを利用して，ビルの外壁の汚れ防止などに使われている。

問2　表面の不純物(亜鉛メッキ，さびなど)を除去した，きれいな鉄釘をガラス容器に置き，うすい塩化ナトリウム水溶液を入れ，釘を浸した。これにフェノールフタレイン溶液と，うすいヘキサシアニド鉄(Ⅲ)酸カリウム水溶液を，それぞれ1滴加え，ゆっくりかきまぜた後，放置した。

図1

しばらくすると，図1に示すように，釘のまわりに青色の部分Aとうすい赤色の部分Bが現れた。青色の部分Aとうすい赤色の部分Bの釘の表面で起こっている反応を，次の①〜⑤のうちからそれぞれ一つずつ選べ。A [1]，B [2]

① $Fe \longrightarrow Fe^{2+} + 2e^-$　　② $Fe \longrightarrow Fe^{3+} + 3e^-$
③ $O_2 + 2H_2O + 4e^- \longrightarrow 4OH^-$
④ $2Cl^- + 2H_2O \longrightarrow Cl_2 + H_2 + 2OH^-$
⑤ $[Fe(CN)_6]^{3-} + e^- \longrightarrow [Fe(CN)_6]^{4-}$

第3章　生活と無機物質　**115**

問3　セラミックスに関する記述として誤りを含むものを，次の①～⑤のうちから一つ選べ。

①　セメント(ポルトランドセメント)の主成分は酸化カルシウムであるので，コンクリートは塩酸などの酸には強い。

②　ガラス(ソーダ石灰ガラス)は，ケイ砂(二酸化ケイ素)，炭酸ナトリウム，炭酸カルシウムを混ぜて融解させてつくる。

③　土器や陶器は，粘土と水を練り混ぜ，窯で焼いてつくる。土器をつくるときは低い温度で焼き，陶器は高い温度で焼く。

④　ほうろうや陶磁器に模様を描くには，金属または金属の化合物を含む絵の具を使う。

⑤　人工骨や人工歯には，ある種のニューセラミックスが使われている。

問4　合金に関する記述として正しいものを，次の①～⑤のうちから一つ選べ。

①　ジュラルミンは，亜鉛を主成分とする合金であり，軽くて強度が大きいため，航空機などに用いられる。

②　青銅は，銅と亜鉛の合金であり，さびにくく，美術品や鐘などに用いられる。

③　ニクロムは，ニッケルとクロムの合金であり，電気抵抗が小さく，電線の材料に用いられる。

④　無鉛はんだは，スズを主成分とした融点の低い合金であり，金属どうしの接合に用いられる。

⑤　ステンレスは，チタンとニッケルの合金であり，さびにくく強いため，台所用品などに用いられる。

116 第3編　無機物質

第4章　総合問題

★★70 第4周期までの元素の単体や酸化物　【10分・15点】

問1　**a**～**i** の文は，次の周期表中の空欄 □ の元素について述べたものである。それぞれに最もよく当てはまる元素を，下の①～⑨のうちから一つずつ選べ。ただし，同一元素を何度選んでもよい。

H																	He
Li	Be											□	C	N	O	F	Ne
Na	Mg											□	□	P	□	□	□
□	Ca	Sc	Ti	V	Cr	□	□	Co	Ni	Cu	Zn	Ga	Ge	As	Se	Br	Kr

a　この元素の単体は水と激しく反応して溶解し，水素を発生する。溶け終わった後の溶液は強いアルカリ性を示す。

b　この元素の単体を空気中で燃やすと還元性の気体が生成する。

c　この元素の酸化物は石英や水晶の成分であり，岩石圏に広く分布している。

d　この元素の単体は常温・常圧において単原子分子の気体である。

e　この元素の原子核の陽子数は17である。

f　この元素は遷移元素で，その酸化物は乾電池の材料として用いられる。

g　この元素は典型元素で，その酸化物は M_2O_3 の組成をもつ両性酸化物である。

h　この元素の単体は，その酸化物を主成分とする鉱石を原料として電解法により製造され，金属として広い用途をもっている。

i　この元素は，窒素およびリンとともに植物の三大栄養素の一つで，その化合物には肥料として用いられるものがある。

①　S　　②　Al　　③　B　　④　K　　⑤　Cl　　⑥　Si　　⑦　Mn
⑧　Ar　　⑨　Fe

問2　次の記述 **a**～**c** に当てはまる単体を，下の①～⓪のうちからそれぞれ一つずつ選べ。

a　常温・常圧では固体であり，塩酸には溶けて気体を発生するが，濃硝酸中では表面に酸化物の膜ができて溶けにくくなる。また水酸化ナトリウム水溶液にも溶けて気体を発生する。

b　常温・常圧では赤味を帯びた固体であり，希塩酸には溶けないが，濃硝酸には赤褐色の気体を発生して溶ける。

c　常温・常圧では液体であり，ヨウ化カリウム水溶液からヨウ素を遊離させる。

①　亜鉛　　②　アルミニウム　　③　塩素　　④　オゾン　　⑤　銀
⑥　臭素　　⑦　水銀　　⑧　鉄　　⑨　銅　　⓪　フッ素

第4章 総合問題 117

★★71 酸化物の性質，化合物の識別　　　　　　　　　　【10分・14点】

問1 次の記述①〜⑤のうちから，誤りを含むものを一つ選べ。

① ヘリウムやネオンは，原子の電子殻が閉殻であるため，他の物質と反応しにくい。

② 遷移元素には，二つ以上の酸化数をとるものが多い。

③ ハロゲンの単体は，いずれも二原子分子である。

④ アルカリ金属の酸化物は，いずれも水に溶けて塩基性を示す。

⑤ アルカリ土類金属の硫酸塩は，いずれも水に溶けやすい。

問2 次の **a** と **b** について，それぞれ二つの化合物を区別するための最も適当な方法を，下の①〜⑤のうちから一つずつ選べ。ただし，同じものをくり返し選んでもよい。

a 炭酸ナトリウムと炭酸カリウム

b 塩化カリウムとヨウ化カリウム

① 水に溶かし，溶液の酸性・塩基性を調べる。

② 水に溶かし，水酸化カルシウム水溶液を加えて，沈殿の生成を調べる。

③ 水に溶かし，炎色反応を調べる。

④ 希硫酸に溶かし，過酸化水素水を加えて，溶液の色の変化を調べる。

⑤ 希硫酸を加えて，気体が発生するかどうかを調べる。

問3 次の記述 **a** 〜 **c** に当てはまる酸化物を，下の①〜⓪のうちからそれぞれ一つずつ選べ。

a 無色の気体であるが，空気に触れると赤褐色になる。この赤褐色の気体の水溶液は，強い酸性を示す。

b 白色の固体であり，水を加えると発熱して反応し，生じた水溶液は塩基性(アルカリ性)を示す。

c 無色の気体であり，これを水酸化カルシウムの水溶液に通じると，最初白色沈殿が生じるが，長く通じているとその白色沈殿は溶ける。

① CO　② CO_2　③ NO　④ NO_2　⑤ SiO_2

⑥ P_4O_{10}（P_2O_5 とも書く）　⑦ CaO　⑧ ZnO　⑨ MnO_2

⓪ CuO

118　第3編　無機物質

★★72 金属・非金属の単体や化合物，薬品の貯蔵　　　　【12分・16点】

問1　次の記述 a ～ d に当てはまる金属ア～エの組合せとして正しいものを，下の①
　　～⑤のうちから一つ選べ。

a　金属アは，酸化数が +2 または +3 の化合物をつくりやすい。

b　金属イは，金属ア～エのうちで，イオン化傾向が最も小さい。

c　金属ウは，黄銅(しんちゅう)の成分である。

d　金属ウとエは，両性元素である。

	ア	イ	ウ	エ
①	Fe	Cu	Ag	Al
②	Mg	Fe	Al	Zn
③	Fe	Mg	Zn	Al
④	Mn	Hg	Cu	Zn
⑤	Fe	Cu	Zn	Al

問2　次の記述①～⑥のうちから，正しいものを二つ選べ。ただし，解答の順序は問
　　わない。

①　十酸化四リンに水を加えて加熱すると，リン酸が生成する。

②　銅は熱濃硫酸に溶け，水素を発生する。

③　二クロム酸イオンを含む水溶液に酸を加えると，クロム酸イオンを生じる。

④　二酸化硫黄を過酸化水素水に通じると，硫黄が生成する。

⑤　銀の塩化物は，アンモニア水に溶けにくい。

⑥　黄リンも赤リンも，空気中で燃やすと，同じ化合物を与える。

問3　A 群の薬品を試薬びんに入れて貯蔵したい。B 群には，安全に貯蔵するための
　　方法が書いてある。B 群の a ～ d に当てはまる薬品を，A 群の①～⓪のうちからそ
　　れぞれ一つずつ選べ。

〔A群〕　①　ジエチルエーテル　　　②　四塩化炭素　　　③　カリウム
　　　　　④　シアン化カリウム　　　⑤　カーバイド（炭化カルシウム）
　　　　　⑥　過マンガン酸カリウム　⑦　硫黄　　　　　　⑧　黄リン
　　　　　⑨　水酸化ナトリウム　　　⓪　塩酸

〔B群〕　**a**　特に引火しやすいから密栓をした上，火の気のない冷暗所に貯蔵す
　　　　　　る。

　　　　　b　水に触れると反応して発火するから，石油中に入れておく。

　　　　　c　空気中で自然発火しやすいから，水中に入れておく。

　　　　　d　強い酸化剤であるから，強い還元性物質や有機物と接触しないよう
　　　　　　に貯蔵する。

第1章　有機化学の基礎　**119**

第4編　有機化合物

第1章　　有機化学の基礎

★73 組成式・分子式の決定，官能基　　【18分・20点】

> 必要があれば，原子量は次の値を使うこと。H1.0　C12　O16

問1　次の文章中の　1 ・ 2 に当てはまるものを，下の①～⑦のうちからそれぞれ一つずつ選べ。

　　炭素，水素，酸素から成る有機化合物の分子式を決めるには，まず 1 を決定する必要がある。 1 は，一定量の有機化合物を完全に燃焼させて生じる二酸化炭素と水の量を測定することによって求められる。次に，この化合物の 2 を知ることによって分子式が決定される。

　① 構造式　　② 組成式　　③ 示性式　　④ 原子量　　⑤ 分子量
　⑥ 原子団　　⑦ 官能基

問2　ある有機化合物の1molを完全に燃焼させたところ，4.5molの酸素が消費され，3molの二酸化炭素と4molの水を生じた。この有機化合物の分子式として最も適当なものを，次の①～⑤のうちから一つ選べ。

　① C_3H_6　　② C_3H_8　　③ $C_3H_6O_2$　　④ C_3H_8O　　⑤ $C_3H_8O_2$

問3　ある化合物の元素分析の結果は，C54.5％，H9.1％，O36.4％であった。この化合物を気化させたところ，その密度は同温・同圧における酸素の密度の2.75倍であった。これに基づいて，次の**a・b**に答えよ。

a　この化合物の分子量はいくらか。次の①～⓪のうちから一つ選べ。

　① 32　　② 44　　③ 46　　④ 60　　⑤ 74　　⑥ 88　　⑦ 92
　⑧ 102　　⑨ 120　　⓪ 132

b　この化合物の分子式はどれか。次の①～⓪のうちから一つ選べ。

　① CH_4O　　② CH_2O_2　　③ C_2H_4O　　④ $C_2H_4O_2$　　⑤ C_2H_6O
　⑥ $C_3H_4O_3$　　⑦ $C_4H_8O_2$　　⑧ $C_4H_{10}O$　　⑨ $C_5H_{12}O_2$
　⓪ $C_6H_{12}O_3$

問4　次の化合物のうち，ヒドロキシ基をもつ化合物は何個あるか。当てはまる数を，下の①～⑨のうちから一つ選べ。

アセトン　　アニリン　　o-クレゾール　　ジエチルエーテル　　サリチル酸
酢酸エチル　　トリクロロメタン（クロロホルム）　　グリセリン

　① 1　　② 2　　③ 3　　④ 4　　⑤ 5　　⑥ 6　　⑦ 7
　⑧ 8　　⑨ 0

有
機
化
合
物

120 第4編　有機化合物

問5　次の文中の 3 ~ 6 に当てはまる有機化合物を，下の①~⓪のうちから一つずつ選べ。ただし， 3 と 4 ，および 5 と 6 の解答の順序は問わない。

　　1分子中にメチル基とベンゼン環の両方を含む化合物は 3 と 4 であり，1分子中に同じ官能基を二つ以上含む化合物は 5 と 6 である。

① フェノール　　② トルエン　　③ サリチル酸　　④ 酢酸
⑤ p-クレゾール　　⑥ グリセリン　　⑦ グリシン　　⑧ アニリン
⑨ アジピン酸　　⓪ アセトアルデヒド

★★74 異性体　　【16分・16点】

問1　次の各組の化合物が，互いに**異性体の関係にないもの**を，①~⑤のうちから一つ選べ。

① 2-ブテンと2-メチルプロペン　　② o-キシレンとp-キシレン
③ シュウ酸と乳酸　　　　　　　　④ フタル酸とテレフタル酸
⑤ マレイン酸とフマル酸

問2　分子式が C_3H_8O である化合物は何種類あるか。次の①~⓪のうちから一つ選べ。

① 1　② 2　③ 3　④ 4　⑤ 5　⑥ 6　⑦ 7
⑧ 8　⑨ 9　⓪ 10以上

問3　プロパンの水素原子2個を塩素原子2個で置き換えた化合物には，構造異性体がいくつあるか。正しいものを，次の①~⑤のうちから一つ選べ。

① 2　② 3　③ 4　④ 5　⑤ 6

問4　次の記述 **a** ~ **c** の中の， □ に当てはまる数を，下の①~⑥のうちから一つずつ選べ。ただし，同じ数をくり返し選んでもよい。

a　分子式 C_5H_{12} で示される化合物のすべての異性体の数は， □ である。

b　分子式 C_3H_5Br で示され，二重結合を一つもつ化合物のすべての異性体の数は， □ である。

c　分子式 $C_6H_3Cl_3$ で示され，ベンゼン環を一つもつ芳香族化合物のすべての異性体の数は， □ である。

① 1　② 2　③ 3　④ 4　⑤ 5　⑥ 6

★75 不斉炭素原子，有機化合物の構造　　　　　【8分・12点】

問1　次の分子①〜⑤のうちから，シス-トランス異性体(幾何異性体)が存在するものを一つ選べ。
① CH_3-CH_2-COOH　　② $CH_3-CH(OH)-COOH$
③ $CH_2=CH-COOH$　　④ $HOOC-(CH_2)_4-COOH$
⑤ $HOOC-CH=CH-COOH$

問2　次の化合物ア〜カのうち，不斉炭素原子をもつ化合物が二つある。その組合せとして正しいものを，下の①〜⑥のうちから一つ選べ。
ア　$CH_3CH_2CH_3$　　　　　　　イ　$CH_3CH(OH)CH_3$
ウ　$CH_3CH(OH)CH_2COOH$　　エ　$CH_3CH=CHCH_3$
オ　$CH_2(OH)CH(OH)CH_2OH$　　カ　$CH_3CH(NH_2)COOH$
① イ，エ　② ウ，カ　③ エ，オ　④ ア，オ　⑤ イ，ウ
⑥ オ，カ

問3　有機化合物の構造に関する次の記述①〜⑥のうちから，正しいものを一つ選べ。
① メタンのすべての水素原子は，同一平面上に存在する。
② プロペン(プロピレン)のすべての水素原子は，同一平面上に存在する。
③ プロパンの三つの炭素原子は，一直線上に並んでいる。
④ プロピン(メチルアセチレン)の三つの炭素原子は，一直線上に並んでいる。
⑤ 天然のアミノ酸の一つであるグリシンには，不斉炭素原子がある。
⑥ o-キシレンには，次のAおよびBで示される二つの構造異性体が存在する。

122 第4編　有機化合物

★★ 76 立体異性体 【8分・10点】

次の文章を読み，問い(問1〜3)に答えよ。

分子内に1個の不斉炭素原子をもつ化合物には，互いに鏡像の関係にある1対の立体異性体(鏡像異性体)が存在する。一方，分子内に2個以上の不斉炭素原子をもつ化合物には，鏡像の関係にはない立体異性体も存在する。例えば，分子内に2個の不斉炭素原子(C^*)をもつ，3-クロロ-2-ブタノール $CH_3-C^*H(OH)-C^*HCl-CH_3$ には，図1に示す4種類の立体異性体 **a** 〜 **d** が存在する。

$$\left(\begin{array}{l} \text{━━ は紙面から手前側に向かう結合} \\ \text{⋯⋯ は紙面の裏(奥)側へ向かう結合} \\ \text{── は紙面と同じ平面にある結合} \end{array} \right)$$

図1

しかし，分子内に2個の不斉炭素原子をもつ化合物であっても，酒石酸 $HOOC-C^*H(OH)-C^*H(OH)-COOH$ のように，3種類の立体異性体しか存在しないものもある。

問1　1対の鏡像異性体は，D型とL型に区別される。D型とL型に関する記述として誤りを含むものを，次の①〜⑤のうちから一つ選べ。

① 融点は互いに等しい。

② 密度はL型の方が小さい。

③ 特殊な光に対する性質が異なる。

④ においや薬としてのはたらきなど，生体内の反応では互いに異なることがある。

⑤ 通常の化学反応を用いて合成すると，D型とL型の等量混合物が得られる。

問2　図1の **a** 〜 **d** について，互いに鏡像の関係にあるものの組合せを，次の①〜⑥のうちから二つ選べ。

① **a**と**b**　　② **a**と**c**　　③ **a**と**d**　　④ **b**と**c**　　⑤ **b**と**d**

⑥ **c**と**d**

問3　下線部に関して，酒石酸の立体異性体を，図1にならって描くと，次の **e** 〜 **h** のようになる。これらのうち，分子内に対称面をもつため，互いに重ね合わせると一致するものの組合せを，下の①〜⑥のうちから一つ選べ。

$$
\begin{array}{cccc}
\text{e} & \text{f} & \text{g} & \text{h}
\end{array}
$$

	H OH		H OH		HO H		HO OH
HO—C—C—H		HO—C—C—OH		H—C—C—OH		H—C—C—H
HOOC COOH		HOOC COOH		HOOC COOH		HOOC COOH

① **e** と **f**　　② **e** と **g**　　③ **e** と **h**　　④ **f** と **g**　　⑤ **f** と **h**

⑥ **g** と **h**

124 第4編 有機化合物

第2章 脂肪族炭化水素

★★**77** アルカン，アルケン，アルキン 【18分・20点】

> 必要があれば，原子量は次の値を使うこと。H1.0　C12

問1 ある気体の炭化水素を完全に燃焼させたとき，生じた二酸化炭素と水との物質量〔mol〕の比は，1：1であった。また，この炭化水素の0℃，1.013×10^5 Pa（標準状態）での密度は1.88 g/Lであった。この炭化水素の分子式はどれか。次の①～⑤のうちから一つ選べ。

① CH_4　② C_2H_2　③ C_2H_6　④ C_3H_6　⑤ C_4H_8

問2 炭化水素に関する記述として正しいものを，次の①～⑤のうちから一つ選べ。

① アルカンの沸点は，炭素原子数が増大するにつれて低くなる。
② アルケンは，二重結合を軸とした分子内の回転が自由にできる。
③ アルケンは水にはよく溶けるが，有機溶媒には溶けにくい。
④ アルキンには，幾何異性体がある。
⑤ 同じ炭素数のシクロアルカンとアルケンは，互いに構造異性体である。

問3 アルカンと塩素の混合物に，光を照射すると，水素原子が塩素原子で置換される。この反応で生成するモノクロロ置換体（一塩素化物）の構造異性体の数を調べ，アルカンを互いに識別する方法がある。次の炭素数5のアルカンア～ウからそれぞれ何種類のモノクロロ置換体が得られるか。その組合せとして正しいものを，下の①～⑤のうちから一つ選べ。ただし，光学異性体は考えないものとする。

ア　$CH_3CH_2CH_2CH_2CH_3$
イ　$CH_3CH(CH_3)CH_2CH_3$
ウ　$C(CH_3)_4$

	ア	イ	ウ
①	3	1	4
②	1	4	3
③	4	1	3
④	4	3	1
⑤	3	4	1

問4 エチレンの水素原子のうち二つを，それぞれ臭素原子で置換した化合物には，いくつの異性体があるか。当てはまる数を，次の①～⑥のうちから一つ選べ。

① 1　② 2　③ 3　④ 4　⑤ 5　⑥ 6

第2章 脂肪族炭化水素 **125**

問5 アセチレンに関する次の記述①～⑤のうちから，**誤りを含むもの**を一つ選べ。
① 炭化カルシウムに水を作用させると生成する。
② 直線分子である。
③ 触媒を用いて水を付加させると，アセトンになる。
④ 触媒を用いて3分子を重合させると，ベンゼンになる。
⑤ 触媒を用いて酢酸を付加させると，酢酸ビニルになる。

★★★ **78** 不飽和炭化水素の反応 【25分・21点】

必要があれば，原子量は次の値を使うこと。H 1.0 C 12 Br 80

問1 あるアルカン1molとプロペン（プロピレン）$\frac{1}{3}$molとの混合気体がある。この混合気体を完全に燃焼させるのに，酸素5molが必要であった。次の問い（**a ～ c**）に答えよ。

a この混合気体に含まれるアルカンは何か。その分子式を，次の①～⑤のうちから一つ選べ。

① CH_4 ② C_2H_6 ③ C_3H_8 ④ C_4H_{10} ⑤ C_5H_{12}

b この混合気体を0℃，1.013×10^5Pa（標準状態）で90mLとり，臭素と反応させた。完全に反応したとすれば，生成する1,2-ジブロモプロパンの量は何gか。最も近い数値を，次の①～⓪のうちから一つ選べ。

① 0.1 ② 0.2 ③ 0.3 ④ 0.4 ⑤ 0.5 ⑥ 0.6
⑦ 0.7 ⑧ 0.8 ⑨ 0.9 ⓪ 1.0

c ジブロモプロパンの異性体は，1,2-ジブロモプロパンのほかにいくつあるか。次の①～⑥のうちから一つ選べ。

① 1 ② 2 ③ 3 ④ 4 ⑤ 5 ⑥ 0

問2 不飽和炭化水素に関する次のア～ウの条件をすべて満たすものを，下の①～⑤のうちから一つ選べ。

ア 分子を構成するすべての炭素原子が一つの平面上にある。

イ 白金触媒を用いて水素化すると，枝分かれをした炭素鎖をもつ飽和炭化水素を与える。

ウ 1.0mol/Lの臭素の四塩化炭素溶液10mLに，この炭化水素を加えていくと，0.56gを加えたところで溶液の赤褐色が消失する。

① $CH_3CH=CH_2$ ② $CH_2=C(CH_3)_2$ ③ $CH_2=CHCH_2CH_3$
④ $CH_3CH=CHCH_3$ ⑤ $(CH_3)_2C=CHCH_3$

126　第4編　有機化合物

問3　分子式 C_6H_{10} で表される炭化水素がある。この炭化水素 164 mg に，触媒を使って水素を付加させたところ，シクロヘキサンが生成した。0℃，1.013×10^5 Pa（標準状態）で何 mL の水素が付加したか。最も適当な数値を，次の①〜⑥のうちから一つ選べ。

①　11.2　　②　22.4　　③　30.6　　④　44.8　　⑤　89.6　　⑥　98.0

問4　プロピン（メチルアセチレン）20 g に触媒を用いて水素を付加させ，プロパンとしたい。そのために必要な水素の標準状態（0℃，1.013×10^5 Pa）における体積〔L〕と，得られるプロパンの質量〔g〕の組合せとして正しいものを，次の①〜⑥のうちから一つ選べ。

	水素の体積〔L〕	プロパンの質量〔g〕
①	11.2	21
②	11.2	22
③	22.4	21
④	22.4	22
⑤	44.8	21
⑥	44.8	22

第3章　酸素を含む脂肪族化合物　**127**

第3章	酸素を含む脂肪族化合物

★★79 アルコールの反応　【17分・21点】

必要があれば，原子量は次の値を使うこと。H1.0　C12　O16

問1　次の実験ア，イによって，下のAからDまでの，いずれか二つの化合物が得られる。実験ア，イで得られる化合物の組合せ①～⑤のうちから，両方とも正しいものを一つ選べ。

実験ア　エタノールに二クロム酸カリウムの硫酸酸性水溶液を加え，おだやかに加熱する。

実験イ　エタノールと酢酸の混合物に，少量の濃硫酸を加えて温める。

　　　A　CH_3CHO　　　B　$CH_3COOC_2H_5$　　　C　CH_3COCH_3
　　　D　$C_2H_5OC_2H_5$

	①	②	③	④	⑤
実験ア	A	A	A	B	B
実験イ	B	C	D	C	D

問2　ある有機化合物Aと濃硫酸との混合物を，160℃～170℃で加熱・脱水すると，無色の気体の不飽和炭化水素が発生する。ある有機化合物Aはどれか。次の①～⑤のうちから一つ選べ。

① メタノール　　② エタノール　　③ ジエチルエーテル　　④ アセトン
⑤ アセトアルデヒド

問3　次の記述ア～ウに当てはまる化合物Aと化合物Bの組合せとして最も適当なものを，下の①～⑥のうちから一つ選べ。

ア　AとBに室温でナトリウムを作用させると，いずれも水素を発生する。
イ　Aを酸化すると，銀鏡反応を示す生成物が得られる。
ウ　Bを酸化しても，銀鏡反応を示す生成物は得られない。

	A	B
①	ジエチルエーテル	1-プロパノール
②	ジエチルエーテル	2-プロパノール
③	1-プロパノール	ジエチルエーテル
④	1-プロパノール	2-プロパノール
⑤	2-プロパノール	ジエチルエーテル
⑥	2-プロパノール	1-プロパノール

128 第4編 有機化合物

問4 次の記述 **a** ～ **c** に当てはまる化合物ア～ウの組合せとして最も適当なものを，下の①～⑥のうちから一つ選べ。

a ア～ウは，いずれも分子式 $C_4H_{10}O$ で表されるアルコールである。

b 二クロム酸カリウムの硫酸酸性溶液によって，アとイは酸化されるが，ウは酸化されない。

c イには一対の光学異性体がある。

	ア	イ	ウ
①	1-ブタノール	2-メチル-2-プロパノール	2-ブタノール
②	1-ブタノール	2-ブタノール	2-メチル-2-プロパノール
③	2-ブタノール	1-ブタノール	2-メチル-2-プロパノール
④	2-ブタノール	2-メチル-2-プロパノール	1-ブタノール
⑤	2-メチル-2-プロパノール	2-ブタノール	1-ブタノール
⑥	2-メチル-2-プロパノール	1-ブタノール	2-ブタノール

問5 次の記述 **a**・**b** の中の $\boxed{1}$ ～ $\boxed{3}$ に入れるのに最も適当な数値を，下の①～⓪のうちから一つずつ選べ。ただし，同じものをくり返し選んでもよい。

a ある鎖式飽和1価アルコールを完全燃焼させたとき，生成した二酸化炭素の質量は，同時に生成した水の質量の 1.83 倍であった。したがって，このアルコールの分子式を C_pH_qO で表すと，p は $\boxed{1}$，q は $\boxed{2}$ になる。

b 炭素原子数4の鎖式飽和1価アルコールのうち，酸化したとき炭素原子数4のアルデヒドを生成するものは，$\boxed{3}$ 種類存在する。

① 1 ② 2 ③ 3 ④ 4 ⑤ 5 ⑥ 6 ⑦ 7
⑧ 8 ⑨ 9 ⓪ 10

第3章 酸素を含む脂肪族化合物 **129**

★★**80** アルデヒド・ケトンなどの反応 【17分・18点】

問1 カルボニル基をもつ化合物に関する記述として正しいものを，次の①〜⑤のうちから一つ選べ。

① アセトアルデヒドを酸化すると，ギ酸が得られる。

② ギ酸はホルミル基(アルデヒド基)をもつ。

③ ギ酸は，炭酸水より弱い酸性を示す。

④ アセトアルデヒドの工業的製法の一つに，触媒を用いてプロペン(プロピレン)を酸化する方法がある。

⑤ アンモニア性硝酸銀水溶液にアセトンを加えると，銀鏡反応を示す。

問2 次の記述 **a**・**b** に当てはまる化合物の組合せとして最も適当なものを，下の①〜⑥のうちから一つ選べ。

a 無色・刺激臭の気体で，その水溶液はフェーリング液を還元する。

b 銀鏡反応を示す。また，アルカリと反応して塩を生じる。

	a	**b**
①	ホルムアルデヒド	メタノール
②	ホルムアルデヒド	ギ 酸
③	メタノール	ホルムアルデヒド
④	メタノール	ギ 酸
⑤	ギ 酸	ホルムアルデヒド
⑥	ギ 酸	メタノール

問3 次の化合物 **a**〜**c** に当てはまるものを，下の構造式で示した化合物群の①〜⑧のうちからそれぞれ一つずつ選べ。ただし，同じものをくり返し選んでもよい。

a そのカルボニル基を還元すると，不斉炭素原子をもつ第二級アルコールが生成する化合物

b そのホルミル基(アルデヒド基)を酸化して生じるカルボン酸は，酢酸メチルの異性体である化合物

c フェーリング液を還元し，またヨードホルム反応を起こす化合物

① $HCHO$ 　　　② CH_3-CH_2-OH 　　　③ CH_3-CHO

④ $CH_3-\underset{\underset{OH}{|}}{CH}-CH_3$ 　　　⑤ CH_3-CH_2-CHO 　　　⑥ $CH_3-CO-CH_3$

⑦ $CH_3-CH_2-CO-CH_3$ 　　　⑧ $CH_3-CH_2-\underset{\underset{CH_3}{|}}{CH}-CHO$

問4 元素 C, H, O で構成される化合物 A は，次の条件ア〜ウをすべて満足する。化合物 A の構造として最も適当なものを，下の①〜④のうちから一つ選べ。

ア　1mol の A を燃焼させると，二酸化炭素 5mol と水 5mol が生じた。
イ　1mol の A を 1mol の水素で還元すると，生成物 B が得られた。
ウ　B の脱水反応によって，2種類の不飽和炭化水素が生成した。そのうちの一方は，炭素原子がすべて同じ平面にある構造であった。

★★★81 オゾン分解　【14分・14点】

次の文章を読み，問い(問1〜3)に答えよ。

アルケンを低温でオゾンと反応させた後，亜鉛などの還元剤とともに加水分解すると，二重結合が開裂してカルボニル化合物（アルデヒド，ケトン）が得られる。このような反応をオゾン分解といい，アルケンからカルボニル化合物を合成したり，得られたカルボニル化合物から元のアルケンに含まれる二重結合の位置を決定したりするのに利用される。例えば，次のように 1mol の A をオゾン分解すると，カルボニル化合物 B と C がそれぞれ 1mol ずつ得られる。

$$CH_3 \atop CH_3 } C=C {CH_3 \atop H} \xrightarrow{O_3} \xrightarrow{Zn+H_2O} {CH_3 \atop CH_3} C=O + O=C {CH_3 \atop H}$$

　　　　A　　　　　　　　　　　　　　B　　　　C

また，1mol の D をオゾン分解すると，B が 2mol 得られる。

問1 A 〜 D に当てはまる化合物の名称として最も適当なものを，それぞれ次の①〜⑧のうちから一つずつ選べ。

① ホルムアルデヒド　② アセトアルデヒド　③ アセトン
④ 2-メチルプロペン　⑤ 2-メチル-1-ブテン　⑥ 2-メチル-2-ブテン
⑦ 2-メチル-2-ペンテン　⑧ 2,3-ジメチル-2-ブテン

第3章　酸素を含む脂肪族化合物　**131**

問2　次の示性式をもつ脂肪酸を，完全にオゾン分解したときの生成物に関する記述として**誤り**を含むものを，下の①～⑤のうちから一つ選べ。

$$CH_3(CH_2)_4CH=CHCH_2CH=CH(CH_2)_7COOH$$

①　生成物は全部で3種類ある。
②　生成物の一つは，分子1個に酸素原子3個を含む。
③　生成物はすべてホルミル基(アルデヒド基)をもつ。
④　分子量が最も大きい生成物は，分子1個に水素原子18個を含む。
⑤　異なる生成物の物質量はすべて等しい。

問3　柑橘類の果皮に多く含まれる化合物 $\boxed{E}$ は，分子式が $C_{10}H_{16}$ で，6員環の構造をもつ。次のように1molの $\boxed{E}$ をオゾン分解すると，2種類の化合物がそれぞれ1molずつ得られる。

$$\boxed{E} \xrightarrow[\text{Zn}+\text{H}_2\text{O}]{O_3} CH_3-\underset{\underset{O}{\|}}{C}-CH_2-CH_2-\underset{\overset{\|}{\underset{O}{C}-CH_3}}{CH}-CH_2-CH_2-\overset{H}{\underset{O}{C}} + \overset{H}{\underset{O}{C}}\overset{H}{}$$

次の記述 **a** ～ **d** のうちで， $\boxed{E}$ に当てはまるものが二つある。それらの正しい組合せを，下の①～⑥のうちから一つ選べ。

a　不斉炭素原子を2個もつ。
b　環の中に二重結合を2個もつ。
c　二重結合をしている炭素原子の一方には，メチル基が結合している。
d　すべてのメチル基を水素原子に，環をベンゼン環に置き換えると，スチレンになる。

①　aとb　　②　aとc　　③　aとd　　④　bとc
⑤　bとd　　⑥　cとd

132　第4編　有機化合物

★★★ *82* カルボニル基とヒドロキシ基の反応　　　　【9分・11点】

次の文章を読み，問い(問1〜3)に答えよ。

カルボニル化合物のカルボニル基($>C=O$)に，アルコールのヒドロキシ基($-OH$)が付加すると，次式に示すように，同じ炭素原子にヒドロキシ基とエーテル結合がついた構造をもつ化合物が生じる。

$$\begin{matrix} R_1 \\ R_2 \end{matrix}C=O + R-OH \longrightarrow \begin{matrix} R_1 \\ R_2 \end{matrix}C\begin{matrix} O-R \\ OH \end{matrix}$$

例えば，カルボニル化合物の　A　とアルコールの　B　の混合物からは，次のような構造をもつ化合物が生じる。

$$CH_3-CH-O-CH\begin{matrix}CH_3\\ \\ CH_3\end{matrix}$$
$$\quad\ \ OH$$

問1　下線部と同様の構造をもつ化合物を，次の①〜⑤のうちから一つ選べ。
① グリセリン　　　　② α-グルコース　　③ アラニン
④ ジエチルエーテル　⑤ 乳酸

問2　A，B　に当てはまる化合物として最も適当なものを，次の①〜⑧のうちから一つずつ選べ。
① メタノール　　　　② エタノール　　　　③ 1-プロパノール
④ 2-プロパノール　　⑤ ホルムアルデヒド　　⑥ アセトアルデヒド
⑦ アセトン　　　　　⑧ プロピオンアルデヒド

問3　発酵食品に含まれる香気成分Cは，次の構造をもつ。Cは二量体C_2を生じることが知られている。

$$CH_3-C-CH-CH_3$$
$$\quad\ \ \| \quad\ |$$
$$\quad\ \ O \ \ OH$$
香気成分C

C_2の構造式として最も適当なものを，次の①〜④のうちから一つ選べ。ただし，立体異性体は区別しないものとする。

①
$$CH_3\quad\ O\quad\ CH_3$$
$$HO-C\qquad\qquad CH$$
$$\qquad\ CH\qquad\ OH$$
$$CH_3\quad\ O\quad\ CH_3$$

②
$$CH_3\quad\ O\quad\ OH$$
$$CH\qquad\qquad C-CH_3$$
$$\qquad\ CH\qquad\ OH$$
$$CH_3\quad\ O\quad\ CH_3$$

③
$$CH_3\ \ C\quad O\quad OH$$
$$CH_3\qquad\qquad C-CH_3$$
$$\qquad CH\qquad\ CH_3$$
$$HO\quad\ \ \ O\ \ CH_3$$

④
$$CH_3\ \ C\quad CH_2\quad OH$$
$$HO\qquad\qquad C-CH_3$$
$$\qquad CH\qquad\ OH$$
$$HO\quad\ CH_2\ OH$$

★83 カルボン酸　【10分・14点】

問1　次の化合物A〜Cのいずれにも当てはまる記述として正しいものを，下の①〜⑤のうちから一つ選べ。

① ヒドロキシ酸である。　② 芳香族カルボン酸である。
③ 光学異性体がある。　④ 塩酸より強い酸である。
⑤ 二酸化炭素の水溶液より強い酸である。

問2　酢酸とエタノールとに共通する記述として適当でないものを，次の①〜⑤のうちから一つ選べ。
① 大気圧下，常温で水と任意の割合で混ざり合う。
② 1分子中に2個の炭素原子を含む。
③ 大気圧下，30℃では液体である。
④ エステルを合成する原料として用いられる。
⑤ 水酸化ナトリウムと反応して塩を生成する。

問3　次の記述 a〜c に当てはまる化合物を，下の①〜⑦のうちから一つずつ選べ。
a　シアン酸アンモニウム（NH₄OCN）を加熱したとき生成する化合物
b　加熱すると分子内で脱水が起こる化合物
c　酢酸カルシウムを乾留すると得られる化合物

① シアン化水素　② 尿素　③ マレイン酸　④ テレフタル酸
⑤ プロパン　⑥ アセトン　⑦ アセトアルデヒド

84 構造式の決定　【20分・12点】

必要があれば，原子量は次の値を使うこと。H 1.0　C 12　O 16　Na 23

問1 炭素，水素，酸素からなる酸性の有機化合物 A がある。A の 0.18 g を水に溶かして，これに十分な量の炭酸水素ナトリウムを加えた。このとき生成した二酸化炭素の体積は 0℃，1.013×10^5 Pa（標準状態）で 89.6 mL であった。A として正しいものを，次の①〜⑥のうちから一つ選べ。

① CH₃CH₂OH（分子量 46）　　② CH₃CH₂CH₂COOH（分子量 88）
③ (COOH)₂（分子量 90）　　④ CH₃CHCOOH（分子量 90）
　　　　　　　　　　　　　　　　　　　|
　　　　　　　　　　　　　　　　　　 OH
⑤ CH₂OH（分子量 92）　　⑥
　　|
　　CHOH
　　|
　　CH₂OH

問2 飽和脂肪酸 RCOOH のナトリウム塩に，水酸化ナトリウムを加えて加熱すると，次の反応式により，炭化水素 RH が生成する。

　　RCOONa + NaOH ⟶ RH + Na₂CO₃

ある飽和脂肪酸のナトリウム塩 11 g を用いて上の反応を完全に行わせたところ，炭化水素 4.4 g が生成した。この飽和脂肪酸を，次の①〜④のうちから一つ選べ。

① CH₃COOH　　② CH₃CH₂COOH　　③ CH₃CH₂CH₂COOH
④ CH₃CH₂CH₂CH₂COOH

問3 ある不飽和カルボン酸 56.0 g に，臭素 Br₂（分子量 160）を完全に付加させたところ，152 g の生成物が得られた。また，この不飽和カルボン酸 56.0 g に触媒を用いて水素を完全に付加させ，飽和カルボン酸を得た。得られた飽和カルボン酸の質量〔g〕と，消費された水素の 0℃，1.013×10^5 Pa（標準状態）での体積〔L〕との組合せとして最も適当なものを，次の①〜④のうちから一つ選べ。

	飽和カルボン酸の質量〔g〕	水素の体積〔L〕
①	56.6	6.72
②	56.6	13.4
③	57.2	6.72
④	57.2	13.4

★★85 エステル 【16分・16点】

必要があれば，原子量は次の値を使うこと。H 1.0 C 12 O 16

問1 図1は，炭素，水素，酸素からなり，一般式 $C_nH_{2n+2}O$ または $C_nH_{2n}O_2$ で表される有機化合物の分子量と沸点の関係を示したものである。ここで，破線で結ばれているものは，同族体であることを示している。ただし，ある分子量の同族体の中に，さらにいくつかの構造異性体がある場合には，その中の一つの異性体の沸点が示してある。なお，化合物Cは，化合物Aと化合物Bの脱水縮合反応によって生成し，また，化合物Dは，化合物Bを濃硫酸と加熱することにより生成する。図中の●で示す化合物A～Dに関する次の問い(**a**・**b**)に答えよ。

図1

a 化合物AおよびBの組合せとして正しいものを，次の①～⑥のうちから一つ選べ。

	A	B
①	ギ酸	エタノール
②	酢酸	メタノール
③	酢酸	エタノール
④	アセトン	ジメチルエーテル
⑤	1-プロパノール	ジメチルエーテル
⑥	ギ酸メチル	アセトアルデヒド

b 化合物CおよびDの示性式の組合せとして正しいものを，次の①～⑥のうちから一つ選べ。

	C	D
①	$CH_3CH_2COOCH_3$	CH_3CHO
②	$HCOOCH_2CH_3$	CH_3COCH_3
③	$CH_3CH_2CH_2COOH$	$CH_3CH_2OCH_2CH_3$
④	CH_3COOCH_3	$CH_3CH_2CH_2CH_2OH$
⑤	$CH_3COOCH_2CH_3$	$CH_3CH_2OCH_2CH_3$
⑥	$HCOOCH_2CH_2CH_3$	$CH_3CH_2CH_2OCH_3$

136 第4編　有機化合物

問2　エタノール46gを用いて，ある反応を行ったところ，エステルが88g得られた。その反応として最も適当なものを，次の①〜④のうちから一つ選べ。ただし，エタノールはすべてエステルになったものとする。

① 希硫酸中で二クロム酸カリウムを作用させた。

② 濃硫酸を触媒として酢酸を作用させた。

③ 濃硫酸を加えて約130℃に加熱した。

④ 濃硫酸を触媒として安息香酸を作用させた。

問3　次の記述に関連して，下の問い($\mathbf{a}$・$\mathbf{b}$)に答えよ。

炭素，水素，酸素からなる化合物Aがある。これに酢酸を作用させるとエステルBが生成した。エステルBの3.48mgを完全に燃焼させたとき，二酸化炭素が7.92mg，水が3.24mg得られた。エステルBの分子量は110と118の間にある。

$\mathbf{a}$　エステルBの分子式として最も適当なものを，次の①〜⑤のうちから一つ選べ。

① $C_6H_6O_2$　　② $C_6H_8O_2$　　③ $C_6H_{10}O_2$　　④ $C_6H_{12}O_2$

⑤ $C_6H_{14}O_2$

$\mathbf{b}$　エステルBの分子式から化合物Aの分子式を求めたい。化合物Aの分子式として正しいものを，次の①〜④のうちから一つ選べ。

① エステルBの分子式から，酢酸に相当する$C_2H_4O_2$を差し引いた式

② エステルBの分子式から，アセチル基に相当するC_2H_3Oを差し引き，Hを加えた式

③ エステルBの分子式から，CH_3COOに相当する$C_2H_3O_2$を差し引き，H_2Oを加えた式

④ エステルBの分子式から，CH_3COOに相当する$C_2H_3O_2$を差し引き，Hを加えた式

★★ 86 油脂とそのけん化　【20分・22点】

必要があれば，原子量は次の値を使うこと。H 1.0　C 12　O 16　Na 23

問1　次の文章中の ⬜1⬜ ～ ⬜3⬜ に入れるのに最も適当なものを，それぞれの下の解答群のうちから一つずつ選べ。ただし，同じものをくり返し選んでもよい。

油脂は ⬜1⬜ とグリセリンとのエステルである。これに水酸化ナトリウム水溶液を作用させると ⬜2⬜ が起こり，セッケンとグリセリンになる。セッケンの水溶液は ⬜3⬜ を示す。

⬜1⬜ の解答群
① 炭化水素　② アルコール　③ アルデヒド　④ 脂肪酸
⑤ アミノ酸　⑥ アミン　⑦ ケトン　⑧ 糖

⬜2⬜ の解答群
① 酸化反応　② 還元反応　③ 置換反応　④ 付加反応　⑤ けん化

⬜3⬜ の解答群
① 強酸性　② 弱酸性　③ 強塩基性　④ 弱塩基性
⑤ 中性　⑥ 酸化性　⑦ 還元性

問2　油脂に関する次の問い(a・b)に答えよ。

a ある油脂をけん化して，得られた脂肪酸の混合物から，飽和脂肪酸Aを分離した。この脂肪酸Aは，質量パーセントで75.0%の炭素，12.5%の水素，および12.5%の酸素からなっている。脂肪酸Aの分子式として適当なものを，次の①～⑤のうちから一つ選べ。

① $C_{12}H_{24}O_2$　② $C_{16}H_{32}O_2$　③ $C_{18}H_{32}O_2$　④ $C_{18}H_{34}O_2$
⑤ $C_{20}H_{40}O_2$

b 油脂の分子に含まれ，けん化によって変化を受けるのは，どのような構造の部分か。次の①～⑤のうちから一つ選べ。

138 第4編　有機化合物

問3　グリセリンとリノール酸($C_{17}H_{31}COOH$)からできている油脂 A と，グリセリンとリノレン酸($C_{17}H_{29}COOH$)からできている油脂 B がある。それぞれの油脂 1mol に，触媒を加えて水素と反応させ，構成脂肪酸をすべてステアリン酸にするとき，反応によって消費される水素の同温・同圧での体積の比(A：B)はどうなるか。最も適当なものを，次の①～⑥のうちから選べ。

① 1：1　　② 1：2　　③ 1：3　　④ 2：3　　⑤ 3：4　　⑥ 3：5

問4　脂肪酸のエチルエステルのけん化は，次式のように進む。

$R-COOC_2H_5 + NaOH \longrightarrow R-COONa + C_2H_5OH$

　ある脂肪酸のエチルエステル 153g を完全にけん化するには，水酸化ナトリウム 20g を必要とする。この脂肪酸の炭素数は 18 である。この脂肪酸 1 分子中に存在する炭素-炭素二重結合は何個か。当てはまる数を，次の①～⑤のうちから一つ選べ。ただし，R－は三重結合も環状構造も含まない炭化水素基である。

① 1　　② 2　　③ 3　　④ 4　　⑤ 0

問5　油脂は高級脂肪酸のグリセリンエステルである。ある油脂 22.5g をけん化するために水酸化ナトリウム 3.00g を必要とした。これに関する次の問い(**a・b**)に答えよ。

　a　この油脂の分子量はいくらか。最も適当な数値を，次の①～⑥のうちから一つ選べ。

① 300　　② 450　　③ 630　　④ 900　　⑤ 945　　⑥ 1260

　b　この油脂を単一の直鎖状飽和脂肪酸のエステルと仮定すると，その脂肪酸の炭素数はいくらか。最も適当な数値を，次の①～⑥のうちから一つ選べ。

① 12　　② 14　　③ 16　　④ 18　　⑤ 20　　⑥ 22

第4章　芳香族化合物

★★87　ベンゼン，トルエンとその反応　【15分・18点】

問1　ベンゼンに関する記述として**誤りを含むもの**を，次の①～⑤のうちから一つ選べ。
① 炭素原子間の結合の長さは，すべて等しい。
② すべての原子は，同一平面上にある。
③ 揮発性があり，引火しやすい。
④ 付加反応よりも置換反応を起こしやすい。
⑤ 過マンガン酸カリウムの硫酸酸性溶液によって，容易に酸化される。

問2　主として起こる反応が**置換反応でないもの**を，次の①～⑤のうちから一つ選べ。
① メタンと塩素を混合し，日光や紫外線を当てて反応させる。
② メタノールを金属ナトリウムと反応させる。
③ ベンゼンに塩素を通じながら，日光や紫外線を当てて反応させる。
④ ベンゼンを，濃硝酸と濃硫酸の混合物と反応させる。
⑤ ベンゼンと塩素を，鉄を触媒として反応させる。

問3　次の芳香族化合物①～⑥のうちから，塩基性物質を一つ選べ。

問4　トルエンの水素原子の一つを臭素原子で置換した化合物には，いくつの異性体があるか。当てはまる数を，次の①～⑥のうちから一つ選べ。
① 1　② 2　③ 3　④ 4　⑤ 5　⑥ 6

問5　トルエンについての次の記述の中で，下線部ア～カに誤りを含むものはどれか。下の①～⑥のうちから一つ選べ。

　　トルエンは_ア_C₆H₅CH₃で表される炭化水素で，_イ_芳香族化合物の一つである。トルエンを構成している_ウ_7個の炭素原子はすべて同一平面内にある。トルエンは室温では水に不溶性の無色の液体で，_エ_空気中で燃やすと多量のすすを出す。トルエンを過マンガン酸カリウムの酸性水溶液で酸化すると_オ_フェノールが得られる。トルエンを濃硝酸と濃硫酸の混合物と反応させると，比較的温和な条件下では，オルト（o-）およびパラ（p-）_カ_ニトロトルエンが生成する。さらに高温で反応させると，爆薬として用いられるトリニトロトルエンが生じる。

① ア　② イ　③ ウ　④ エ　⑤ オ　⑥ カ

140 第4編 有機化合物

★★88 ベンゼン環の安定性 　　　　　　　　　　【7分・9点】

次の文章を読み，問いに答えよ。

> 必要があれば，燃焼熱〔kJ/mol〕は次の値を使うこと。
> 水素 H_2　286
> ベンゼン C_6H_6　3270
> シクロヘキサン C_6H_{12}　3920

　ベンゼン環の不飽和結合は，アルケンやアルキンの不飽和結合と比べると，付加反応が起こりにくい。このようなベンゼン環の安定性を，エネルギーの観点から考察してみよう。ベンゼン1molに，ニッケルなどを触媒として高温高圧下で，水素3molを付加させると，シクロヘキサン1molが生成する。このとき発生する熱は A kJである。一方，シクロヘキセン1molに水素1molを付加させると，シクロヘキサン1molが生成する。このとき発生する熱は120kJである。ベンゼン分子に二重結合が3個含まれると仮定すると，ベンゼン1molに水素3molを付加させたとき発生する熱は B kJになるはずである。ところが実際には，これよりも C kJ少ないので，その分，ベンゼンは安定化していることになる。ベンゼン環に水素などを付加させようとすると，このようなベンゼン環の安定性が失われることになるので，付加が起こりにくいと考えられる。

問 A〜C の数値を，それぞれ有効数字3桁で次の形式で表すとき，a〜i に当てはまる数字を，下の①〜⓪のうちから一つずつ選べ。ただし，同じものを繰り返し選んでもよい。

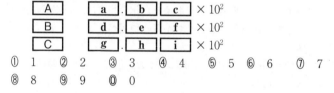

① 1　② 2　③ 3　④ 4　⑤ 5　⑥ 6　⑦ 7
⑧ 8　⑨ 9　⓪ 0

★★89 フェノール，サリチル酸とその反応　【16分・16点】

問1　フェノールは，ベンゼンから図1に示す二つの方法でつくられる。図中の 1 と 2 に当てはまる化合物を，下の①〜⑤のうちから一つずつ選べ。ただし，同じものをくり返し選んでもよい。

図1

① ベンゼンスルホン酸　② ニトロベンゼン　③ クメン　④ 安息香酸
⑤ m-キシレン

問2　ベンゼンまたはフェノールを原料とする反応として正しいものを，次の①〜⑥のうちから一つ選べ。

① ベンゼン →(濃硫酸) 安息香酸
② ベンゼン →(塩素と鉄粉) シクロヘキサン
③ ベンゼン →(プロペン) クレゾール
④ フェノール →(濃硝酸と濃硫酸) ピクリン酸
⑤ フェノール →(臭素水) ブロモベンゼン
⑥ フェノール →(無水酢酸) サリチル酸

142 第4編　有機化合物

問3　次の反応**ア～ウ**では，どのような化合物が生成するか。その正しい組合せを，下の①～⑥のうちから一つ選べ。

ア　サリチル酸に，メタノールと濃硫酸を作用させた。

イ　ナトリウムフェノキシドに高温・高圧下で二酸化炭素を作用させた後，希硫酸を加えた。

ウ　フタル酸（融点234℃）を融点近くで加熱した。

	ア	イ	ウ
①			
②			
③			
④			
⑤			
⑥			

第4章　芳香族化合物　**143**

問4　有機化合物の合成と性質に関する次の文章中の ア に入れる化合物名と，
イ に入れる記述との組合せとして最も適当なものを，下の①～⑧のうちから
一つ選べ。

　試験管にサリチル酸をとり，メタノールを加えて溶かす。これに少量の濃硫酸を
加えてよく振り混ぜながら，おだやかに加熱する。冷却後，反応液を，使用したサ
リチル酸と濃硫酸に対し過剰な物質量の ア を含む水溶液に注ぎ，油状の化合
物Aを遊離させる。

　この化合物Aに無水酢酸と少量の濃硫酸を加え，おだやかに加熱する。冷却後，
氷冷した炭酸ナトリウム水溶液を加え，固体の化合物Bを得る。これらの化合物A・
Bをそれぞれメタノールに溶かし，塩化鉄(Ⅲ)水溶液を加える。このとき，
イ 。

	ア	イ
①	炭酸水素ナトリウム	A・Bとも呈色する
②	炭酸水素ナトリウム	A・Bとも呈色しない
③	炭酸水素ナトリウム	Aのみ呈色する
④	炭酸水素ナトリウム	Bのみ呈色する
⑤	水酸化ナトリウム	A・Bとも呈色する
⑥	水酸化ナトリウム	A・Bとも呈色しない
⑦	水酸化ナトリウム	Aのみ呈色する
⑧	水酸化ナトリウム	Bのみ呈色する

144 第4編 有機化合物

★★90 アニリンとその反応 【10分・12点】

問1 アニリン，フェノール，ニトロベンゼン，サリチル酸の性質に関する次の記述
①〜④のうちから，正しいものを一つ選べ。
① アニリンに塩化鉄(Ⅲ)水溶液を数滴加えると紫色を呈する。
② フェノール水溶液に塩化鉄(Ⅲ)水溶液を数滴加えると紫色を呈する。
③ ニトロベンゼンは水には溶けないが，希塩酸に溶ける。
④ サリチル酸にさらし粉水溶液を加えると紫色を呈する。

問2 次の記述①〜⑤のうちから，誤りを含むものを一つ選べ。
① 酢酸とアニリンからアセトアニリドが生じる反応も，酢酸とエタノールから酢
酸エチルが生じる反応も，ともに縮合反応である。
② ナトリウムエトキシドに水を加えると，水酸化ナトリウムが生じる。
③ フェノールに水酸化ナトリウム水溶液を加えると，ナトリウムフェノキシドが
生じる。
④ アニリンは水に溶けにくいが，塩酸には塩をつくって容易に溶ける。
⑤ 塩化ベンゼンジアゾニウムに，水を加えて加熱するとベンゼンが生じる。

問3 アニリンとフェノールから，次の**ア〜エ**の順序でアゾ化合物を合成した。ジア
ゾ化とカップリング（ジアゾカップリング）は，**イ〜エ**のどの段階で起こっているか。
その組合せとして最も適当なものを，下の①〜⑥のうちから一つ選べ。
ア 三角フラスコにアニリンを入れ，希塩酸を加えて溶かし，氷水で冷却した。
イ この溶液に，亜硝酸ナトリウム水溶液を，温度が上がらないように少量ずつ加
えて溶液**A**をつくった。
ウ ビーカーにフェノールを入れ，水酸化ナトリウム水溶液を加えて溶かし，冷却
して溶液**B**をつくった。
エ 溶液**A**に溶液**B**を加えると，橙赤色の沈殿が生じたので，この沈殿を吸引ろ
過で集めた。

	ジアゾ化	カップリング
①	イ	ウ
②	イ	エ
③	ウ	エ
④	ウ	イ
⑤	エ	イ
⑥	エ	ウ

第4章　芳香族化合物　**145**

★★★*91* 芳香族置換反応の配向性　　　　　　　　　　　　　　【8分・10点】

次の文章を読み，問いに答えよ。

ベンゼン C_6H_6 の水素原子が1個だけ置換された一置換体 C_6H_5-X に，さらに置換反応を行う場合，置換基-X の種類により，ベンゼン環のどの位置で次に置換が起こりやすいかが決まる。o-位（オルト位）や p-位（パラ位）で置換反応が起こりやすい場合を $o-$, p-配向性といい，m-位（メタ位）で置換反応が起こりやすい場合を m-配向性という。表1は，その例を示したものである。

表1

置換基-X の配向性

$o-$, p-配向性	$-OH$, $-NH_2$, $-CH_3$, $-NHCOCH_3$, $-Cl$, $-Br$
m-配向性	$-NO_2$, $-COOH$, $-SO_3H$, $-COCH_3$, $-CHO$

例えば，アニリンやベンゼンスルホン酸を，触媒を用いて塩素化すると，主として次の生成物が得られる。

このような配向性を利用すると，目的の化合物を効率よく合成することができる。

問　図1に示すように，トルエンから化合物Aを経てp-ニトロ安息香酸を，またトルエンから化合物B，Cを経て3-ニトロ-4-ブロモ安息香酸を，それぞれ効率よく合成したい。**操作1，2**および**操作3〜5**として最も適当なものを，それぞれ下の①〜⑥のうちから一つずつ選べ。ただし，o-体とp-体の異性体は，分離できるものとする。また，同じものを繰り返し選んでもよい。

図1

① 鉄を触媒にして臭素を反応させる。
② 濃硫酸と濃硝酸を加えて加熱し反応させる。
③ 光をあてて臭素を反応させる。
④ 濃硫酸を加えて加熱し反応させる。
⑤ 過マンガン酸カリウム水溶液を加えて加熱し反応させた後，酸性にする。
⑥ スズと塩酸を加えて加熱し反応させた後，塩基性にする。

第4章 芳香族化合物

★★★ 92 合成反応などの計算　【20分・12点】

必要があれば，原子量は次の値を使うこと。H1.0　C12　N14　O16　Cl35.5

問1 78.0gのアセチレンからベンゼンをつくった。得られたベンゼン全部に，十分な量の塩素を混ぜて紫外線を照射したところ，化合物Aが生じた。化合物Aの分子式と，得られた量の正しい組合せを，次の①～⑥のうちから一つ選べ。ただし，ベンゼンを生じる反応も化合物Aを生じる反応も，完全に進んだものとする。

	分子式	得られた量〔g〕
①	C_6Cl_6	95.0
②	C_6Cl_6	285
③	C_6Cl_6	855
④	$C_6H_6Cl_6$	97.0
⑤	$C_6H_6Cl_6$	291
⑥	$C_6H_6Cl_6$	873

問2 ベンゼン環にアルキル基が直接結合した化合物を酸化すると，芳香族カルボン酸が得られる。この反応を，未知化合物の構造決定に利用することができる。

　ベンゼン環を含む構造未知の化合物Aを酸化したところ，カルボン酸Bが得られた。カルボン酸Bの1.00gを中和するのに，1.00mol/Lの水酸化ナトリウム水溶液が12.0mL必要であった。化合物Aの構造式として最も適当なものを，次の①～⑤のうちから一つ選べ。

問3 ベンゼン(分子量78)を濃硫酸と濃硝酸でニトロ化し，ニトロベンゼン(分子量123)を得た。さらに，亜鉛と塩酸で還元してアニリン(分子量93)を得た。ニトロ化反応と還元反応の収率は，それぞれ80％と70％であった。ベンゼン39gから得られるアニリンは何gか。最も適当な数値を，下の①～⑥のうちから一つ選べ。ただし，収率とは，反応式から計算した生成物の量に対する，実験で得られた生成物の量の割合をいう。

① 26　② 33　③ 37　④ 47　⑤ 68　⑥ 86

148 第4編 有機化合物

★★*93* 有機化合物の分離(1) 【12分・14点】

問1 次の記述 a ～ c 中の □ に当てはまるものを，下の①～⑧のうちから一つ
ずつ選べ。

a □ は，希塩酸には溶けるが，うすい水酸化ナトリウム水溶液にはほとんど
溶けない。

b □ は，うすい水酸化ナトリウム水溶液には溶けるが，希塩酸にはほとんど
溶けない。また，その少量を水に加えて振り混ぜ，さらに塩化鉄(Ⅲ)水溶液を加
えても，紫～赤紫の呈色は見られない。

c □ は，希塩酸にもうすい水酸化ナトリウム水溶液にもほとんど溶けない。
また，その四塩化炭素溶液に，臭素の四塩化炭素溶液の少量を加えて振り混ぜる
と，直ちに臭素の色が消える。

① アニリン　　　　② アラニン　　　③ 安息香酸　　④ 安息香酸メチル
⑤ クロロベンゼン　　⑥ スチレン　　　⑦ ニトロベンゼン
⑧ フェノール

問2 数種類の有機化合物が溶けているジエチルエーテル溶液がある。これにうすい
塩酸を加えて振り混ぜた後，ジエチルエーテル溶液の層を分け取る。この分け取っ
た溶液に水酸化ナトリウムのうすい水溶液を加えて再び振り混ぜた後，ジエチル
エーテル溶液の層を分け取る。このようにして最後に得られたジエチルエーテル溶
液の中に含まれている可能性のある化合物を，次の①～⑦のうちから二つ選べ。た
だし，解答の順序は問わない。

① アセチルサリチル酸　　② アニリン　　③ 酢酸　　④ サリチル酸
⑤ トルエン　　⑥ ニトロベンゼン　　⑦ フェノール

第4章　芳香族化合物　*149*

問3　ベンゼン，フェノール，アニリンを含むジエチルエーテル溶液がある。これら
　の物質を分離する目的で次の**操作1**から**操作4**を行った。

操作1　希塩酸と振りまぜて，エーテル層と水層とに分けた。

操作2　操作1で分けた水層にうすい水酸化ナトリウム水溶液を加えたあと，ジエ
　　　　チルエーテルを加えて振りまぜて，エーテル層（Ⅰ）と水層とに分けた。

操作3　操作1で分けたエーテル層にうすい水酸化ナトリウム水溶液を加えて振り
　　　　まぜて，エーテル層（Ⅱ）と水層とに分けた。

操作4　操作3で分けた水層に二酸化炭素を十分に通じたあと，ジエチルエーテル
　　　　を加えて振りまぜて，エーテル層（Ⅲ）と水層とに分けた。

　以上の操作により，ベンゼン，フェノール，アニリンは，それぞれどのエーテル
層に分離されたか。最も適当な組合せを，次の①〜⑥のうちから一つ選べ。

	エーテル層（Ⅰ）	エーテル層（Ⅱ）	エーテル層（Ⅲ）
①	ベンゼン	アニリン	フェノール
②	ベンゼン	フェノール	アニリン
③	フェノール	アニリン	ベンゼン
④	フェノール	ベンゼン	アニリン
⑤	アニリン	フェノール	ベンゼン
⑥	アニリン	ベンゼン	フェノール

★★94 有機化合物の分離(2)　　　【14分・12点】

問1 サリチル酸メチルを合成するために，サリチル酸1gをメタノール3mLに溶かし，濃硫酸0.5mLを加えて約10分間おだやかに加熱したのち，反応液を30mLの水を入れたビーカー中へそそいだ。この混合物から未反応のサリチル酸などを除いてサリチル酸メチルを分離する操作として，最も適当なものを，次の①〜④のうちから一つ選べ。

① 混合物を酸性のままジエチルエーテルと共に三角フラスコに入れて振り混ぜる。スポイトでエーテル層を取り出し，エーテルを蒸発させる。

② 混合物に炭酸水素ナトリウム水溶液を気体が発生しなくなるまで加え，ジエチルエーテルと共に三角フラスコに入れて振り混ぜる。スポイトでエーテル層を取り出し，エーテルを蒸発させる。

③ 混合物に水酸化ナトリウム水溶液を十分にアルカリ性になるまで加え，ジエチルエーテルと共に三角フラスコに入れて振り混ぜる。スポイトでエーテル層を取り出し，エーテルを蒸発させる。

④ ③の操作で三角フラスコ中に残った水層を塩酸で酸性にした後，再びエーテルを加え振り混ぜる。スポイトでエーテル層を取り出し，エーテルを蒸発させる。

問2 安息香酸のエチルエステル(安息香酸エチル)を含むニトロベンゼンがある。これからニトロベンゼンのみをとり出したい。下の操作で，ニトロベンゼンは①〜④のどの部分に最も多く含まれているか。適当なものを一つ選べ。

第4章 芳香族化合物　**151**

問3　次の化合物 **a ～ c** の混合物のジエチルエーテル溶液について，**操作ア～ウ**の順序で分離実験を行った。この実験の結果または考察として適当な記述を，下の①～⑤のうちから二つ選べ。ただし，解答の順序は問わない。

a CH$_3$ … CH$_3$（m-キシレン）　　**b** 〈フェニル〉-N=N-〈フェニル〉-OH　　**c** NH$_2$（アニリン）

操作ア　ジエチルエーテル溶液に希塩酸を加え，分液漏斗で上層と下層を分離した。下層を水酸化ナトリウム水溶液で中和すると，油状物質が遊離した。

操作イ　操作アで得られた上層に水酸化ナトリウム水溶液を加え，分液漏斗で上層と下層を分離した。上層を濃縮すると，油状物質が得られた。

操作ウ　操作イで得られた下層を希塩酸で中和し放置すると，橙赤色の固体が析出した。

① 　化合物 **a ～ c** の分子量の違いにより，混合物からそれぞれの化合物を分離した。

② 　化合物 **a ～ c** は，塩をつくると水に溶けにくくなるので，分離できた。

③ 　操作アで，弱塩基のアニリンが分離された。

④ 　操作イで，m-キシレンが水酸化ナトリウムと塩をつくり，分離された。

⑤ 　操作ウで，塩をつくって溶けていた p-ヒドロキシアゾベンゼンが，固体として分離された。

152 第4編 有機化合物

第5章 生活と有機化合物

★★95 セッケン，食品，染料 【6分・12点】

問1 試験管に濃いセッケン水をとり，次の実験ア～ウを行った。実験の結果として最も適当な組合せを，下の①～⑧のうちから一つ選べ。

ア 塩化カルシウム水溶液を数滴加え，振りまぜた後，セッケン水の状態を観察した。

イ フェノールフタレイン溶液を数滴加え，振りまぜた後，セッケン水の色を観察した。

ウ 食用油を数滴加え，激しくかきまぜた後，静置してセッケン水中の油の状態を観察した。

	ア	イ	ウ
①	白く濁った	変化なし	水の表面に浮いた
②	白く濁った	変化なし	水の中に分散した
③	白く濁った	赤く変色した	水の表面に浮いた
④	白く濁った	赤く変色した	水の中に分散した
⑤	変化なし	変化なし	水の表面に浮いた
⑥	変化なし	変化なし	水の中に分散した
⑦	変化なし	赤く変色した	水の表面に浮いた
⑧	変化なし	赤く変色した	水の中に分散した

問2 食品に関する記述として**誤りを含むもの**を，次の①～⑤のうちから一つ選べ。

① 油脂は，グリコーゲンとなって体内に蓄積され，エネルギー源となる。

② タンパク質は，からだの組織をつくるのに必要であり，一部はエネルギー源となる。

③ 消化酵素は，タンパク質であり，特定の栄養素に作用して分解反応の速さを変化させる。

④ 食品に含まれる繊維（セルロースなど）は，栄養素ではないが，健康保持に役立っている。

⑤ デンプンは，主として穀物に含まれていてエネルギー源となる。

問3 染料および染色に関する次の記述**a～c**のうちで，正しいものはどれか。すべてを選んだものを，下の①～⑦のうちから一つ選べ。

a 染料の多くは，可視光線をよく吸収する。

b 木綿は，酸性染料や塩基性染料と反応する官能基をもたない。

c 絹や羊毛は，天然染料では染色されない。

① a ② b ③ c ④ a, b ⑤ a, c ⑥ b, c

⑦ a, b, c

第5章　生活と有機化合物　**153**

★★*96* 医薬品　　　　　　　　　　　　　　　　　　　　【5分・8点】

問1　次の文章中の化合物ア～ウの構造式として最も適当な組合せを，下の①～⑥のうちから一つ選べ。

　古くから，ヤナギの樹皮には解熱鎮痛作用をもつ物質が含まれていることが知られていた。この物質から得られる　ア　が薬理作用を示すと考えられ，1860年にはその合成法が開発されて，医薬品として盛んに使われるようになった。しかし，　ア　は副作用が大きいことがわかり，その代用として　イ　が開発され，解熱剤などとして現在でも広く使われている。一方，　ア　にメタノールを反応させて得られる　ウ　も消炎外用薬として使われている。

	ア	イ	ウ
①	ＯＨ ＣＯＯＨ	ＯＣＯＣＨ₃ ＣＯＯＨ	ＯＨ ＣＯＯＣＨ₃
②	ＯＨ ＣＯＯＨ	ＯＨ ＣＯＯＣＨ₃	ＯＣＯＣＨ₃ ＣＯＯＨ
③	ＯＨ ＣＯＯＨ	ＯＣＯＣＨ₃ ＣＯＯＨ	ＯＨ ＣＯＯＣＨ₃
④	ＯＨ ＣＯＯＨ	ＯＨ ＣＯＯＣＨ₃	ＯＣＯＣＨ₃ ＣＯＯＨ
⑤	ＯＨ ＣＯＯＨ	ＯＣＯＣＨ₃ ＣＯＯＨ	ＯＨ ＣＯＯＣＨ₃
⑥	ＯＨ ＣＯＯＨ	ＯＨ ＣＯＯＣＨ₃	ＯＣＯＣＨ₃ ＣＯＯＨ

154 第4編 有機化合物

問2 次の文章中の化合物 1 ・ 2 に当てはまる構造式を，下の①〜⑥のうちからそれぞれ一つずつ選べ。

1935年，ドイツのドーマクは，アゾ染料の 1 が抗菌作用をもつことを発見した。その後， 1 が体内で分解されてできる 2 が有効成分であることが解明された。一般に 2 やその部分構造をもつ抗菌剤は，サルファ剤とよばれている。

第6章　総合問題　**155**

| 第6章 | 総合問題 |

★★**97** 脂肪族・芳香族，反応の種類 【11分・17点】

問1　エステルでない化合物を，次の①～⑥のうちから一つ選べ。

① 酢酸エチル　　　　② 酢酸ビニル　　③ アセトアニリド

④ アセチルサリチル酸　　⑤ 油脂

⑥ ポリエチレンテレフタラート（ポリエチレンテレフタレート）

問2　次の記述①～⑥のうちから，正しいものを一つ選べ。

① メタン，エタン，プロパンは，いずれも常温で空気より軽い気体である。

② ヘキサン，ベンゼン，ジエチルエーテルは，いずれも常温で水より軽い液体である。

③ 酢酸，エタノール，酢酸エチルは，いずれも常温でどんな割合ででも水に溶ける。

④ シクロペンタンは C_5H_{10} の分子式で表され，アルケンと同様に付加反応を行う。

⑤ メタノールは水酸化ナトリウムと反応して水素を発生する。

⑥ 触媒を用いてアセチレンに酢酸を付加させると，主として酢酸エチルを生じる。

問3　次の **a** ～ **e** にはそれぞれ，A欄の化合物を原料の一つとし，B欄の生成物が得られるときの反応の種類名がC欄に記されている。　1 ～ 5 に入れるのに最も適当な化学式または反応の種類名を，下の解答群のうちから一つずつ選べ。ただし，同じものをくり返し選んでもよい。

	A	B	C
a	ベンゼン ⟶	クロロベンゼン	1
b	酢　酸 ⟶	2	エステル化
c	3 ⟶	アニリン	還　元
d	アセチレン ⟶	酢酸ビニル	4
e	メタノール ⟶	ホルムアルデヒド	5

1 ， 4 ， 5 の解答群

① エステル化　　② 加水分解　　③ 還化　　④ 酸化　　⑤ ジアゾ化

⑥ 重合　　　　⑦ 縮合　　　　⑧ 置換　　⑨ けん化　　⓪ 付加

2 ， 3 の解答群

① $HCHO$　　　　② CH_3OH　　　　③ CH_3CHO　　④ $HCOOCH_3$

⑤ CH_3COCH_3　　⑥ CH_3COOCH_3　　⑦ $CH_3CH_2COOCH_3$

⑧ C_6H_5Cl　　　⑨ $C_6H_5NH_2$　　　⓪ $C_6H_5NO_2$

156　第4編　有機化合物

★★98 有機化合物の性質・反応，実験と装置　【14分・20点】

問1　次のA欄に示す化合物に，B欄に示す溶液を加えたとき，化学変化しない組合せはどれか。次の①〜④のうちから一つ選べ。

	A	B
①	アニリン	さらし粉水溶液
②	ギ酸	アンモニア性硝酸銀水溶液
③	デンプン	ヨウ素ヨウ化カリウム水溶液
④	アセトン	フェーリング液

問2　次の反応 **a**〜**c** によって得られた有機化合物について，それぞれに最もよく当てはまる記述を，下の①〜⑥のうちから一つずつ選べ。

a　赤熱した銅触媒上に，メタノール蒸気を空気とともに通す。

b　ニトロベンゼンを，スズと塩酸で還元する。

c　サリチル酸に，メタノールと濃硫酸を作用させる。

①　加水分解によって酢酸を生じる。

②　ジアゾ化して，アゾ化合物の合成に用いられる。

③　臭素水を脱色する炭化水素である。

④　ヨウ素ヨウ化カリウム溶液（ヨウ素溶液）を加えると青紫色を示す。

⑤　銀鏡反応を示す。

⑥　塩化鉄（Ⅲ）水溶液を加えると赤紫色を示す。

問3　次の文 **a**〜**d** 中の □□□ に当てはまる物質を，下の①〜⑧のうちから一つずつ選べ。ただし，同じものをくり返し選んでもよい。

a　□□□ は弱い塩基であり，塩酸と反応して塩をつくる。

b　□□□ は臭素水を容易に脱色する炭化水素である。

c　□□□ に塩酸酸性で亜硝酸ナトリウムを作用させると，ジアゾニウム塩が生じる。

d　□□□ を過マンガン酸カリウムで酸化すると，ケトン C_4H_8O が生じる。

①　$CH_3CH(CH_3)_2$　　②　$CH_3CH=CHCH_3$　　③
$$\begin{array}{c} CH_2-CH_2 \\ CH_2 \qquad CH_2 \\ CH_2-CH_2 \end{array}$$

④　$CH_3\underset{\underset{OH}{|}}{C}HCH_2CH_3$　　⑤　$CH_3CH_2CH_2CH_2OH$

⑥ 〔ベンゼン環〕$-NO_2$　　⑦　CH_3-〔ベンゼン環〕$-NH_2$　　⑧ 〔ベンゼン環〕$-NHCOCH_3$

問4 次の実験 a〜c を行うために，図1に示す**装置ア〜ウ**を考案した。実験と装置の組合せとして最も適当なものを，下の①〜⑥のうちから一つ選べ。ただし，加熱用および固定用の器具などは省略してある。

a　エタノールを二クロム酸カリウム $K_2Cr_2O_7$ の硫酸酸性水溶液とともに加熱して，アセトアルデヒドを得る。

b　エタノールに濃硫酸を加え，約160℃以上に加熱して，エチレンを得る。

c　サリチル酸にメタノールと少量の濃硫酸を加えて加熱することにより，サリチル酸メチルを得る。

図1

	①	②	③	④	⑤	⑥
a	ア	ア	イ	イ	ウ	ウ
b	イ	ウ	ア	ウ	ア	イ
c	ウ	イ	ウ	ア	イ	ア

158　第5編　高分子化合物

第5編　高分子化合物

| 第1章 | 高分子化合物の分類と特徴 |

★★99 高分子化合物の重合形式と構造　　　　　　　　　　　　【8分・17点】

問1　次の記述 **a・b** 中の　1　～　5　に当てはまるものを，下のそれぞれの解答
　　群のうちから一つずつ選べ。ただし，同じものをくり返し選んでもよい。

　a　　1　の酸化によって得られるテレフタル酸は，　2　アルコールであるエチ
　　レングリコールと　3　してポリエステルを与える。

　b　アジピン酸とヘキサメチレンジアミンとを加熱して反応させると　4　が起こ
　　り，ナイロン66とよばれる直鎖状の高分子化合物が得られる。この高分子化合
　　物には多数の　5　がある。

　　1，2　の解答群

　　① フェノール　　② トルエン　　③ o-キシレン　　④ m-キシレン

　　⑤ p-キシレン　　⑥ 第二級　　⑦ 第三級　　⑧ 2価　　⑨ 3価

　　3，4　の解答群

　　① 酸化反応　　② 還元反応　　③ 中和反応　　④ 置換反応

　　⑤ 付加反応　　⑥ 付加重合　　⑦ 縮合重合

　　5　の解答群

　　① アミノ基　　② アルキル基　　③ ホルミル基　　④ ヒドロキシ基

　　⑤ カルボキシ基　　⑥ エステル結合　　⑦ エーテル結合

　　⑧ 三重結合　　⑨ アミド結合

問2　次の **a・b** に当てはまる高分子化合物を，下の①～⑥のうちから一つずつ選べ。

　a　単量体どうしが，C−O 結合でつながっている高分子化合物

　b　単量体どうしが，C−N 結合でつながっている高分子化合物

　　① ナイロン66　　② ポリエチレン　　③ ポリエチレンテレフタラート

　　④ ポリ塩化ビニル　　⑤ ポリ酢酸ビニル　　⑥ ポリプロピレン

問3　多数の分子が互いに脱水縮合してつながった構造の高分子化合物を，次の①～
　　⑤のうちから一つ選べ。

　　① セルロース　　② 天然ゴム　　③ ポリアクリロニトリル

　　④ ポリ酢酸ビニル　　⑤ ポリスチレン

第1章　高分子化合物の分類と特徴　**159**

★*100* 高分子化合物の分類・特徴，プラスチック　【6分・12点】

問1　高分子化合物の分類・特徴に関する記述として**誤り**を含むものを，次の①〜⑤のうちから一つ選べ。

① 石英，雲母，ガラスは，無機高分子化合物に分類される。

② 高分子化合物のうち，ゴムは一般に結晶構造をもたない。

③ 高分子化合物は，重合度に幅があるものが多い。

④ 高分子化合物は，一般に溶媒に溶けやすいものが多い。

⑤ 高分子化合物の多くは，はっきりとした融点をもたない。

問2　次の文章中の　**1**　〜　**4**　に入れるのに最も適当なものを，下の①〜⑧のうちからそれぞれ一つずつ選べ。ただし，同じものをくり返し選んでもよい。

　プラスチックは，その原料となる単量体(モノマー)を多数つなぎ合わせてつくられる高分子化合物である。これらの高分子化合物のうちポリエチレンや　**1**　は，二重結合をもつ単量体の　**2**　でつくられる。また，フェノール樹脂は，フェノールと　**3**　を　**4**　させてつくられる。

① ナイロン　　② ポリ塩化ビニル　　③ 尿素樹脂　　④ 付加重合

⑤ 付加縮合　　⑥ 加水分解　　⑦ 酢酸　　⑧ ホルムアルデヒド

問3　プラスチックに関する記述として正しいものを，次の①〜⑤のうちから一つ選べ。

① メラミン樹脂は，熱可塑性樹脂であり，成形しやすい。

② ポリエチレンは熱硬化性樹脂であり，熱に強く，食器や電気絶縁材料として用いられている。

③ ポリ塩化ビニルは，燃えるときに有毒な気体を発生する。

④ ポリスチレンは，スチレンとホルムアルデヒドを原料としてつくられ，保温カップや包装材料として利用されている。

⑤ ポリスチレンは，水にもベンゼンなどの有機溶媒にも溶けないプラスチックである。

★★*101* 高分子化合物の結晶部分と非結晶部分　【10分・11点】

> 必要があれば，原子量は次の値を使うこと。H1.0　C12　O16

次の文章を読み，問い(問1・問2)に答えよ。

　高分子化合物では，一般に分子量にばらつきがあり，分子鎖が規則的に配列した結晶部分と，分子鎖が不規則に配列した非結晶部分(無定形部分)の入り混じった状態で構成される。結晶部分と非結晶部分の割合は様々であり，高分子化合物の合成方法や加工条件によっても異なる。一般に，　**ア**　部分は密度が大きくかたいが，　**イ**　部分は密度が小さくやわらかい。このため，加熱すると，分子間力の弱い　**ウ**　部分からしだいに軟化し，明確な融点を示さない。

高分子化合物

160 第5編 高分子化合物

問1 **a** [ア]～[ウ]に当てはまる語句の組合せとして最も適当なものを，次の①～④のうちから一つ選べ。

	ア	イ	ウ
①	結晶	非結晶	結晶
②	結晶	非結晶	非結晶
③	非結晶	結晶	結晶
④	非結晶	結晶	非結晶

b ゴミ袋などに用いられる透明のポリエチレンの密度を測定したところ，$0.91\,g/cm^3$ であった。このポリエチレンの[ア]部分の密度を $1.0\,g/cm^3$，[イ]部分の密度を $0.85\,g/cm^3$ とすると，[ア]部分の質量分率は何％か。有効数字2桁で次の形式で表すとき，[x]と[y]に当てはまる数字を，下の①～⓪のうちから一つずつ選べ。ただし，同じものを繰り返し選んでもよい。

  [x].[y]× 10 %

① 1 ② 2 ③ 3 ④ 4 ⑤ 5 ⑥ 6 ⑦ 7
⑧ 8 ⑨ 9 ⓪ 0

問2 天然のセルロース繊維(木綿)の非結晶部分に，ホルムアルデヒドを作用させると，図1に示すようにヒドロキシ基の一部が架橋化されるため，繊維に防しわ効果をもたらすことができる。質量 $3.0\,g$ のホルムアルデヒドが，この反応で消費されたとすると，架橋化されたヒドロキシ基は最大で何個か。最も適当な数値を，下の①～⑤のうちから一つ選べ。ただし，アボガドロ定数を $6.0 \times 10^{23}/mol$ とする。

非結晶部分

$$\begin{array}{c}\text{—OH} \quad \text{HO—}\\ \text{—OH} \quad \text{HO—}\\ \text{—OH} \quad \text{HO—}\end{array} \;\; \begin{array}{c}\text{H}\\ \diagdown\text{C=O}\\ \text{H}\diagup\end{array} \;\xrightarrow[-H_2O]{}\; \begin{array}{c}\text{—OH} \quad \text{HO—}\\ \text{—O–CH}_2\text{–O—}\\ \text{—OH} \quad \text{HO—}\end{array}$$

セルロース分子

図1

① 3.0×10^{22} ② 6.0×10^{22} ③ 1.2×10^{23} ④ 2.4×10^{23}
⑤ 6.0×10^{23}

第2章　合成高分子化合物　*161*

第2章　合成高分子化合物

★★*102* 代表的な合成高分子化合物　【10分・12点】

> 必要があれば，原子量は次の値を使うこと。H1.0　C12　O16

問1　次の高分子化合物（**a**・**b**）は，それぞれどのような単量体（モノマー）からでき
ているか。正しいものを，下の①～⑥のうちからそれぞれ一つずつ選べ。

a　フェノール樹脂　　　　**b**　ポリ酢酸ビニル

① ともに中性物質である2種類の単量体
② 一方は中性，他方は酸性物質である2種類の単量体
③ 一方は中性，他方は塩基性物質である2種類の単量体
④ 1種類の中性物質である単量体
⑤ 1種類の酸性物質である単量体
⑥ 1種類の塩基性物質である単量体

問2　プラスチックの性質や用途に関する記述として**誤り**を含むものを，次の①～⑤
のうちから一つ選べ。

① ポリエチレンとポリスチレンは，ともに熱可塑性樹脂であり，加熱するとやわ
らかくなるので，いろいろな形に成形できる。
② ポリ塩化ビニルは，電気を通しやすいので，電線の被覆材には用いられない。
③ ポリ塩化ビニルの小片を，強熱した銅線につけてバーナーの炎の中に入れると，
炎が青緑色になる。
④ フェノール樹脂と尿素（ユリア）樹脂は，ともに熱硬化性樹脂である。
⑤ ナイロンは，繊維のほかに，機械部品などのエンジニアリングプラスチックと
しても用いられる。

問3　ポリエチレンテレフタラートはポリエステルの一種であり，エチレングリコー
ル（$HOCH_2CH_2OH$）とテレフタル酸（$HOOC-\bigcirc-COOH$）との縮合重合によっ
て合成される。

あるポリエチレンテレフタラートの分子量を測定したところ2.0×10^5であっ
た。このポリエチレンテレフタラート分子には，およそ何個のエステル結合が含ま
れるか。最も適当な数値を，次の①～⑥のうちから一つ選べ。

① 1×10^3　　② 2×10^3　　③ 1×10^4　　④ 2×10^4　　⑤ 1×10^5
⑥ 2×10^5

162　第5編　高分子化合物

★★103 合成高分子化合物の構造 【12分・15点】

問1　次の記述($\textbf{a}\cdot\textbf{b}$)中の 1 , 2 に当てはまる数を，下の①～⑥のうちからそれぞれ一つずつ選べ。ただし，同じものをくり返し選んでもよい。また，高分子化合物の両端の構造は考えないものとする。

$\textbf{a}$　ポリプロピレン分子の中で，直鎖状に並んだ5個の炭素原子に結合しているメチル基の最大の数は， 1 である。

$\textbf{b}$　セルロースを無水酢酸によって完全にエステル化するとき，増加する炭素の数はグルコース単位($C_6H_{10}O_5$)1個当たり 2 である。

①　2　　②　3　　③　4　　④　6　　⑤　8　　⑥　10

問2　次の記述($\textbf{a}\cdot\textbf{b}$)中の 1 , 2 に当てはまる数を，下の①～⑥のうちからそれぞれ一つずつ選べ。ただし，同じものをくり返し選んでもよい。また，高分子化合物の両端の構造は考えないものとする。

$\textbf{a}$　イソプレン(C_5H_8)が付加重合してできるポリイソプレンでは，イソプレン単位1個当たりに存在する二重結合の数は， 1 である。

$\textbf{b}$　ヘキサメチレンジアミン($C_6H_{16}N_2$)とアジピン酸($C_6H_{10}O_4$)から生ずるナイロン66において，そのくり返し単位1個に含まれる CH_2 基の数は， 2 である。

①　1　　②　2　　③　6　　④　8　　⑤　10　　⑥　12

問3　2種類の単量体の付加縮合によって得られる高分子化合物 A と1種類の単量体の開環重合によって得られる高分子化合物 B の組合せとして最も適当なものを，次の①～⑥のうちから一つ選べ。

	①	②	③	④	⑤	⑥
A	ポリ酢酸ビニル	尿素樹脂	ポリエチレンテレフタラート	フェノール樹脂	ポリスチレン	ポリ塩化ビニル
B	ナイロン6	ナイロン66	ナイロン66	ナイロン6	ナイロン6	ナイロン66

第2章　合成高分子化合物　**163**

★★★*104* 合成高分子化合物の計算　【14分・12点】

必要があれば，原子量は次の値を使うこと。H1.0　C12　N14　O16

問1　次の文章中の ⬜1⬜ と ⬜3⬜ と ⬜4⬜ には，最も適当な反応名を，下の反応名群①～⑥のうちからそれぞれ一つずつ選べ。また，⬜2⬜ には，最も適当な化合物を，下の示性式群①～⑤のうちから一つ選べ。

　触媒を用いて，アセチレンと酢酸を反応させると，⬜1⬜ 反応が起こって，⬜2⬜ が生成する。⬜2⬜ を付加重合させて得られる重合体を ⬜3⬜ とすると，ポリビニルアルコールが得られる。繊維状にしたポリビニルアルコールを，部分的に ⬜4⬜ したものが，ビニロンである。

〔反応名群〕　① 還元　　② けん化　　③ アセタール化　　④ 脱水
　　　　　　　⑤ 中和　　⑥ 付加

〔示性式群〕　① CH_3CHO　　② $CH_2=CHCl$　　③ $CH_2=CHOCOCH_3$
　　　　　　　④ $CH_3COOC_2H_5$　　⑤ $CH_3CH_2COOCH_3$

問2　ポリビニルアルコールは，$-[-CH_2-CH(OH)-]_n-$ で表される高分子化合物である。平均分子量 4.4×10^4 のポリビニルアルコール 0.440 g を，ホルムアルデヒドの水溶液で処理したところ，ビニロン 0.461 g が得られた。この実験に関する次の問い（**a・b**）に答えよ。

a　はじめのポリビニルアルコールの重合度 n はいくらか。最も適当な数値を，次の①～⑥のうちから一つ選べ。

　① 100　　② 200　　③ 400　　④ 500　　⑤ 800　　⑥ 1000

b　この実験で，ポリビニルアルコールのヒドロキシ基の何％がホルムアルデヒドと反応したか。最も適当な数値を，次の①～⑥のうちから一つ選べ。

　① 25　　② 30　　③ 35　　④ 40　　⑤ 45　　⑥ 50

問3　合成繊維ナイロン66を発明したアメリカの化学者カロザースは，アミノ基を両端にもつジアミン $[H_2N-(CH_2)_m-NH_2]$ の m の数と，カルボキシ基を両端にもつジカルボン酸 $[HOOC-(CH_2)_n-COOH]$ の n の数をいろいろ変えて縮合重合させ，アミド結合を形成させる方法を研究した。そのうちのある実験で，生成した重合物中の窒素の含有率（質量百分率）を測定すると，10.0％であった。この重合物を合成するのに用いたジアミンとジカルボン酸に含まれる CH_2 基の合計 $(m + n)$ はいくらか。最も適当な数値を，次の①～⑤のうちから一つ選べ。ただし，重合物の両端の構造は考えないものとする。

　① 8　　② 10　　③ 12　　④ 14　　⑤ 16

164 第5編 高分子化合物

★★*105* 合成ゴム 【10分・11点】

必要があれば，原子量は次の値を使うこと。H 1.0　C 12

次の文章を読み，問い（**問1〜3**）に答えよ。

合成ゴムには，すぐれた特性を得るために，2種類の化合物を共重合させてつくられるものがある。その一つであるスチレン-ブタジエンゴム（SBR）は，スチレン（分子量104）と，1,3-ブタジエン（分子量54）の共重合によってつくられる。次式は，この共重合の反応を表したものである。ただし，SBR中の2種類の繰り返し単位は，実際には無秩序に並んでいる。

$$x\text{CH}_2=\text{CH} \quad + \quad y\text{CH}_2=\text{CH}-\text{CH}=\text{CH}_2$$

$$\rightarrow \quad \left[\text{CH}_2-\text{CH}\right]_x \left[\text{CH}_2-\text{CH}=\text{CH}-\text{CH}_2\right]_y$$

問1 スチレンと1,3-ブタジエンの共重合体が100 g ある。この中に含まれる炭素の質量を調べたところ，90.0 g であった。この共重合体に含まれる2種類の繰り返し単位の個数の比（$x:y$）として最も適当なものを，次の①〜⑤のうちから一つ選べ。
① 1：1　② 1：2　③ 2：1　④ 1：4　⑤ 4：1

問2 問1の共重合体の平均分子量は 5.12×10^4 であった。この共重合体一分子に付加しうる水素分子の数は，最大何個か。有効数字3桁で次の形式で表すとき，　**a**　〜　**c**　に当てはまる数字を，下の①〜⓪のうちから一つずつ選べ。ただし，同じものを繰り返し選んでもよい。なお，水素分子はベンゼン環には付加しないものとする。

　a　.　**b**　× 10^　**c**　個

① 1　② 2　③ 3　④ 4　⑤ 5
⑥ 6　⑦ 7　⑧ 8　⑨ 9　⓪ 0

問3 アクリロニトリル-ブタジエンゴム（NBR）も，SBRと同様に，共重合でつくられる合成ゴムである。NBRに含まれる官能基を，次の①〜⑤のうちから一つ選べ。
① $-\text{NO}_2$　② $-\text{NH}_2$　③ $-\text{CN}$　④ $-\text{NHCOCH}_3$　⑤ $-\text{N}_2\text{Cl}$

第2章 合成高分子化合物 165

★★★*106* ポリエステルの平均重合度　　　　　【17分・14点】

次の文章を読み，問い(問1〜4)に答えよ。

ヒドロキシ酸 $HO-R-COOH$ を縮合重合させて，ポリエステル
$H\{O-R-CO\}_n OH$ を合成するときの平均重合度について考察してみよう。はじめに 1mol のヒドロキシ酸があるとすると，存在するカルボキシ基 $-COOH$ とヒドロキシ基 $-OH$ は，それぞれ 1mol である。減圧下，一定温度で脱水乾燥しながら反応させ，$-COOH$ と $-OH$ のいずれも p〔mol〕$(0 < p < 1)$ が反応したところで，平衡状態になったとする。このときの各官能基の物質量は，次式のように表される。

$$-COOH + -OH \rightleftharpoons -COO- + H_2O \tag{1}$$
$$\quad 1-p \qquad 1-p \qquad\quad p \qquad\quad w$$

ここで生成した H_2O の大部分は系外に除去され，残っている H_2O を w〔mol〕とする。式(1)の反応の平衡定数 K は，官能基に着目すると，次式のように表される。ただし，系全体の体積は一定とし，環状分子は生成しないものとする。

$$K = \frac{p \times w}{(1-p) \times (1-p)} \tag{2}$$

式(2)を p について解き，さらに $K' = \dfrac{K}{w}$ とおくと，次式が得られる。

$$p = \frac{1 + \dfrac{2K}{w} - \sqrt{1 + \dfrac{4K}{w}}}{\dfrac{2K}{w}} = 1 + \frac{1}{2K'}(1 - \sqrt{1 + 4K'}) \tag{3}$$

<u>反応せずに残っている $-COOH$ と $-OH$ は，生成した高分子の両端に1個ずつ存在していると考えると，残っている $-COOH$ の数 (または $-OH$ の数) は高分子の分子数に相当する。</u>つまり，高分子は $1-p$〔mol〕生成したことになる。ヒドロキシ酸は，はじめ 1mol あったので，高分子1分子あたりに使われたヒドロキシ酸の数 (平均重合度)n は，次式で表される。

$$n = \boxed{\text{ア}} \tag{4}$$

w が極めて小さくなっていたとすると，K' は極めて大きくなるので，式(3)と式(4)より，n は次式のように近似できる。

$$n = \boxed{\text{イ}} \tag{5}$$

(5)式より，平均重合度を大きくするには，系内に存在する H_2O の量を極力小さくする必要があることがわかる。

166 第5編 高分子化合物

問1 下線部の考え方に基づくと，$\boxed{\text{ア}}$はどのような式で表されるか。最も適当なものを，次の①～⑥のうちから一つ選べ。

① $1-p$　　② $\dfrac{1}{1-p}$　　③ $\dfrac{1-p}{p}$　　④ $\dfrac{p}{1-p}$

⑤ $\dfrac{1-p}{2}$　　⑥ $\dfrac{2}{1-p}$

問2 $\boxed{\text{イ}}$はどのような式で表されるか。最も適当なものを，次の①～⑥のうちから一つ選べ。

① $\dfrac{1}{2}K'$　② $\dfrac{1}{2}\sqrt{K'}$　③ K'　④ $\sqrt{K'}$　⑤ $\dfrac{1}{K'}$　⑥ $\dfrac{2}{\sqrt{K'}}$

問3 平均重合度が20になったとき，はじめに存在していた$-COOH$の何%が反応したか。最も適当な数値を，次の①～⑤のうちから一つ選べ。

① 25　　② 40　　③ 65　　④ 80　　⑤ 95

問4 1 mol の $HO\!\!-\!\!\!\left(CH_2\right)_{\!10}\!\!-\!\!COOH$ を，一定温度で縮合重合させたところ，平均重合度が111の高分子が得られた。このとき系内に残っていた H_2O は，3.0×10^{-4} mol であった。式(2)で表される平衡定数 K の値はいくらか。有効数字2桁で次の形式で表すとき，$\boxed{\text{x}}$～$\boxed{\text{z}}$ に当てはまる数字を，下の①～⑩のうちから一つずつ選べ。ただし，同じものを繰り返し選んでもよい。

　　$\boxed{\text{x}}\,.\,\boxed{\text{y}} \times 10^{\boxed{\text{z}}}$

① 1　② 2　③ 3　④ 4　⑤ 5　⑥ 6　⑦ 7

⑧ 8　⑨ 9　⑩ 0

第3章　天然高分子化合物　*167*

第3章　天然高分子化合物

107 糖類　　　　　　　　　　　　　　　　【10分・15点】

問1　次の糖類のうち，二糖類に分類されるものはいくつあるか。最も適当な数を，下の①～⑥のうちから一つ選べ。

> マルトース，デンプン，デキストリン，フルクトース，グルコース
> グリコーゲン，ガラクトース，ラクトース，セロビオース

　① 1　　② 2　　③ 3　　④ 4　　⑤ 5　　⑥ 6

問2　糖類に関する記述として正しいものを，次の①～⑤のうちから一つ選べ。

① グルコース(ブドウ糖)とフルクトース(果糖)は，ともに還元性を示し，その鎖状構造はホルミル基(アルデヒド基)をもつ。

② スクロース(ショ糖)は，グルコースとフルクトースが脱水縮合した構造をもち，還元性を示す。

③ グルコースは，環状構造でも鎖状構造でも，同じ数のヒドロキシ基をもつ。

④ グルコースを完全にアルコール発酵させると，1分子のグルコースから3分子のエタノールが生じる。

⑤ セルロースを加水分解すると，マルトース(麦芽糖)を経て，グルコースを生じる。

問3　次の文章中の　1　・　2　に当てはまるものを，それぞれの解答群のうちから一つずつ選べ。

　デンプンの水溶液にヨウ素溶液を加えると，青色になった。しかし，デンプンの水溶液に唾液を加えて室温で放置したものは，ヨウ素溶液を加えても青色にはならなかった。これは，唾液中に含まれている　1　により，デンプンが加水分解されたためである。加水分解後の溶液に　2　を加えて加熱すると，赤色の沈殿が生じた。

　1　の解答群

① 希塩酸　　② 二酸化炭素　　③ 炭酸水素カルシウム　　④ アミラーゼ

⑤ インベルターゼ　　⑥ マルターゼ

　2　の解答群

① 濃硝酸　　② ヘキサシアニド鉄(II)酸カリウム　　③ フェーリング液

④ アンモニア性硝酸銀水溶液　　⑤ 塩化鉄(III)水溶液

問4　セルロースには当てはまるが，デンプンには当てはまらない記述を，次の①～⑤のうちから一つ選べ。

① 酸を触媒として完全に加水分解すると，単糖類になる。

② アミラーゼによって加水分解される。

③ 多数のβ-グルコースが縮合した構造をもつ。

④ 一般式 $C_m(H_2O)_n$ で表される。

⑤ フェーリング液を還元する。

168 第5編 高分子化合物

★★★ *108* アミノ酸とタンパク質 【15分・19点】

問1 α−アミノ酸に関する記述として正しいものを，次の①〜⑥のうちから一つ選べ。

① α−アミノ酸はすべて不斉炭素原子をもつ。

② タンパク質を構成する天然のα−アミノ酸に含まれる元素は，水素，炭素，窒素，酸素の4種類だけである。

③ α−アミノ酸は分子内に，塩基性のアミノ基と酸性のカルボキシ基をもつので，α−アミノ酸の水溶液は，すべて中性である。

④ α−アミノ酸は，結晶中では電離していない分子の状態で存在しており，酸にも塩基にも溶けにくい。

⑤ アミド結合をもつナイロン66を希塩酸で加水分解すると，α−アミノ酸が生成する。

⑥ α−アミノ酸に薄いニンヒドリン溶液を加えて温めると，呈色する。

問2 タンパク質に関する記述として下線をつけた部分に**誤り**を含むものを，次の①〜⑤のうちから一つ選べ。

① タンパク質水溶液に，水酸化ナトリウム水溶液と硫酸銅(Ⅱ)水溶液を加えたところ，赤紫色になった。これはタンパク質中に<u>多数のペプチド結合が存在すること</u>を示す。

② タンパク質水溶液に，少量の濃硝酸を加えて加熱すると黄色になり，さらに水酸化ナトリウム水溶液を加えたところ，橙黄色になった。これは，このタンパク質中に<u>ベンゼン環が存在すること</u>を示す。

③ 酵素はタンパク質の一種であり，生体内の反応を速やかに進めるための触媒作用を行う。その触媒作用は<u>温度やpHの影響を受けやすい</u>。

④ タンパク質に重金属イオンやアルコールを作用させると変性する。これは<u>一部のペプチド結合が切れるため</u>である。

⑤ α−アミノ酸だけから構成されているタンパク質と，アミノ酸以外に色素や糖などが結合しているタンパク質を，それぞれ<u>単純タンパク質，複合タンパク質</u>という。

問3 グリシン2分子とアラニン1分子が縮合して生じる鎖状トリペプチドは，光学異性体も含めると何種類あるか。最も適当な数を，次の①〜⑥のうちから一つ選べ。
　① 1　② 2　③ 3　④ 4　⑤ 5　⑥ 6

問4 卵白水溶液に水酸化ナトリウム水溶液を加えて煮沸し，酢酸で中和後，酢酸鉛(Ⅱ)水溶液を加えると黒色の沈殿が生じた。この実験から存在がわかる元素は何か。最も適当なものを，次の①〜⑥のうちから一つ選べ。
　① C　② H　③ O　④ N　⑤ P　⑥ S

問5 3種類のアミノ酸A，B，Cがある。これらの等電点は，Aが3.22，Bが6.00，Cが9.72である。A，B，CをpHが8の緩衝液に溶かした。この溶液を電気泳動装置に入れて電圧を加えたとき，陽極側に移動するアミノ酸はどれか。すべてを正しく選んだものを，次の①～⑥のうちから一つ選べ。

① A ② B ③ C ④ AとB ⑤ AとC ⑥ BとC

★★★*109* アミノ酸の状態とpH 【14分・19点】

次の文章を読み，問い（**問1～3**）に答えよ。

ある生徒は，学校で「アミノ酸は分子の形ではほとんど存在せず，イオンの形で存在する」ということを学んだ。教科書ではアミノ酸分子の構造式も示されているので，この生徒は，電離平衡の観点から水溶液中のアミノ酸の状態を理論的に考察してみることにした。以下の**考察1～5**は，この過程をまとめたものである。

考察1 アミノ酸は分子内にカルボキシ基とアミノ基の両方をもつが，単純化するために，カルボキシ基だけをもつ酢酸 CH_3COOH とアミノ基だけをもつメチルアミン CH_3NH_2 をモデルとして，これらの基の状態とpHの関係を別々に調べることにした。次に示す式(1)，式(2)の反応の電離定数を，それぞれ K_{a1}，K_{a2} とする。

$$CH_3COOH \rightleftharpoons CH_3COO^- + H^+ \tag{1}$$
$$CH_3NH_3^+ \rightleftharpoons CH_3NH_2 + H^+ \tag{2}$$

$$K_{a1} = \frac{[CH_3COO^-][H^+]}{[CH_3COOH]} = 10^{-4.78}\,\text{mol/L} \quad (25℃)$$

$$K_{a2} = \frac{[CH_3NH_2][H^+]}{[CH_3NH_3^+]} = 10^{-10.6}\,\text{mol/L} \quad (25℃)$$

考察2 （酢酸の状態について）

水溶液のpHを4.78に保ったとき，$\dfrac{[CH_3COO^-]}{[CH_3COOH]}$ の値は **ア** である。

水溶液のpHを2.78にすると，$\dfrac{[CH_3COO^-]}{[CH_3COOH]}$ の値は **イ** になり，

水溶液のpHを6.78にすると，$\dfrac{[CH_3COO^-]}{[CH_3COOH]}$ の値は **ウ** になる。

考察3 （メチルアミンの状態について）

水溶液のpHを10.6に保ったとき，$\dfrac{[CH_3NH_2]}{[CH_3NH_3^+]}$ の値は **エ** である。

水溶液のpHを8.6にすると，$\dfrac{[CH_3NH_2]}{[CH_3NH_3^+]}$ の値は **オ** になり，

水溶液のpHを12.6にすると，$\dfrac{[CH_3NH_2]}{[CH_3NH_3^+]}$ の値は **カ** になる。

考察4 **考察2，3** より，pHが7付近の水溶液では，酢酸はほとんどが **A** の

170 第5編 高分子化合物

状態になり，メチルアミンはほとんどが B の状態になることがわかる。

考察5 以上の考察より，アミノ酸 $H_2NCH(R)COOH$ は，水溶液のpHが7付近の水溶液では C の状態が主なものになり，pHを小さくしていくと D の状態，pHを大きくしていくと E の状態が，それぞれ主なものになっていく。よって，いずれのpHであっても，アミノ酸はイオンの形として存在すると考えられる。

問1 考察2の ア ～ ウ ，考察3の エ ～ カ に当てはまる数値として最も適当なものを，次の①～⑦のうちから一つずつ選べ。ただし，同じものを繰り返し選んでもよい。

① $\frac{1}{1000}$ ② $\frac{1}{100}$ ③ $\frac{1}{10}$ ④ 1 ⑤ 10 ⑥ 100 ⑦ 1000

問2 考察4の A ・ B に当てはまる化学式の組合せとして最も適当なものを，次の①～④のうちから一つ選べ。

	A	B
①	CH_3COOH	CH_3NH_2
②	CH_3COOH	$CH_3NH_3^+$
③	CH_3COO^-	CH_3NH_2
④	CH_3COO^-	$CH_3NH_3^+$

問3 考察5の C ～ E に当てはまる化学式は，それぞれ次の **a** ～ **c** のうちのどれか。最も適当な組合せを，下の①～⑥のうちから一つ選べ。

a $H_3N^+CH(R)COOH$

b $H_2NCH(R)COO^-$

c $H_3N^+CH(R)COO^-$

	C	D	E
①	**a**	**b**	**c**
②	**a**	**c**	**b**
③	**b**	**a**	**c**
④	**b**	**c**	**a**
⑤	**c**	**a**	**b**
⑥	**c**	**b**	**a**

第3章　天然高分子化合物　**171**

★★*110* 天然高分子化合物の計算　　　　　　　　【16分・16点】

> 必要があれば，原子量は次の値を使うこと。H1.0　C12　N14　O16

問1　分子量 6.0×10^6 のセルロース分子がある。セルロース分子中のくり返し単位 $C_6H_{10}O_5$ の長さを 0.40nm とすると，このセルロース分子の長さは何 nm になるか。最も適当な数値を，次の①〜⑤のうちから一つ選べ。

①　1.5×10^4　②　3.0×10^4　③　4.5×10^4　④　6.0×10^4　⑤　7.5×10^4

問2　マルトース $C_{12}H_{22}O_{11}$ 500g を完全に加水分解した後，アルコール発酵させると，エタノールは最大何 g 得られるか。最も適当な数値を，次の①〜⑤のうちから一つ選べ。

①　269　②　325　③　420　④　538　⑤　650

問3　タンパク質の溶液に固体の水酸化ナトリウムを加えて熱すると，タンパク質中の窒素原子はアンモニアに変化する。あるタンパク質 875mg に対してこの変化をさせたところ，0℃，1.013×10^5 Pa（標準状態）で 224mL のアンモニアが発生した。このタンパク質には質量で何％の窒素が含まれていたか。最も適当な数値を，次の①〜⑤のうちから一つ選べ。

①　14　②　15　③　16　④　17　⑤　18

172 第5編　高分子化合物

★★*111* 核酸　　　　　　　　　　　　　　　　　　　　【11分・12点】

次の文章を読み，問い(**問1〜3**)に答えよ。

核酸は，生物の遺伝に中心的な役割を果たす高分子化合物である。その単量体に相当する構造は ア とよばれ， イ と ウ と有機塩基からなる。核酸は，この ア どうしが イ の−OH と ウ の−OH との間で鎖状に縮合重合したものである。核酸には，DNA と RNA の2種類が存在し，DNA と RNA では イ に含まれる酸素原子の数が異なる。

DNA は，図1に示す4種類の有機塩基(あ)〜(え)を含む。DNA は，らせん状になった2本鎖分子間の塩基の部分で水素結合をつくり，二重らせん構造を形成している。

図1

問1 ア 〜 ウ に当てはまる語の組合せとして最も適当なものを，次の①〜④のうちから一つ選べ。

	ア	イ	ウ
①	ヌクレオシド	リン酸	五炭糖
②	ヌクレオシド	五炭糖	リン酸
③	ヌクレオチド	リン酸	五炭糖
④	ヌクレオチド	五炭糖	リン酸

第3章　天然高分子化合物　*173*

問2　二重らせん構造を形成する DNA の2本鎖の分子間において，塩基(あ)と水素結合をつくる塩基は，塩基(い)〜(え)のうちのどれか。また，これらの二つの塩基どうしでつくられる水素結合の数はいくつか。最も適当な組合せを，次の①〜⑥のうちから一つ選べ。

	塩基	水素結合の数
①	い	2
②	い	3
③	う	2
④	う	3
⑤	え	2
⑥	え	3

問3　次の文中の ｜ エ ｜・｜ オ ｜ に当てはまる数値・語句の組合せとして最も適当なものを，下の①〜⑥のうちから一つ選べ。

　ある2本鎖の DNA の塩基組成(各塩基の数の割合)を調べたところ，塩基(あ)が20％含まれていた。したがって，この DNA には塩基(い)が ｜ エ ｜％含まれる。塩基(い)の数の割合が大きい2本鎖の DNA は，一般に熱による変性が ｜ オ ｜ 。

	エ	オ
①	20	起こりやすい
②	20	起こりにくい
③	30	起こりやすい
④	30	起こりにくい
⑤	40	起こりやすい
⑥	40	起こりにくい

第4章　生活と高分子化合物

★★112 繊維・プラスチック，イオン交換樹脂　　【9分・14点】

問1 繊維に関する記述として正しいものを，次の①～⑤のうちから一つ選べ。
① ナイロンの主成分は，木綿の主成分とよく似た化学構造をしている。
② アクリル繊維の主成分は，羊毛の主成分とよく似た化学構造をしている。
③ レーヨンは，セルロースを再生した繊維である。
④ ポリエステルは，火をつけると，煙を出さずに燃える。
⑤ ナイロンは，天然繊維と比べて吸湿性が高い。

問2 プラスチックに関する記述として正しいものを，次の①～⑤のうちから一つ選べ。
① ポリエチレンは，加熱すると融解せずにこげる。
② フェノール樹脂は，熱湯中に浸すとやわらかくなる。
③ ポリ塩化ビニルは，硫化水素を発生しながら燃える。
④ ポリスチレンは，発泡させて，梱包材として使用されている。
⑤ ポリプロピレンは，耐熱性があるので，フライパンの表面加工に用いられる。

問3 次の文章を読んで，下の問い(**a**・**b**)に答えよ。

図1

海水を淡水化するモデル実験として，塩化ナトリウムと塩化マグネシウムのうすい濃度の試料溶液(溶液L)をつくり，図1のA，Bのような装置を組み立てた。図中のアは，溶液を滴下させるためのコック付きの容器，イは粒状の物質をつめたコック付きのガラス管，ウは三角フラスコである。Aで得られた溶液Mは，Bのアの容器に移される。図中，支持器具は省略してある。

a Aのガラス管につめた陽イオン交換樹脂により，溶液Lから除去できるイオンの組合せとして正しいものを，次の①～⑥のうちから一つ選べ。
① Na^+とCl^-　　② Mg^{2+}とCl^-　　③ Cl^-とOH^-　　④ Mg^{2+}とH^+
⑤ Na^+とMg^{2+}　　⑥ Na^+とH^+

b 純水を得るために，Bのガラス管につめるのに最も適当な物質Xを，次の①～⑦のうちから一つ選べ。
① 活性炭　　② 砂　　③ シリカゲル　　④ フェノール樹脂
⑤ 陽イオン交換樹脂　　⑥ 陰イオン交換樹脂　　⑦ メタクリル樹脂

第4章　生活と高分子化合物　**175**

★★*113* 機能性高分子化合物　　　　　　　　　　　【14分・14点】

> 必要があれば，原子量は次の値を使うこと。H 1.0　C 12　O 16　Na 23

次の文章を読み，問い（**問1～3**）に答えよ。

高分子化合物のうち，特別な機能をもつものを，機能性高分子化合物という。例えば，(1)ポリ乳酸でつくられた手術用の糸は，体内で一定期間が経過すると自然に分解・吸収される。　**ア**　にヨウ素を加えたものは，金属に近い電気伝導性を示す。(2)架橋化されたポリアクリル酸ナトリウムは，高い吸水性を示し，おむつや土壌保水剤に用いられる。有機ガラスともよばれる　**イ**　は，光の透過性にすぐれ，透明度が高く硬い。　**ウ**　は，人工透析用の透析膜や，海水の淡水化装置の逆浸透膜に用いられる。

問1　　**ア**　～　**ウ**　に当てはまる高分子化合物として最も適当なものを，次の①～⑥のうちから一つずつ選べ。

① ポリアクリロニトリル　　　　　　　② ポリアセチレン
③ 酢酸セルロース（アセチルセルロース）　④ ポリイソプレン
⑤ ポリメタクリル酸メチル　　　　　　⑥ ポリ酢酸ビニル

問2　下線部(1)に関して，ポリ乳酸は生分解性高分子の一種であり，自然界では微生物の作用によって最終的には水と二酸化炭素に分解していく。ポリ乳酸が完全に分解して，二酸化炭素を0℃，1.013×10^5 Pa（標準状態）で 16.8L 発生したとすると，はじめにあったポリ乳酸の質量は何 g か。最も適当な数値を，下の①～⑤のうちから一つ選べ。ただし，ポリ乳酸は，図1の繰り返し単位のみからなるものとする。

$$-\mathrm{O-CH-\overset{\overset{\displaystyle CH_3}{|}}{C}-}$$
$$\overset{|}{\underset{O}{\|}}$$

図1

① 3.0　② 9.0　③ 18　④ 36　⑤ 54

問3　下線部(2)に関して，架橋化されたポリアクリル酸ナトリウムは，高吸水性高分子の一種である。乾燥したこの高分子 10g が水 48g を吸収したとすると，図2の繰り返し単位1個あたり，吸収した水分子の数は何個か。最も適当な数値を，下の①～⑤のうちから一つ選べ。ただし，架橋部分は無視できるものとする。

$$-\mathrm{CH_2-\overset{\overset{\displaystyle}{|}}{\underset{\underset{\displaystyle COONa}{|}}{CH}}-}$$

図2

① 10　② 15　③ 20　④ 25　⑤ 30

短期攻略 大学入学共通テスト 化学

著　　　者	三　門　恒　雄
発　行　者	山　﨑　良　子
印刷・製本	日経印刷株式会社
発　行　所	駿台文庫株式会社

〒101-0062　東京都千代田区神田駿河台1-7-4
　　　　　　　　　　　　　　小畑ビル内
　　　　　　TEL. 編集　03(5259)3302
　　　　　　　　　販売　03(5259)3301
　　　　　　　　　　　　《④－388pp.》

©Tsuneo Mikado 2020
落丁・乱丁がございましたら，送料小社負担にてお取
替えいたします。
ISBN978-4-7961-2345-7　　Printed in Japan

駿台文庫 Web サイト
https://www.sundaibunko.jp

短期攻略
大学入学 共通テスト
化 学

解答・解説編

目　　次

第1編　物質の状態と平衡

第1章　物質の状態とその変化
1　物質の三態とその変化……………4
2　状態変化，分子間力……………5

第2章　気体の性質
3　理想気体の法則…………………9
4　理想気体の状態方程式，実在気体 11
5　実在気体と理想気体の比較………13
6　理想気体の法則の応用(1)…………15
7　理想気体の法則の応用(2)…………17
8　蒸気圧の性質……………………20

第3章　固体の構造
9　金属の結晶構造…………………23
10　結晶と化学結合，アモルファス… 25
11　イオン結晶，共有結合(の)結晶… 28
12　イオン結晶の融点………………30

第4章　溶液の性質
13　溶解性と固体の溶解度……………31
14　溶液の濃度，気体の溶解度(ヘンリー
　　の法則)…………33
15　蒸気圧降下と沸点上昇度…………36
16　ラウールの法則…………………37
17　凝固点降下度……………………38
18　凝固点降下度と会合度……………40
19　浸透圧……………………………41
20　U字管を用いた浸透圧の実験…… 43
21　コロイド…………………………44

第2編　物質の変化と平衡

第1章　化学反応と熱・光エネルギー
22　熱化学方程式……………………47
23　燃焼熱，エネルギー図……………48
24　ヘスの法則と反応熱(1)…………49
25　ヘスの法則と反応熱(2)…………50
26　バイオエタノールのエネルギー… 52
27　中和熱と溶解熱，化学反応と光… 53
28　結合エネルギー…………………55
29　炭素の同素体と化学エネルギー… 57
30　可燃性ガスの燃焼（爆発）……… 59

第2章　化学反応と電気エネルギー
31　酸化還元反応……………………61
32　酸化還元反応の利用（COD）…… 61
33　酸化還元滴定（ヨウ素滴定）…… 62
34　ダニエル（型）電池……………63
35　マンガン乾電池，鉛蓄電池………64
36　燃料電池…………………………66
37　電気分解とファラデーの法則……67
38　電気分解の応用(1)………………69
39　電気分解の応用(2)………………71

第3章　反応速度と化学平衡
40　反応速度と反応速度式……………74
41　時計反応の反応速度……………76
42　反応速度と化学平衡(1)…………77
43　反応速度と化学平衡(2)…………79

第4章　化学平衡と平衡移動
44　平衡移動の原理(1)………………81
45　平衡移動の原理(2)………………83
46　酸・塩基と電離平衡……………86
47　炭酸ナトリウムの中和滴定……… 90

48	平衡定数（化学平衡の法則） …… 91
49	ルシャトリエの原理と平衡定数… 94
50	緩衝液……………………………… 94
51	塩の性質…………………………… 96
52	Cl^- の定量と溶解度積 …………… 97

第3編　無機物質

第1章　非金属元素とその化合物

53	17族元素(ハロゲン)とその化合物　98
54	16族・15族元素とその化合物 … 99
55	非金属元素の単体・化合物……… 101
56	気体の性質・発生………………… 102
57	気体の発生装置・捕集・乾燥…… 104
58	気体の性質と反応………………… 106

第2章　金属元素とその化合物

59	1族・2族元素とその化合物 …… 109
60	アンモニアソーダ法（ソルベー法）………… 110
61	元素の分類と性質………………… 110
62	13族・14族元素とその化合物 … 111
63	遷移元素とその化合物…………… 112
64	炎色反応，遷移元素のイオン…… 114
65	金属イオンの反応，錯イオン…… 116
66	錯塩………………………………… 119
67	金属イオンの分離・確認………… 121
68	金属化合物の性質と反応………… 122

第3章　生活と無機物質

| 69 | 生活と無機物質…………………… 125 |

第4章　総合問題

70	第4周期までの元素の単体や酸化物 127
71	酸化物の性質，化合物の識別…… 128
72	金属・非金属の単体や化合物，薬品の貯蔵　　　　　　　…… 129

第4編　有機化合物

第1章　有機化学の基礎

73	組成式・分子式の決定，官能基… 131
74	異性体……………………………… 133
75	不斉炭素原子，有機化合物の構造　134
76	立体異性体………………………… 136

第2章　脂肪族炭化水素

| 77 | アルカン，アルケン，アルキン… 138 |
| 78 | 不飽和炭化水素の反応…………… 140 |

第3章　酸素を含む脂肪族化合物

79	アルコールの反応………………… 143
80	アルデヒド・ケトンなどの反応… 145
81	オゾン分解………………………… 147
82	カルボニル基とヒドロキシ基の反応　　　　　　　　…… 149
83	カルボン酸………………………… 150
84	構造式の決定……………………… 151
85	エステル…………………………… 152
86	油脂とそのけん化………………… 154

第4章　芳香族化合物

87	ベンゼン，トルエンとその反応… 157
88	ベンゼン環の安定性……………… 159
89	フェノール，サリチル酸とその反応　　　　　　　……… 161
90	アニリンとその反応……………… 164
91	芳香族置換反応の配向性………… 166
92	合成反応などの計算……………… 167
93	有機化合物の分離(1)……………… 169
94	有機化合物の分離(2)……………… 171

第5章　生活と有機化合物

| 95 | セッケン，食品，染料…………… 173 |
| 96 | 医薬品……………………………… 174 |

第6章　総合問題
　97　脂肪族・芳香族，反応の種類……176
　98　有機化合物の性質・反応，実験と装置
　　　　　　　　　　　　　　　……177

第5編　高分子化合物

第1章　高分子化合物の分類と特徴
　99　高分子化合物の重合形式と構造…180
　100　高分子化合物の分類・特徴，プラスチ
　　　ック　　　　　　　　………182
　101　高分子化合物の結晶部分と非結晶部分
　　　　　　　　　　　　　　　……184

第2章　合成高分子化合物
　102　代表的な合成高分子化合物………186

　103　合成高分子化合物の構造………187
　104　合成高分子化合物の計算………190
　105　合成ゴム………………………192
　106　ポリエステルの平均重合度………192

第3章　天然高分子化合物
　107　糖類………………………………195
　108　アミノ酸とタンパク質…………198
　109　アミノ酸の状態と pH …………202
　110　天然高分子化合物の計算………203
　111　核酸………………………………204

第4章　生活と高分子化合物
　112　繊維・プラスチック，イオン交換樹脂
　　　　　　　　　　　　　　　……207
　113　機能性高分子化合物………………209

第1編　物質の状態と平衡

第1章　物質の状態とその変化

1

問1　a－②　　b－③　　問2　①　　問3　a　1 －⑥　　b　2 －②
問4　③

問1　a　物質の状態変化には次のようなものがある。

$$\text{固体} \underset{\text{凝固}}{\overset{\text{融解}}{\rightleftarrows}} \text{液体} \underset{\text{凝縮}}{\overset{\text{蒸発}}{\rightleftarrows}} \text{気体}$$

昇華（固体←気体の変化を凝華ともいう）

圧力が一定のとき、純物質の状態変化は一定温度で起こる。水の場合、大気圧（1.013×10^5 Pa）下で、氷が0℃で$_\mathrm{ア}$融解して水になる（図1のA領域）。また、水が100℃で$_\mathrm{イ}$沸騰して水蒸気になる（図1のB領域）。水が$_\mathrm{ウ}$蒸発して水蒸気になる変化は、常温・常圧でも起こる。沸騰は、液面だけでなく液体の内部からも蒸発が起こる現象である。

（注）大気圧（1.013×10^5 Pa）下における氷の融点は0℃、水の沸点は100℃。

b　H$_2$O（モル質量18 g/mol）9.0 gの物質量は、

$$\frac{9.0\,\text{g}}{18\,\text{g/mol}} = 0.50\,\text{mol}$$

0℃の氷9.0 gが0℃の水になるのに必要な熱量をq_1〔kJ〕とすると、

$q_1 = 6.0\,\text{kJ/mol} \times 0.50\,\text{mol} = 3.0\,\text{kJ}$

0℃の水9.0 gが100℃の水になるのに必要な熱量をq_2〔kJ〕とすると、

$q_2 = 4.2 \times 10^{-3}\,\text{kJ/(g·K)} \times 9.0\,\text{g} \times (100-0)\,\text{K} = 3.78\,\text{kJ}$

100℃の水9.0 gが100℃の水蒸気になるのに必要な熱量をq_3〔kJ〕とすると、

$q_3 = 41\,\text{kJ/mol} \times 0.50\,\text{mol} = 20.5\,\text{kJ}$

よって、求める熱量は、

$q_1 + q_2 + q_3 = 3.0\,\text{kJ} + 3.78\,\text{kJ} + 20.5\,\text{kJ} \fallingdotseq 27\,\text{kJ}$

問2　水の状態は図のように、温度と圧力により固体、液体、気体、超臨界流体の4つの領域に分かれる。よって、図中の点ア──→イ──→ウの状態変化は、固体──→液体──→気体となる。

三重点より低い温度で、固体を加圧すると液体に変化する現象は、水などごく限られた物質にしか見られない。なお、臨界点を超える温度と圧力の下では液体と気体の区別がつかない。このような状態にある物質を、超臨界流体という。

問3　**a**　沸点は，その液体の蒸気圧が大気圧(外圧)と一致するときの温度である。このとき，液体は沸騰する。図より，蒸気圧が大気圧(1.0×10^5 Pa)と一致するときの温度は，A＜B＜Cの順に高くなる。よって，沸点の高いものから低いものへの順序はC－B－A（　1　）である。

b　同じ温度で比べた場合，蒸気圧の大きい物質ほど揮発しやすい。図より，25℃における蒸気圧は，B＜C＜Aの順に大きくなる。よって，揮発しやすいものから揮発しにくいものへの順序はA－C－B（　2　）である。

問4　①（正）　例えば，温度一定で気体を圧縮し体積を $\frac{1}{2}$ 倍にすると，単位体積中の気体分子の数は2倍になる。これにより，単位時間・単位面積あたり容器の壁に衝突する気体分子の数も2倍になり，圧力は2倍になる。これがボイルの法則である。

②（正）　高温になるほど気体分子のもつエネルギーは大きくなり，運動が活発になるので，自然に散らばっていく速さも大きくなる。

③（誤）　ある温度で液体と蒸気が共存して蒸気圧が一定となっている密閉容器内では，液体の表面から蒸発していく分子の数と液体中にもどってくる分子の数が等しくなっている（気液平衡）。

④（正）　大気中に放置したビーカー中の液体から蒸発した気体分子は，空気中に拡散すると液体中にはもどらない。このため蒸発とともに液体の量は減少する。

⑤（正）　固体から液体へ状態を変化させるには，分子にエネルギーを与えて熱運動を増大させ，ある程度自由に移動できるようにする必要がある。このとき使われる熱が，融解熱である。

2

問1　②　問2　a－②　b－①　問3　④　問4　③　問5　⑥

問1　①（誤），②（正），③（誤）　気体分子の平均の速さは，温度だけで決まる。気体の温度を上昇させると，気体の平均的なエネルギーが大きくなり，速い分子の割合が増し，遅い分子の割合が減る。よって，②の操作により，グラフは曲線Aから曲線Bのように変わる。これに対して，①，③は温度一定なので，気体分子の平均の速さは変わらない。

④（誤）　温度一定で気体の平均的なエネルギーが同じであっても，気体の分子量が大きいほど分子の平均の速さは遅くなる。

問2　**a**　一定温度 T_0 で液体とその蒸気が共存し，平衡状態にあるとき，蒸気圧 P は容器の容積 V，液体の量によらず一定(P_0)となる。よってグラフは②である。

> **短期攻略のツボ**
> 蒸気圧の性質
> ・液体とその蒸気の共存下(気液平衡)で示す蒸気の圧力である。
> ・液体の種類と温度で決まる。
> ・その温度における蒸気の最大圧力である。
> ・液体量，蒸気体積，(気液平衡と無関係の)他の気体の存在に影響されない。

b $1.013 \times 10^5 \mathrm{Pa}(1\mathrm{atm})$ のもとで純水を常温からゆっくり冷却していくと，液体の温度が低下していく。凝固点(水の場合は0℃)に達すると，冷却で奪う熱と発生する凝固熱がつり合うため，全体が凍結するまで温度が一定となる。よって，グラフは①である。

(全体が凍結した後は，固体の温度が低下していく。)

問3 ①(正) 液体分子が蒸発するには，分子間の引力に打ち勝つためのエネルギーが必要である。このエネルギーが蒸発熱(吸熱)に相当する。液体の温度を上げると，蒸発熱以上のエネルギーをもつ液体分子の割合が増すので，蒸発が盛んになり蒸気圧が高くなる。

②(正) 沸点では，液体の蒸気圧が外気圧と等しくなり，液面だけでなく液体内部からも蒸発が起こるようになる。これが沸騰現象である。したがって，一定気圧 P_0 のもとで沸騰している液体の蒸気圧は，液体の種類に関係なく P_0 になっている。

③(正) 椀に熱い吸い物を入れてふたをした時点では，椀内の圧力は大気圧に等しい。この椀を室温で放置すると椀の中の水蒸気圧は低下する。このため，椀内の圧力は大気圧より小さくなる。この圧力差によりふたが取れにくくなる。

④(誤) 海水には塩などの不揮発性物質が多く溶けているので，海水のほうが同温の純水よりも水蒸気圧が低い(蒸気圧降下)。その結果，海水は純水よりも沸点が高くなる(沸点上昇)。

⑤(正) ナフタレンの結晶は分子結晶の一種で，室温で昇華しやすい。これは分子間の結合力が弱いからである。

問4 ①(正) 実在気体はすべて分子自身に体積があり，分子同士には分子間力がはたらく。理想気体は，分子自身の体積も分子間力もない仮想上の気体である。

②(正) 1個の水分子は，次図のように隣接する水分子4個と水素結合をつくることが

できる。

（氷の結晶中）

③（誤） メタン分子の間には，ファンデルワールス力とよばれる弱い分子間力がはたらく。これに対して水分子の間には，水素結合とよばれる強い分子間力がはたらく。

（注） メタン CH_4（分子量 16）と水 H_2O（分子量 18）は，分子量の差が小さいにもかかわらず，沸点の差が著しく大きい。これは水素結合がファンデルワールス力よりかなり強いからである。

	CH_4	H_2O
沸点（℃）	-162	$\ll$ 100

④（正） 塩化水素分子は極性分子であり，わずかに正の電荷（$\delta+$）を帯びた部分と，わずかに負の電荷（$\delta-$）を帯びた部分が，分子間で静電気的に引き合う。

⑤（正） 直鎖飽和炭化水素の炭素鎖が長くなると，分子量が大きくなり，それにともなってファンデルワールス力が強くなる。このため，沸点が高くなる。

短期攻略のツボ

分子間力 ─┬─ ①水素結合
　　　　　└─ ②ファンデルワールス力 ─┬─ a　すべての分子間にはたらく引力
　　　　　　　　　　　　　　　　　　　└─ b　極性分子間にはたらく静電気的な引力

① 分子中の H 原子が他の分子中の陰性の強い原子（F, O, N）と引き合う力で，ファンデルワールス力よりかなり強い。
②−a　分子量が大きいほど強い。
②−b　分子の極性が大きいほど強い。

問5 周期表の 14, 15, 16 族元素のうち, 第 2, 3 周期にある水素化合物は, 以下のようなものである。

これらのうち, 無極性分子は 14 族の水素化合物であり, その他は極性分子である。極性分子のうち, ⟨NH₃⟩ と ⟨H₂O⟩ では分子間に水素結合がはたらく。したがって, 第 2 周期では CH₄ の分子間力は NH₃ や H₂O と比べてかなり弱く, CH₄ の沸点は NH₃ や H₂O の沸点よりかなり低いと考えてよい。よって, 図 1 の **E** は CH₄, 同族の **F** は SiH₄ と決まる。SiH₄ の沸点が CH₄ の沸点より高いのは, 分子量が増加して分子間力が強くなるからである。一方, 常温で NH₃ は気体, H₂O は液体であるから, 明らかに H₂O の沸点は NH₃ の沸点より高い。よって, 図 1 の **C** は NH₃, 同族の **D** は PH₃ と決まり, また, **A** は H₂O, 同族の **B** は H₂S と決まる。C→D, A→B で, 分子量が増加するにもかかわらず沸点が低くなるのは, B, D は分子間に水素結合がはたらかないからである。

〔参考〕

メタン CH₄（分子量 16）の沸点　−161℃

第2章　気体の性質

3

問1　a—②　b—①　c—②　d—⑥　e—①　問2　②
問3　a—④　b—④　問4　③

問1 理想気体の状態方程式 $PV = nRT$ を，各グラフの条件に合わせて変形し，一定値を k とおくと，グラフに表す関係式が得られる。

a n, P 一定より，$V = \left(\dfrac{nR}{P}\right)T = kT$

（V は T に比例する。）

b n, P 一定より，$\dfrac{V}{T} = \left(\dfrac{nR}{P}\right) = k$

$\left(\dfrac{V}{T} \text{ は } T \text{ によらず一定である。}\right)$

c n, V 一定より，$P = \left(\dfrac{nR}{V}\right)T = kT$

（P は T に比例する。）

d n, T 一定より，$P = \dfrac{\widehat{nRT}}{V} = \dfrac{k}{V}$

（P は V に反比例する。）

e n, T 一定より，$PV = \widehat{nRT} = k$

（PV は P によらず一定である。）

10 第1編 物質の状態と平衡

問2 求める水素 H_2(モル質量 2.0 g/mol)の質量を w〔g〕とおくと，その物質量 n は，

$$n = \frac{w}{2.0} \text{ mol}$$

理想気体の状態方程式 $PV = nRT$ より，

$$3.32 \times 10^5 \text{Pa} \times 1\text{L} = \frac{w}{2.0} \text{mol} \times 8.3 \times 10^3 \text{Pa·L/(mol·K)} \times 400\text{K}$$

よって，$w = 0.20$ g

問3 a この気体の分子量を M とおくと，そのモル質量は M〔g/mol〕であるから，理想気体の状態方程式 $PV = nRT$ より，次式が成り立つ．

$$1.0 \times 10^5 \text{Pa} \times 0.20\text{L} = \frac{0.25\text{g}}{M\text{〔g/mol〕}} \times 8.3 \times 10^3 \text{Pa·L/(mol·K)} \times (273 + 20)\text{K}$$

よって，$M \fallingdotseq 30$

b 選択肢の各気体について，分子式と分子量を以下に示す．
 ① N_2 (28) ② O_2 (32) ③ CO_2 (44) ④ NO (30) ⑤ C_2H_2 (26)

a より，この気体は NO である．

問4 気体 A, B の分子量を M_A, M_B とし，これらが同じ質量 w〔g〕ずつあるとする．気体 A, B について，それぞれ理想気体の状態方程式 $PV = nRT$ を立てると，以下のようになる．

$$PV = \frac{w}{M_A}RT, \quad PV = \frac{w}{M_B}RT$$

A, B について wRT は同じ一定値になるので，これを k とおくと，

$$M_A = \frac{k}{PV} \quad \cdots\cdots(1), \quad M_B = \frac{k}{PV} \quad \cdots\cdots(2)$$

図1より，A の PV 値は $1.0 \times 10^5 \text{Pa} \times 0.65\text{L} = 6.5 \times 10^4 \text{Pa·L}$
　　　　B の PV 値は $1.0 \times 10^5 \text{Pa} \times 0.90\text{L} = 9.0 \times 10^4 \text{Pa·L}$

（注）ボイルの法則 (n, T 一定で，PV 一定) より，A, B それぞれの PV 値はグラフ上のどの点をとっても同じである．したがって，読みとり易い点を選んで計算すればよい．

(1)式より，$M_A = \dfrac{k}{6.5 \times 10^4}$ 　(2)式より，$M_B = \dfrac{k}{9.0 \times 10^4}$

よって，$\dfrac{M_A}{M_B} = \dfrac{9.0 \times 10^4}{6.5 \times 10^4} \fallingdotseq 1.4$

第2章　気体の性質　**11**

選択肢について，$\dfrac{M_A}{M_B}$ を調べると，

$\dfrac{M_A}{M_B}$ ① $\dfrac{M_{H_2}}{M_{He}} = \dfrac{2.0}{4.0} = 0.50$　② $\dfrac{M_{He}}{M_{H_2}} = \dfrac{4.0}{2.0} = 2.0$　③ $\dfrac{M_{N_2}}{M_{Ne}} = \dfrac{28}{20} = 1.4$

$\dfrac{M_A}{M_B}$ ④ $\dfrac{M_{Ne}}{M_{N_2}} = \dfrac{20}{28} \fallingdotseq 0.71$　⑤ $\dfrac{M_{N_2}}{M_{CO}} = \dfrac{28}{28} = 1.0$　⑥ $\dfrac{M_{CO}}{M_{N_2}} = \dfrac{28}{28} = 1.0$

よって，③があてはまる。

4

問1　⑤　　問2　⑤　　問3　②　　問4　③　　問5　a－⑥　　b－②

問1　理想気体の状態方程式 $PV = nRT$ において，気体の質量を w〔g〕，モル質量を M 〔g/mol〕（分子量 M）とおくと，$n = \dfrac{w}{M}$ より，

$$PV = \dfrac{w}{M}RT \ \left(P = \dfrac{1}{M} \times \dfrac{w}{V}RT \right)$$

ここで，気体の密度を ρ〔g/L〕とおくと，$\rho = \dfrac{w}{V}$ であるから，

$$P = \dfrac{\rho}{M}RT$$

上式より，T と ρ が等しい気体の圧力 P は，分子量 M に反比例することがわかる。
(a) CO_2 $(M = 44)$，(b) Cl_2 $(M = 71)$，(c) H_2S $(M = 34)$ より，

M の大小は　(b) > (a) > (c)

よって，P の大小は　(c) > (a) > (b)

問2　理想気体の状態方程式 $PV = nRT$ より，

$$P = \dfrac{nRT}{V}$$

上式より，V，T が等しい気体の圧力 P は，物質量 n に比例することがわかる。
容器 A，B，C に封入した各気体の物質量 n は，

容器A：CO　$n = \dfrac{PV}{RT} = \dfrac{2.0 \times 10^5 \times 2.5}{8.3 \times 10^3 \times (273 + 27)} \fallingdotseq 0.20\,mol$

容器B：CH_4（モル質量 16 g/mol）

$$n = \dfrac{1.6\,g}{16\,g/mol} = 0.10\,mol$$

容器C：N_2　$n = \dfrac{5.0\,L}{22.4\,L/mol} \fallingdotseq 0.22\,mol$

n の大小は　C > A > B

よって，P の大小はC > A > B

問3　はじめ(27℃)のフラスコ内にあった CO_2 を n_1〔mol〕，t〔℃〕に加熱した後に残っている CO_2 を n_2〔mol〕とする。アルミニウム箔のふたには小さな穴があけてあるので，フラスコ内の圧力は常に大気圧 1.0×10^5 Pa と等しくなっている。

12 第1編 物質の状態と平衡

大気圧 $1.0 \times 10^5 \, Pa$

CO_2
$1.0 \times 10^5 \, Pa$
(n_1〔mol〕)

4.1 L

27℃

0.050 mol
$\Longrightarrow$
加熱

CO_2
$1.0 \times 10^5 \, Pa$
(n_2〔mol〕)

t℃

理想気体の状態方程式 $PV = nRT$ より，

$$n_1 = \frac{1.0 \times 10^5 \times 4.1}{R(273 + 27)} \qquad n_2 = \frac{1.0 \times 10^5 \times 4.1}{R(273 + t)}$$

加熱により追い出された CO_2 は 0.050 mol なので，

$$n_1 - n_2 = \frac{1.0 \times 10^5 \times 4.1}{8.3 \times 10^3}\left(\frac{1}{273 + 27} - \frac{1}{273 + t}\right) = 0.050$$

よって，$t = 156$℃

問4 海水面(20℃，大気圧 $1.0 \times 10^5 \, Pa$)における気球の体積を V_1〔L〕，高度 10000 m(-50℃，大気圧 $2.6 \times 10^4 \, Pa$)における気球の体積を V_2〔L〕とする。気球内の気体の物質量 n〔mol〕は一定で，気球は自由に膨張できる(気球内の圧力が常に大気圧と等しくなることができる)から，理想気体の状態方程式 $PV = nRT$ より，次式が成り立つ。

$$\left(n = \frac{PV}{RT} = \right)\frac{1.0 \times 10^5 V_1}{R \cdot (273 + 20)} = \frac{2.6 \times 10^4 V_2}{R \cdot (273 - 50)}$$

よって，$\dfrac{V_2}{V_1} = \dfrac{10 \times 223}{2.6 \times 293} \fallingdotseq 2.9$〔倍〕

問5 **a** 理想気体の状態方程式 $PV = nRT$ より，

$$\frac{PV}{nT} = R$$

$n = 1 \, mol$ のとき，$\dfrac{PV}{T} = R$（一定）となる。

一方，実在気体は $P \to 0$ で理想気体に限りなく近づく。

したがって，図1で理想気体のグラフは破線(⋯⋯)で表され，
$q = R \fallingdotseq 8.3 \times 10^3 \, Pa \cdot L/(mol \cdot K)$ となる。

（注）標準状態(0℃，$1.013 \times 10^5 \, Pa$)で，理想気体 1 mol の体積は 22.4 L を占めるので，

$$R = \frac{PV}{nT} = \frac{1.013 \times 10^5 \times 22.4}{1 \times 273} \fallingdotseq 8.31 \times 10^3 \, Pa \cdot L/(mol \cdot K)$$

b 図1の破線は，理想気体のグラフである。理想気体は，分子間力がはたらかず，分子自身の体積がゼロである，仮想上の気体である。

短期攻略のツボ
理想気体と実在気体

	分子自身の体積	分子間力	$PV = nRT$
理想気体	なし	なし	完全に成立する
実在気体	あり	あり	厳密には成立しない

実在気体を理想気体に近づける条件
①低圧にする（単位体積あたりの分子数を少なくする）
②高温にする（熱運動が盛んな分子を増加させる）

5

問1 ⑤ 問2 ① 問3 ① 問4 ④

問1 問題文に従って，式(1)の V の代わりに $V - b$ とおくと，

$$\frac{PV}{RT} = 1 \quad \cdots\cdots(1) \qquad \frac{P(V - b)}{RT} = 1$$

これを変形すると，$\dfrac{PV}{RT} - \dfrac{Pb}{RT} = 1$

$$\frac{PV}{RT} = \boxed{{}^{ア}\; 1 + \frac{b}{RT}P} \quad \cdots\cdots(2)$$

横軸に P，縦軸に $\dfrac{PV}{RT}$ をとって，式(2)をグラフに描くと，一定温度では点 $(0, 1)$ を通る傾き $\dfrac{b}{RT}$ の直線になることがわかる。

問題の図1に示すグラフでは，273 K の水素 H_2 が比較的よく式(2)に従っていることがわかる。

問2 理想気体の状態方程式は，「分子に大きさがない」という仮定と「${}^{イ}\;\boxed{分子間の引力}$ がない」という仮定のもとで，厳密に成立する。実在気体には，分子の大きさと分子間の引力の両方があるので，実在気体に対して理想気体の状態方程式は厳密には成立しない。

（注） 理想気体は仮想上の気体であり，分子には大きさと分子間の引力がないとするが，質量（分子量）はあり，分子は熱運動をする（エネルギーをもつ）ことができるものとする。

問3 分子間に引力がはたらくと，分子が運動しにくくなるので，気体の圧力を小さくする効果をもつ。したがって，圧力を一定に保とうとすると，体積は小さくなる。図1におい

て，300K，低圧領域でのメタンCH_4 1molの体積は，分子間の引力の効果が分子の大きさの効果より大きいため，同温・同圧の理想気体1molの体積より ウ 小さ い。したがって，そのグラフは，理想気体のグラフより下側になる。分子間の引力の効果は，分子の運動が激しいほど エ 小さ くなるので，温度を高くすると，理想気体との体積の差は オ 小さ くなる。すなわち，温度を高くすると，グラフは理想気体に近づく。いずれの実在気体も，実際には，分子の大きさの効果と分子間の引力の効果の両方が合わさり，$\frac{PV}{RT}$ の値が変化していく。これらの効果の大きさは，気体の種類だけでなく，温度・圧力とも関係する。一般的に，図1のようなグラフにおいて，ある条件下の実在気体の $\frac{PV}{RT}$ 値が理想気体より大きい場合は，分子の大きさの効果（Vを大きくする効果）＞分子間の引力の効果（Vを小さくする効果）となっている。これに対して，実在気体の $\frac{PV}{RT}$ 値が理想気体より小さい場合，これらの効果の大小が逆になっている。なお，いずれの実在気体も，低圧にしていくと両方の効果が小さくなるので，理想気体に近づく。

問4 $\frac{PV}{RT} = 1.24$ に $P = 350 \times 10^5 Pa$, $T = 273K$, $R = 8.3 \times 10^3 Pa \cdot L/(mol \cdot K)$
を代入すると，

$$\frac{350 \times 10^5 Pa \times V [L/mol]}{8.3 \times 10^3 Pa \cdot L/(mol \cdot K) \times 273K} = 1.24$$

$\therefore V \fallingdotseq 8.0 \times 10^{-2} L/mol = \underline{8.0 \times 10} mL/mol$

なお，この条件下（273K，$350 \times 10^5 Pa$）での理想気体の体積は，$\frac{PV}{RT} = 1$ より，
$V \fallingdotseq 6.5 \times 10$ mL/mol である。

短期攻略のツボ

〔参考〕 実在気体の状態方程式

　　ファンデルワールスは，実在気体の状態方程式として，理想気体の状態方程式 $PV = nRT$ を次のように補正した式を示した。

$$\left(P + a\frac{n^2}{V^2}\right)(V - nb) = nRT \quad (a, b は気体の種類で決まる定数)$$

$a\dfrac{n^2}{V^2}$ は，分子間の引力による圧力の減少分を，P に加えて補正した項であり，nb は分子の大きさによる体積の増加分を V から差し引いて補正した項である。

$n = 1$ のときは，次式のようになる。

$$(P + \dfrac{a}{V^2})(V - b) = RT$$

〔分子間の引力の効果を無視できる場合〕

問1の解説で示したように，次式が得られる。

$$\dfrac{PV}{RT} = 1 + \dfrac{b}{RT}P$$

〔分子の大きさの効果を無視できる場合〕

$$(P + \dfrac{a}{V^2})V = RT$$

これを変形すると，$\dfrac{PV}{RT} = 1 - \dfrac{a}{V} \times \dfrac{1}{RT}$

低圧領域における近似として $V \fallingdotseq \dfrac{RT}{P}$ を代入すると，次式が得られる。

$$\dfrac{PV}{RT} = 1 - \dfrac{a}{(RT)^2}P$$

この式をグラフに描くと，次図のように，傾き $-\dfrac{a}{(RT)^2}$ の直線になる。

問題の図1に示すグラフでは，300 K・低圧領域のメタン CH_4 が比較的よくこの式に従っていることがわかる。なお，圧力を大きくしていくと体積が小さくなるので，やがて分子の大きさの効果が分子間の引力の効果を上回るようになり，グラフは理想気体より上側になっていく。

6

問1　a―①　b―①　問2　④　問3　③，⑤（順不同）

問1　a　容器内にはじめにあった気体（3×10^5 Pa，1 L，100 K）の物質量を n_1〔mol〕とすると，理想気体の状態方程式 $PV = nRT$ より，

$$n_1\left(= \dfrac{PV}{RT}\right) = \dfrac{3 \times 10^5 \times 1}{R \cdot 100}$$

温度を 400 K に上げ，コックを開くと，はじめ容器内の気体の圧力は大気の圧力より大き

いので，大気と同じ圧力 1×10^5 Pa になるまで，容器内の気体の一部が放出される。容器内に残った気体 $(1 \times 10^5$ Pa, 1 L, 400 K$)$ の物質量を n_2 [mol] とすると，

$$n_2 = \frac{1 \times 10^5 \times 1}{R \cdot 400}$$

よって，$\dfrac{n_2}{n_1} = \dfrac{1}{12}$ [倍]

b 図2より，次のことがわかる。

(1)⟶(2)：$PV = 3 \times 10^5$ Pa·L 一定であり，ボイルの法則が成立している。

したがって，この区間では $T = 100$ K 一定である。

(2)⟶(3)：$V = 3$ L 一定で，P が 2 倍大きくなるので，T を 2 倍 (100 K ⟶ 200 K) に上げている。

(この区間では $P = kT$ が成立する。)

(3)⟶(4)：$PV = 6 \times 10^5$ Pa·L 一定であり，ボイルの法則が成立している。

図2

したがって，この区間では $T = 200$ K 一定である。

以上を満たすグラフは，① である。

問2 混合した O_2 (分子量 $M_{O_2} = 32$) と Ar (分子量 $M_{Ar} = 40$) の物質量を，それぞれ n_{O_2} [mol], n_{Ar} [mol] とすると，理想気体の状態方程式 $PV = nRT$ $\left(n = \dfrac{PV}{RT}\right)$ より，

$$n_{O_2} : n_{Ar} = \frac{1.0 \times 10^5 \times 6.0}{RT} : \frac{2.0 \times 10^5 \times 2.0}{RT} = 3 : 2$$

よって，平均分子量 $\overline{M}$ は，

$$\overline{M} = M_{O_2} \times \frac{n_{O_2}}{n_{O_2} + n_{Ar}} + M_{Ar} \times \frac{n_{Ar}}{n_{O_2} + n_{Ar}}$$

$$= 32 \times \frac{3}{3 + 2} + 40 \times \frac{2}{3 + 2} \fallingdotseq 35$$

短期攻略のツボ

混合気体の平均分子量 $\overline{M}$

成分気体
- 分子量　$M_1, M_2, \cdots\cdots$
- 物質量　$n_1, n_2, \cdots\cdots$

モル分率

・$\overline{M} = M_1 \times \boxed{\dfrac{n_1}{n_T}} + M_2 \times \boxed{\dfrac{n_2}{n_T}} + \cdots\cdots$

$(n_T = n_1 + n_2 + \cdots\cdots)$

問3 ①（誤）体積が一定のとき，一定量の気体の圧力は絶対温度に比例する $\left(P = \left(\dfrac{nR}{V}\right)T = kT\right)$。

第2章　気体の性質　**17**

したがって、温度を $100℃$ から $200℃$ にすると、圧力は

$$\frac{(273 + 200)\,\mathrm{K}}{(273 + 100)\,\mathrm{K}} \fallingdotseq \underline{1.27\,倍}　になる。$$

②（誤）　温度を一定に保って気体を圧縮すると、全体のエネルギーは変わらないので平均の運動速度は変わらないが、体積が小さくなるので、器壁への衝突回数が増す。その結果、圧力が増加する。

③（正）　温度と体積が一定のとき、気体の圧力は気体の物質量に比例する

$\left(P = \left(\dfrac{RT}{V}\right)n = kn\right)$。$0.10\,\mathrm{mol}$ の N_2 の圧力が $0.10 \times 10^5\,\mathrm{Pa}$ なので、これに $0.02\,\mathrm{mol}$ の O_2 を加えると、全体の圧力は同温・同体積で次のようになる。

$$0.10 \times 10^5\,\mathrm{Pa} \times \frac{0.10\,\mathrm{mol} + 0.02\,\mathrm{mol}}{0.10\,\mathrm{mol}} = 0.12 \times 10^5\,\mathrm{Pa}$$

④（誤）　定比例の法則は、「化合物の成分元素の質量組成は常に一定である」というもので、化合物を構成する各元素の原子数の比が一定であることに基づく。空気など混合物の組成とは関係がない。

⑤（正）　この混合気体 $1\,\mathrm{mol}$ の質量を W〔g〕とすると、

$$W = \overset{N_2}{28.0\,\mathrm{g/mol}} \times \frac{4}{1 + 4}\,\mathrm{mol} + \overset{O_2}{32.0\,\mathrm{g/mol}} \times \frac{1}{1 + 4}\,\mathrm{mol}$$

$$= 28.8\,\mathrm{g}\,（平均分子量は 28.8）$$

標準状態の気体 $1\,\mathrm{mol}$ は $22.4\,\mathrm{L}$ を占めるから、この混合気体の標準状態での密度は、

$$\frac{28.8\,\mathrm{g}}{22.4\,\mathrm{L}} \fallingdotseq 1.29\,\mathrm{g/L}$$

⑥（誤）　気体分子は空間を自由に運動するので、容器内に長時間放置しておくと、軽くても重くても気体分子は容器全体に均一に拡がる。

7

問1	a－⑤	b－①	問2	a－⑤	b－③	問3	a－⑤	b－②
問4	1 －③	2 －⑥						

問1　**a**　①（正）　左右のフラスコ内にある気体分子は、空間を自由に運動するので、コックを開くとそれを通じてたがいに拡散し、両フラスコ内は同じ均一な混合気体となる。

②（正）　気体分子は、その温度に応じた運動エネルギーをもっているので、温度を上げると、熱運動が激しくなる。

③（正）　H_2 についてボイルの法則 $(P_1V_1 = P_2V_2)$ を適用すると、

$$1.0 \times 10^5\,\mathrm{Pa} \times 1\,\mathrm{L} = p_{H_2} \times 2\,\mathrm{L}　　よって、p_{H_2} = 0.50 \times 10^5\,\mathrm{Pa}$$

④（正）　CO_2 についてボイルの法則を適用すると、

$$2.0 \times 10^5\,\mathrm{Pa} \times 1\,\mathrm{L} = p_{CO_2} \times 2\,\mathrm{L}　　よって、p_{CO_2} = 1.0 \times 10^5\,\mathrm{Pa}$$

よって、全圧は $p_{H_2} + p_{CO_2} = 1.5 \times 10^5\,\mathrm{Pa}$

⑤（誤）　$-173℃$ に冷却すると、CO_2 は固体（ドライアイス）に変化（昇華）すると考えて

18 第1編　物質の状態と平衡

よい。したがって，全圧はほとんど H_2 の圧力で決まる。$-173℃$ における H_2 の圧力を p_{H_2}' とすると，ボイル・シャルルの法則より，

$$p_{H_2}' = p_{H_2} \times \frac{T'}{T} = 0.50 \times 10^5 \,\text{Pa} \times \frac{(273 - 173)\,\text{K}}{(273 + 27)\,\text{K}}$$

$$= \frac{5}{3} \times 10^4 \,\text{Pa}$$

（注）　ボイル・シャルルの法則（n 一定）

$$\frac{P_1 V_1}{T_1} = \frac{P_2 V_2}{T_2} \left(V \text{一定のとき} \frac{P_1}{T_1} = \frac{P_2}{T_2} \right)$$

よって，全圧は約 $\dfrac{\frac{5}{3} \times 10^4}{1.5 \times 10^5} = \dfrac{1}{9}$ に減少する。

（注）気体の CO_2 は大気圧下，$-78.5℃$ まで冷却すると，昇華して固体になる。

b　理想気体の状態方程式 $PV = nRT$ を変形すると，密度 ρ〔g/L〕について以下の式が得られる。

$$PV = \frac{w}{M}RT \longrightarrow P = \frac{1}{M} \cdot \frac{w}{V} \cdot RT \longrightarrow P = \frac{1}{M} \cdot \rho \cdot RT$$

$$\boxed{\rho = \frac{PM}{RT}}$$

混合気体の平均分子量 $\overline{M}$ は，

$$\overline{M} = M_{H_2} \times \frac{p_{H_2}}{p_{H_2} + p_{CO_2}} + M_{CO_2} \times \frac{p_{CO_2}}{p_{H_2} + p_{CO_2}} = 2.0 \times \frac{0.50}{1.5} + 44 \times \frac{1.0}{1.5}$$

$$= 30$$

混合気体の密度 ρ_1 は，　$\rho_1 = \dfrac{1.5 \times 10^5 \times 30}{R \cdot 300}$

一方，$27℃$，$1.0 \times 10^5 \,\text{Pa}$ の $H_2(M_{H_2} = 2.0)$ の密度 ρ_2 は，　$\rho_2 = \dfrac{1.0 \times 10^5 \times 2.0}{R \cdot 300}$

よって，$\dfrac{\rho_1}{\rho_2} = 22.5$〔倍〕

短期攻略のツボ

混合気体の法則（ドルトンの分圧法則）

> 成分気体
>   物質量　n_1, n_2, ……
>   分　圧　p_1, p_2, ……

分圧：混合気体の各成分が，単独で混合気体と同体積（同温下）を占めたとき示す圧力に等しい。

・全圧 $P = p_1 + p_2 + \cdots$

・$p_1 = P \times \boxed{\dfrac{n_1}{n_T}}$，$p_2 = P \times \boxed{\dfrac{n_2}{n_T}}$，……

　　$(n_T = n_1 + n_2 + \cdots)$

・$n_1 : n_2 : \cdots = p_1 : p_2 : \cdots$

問2　**a**　Ca 1mol は 40g，Al 2mol は $27 \times 2 = 54$g であるから，この合金中に含まれ

る Ca の質量パーセントは,

$$\frac{40}{40 + 54} \times 100 \fallingdotseq 42.6\%$$

b　合金 0.47 g に含まれる Ca と Al の物質量は,

$$Ca : 0.47\,g \times \frac{40}{40 + 54} \times \frac{1}{40\,g/mol} = 5.0 \times 10^{-3}\,mol$$

$$Al : 0.47\,g \times \frac{54}{40 + 54} \times \frac{1}{27\,g/mol} = 10.0 \times 10^{-3}\,mol$$

Ca と Al が塩酸に溶けるときの反応は,それぞれ次の化学反応式で表される。

$$Ca + 2HCl \longrightarrow CaCl_2 + H_2\uparrow \qquad\qquad\qquad \cdots\cdots(1)$$

$$2Al + 6HCl \longrightarrow 2AlCl_3 + 3H_2\uparrow \qquad\qquad\qquad \cdots\cdots(2)$$

(1),(2)式より,Ca 5.0×10^{-3} mol と Al 10.0×10^{-3} mol のすべてが塩酸に溶けたとき発生する H_2 の総物質量は,

$$5.0 \times 10^{-3}\,mol + 10.0 \times 10^{-3}\,mol \times \frac{3}{2} = 2.0 \times 10^{-2}\,mol$$

これを標準状態の気体の体積に換算すると,

$$2.0 \times 10^{-2}\,mol \times 22.4\,L/mol = 0.448\,L \fallingdotseq 0.45\,L$$

問3　**a**　A の部分にあった NH_3 と B の部分にあった HCl は,同温・同圧で体積比が 1：2 であるから,NH_3 の物質量を n〔mol〕とすると,HCl の物質量は $2n$〔mol〕である。仕切りを取り去ると,次の反応が起こる。

	NH_3	$+$	HCl	$\longrightarrow$	NH_4Cl	
反応前	n		$2n$		0	（単位 mol）
変化量	$-n$		$-n$		$+n$	
反応後	0		n		n	

NH_3（気）はすべて反応して NH_4Cl（固）となり,未反応の HCl（気）が残る。生じた NH_4Cl（固）はイオン結晶の微粒子となるので,白煙として観察される。

b　**a** の状態における容器内の圧力は,残った HCl n〔mol〕によるものである。密閉容器の全容積を $3V$〔L〕とすると,はじめ室温,V〔L〕,n〔mol〕の気体が 1×10^5 Pa を示していたので,室温,$3V$〔L〕,n〔mol〕の気体が示す圧力は,ボイルの法則より,

$$1 \times 10^5\,Pa \times \frac{V\text{〔L〕}}{3V\text{〔L〕}} = \frac{1}{3} \times 10^5\,Pa$$

問4　$\boxed{1}$　生成したアセトアルデヒド CH_3CHO の物質量を $2x$〔mol〕とすると,生成した CO_2 の物質量は x〔mol〕である。このとき二つの反応で消費されたエチレン C_2H_4,O_2,生成した H_2O の物質量は,反応式の係数関係よりそれぞれ以下のように表される。

$$2C_2H_4 + O_2 \longrightarrow 2CH_3CHO$$
$$2x \quad\ x \Longrightarrow \quad 2x$$
$$C_2H_4 + 3O_2 \longrightarrow 2CO_2 + 2H_2O$$
$$\frac{1}{2}x \quad \frac{3}{2}x \Longrightarrow \ x \qquad\ x$$

はじめにあった O_2 0.50 mol はすべて消費されたので，次式が成り立つ．

$$x + \frac{3}{2}x = 0.50 \qquad \text{よって，} x = 0.20$$

したがって消費された C_2H_4 は，

$$2x + \frac{1}{2}x = \frac{5}{2}x = \frac{5}{2} \times 0.20 = 0.50 \, \text{mol}$$

はじめにあった C_2H_4 は 1.00 mol なので，C_2H_4 は $1.00 - 0.50 = 0.50$ mol 残っている．以上より，反応後の容器内にある全気体の物質量は，

残 C_2H_4　　　CH_3CHO　　　CO_2　　　H_2O
$0.50 \, \text{mol} + 2 \times 0.20 \, \text{mol} + 0.20 \, \text{mol} + 0.20 \, \text{mol} = 1.30 \, \text{mol}$

理想気体の状態方程式 $PV = nRT$ より，反応容器内(400 K，12 L)の全圧 P は，

$$P = \frac{nRT}{V} = \frac{1.30 \times 8.3 \times 10^3 \times 400}{12} \fallingdotseq 3.6 \times 10^5 \, \text{Pa}$$

[2] 生成した CH_3CHO（モル質量 44 g/mol）は 0.40 mol なので，その質量は，
$0.40 \, \text{mol} \times 44 \, \text{g/mol} \fallingdotseq 18 \, \text{g}$

8

問1　⑥　　問2　⑤　　問3　⑥　　問4　④

問1　**a**，**d** より，メスシリンダーに導入された気体(分子量 M_x とする)の質量は $(W_1 - W_2)$〔g〕である．メスシリンダー内部の水面を水槽の水面と一致させると，メスシリンダー内部の圧力は大気圧 P〔Pa〕とつり合う．このときの体積は，**c** より V_2〔L〕である．メスシリンダー内部の圧力は，ドルトンの分圧法則より，導入された気体の分圧(p_x とする)と水の蒸気圧 p の和であるから，次式が成り立つ．

$$p_x + p = P \qquad \cdots\cdots(1)$$

導入された気体について，理想気体の状態方程式を立てると，

$$p_x V_2 = \frac{W_1 - W_2}{M_x} RT \qquad \cdots\cdots(2)$$

(1)，(2)式より，$(P - p)V_2 = \dfrac{W_1 - W_2}{M_x} RT$

よって，$M_x = \dfrac{RT(W_1 - W_2)}{(P - p)V_2}$

問2　大気圧 $1.013 \times 10^5 \, \text{Pa}$ (1 atm) 下における水の沸点は 100 ℃ である．したがって，100 ℃ の水の蒸気圧は $1.013 \times 10^5 \, \text{Pa}$ である．容積 1 L の真空容器に入れた水(モル質量 18 g/mol) w〔g〕が，100 ℃ ですべて蒸発してちょうどその圧力が $1.013 \times 10^5 \, \text{Pa}$ になったとすると，理想気体の状態方程式 $PV = nRT$ より次式が成り立つ．

$$1.013 \times 10^5 \times 1 = \frac{w}{18} \times 8.3 \times 10^3 \times (273 + 100)$$

よって，$w \fallingdotseq 0.59$ g

水の質量 w[g] が，$0 \leq w \leq 0.59$ のとき，水はすべて蒸発するので容器内の圧力は w に比例する。また，$0.59 < w \leq 1$ のとき，容器内は飽和した水蒸気と液体の水が共存するので，圧力は 100℃ の水の蒸気圧 1.013×10^5 Pa と一致し，一定となる。

問3 理想気体の状態方程式 $PV = nRT$ より，V，n 一定のとき気体の圧力 P は T に比例する。したがって図2のグラフは，気体であれば直線になる。**a** と **c** のグラフは直線なので，図の温度範囲では気体と考えられる。一方，**b** と **d** のグラフは高温側では直線であるが，低温側では曲線なので，低温側では液体が存在して蒸気圧を示していると考えられる。よって，**a** と **c** はアとイのどちらかであり，**b** と **d** はウとエのどちらかと考えられる。高温側 (70℃〜100℃) のある温度 T_0 でア〜エの圧力 $P = \dfrac{nRT}{V}$ を比べると，

ア $\quad P = \dfrac{0.02RT_0}{1}$　　イ $\quad P = \dfrac{0.04RT_0}{1}$

ウ $\quad P = \dfrac{0.01RT_0}{1}$　　エ $\quad P = \dfrac{0.03RT_0}{1}$

P の大小は，**イ＞エ＞ア＞ウ** となるので，図2より

$\quad$ **a＝イ，b＝エ，c＝ア，d＝ウ** と決まる。

問4 ［ア］　この実験では全圧が常に 1.0×10^5 Pa に保たれるので，H_2O 0.020 mol と N_2 0.020 mol がすべて気体となっている温度範囲では，H_2O と N_2 の各分圧 (p_{H_2O}，p_{N_2}) は次のように一定となる。

$$p_{H_2O} = 1.0 \times 10^5 \text{Pa} \times \frac{0.020}{0.020 + 0.020} = 0.50 \times 10^5 \text{Pa}$$

$$p_{N_2} = 1.0 \times 10^5 \text{Pa} - 0.50 \times 10^5 \text{Pa} = 0.50 \times 10^5 \text{Pa}$$

温度を下げていったとき，問題の図3で $p_{H_2O} = 0.50 \times 10^5$ Pa の直線と水の蒸気圧曲線が交わる点で，水が凝縮し始める。このときの温度は，下図より <u>82</u>℃ である。

［イ］　さらに温度を下げていくと，液体の H_2O が共存するので，p_{H_2O} は蒸気圧曲線上を変化する。容器に 0.025 mol の気体が残ったとき，N_2 は 0.020 mol あるので，水蒸気は $0.025 - 0.020 = 0.005$ mol である。これが示す分圧 (蒸気圧) は，

$$p_{H_2O} = 1.0 \times 10^5 \text{Pa} \times \frac{0.005}{0.025}$$

$$= 0.2 \times 10^5 \text{Pa}$$

(注)　このとき，N_2 の分圧 p_{N_2} は，

$$p_{N_2} = 1.0 \times 10^5 \text{Pa} - 0.2 \times 10^5 \text{Pa}$$

$$= 0.8 \times 10^5 \text{Pa}$$

下図より，水の蒸気圧が 0.2×10^5 Pa になるときの温度は60℃である。

第3章 固体の構造

9

問1 ①　問2 ④　問3 a－⑤　b－③

問1 ①（正）単位格子内に含まれる球の数は,

面心立方格子　$\underset{\text{頂点}}{\dfrac{1}{8} \times 8} + \underset{\text{面心}}{\dfrac{1}{2} \times 6} = 4$ 個

体心立方格子　$\underset{\text{頂点}}{\dfrac{1}{8} \times 8} + \underset{\text{内部}}{1} = 2$ 個

面心立方格子　　体心立方格子

②（誤）半径 r の球からなる単位格子の一辺の長さ a は,

面心立方格子　$4r : a = \sqrt{2} : 1$ より, $a = 2\sqrt{2}\,r$ （≒ 2.8r）

体心立方格子　$4r : a = \sqrt{3} : 1$ より, $a = \dfrac{4}{\sqrt{3}}r$ （≒ 2.3r）

③（誤）一つの球に接する球の数（配位数）は,

面心立方格子　12
（○に対して●12個が接する）

体心立方格子　8
（○に対して●8個が接する）

面心立方格子　　体心立方格子
（●, ○は球の中心の位置）

④（誤）単位格子の体積に含まれる球の体積の割合（充填率）を比べればよい。

面心立方格子　充填率 $= \dfrac{\text{球4個分の体積}}{\text{単位格子の体積}} = \dfrac{\dfrac{4}{3}\pi r^3 \times 4}{a^3}$

$= \dfrac{\dfrac{4}{3}\pi r^3 \times 4}{(2\sqrt{2}\,r)^3} = \dfrac{\sqrt{2}}{6}\pi ≒ 0.74$ （74 %）

体心立方格子　充填率 $= \dfrac{\text{球2個分の体積}}{\text{単位格子の体積}} = \dfrac{\dfrac{4}{3}\pi r^3 \times 2}{a^3}$

$= \dfrac{\dfrac{4}{3}\pi r^3 \times 2}{\left(\dfrac{4}{\sqrt{3}}r\right)^3} = \dfrac{\sqrt{3}}{8}\pi ≒ 0.68$ （68 %）

（注）面心立方格子と六方最密構造の配位数(12)と充填率(74 %)は同じで, どちらも最密構造である。

⑤（誤）体心立方格子では, 単位格子の中心に隙間がないが, 面心立方格子では, 単位格子の中心に隙間がある。

問2 体心立方格子の単位格子には, 原子2個分が含まれる。アボガドロ定数を N_A

〔/mol〕とすると，AとBの結晶の密度（単位格子の密度）d_Aとd_Bは，それぞれ次式で表される。

$$d_A〔g/cm^3〕= \frac{原子2個分の質量}{単位格子の体積} = \frac{\frac{M_A〔g/mol〕}{N_A〔/mol〕} \times 2}{V_A〔cm^3〕}$$

$$= \frac{2M_A}{V_A N_A}$$

同様に，

$$d_B〔g/cm^3〕= \frac{2M_B}{V_B N_A}$$

よって，$\dfrac{d_A}{d_B} = \dfrac{M_A V_B}{M_B V_A}$　　$\dfrac{V_A}{V_B} = \dfrac{d_B M_A}{d_A M_B}$

短期攻略のツボ

金属結晶の密度 $d〔g/cm^3〕$

結晶の密度は単位格子の密度に等しい。

	質量	原子数
単位格子	$Vd〔g〕$	n
結晶1mol	$M〔g/mol〕$	$N_A〔/mol〕$

V：単位格子の体積〔cm³〕
n：単位格子中の原子の数
M：原子のモル質量〔g/mol〕
N_A：アボガドロ定数〔/mol〕

⟹ $Vd : n = M : N_A$ ⟹ $d = \dfrac{Mn}{VN_A}$

問3 **a** 面心立方格子の単位格子の一辺の長さをa，原子半径をrとすると，次式が成り立つ。

$4r : a = \sqrt{2} : 1$

$a = 2\sqrt{2}r$

よって，aはrの$2\sqrt{2}$倍になる。

b 結晶の密度は単位格子の密度と同じである。この結晶格子の単位格子には，銀の原子が4個含まれるので，次式が成り立つ。

$$d〔g/cm^3〕= \frac{銀原子4個分の質量〔g〕}{単位格子の体積〔cm^3〕} = \frac{\frac{W〔g/mol〕}{N_A〔/mol〕} \times 4}{a^3〔cm^3〕}$$

よって，$N_A = \dfrac{4W}{a^3 d}$

10

問1 ④　問2 ③　問3 a-③　b-②　問4 ⑤　問5 ⑤

問1　① (正)　水分子は，次のような折れ線形の構造をもつ。

② (正)　酸素Oの方が水素Hより電気陰性度が大きく，水分子中のO－H結合の共有電子対はO原子の方に引き寄せられている。その結果，H原子は正電荷を帯び，O原子は負電荷を帯びている。

③ (正)　水分子中のO原子は非共有電子対をもつので，H^+などと配位結合ができる。

$$H:\overset{..}{\underset{H}{O}}: + H^+ \longrightarrow \left[H:\overset{..}{\underset{H}{O}}:H \right]^+$$

オキソニウムイオン

④ (誤)　金属イオンは陽イオン(正電荷をもつ)なので，水分子が金属イオンに水和するとき，水分子の酸素原子(負電荷をもつ)が金属イオンと結合する。

例

⑤ (正)　水素イオンH^+を，他から受け取る物質は塩基，他に与える物質は酸である。(ブレンステッド・ローリーの定義)

　　酸　　塩基　　　　　　　　　　　塩基　　酸
　$HCl + H_2O \longrightarrow Cl^- + H_3O^+$　　$NH_3 + H_2O \Longleftrightarrow NH_4^+ + OH^-$
　　　　　　　　H^+　　　　　　　　　　　　　H^+

(注)　水分子は，相手物質により酸にも塩基にもなり得る。

問2 a（正） Na の結晶は体心立方格子からなるので，単位格子中には頂点 $\frac{1}{8}$ 個 × 8 = 1 個と内部 1 個の合計 2 個の原子が含まれる。

b（誤） Cu の結晶は面心立方格子からなるので，どの原子も 12 個の他の原子に接している。この数を配位数という。

（注）体心立方格子では，どの原子も 8 個の他の原子に接している。

c（誤） 黒鉛の結晶では，各炭素原子が隣接する 3 個の原子と共有結合しているが，全体としては正六角形を基本単位とする平面層状構造を形成している。この層どうしは，比較的弱いファンデルワールス力（分子間力）で結びついている。

黒鉛

d（正） 銅と黒鉛では，結晶内を動きやすい価電子が存在し，電気をよく導く。

問3 a Na⁺○のまわりには Cl⁻●6 個が隣接し（Na⁺の配位数 6），逆に Cl⁻●のまわりには Na⁺○6 個が隣接している（Cl⁻の配位数 6）。

塩化ナトリウムの組成式（NaCl）で Na⁺ の個数と Cl⁻ の個数の比は 1：1 であるから，Na⁺ の配位数と Cl⁻ の配位数の比も 1：1 になっている。

b 問題の図 1 は，NaCl の結晶の単位格子を表している。単位格子中の Na⁺○と Cl⁻●の個数は，

$$\text{Na}^+○: \underset{\text{辺心}}{\frac{1}{4}\text{個}\times 12} + \underset{\text{内部}}{1\text{個}} = 4\text{個} \qquad \text{Cl}^-●: \underset{\text{頂点}}{\frac{1}{8}\text{個}\times 8} + \underset{\text{面心}}{\frac{1}{2}\text{個}\times 6} = 4\text{個}$$

したがって，単位格子中には NaCl 単位が 4 個含まれる。

NaCl の式量を M（モル質量 M〔g/mol〕）とすると，結晶の密度（単位格子の密度）d〔g/cm³〕は次式で表される。

$$d = \frac{\boxed{\dfrac{M \text{(g/mol)}}{N_A \text{(/mol)}}} \times 4 \overset{\text{NaCl単位1個の質量}}{}}{a^3 \text{(cm}^3\text{)}} = \frac{4M}{a^3 N_A} \text{(g/cm}^3\text{)}$$

よって，$M = \dfrac{d a^3 N_A}{4}$

問4 ① (正) 右図に示す NaCl の結晶の単位格子は，Na$^+$○と Cl$^-$●をすべて入れ替えても同じものである。したがって Na$^+$ と Cl$^-$ はそれぞれについて面心立方格子をつくっていることになる。

② (正) ダイヤモンドを構成する炭素原子は，右図のようにそれぞれ4個の別の炭素原子と正四面体状に共有結合している。

③ (正) ヘキサシアニド鉄(III)酸イオン[Fe(CN)$_6$]$^{3-}$は，配位数6の錯イオンで，右図のような八面体型構造をもつ。

④ (正) 氷の中の H$_2$O 分子は，右図のように，他の H$_2$O 分子と水素結合によって三次元的につながっている。

⑤ (誤) 二酸化ケイ素 SiO$_2$ の結晶は，Si 原子と O 原子が共有結合によって，三次元的につながったものである。

28 第1編 物質の状態と平衡

問5 **a**（正） 非晶質(アモルファス)は，原子や分子の配列に空間的な規則性をもたない固体物質である。これに対して結晶は，原子，分子，イオンなどの粒子が規則正しく配列した構造をもつ固体物質であり，特定の外形を示す。

b（誤） 結晶は一定の融点を示すが，非晶質は一定の融点を示さず融解や凝固が徐々に進む。

c（正） アモルファスシリコンは，太陽電池やトランジスタなどの半導体材料として広く利用されている。また，アモルファス金属の単体や合金は，強靱性，耐腐食性などの特徴をもち，いろいろな形状にすることができる。

> **短期攻略のツボ**
> 固体 ─── 結晶…粒子が規則的（格子状）に配列し，周期性がある。
> 　　　 └── 非晶質（アモルファス，無定形固体）…粒子が不規則に配列し，周期性がない。（例：アモルファス金属，アモルファスシリコン）

11

問1 ⑤　問2 ④　問3 a−①　b−②

問1 単位格子中の原子Aの陽イオン●，原子Bの陰イオン○の個数は，それぞれ次のようになる。

　Aの陽イオン●：1個×4＝4個
　　　　　　　　　内部

　Bの陰イオン○：$\frac{1}{8}$個×8＋1個＝2個
　　　　　　　　　頂点　　　内部

よって，Aの個数：Bの個数＝4：2＝2：1であるから，組成式は A₂B で表される。

問2 ①（誤） 陽イオンと陰イオンとの最短距離(たがいに接する陽イオンと陰イオンの中心間の距離)をxとすると，断面図より

$2x : a = \sqrt{3} : 1$

$x = \frac{\sqrt{3}}{2}a$

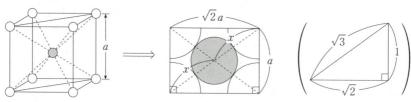

● Aの陽イオン
○ Bの陰イオン

② (誤) 単位格子中にはAの陽イオン1個とBの陰イオン$\frac{1}{8}$個×8＝1個が含まれる。単位格子の一辺の長さをa〔cm〕，A，Bの原子量をそれぞれM_A(モル質量M_A〔g/mol〕)，M_B(モル質量M_B〔g/mol〕)，アボガドロ定数をN_A〔/mol〕，結晶の密度(単位格子の密度)をd〔g/cm³〕とすると，これらには次の関係式が成り立つ。

$$単位格子1個の質量〔g〕 = \frac{(M_A + M_B)〔g/mol〕}{N_A〔/mol〕} = a^3〔cm^3〕 \times d〔g/cm^3〕$$

よって，aを求めるにはM_A，M_B，N_Aの他にdが必要である。

③ (誤) 単位格子中にはAの陽イオンとBの陰イオンが1個ずつ含まれるので，組成式はABである。

④ (正) Aの陽イオン●に隣接するBの陰イオン○の数(Aの陽イオンの配位数)は，上図より8である。この結晶中のAの陽イオンの数とBの陰イオンの数は等しいので，Bの陰イオン○に隣接するAの陽イオン●の数(Bの陰イオンの配位数)も8である。

⑤ (誤) この単位格子は，陽イオンと陰イオンをすべて入れ替えても同じものであり，陽イオンと陰イオンはそれぞれについて単純立方格子とよばれる格子をつくっている。

例　塩化セシウムCsClの結晶

問3　a　この結晶の単位格子中に含まれる原子の数は，

$\frac{1}{8}$個×8 ＋ $\frac{1}{2}$個×6 ＋ 1個×4 ＝ 8個
　頂点　　　　面心　　　　内部

元素の原子量をM(モル質量M〔g/mol〕)とすると，結晶の密度(単位格子の密度)について次式が成り立つ。

$$d〔g/cm^3〕 = \frac{\frac{M〔g/mol〕}{N_A〔/mol〕} \times 8}{a^3〔cm^3〕} = \frac{8M}{a^3 N_A}〔g/cm^3〕$$

よって，$M = \frac{a^3 d N_A}{8}$

b　単位格子の$\frac{1}{8}$立方体に着目し，その断面図をつくる。

原子間結合の長さ(共有結合する原子の中心間の距離)をx〔cm〕とすると，断面図より，次式が成り立つ。

$2x : \dfrac{a}{2} = \sqrt{3} : 1$

よって，$x = \dfrac{\sqrt{3}a}{4}$

〔参考〕 この単位格子は，ダイヤモンド(C)の結晶やケイ素の単体(Si)の結晶などに見られる。

12

問1 ③　問2 $\boxed{\text{a}}$ -⑤　$\boxed{\text{b}}$ -⑥　問3 ⑤

問1　図1より，単位格子一辺の長さ(格子定数)l は，次式で表される。

$l = 2(r_1 + r_2)$

問2　CaOとNaClのそれぞれについて，陽イオンの価数と陰イオンの価数の積は次のようになる。

$\begin{array}{cc} \text{Ca}^{2+} & \text{O}^{2-} \\ 2 \times 2 = 4 \end{array} \qquad \begin{array}{cc} \text{Na}^{+} & \text{Cl}^{-} \\ 1 \times 1 = 1 \end{array}$

また，それぞれのイオン間距離（最近接の陽イオンと陰イオンの中心間距離 $r_1 + r_2$）は，表1より次のようになる。

$\begin{array}{cc} \text{Ca}^{2+} & \text{O}^{2-} \\ r_1 + r_2 = 0.114\,\text{nm} + 0.126\,\text{nm} = 0.240\,\text{nm} \end{array}$

$\begin{array}{cc} \text{Na}^{+} & \text{Cl}^{-} \\ r_1 + r_2 = 0.116\,\text{nm} + 0.167\,\text{nm} = 0.283\,\text{nm} \end{array}$

題意より，結晶中の最近接の陽イオンと陰イオンの間にはたらく引力の強さは，両イオンの価数の積に比例し，イオン間距離の2乗に反比例する。したがって，Ca^{2+} と O^{2-} の間にはたらく引力を $f(\text{CaO})$，Na^{+} と Cl^{-} の間にはたらく引力を $f(\text{NaCl})$ とおくと，次式が成り立つ。

$\dfrac{f(\text{CaO})}{f(\text{NaCl})} = \dfrac{4}{1} \times \dfrac{(0.283)^2}{(0.240)^2} = 4 \times \left(\dfrac{0.283}{0.240}\right)^2 = 5.56 ≒ \underline{5.6}\,(倍)$

問3　題意より，各結晶の融点〔℃〕の値の大小は，最近接の陽イオンと陰イオンの間にはたらく引力 f の大小で比べればよい。

$\begin{array}{cc} \text{Na}^{+} & \text{F}^{-} \\ 1 \times 1 = 1 \\ r_1 + r_2 = 0.235\,\text{nm} \end{array} \bigg| \begin{array}{cc} \text{Na}^{+} & \text{Br}^{-} \\ 1 \times 1 = 1 \\ r_1 + r_2 = 0.298\,\text{nm} \end{array} \bigg| \begin{array}{cc} \text{Ba}^{2+} & \text{O}^{2-} \\ 2 \times 2 = 4 \\ r_1 + r_2 = 0.275\,\text{nm} \end{array}$

$\dfrac{f(\text{NaF})}{f(\text{NaBr})} = \dfrac{1}{1} \times \left(\dfrac{0.298}{0.235}\right)^2 > 1$ より，$f(\text{NaF}) > f(\text{NaBr})$

$\dfrac{f(\text{BaO})}{f(\text{NaF})} = \dfrac{4}{1} \times \left(\dfrac{0.235}{0.275}\right)^2 > 1$ より，$f(\text{BaO}) > f(\text{NaF})$

よって，$f(\text{BaO}) > f(\text{NaF}) > f(\text{NaBr})$ となるので，融点もこの順になる。

第4章　溶液の性質　**31**

第4章	溶液の性質

13

問1　①　　問2　⑤　　問3　②　　問4　④　　問5　④　　問6　②

問1　ヘキサン C_6H_{14}：アルカン C_nH_{2n+2} の一種で，常温で液体である。極性がないので，極性の大きい水にはほとんど溶けないが，極性がないベンゼン C_6H_6 にはよく溶ける。（**b**）

塩化ナトリウム NaCl：イオン結晶で，水にはよく溶けるが，ベンゼンにはほとんど溶けない。（**a**）

塩化銀 AgCl：イオン結晶であるが，水にもベンゼンにもほとんど溶けない。（**d**）

短期攻略のツボ

物質の一般的な溶解性（例外もある）

溶媒	溶質		
	イオン結晶	極性分子	無極性分子
極性溶媒 （水など）	よく溶ける	よく溶ける	溶けにくい
無極性溶媒 （ベンゼン， ヘキサンなど）	溶けにくい 例 NaCl, $(NH_4)_2SO_4$	溶けにくい 例 グルコース, スクロース	よく溶ける 例 I_2, ナフタレン

問2　化合物 ①〜⑥ のうちで，水に溶けるものは，②C_2H_5OH，⑤NO_2，⑥$C_6H_{12}O_6$ である（①CO，③CCl_4，④SiO_2 は水に溶けない）。

水に溶けて，その水溶液が電気を導くものは，電離してイオンを生じる物質（電解質）である。②と⑥は水に溶けても電離しない物質（非電解質）なので，その水溶液は電気を導かない。⑤は水に溶けて強酸の硝酸 HNO_3 を生じ，それがほぼ完全に電離するので，水溶液は電気をよく導く。

$$3NO_2 + H_2O \xrightarrow{\text{温水}} 2HNO_3 + NO$$

問3　はじめの水溶液 A（60℃）に溶けていた溶質を x〔g〕とする。この水溶液（水 100 g ＋ 溶質 x〔g〕）を 20℃ まで冷却したところ，7.0 g の結晶が析出したので，析出後に残った飽和水溶液（20℃）は水 100 g ＋ 溶質 $(x-7.0)$ g からなる。20℃ の溶解度はグラフより 50 であるから，$x-7.0 = 50$ より，$x = 57$ g である。

はじめの水溶液 A（水 100 g ＋ 溶質 57 g）を濃縮して，ちょうど 60℃ の飽和水溶液にするのに，水 y〔g〕を蒸発させるものとすると，60℃ の溶解度はグラフより 60 であるから，次式が成り立つ。

$$\left(\frac{\text{溶質}}{\text{水}}\right) \quad \frac{60}{100} = \frac{57}{100-y} \qquad \text{よって，} y = 5.0 \text{ g}$$

> **短期攻略のツボ**
> 固体の溶解度 S
> ある温度で，溶媒 100g に限界まで溶けている溶質の質量 S [g]
> $$\frac{溶質〔g〕}{溶媒〔g〕}=\frac{S}{100},\quad \frac{溶質〔g〕}{飽和溶液〔g〕}=\frac{S}{100+S}$$
> 水和水を含む結晶を水に溶かしたときの S は，無水物を溶質としたときの値で表す。

問4 図中の A 点にある溶液は 70℃ で水 100g あたり KNO_3 110g が溶けている。よって，この溶液 (100 + 110)g を 40℃ まで冷却するとき，図より (110 − 65)g の KNO_3 が析出する。

よって，A 点にある溶液 500g を 40℃ まで冷却するとき，析出する KNO_3 を x 〔g〕とすると，次式が成り立つ。

$\left(\dfrac{析出する KNO_3}{溶液}\right)$ $\quad\dfrac{110-65}{100+110}=\dfrac{x}{500}$

よって，$x \fallingdotseq 107\,\mathrm{g}$

問5 ①（正） KNO_3 の溶解度曲線より，水 100g に溶けた KNO_3 50g がちょうど飽和する温度はおよそ 32℃ である。

②（正） $NaNO_3$ の溶解度曲線より，水 100g に溶けた $NaNO_3$ 90g がちょうど飽和する温度はおよそ 23℃ である。①より KNO_3 の方はおよそ 32℃ で飽和するので，22℃ まで冷却すると，$NaNO_3$ と KNO_3 の両方が析出する。

③（正） 溶解度曲線より $NaNO_3$ と KNO_3 の 20℃ と 0℃ における溶解度を読みとると，次のようになる。

	$NaNO_3$	KNO_3
20℃	87	32
0℃	74	14

よって，20℃ から 0℃ に冷却したときに析出する量は，

$NaNO_3$ が 87 − 74 = 13g，KNO_3 が 32 − 14 = 18g

となり，KNO_3 の方が $NaNO_3$ より多い。

④（誤） 10℃ まで冷却すると，$NaNO_3$ と KNO_3 はどちらも一部が析出しているので，溶液は飽和している。溶解度曲線より 10℃ における溶解度は，$NaNO_3$ が 80，KNO_3 が 22 であるから，それぞれの溶液に含まれる溶質の質量 % 濃度は，

$NaNO_3$ $\dfrac{80}{100+80}\times 100\%$，$\quad KNO_3$ $\dfrac{22}{100+22}\times 100\%$ で $NaNO_3$ の方が高い。

⑤（正） 60℃ から冷却していくと，KNO_3 がおよそ 32℃，$NaNO_3$ がおよそ 23℃ で析出し始めるので，KNO_3 の方が先に析出してくる。したがって，$NaNO_3$ のみを析出させることはできない。

第4章 溶液の性質 **33**

問6 20℃で $CuSO_4 \cdot 5H_2O$ 25 g が析出した後に残った飽和溶液は,

$$205\,g - 25\,g = 180\,g$$

この飽和溶液に含まれる $CuSO_4$ を x〔g〕とすると,20℃の溶解度より次式が成り立つ。

$$\left(\frac{CuSO_4}{飽和溶液}\right) \quad \frac{20}{100+20} = \frac{x}{180}$$

よって,$x = 30\,g$

一方,析出した結晶に含まれる $CuSO_4$ は,

$$25\,g \times \frac{160}{250} = 16\,g$$

以上より,もとの水溶液に含まれていた $CuSO_4$ は,

$$30\,g + 16\,g = 46\,g$$

14

問1 **1** —⑧ **2** —⑥ 問2 ④ 問3 **3** —③ **4** —⑦ **5** —② 問4 ④ 問5 ③ 問6 ①

問1 **1** 1 L($1000\,cm^3$)あたりで考えると,

溶液全体の質量は,$1000\,cm^3 \times 1.18\,g/cm^3 = 1180\,g$

溶質(HCl)の質量は,$1180\,g \times \dfrac{35}{100} = 413\,g$

HCl のモル質量は $36.5\,g/mol$ だから,HCl の物質量は

$$\frac{413\,g}{36.5\,g/mol} = 11.3\,mol$$

これが 1 L 中に溶けているので,水溶液のモル濃度は $11.3\,mol/L$ である。

2 溶質量に着目するとよい。$0.05\,mol/L$ の希塩酸 500 mL に含まれる HCl の物質量は,

$$0.05\,mol/L \times \frac{500}{1000}\,L = 0.025\,mol$$

この溶質量を $11.3\,mol/L$ の塩酸 V〔mL〕から取り出すと考えると,

$$11.3\,mol/L \times \frac{V}{1000}\,〔L〕 = 0.025\,mol \qquad V = 2.2\,mL$$

問2 ①(誤) 気体の溶解度は,一般に温度が低くなるほど,大きくなる。温度が低いと気体分子の熱運動が小さくなり,溶け込んだ気体分子が溶媒の水分子との間の分子間力に打ち勝ちにくくなる。

②(誤) 気体の溶解度は,一定温度のもとで,気体の圧力に比例する(ヘンリーの法則)。

③(誤) 気体の溶解度は,気体の種類によって異なる。例えば,塩化水素やアンモニアは水に非常によく溶けるが,水素や窒素は水に非常に溶けにくい。

④(正) 多くの固体の溶解度は,温度が高くなるほど,大きくなる。ただし,水酸化カルシウムなどのように,温度が高くなると水に溶けにくくなる物質もある。

⑤(誤) イオン結晶は一般に水に溶けやすいものが多い(ただし,AgCl, $BaSO_4$,

CaCO₃ など水に溶けにくいものもある）。分子結晶は，分子の極性が大きい場合は水に溶けやすいが，無極性分子の場合は水に溶けにくい。

短期攻略のツボ
気体の溶解度

$$n' = n \times \left(\frac{P'}{P}\right) \quad \left(w' = w \times \frac{P'}{P}\right) \quad \cdots\cdots \text{ヘンリーの法則}$$

溶けている気体量を，標準状態に換算した体積 v_c[mL]で表すと，

$$v_c = 22.4 \times 10^3 n = 22.4 \times 10^3 \times \frac{w}{M}$$

ヘンリーの法則は，一般に溶媒に溶けにくい気体でよく成立する。

問3 ⬜3⬜ 27℃，1.0×10^5 Pa，30mL の O₂(モル質量32g/mol)の物質量を n とすると，気体の状態方程式 $PV = nRT$ より，

$$n = \frac{PV}{RT} = \frac{1.0 \times 10^5 \times 0.030}{8.3 \times 10^3 \times (273 + 27)} ≒ 1.2 \times 10^{-3} \text{mol}$$

よって求める質量[mg]は，1.2×10^{-3} mol $\times 32 \times 10^3$ mg/mol ≒ 38mg

⬜4⬜ ヘンリーの法則より，一定温度では，一定量の溶媒に溶ける気体の質量(物質量)は，その気体の圧力(分圧)に比例する。よって，⬜3⬜より，

$$38\text{mg} \times \frac{5.0 \times 10^5 \text{Pa}}{1.0 \times 10^5 \text{Pa}} = 190\text{mg}$$

⬜5⬜ 27℃(T[K])，1.0×10^5 Pa(P[Pa])の下で溶けた気体(n[mol])の体積を V_1[L]とし，27℃(T[K])，5.0×10^5 Pa($5.0P$[Pa])の下で溶けた気体($5.0n$[mol])の体積を V_2[L]とすると，気体の状態方程式より，

$$V_1 = \frac{nRT}{P}, \quad V_2 = \frac{5.0nRT}{5.0P} = \frac{nRT}{P}$$

よって，$V_1 = V_2 = 0.030$L (30mL)

このように，一定温度において，一定量の溶媒に溶けた気体の体積は，溶かしたときの圧力の下での体積で表すと，圧力によらず一定である。

問4 圧力 1×10^5 Pa，体積 V[L]の気体 O₂ を温度一定で加圧し，圧力を2倍に保ったとき，気体 O₂ の物質量が変化しないとすれば，ボイルの法則より体積は $\frac{1}{2}V$[L]になる。実際には圧力を上げたことにより，気体 O₂ の水への溶解量が増加するため，気体 O₂ の物質量は減少する。よって，体積は $\frac{1}{2}V$[L]より小さくなる。

〔参考〕 圧力 1×10^5 Pa の下で,体積 V[L] の気体 O_2 を n_1[mol],水に飽和して溶けている O_2 を n_2[mol] とする。圧力を 2 倍の 2×10^5 Pa に保つと,ヘンリーの法則により,温度 T 一定で水に飽和して溶けている O_2 も 2 倍の $2n_2$[mol] になる。このときの気体 O_2 の体積を V'[L] とする。1×10^5 Pa のときと,2×10^5 Pa のときの気体 O_2 について理想気体の状態方程式 $PV = nRT$ を立てると,次式のようになる。

$$1 \times 10^5 \times V = n_1 RT \quad \cdots\cdots(1)$$
$$2 \times 10^5 \times V' = (n_1 - n_2)RT \quad \cdots\cdots(2)$$
　　　　　　　　　　↑
　　　　　　　さらに溶けた分

$\frac{(2)}{(1)}$ より,

$$\frac{2V'}{V} = \frac{n_1 - n_2}{n_1} \quad \text{よって,} \quad V' = \frac{V}{2}\left(\frac{n_1 - n_2}{n_1}\right)$$

$0 < \frac{n_1 - n_2}{n_1} < 1$ より,$V' < \frac{V}{2}$

問 5 ヘンリーの法則より,一定温度(0℃)で一定量(10L)の水に溶ける気体の質量は,その気体の分圧に比例する。

0℃において,10×10^5 Pa の空気と平衡になった水 10L に溶けている気体の総質量 w_1[g]

$$w_1 = \left(\underset{\text{N}_2}{0.029 \text{g/L}} \times \frac{\overset{\text{N}_2 \text{分圧}}{\left(10 \times 10^5 \times \frac{4}{5} \text{Pa}\right)}}{1 \times 10^5 \text{Pa}} + 0.068 \text{g/L} \times \frac{\overset{\text{O}_2 \text{分圧}}{\left(10 \times 10^5 \times \frac{1}{5} \text{Pa}\right)}}{1 \times 10^5 \text{Pa}} \right) \times 10 \text{L}$$

0℃において,1×10^5 Pa の空気と平衡になった水 10L に溶けている気体の総質量 w_2[g]

$$w_2 = \left(\underset{\text{N}_2}{0.029 \text{g/L}} \times \frac{\overset{\text{N}_2 \text{分圧}}{\left(1 \times 10^5 \times \frac{4}{5} \text{Pa}\right)}}{1 \times 10^5 \text{Pa}} + 0.068 \text{g/L} \times \frac{\overset{\text{O}_2 \text{分圧}}{\left(1 \times 10^5 \times \frac{1}{5} \text{Pa}\right)}}{1 \times 10^5 \text{Pa}} \right) \times 10 \text{L}$$

純水 10L の質量を w_0[g] とすると,$A - B = (w_0 + w_1) - (w_0 + w_2) = w_1 - w_2$ より,

$$A - B = \left(0.029 \times 9 \times \frac{4}{5} + 0.068 \times 9 \times \frac{1}{5}\right) \times 10 \fallingdotseq 3.3 \text{g}$$

問6 溶解度曲線より，1×10^5Pa で水 1mL に溶ける O_2 の体積(標準状態換算値)は，0℃で 0.048mL，60℃で 0.020mL である。したがって，2×10^5Pa で水 4.0L に溶ける O_2 の物質量は，0℃と 60℃でそれぞれ次式のようになる。

$$0℃ : \frac{0.048\text{mL}}{22.4 \times 10^3 \text{mL/mol}} \times \frac{2 \times 10^5 \text{Pa}}{1 \times 10^5 \text{Pa}} \times \frac{4.0 \times 10^3 \text{mL}}{1\text{mL}} \quad \cdots\cdots(1)$$

$$60℃ : \frac{0.020\text{mL}}{22.4 \times 10^3 \text{mL/mol}} \times \frac{2 \times 10^5 \text{Pa}}{1 \times 10^5 \text{Pa}} \times \frac{4.0 \times 10^3 \text{mL}}{1\text{mL}} \quad \cdots\cdots(2)$$

0℃，2×10^5Pa の O_2 と接していた 4.0L の水を，同じ圧力で 60℃に温めると，(1)と(2)の差に相当する O_2 が外部へ放出される。よって，放出される O_2(モル質量 32g/mol)の質量は，

$$\left(\frac{0.048 - 0.020}{22.4 \times 10^3} \times \frac{2 \times 10^5}{1 \times 10^5} \times \frac{4.0 \times 10^3}{1}\right) \text{mol} \times 32\text{g/mol}$$
$$= 0.32\text{g}$$

15

問1 ③　問2 ⑥　問3 ②

問1 不揮発性のスクロースが溶けている B 側の水溶液の水蒸気圧 p_B は，蒸気圧降下により A 側の純水の蒸気圧 p_A より小さくなっている ($p_A > p_B$)。このため A 側から B 側へしだいに水蒸気が移動していく。これにより，B 側では蒸発する水分子より凝縮する水分子の数が多くなり，A 側では同時に逆の変化が起こる。その結果，A 側の水が B 側へ移り，B 側の水面がさらに高くなる。

問2 グラフより，純水の沸点は 100℃，スクロース水溶液の沸点は t_1〔℃〕である。スクロースや NaCl のような不揮発性物質を溶かした水溶液の沸点は，純水の沸点より高くなる。その沸点上昇度は，溶質粒子(分子，イオン)の種類によらず，溶質粒子の総質量モル濃度〔mol/kg〕に比例する。

(注) 質量モル濃度〔mol/kg〕＝ $\dfrac{溶質の物質量〔mol〕}{溶媒の質量〔kg〕}$

グラフより，質量モル濃度 0.1mol/kg のスクロース(非電解質)水溶液の沸点上昇度は，

　　$t_1 - 100$〔℃〕

一方，水 1kg に NaCl(電解質) 0.1mol を溶かした水溶液中では，次式のように NaCl が完全に電離するので，溶質粒子(Na^+，Cl^-)の総質量モル濃度は 0.2mol/kg となる。

　　NaCl $\longrightarrow$ Na^+ + Cl^-

　　0.1 $\Longrightarrow$ 0.1 + 0.1 = 0.2〔mol/kg〕

この水溶液の沸点を t_2〔℃〕とすると，沸点上昇度は

$t_2 - 100 \,[℃]$

よって，$t_1 - 100 : t_2 - 100 = 0.1 : 0.2$

$t_2 = 2(t_1 - 100) + 100 \,[℃]$

短期攻略のツボ

ある温度で，溶媒に不揮発性物質を溶かすと，蒸気圧が低下し，沸点が上昇する。

沸点上昇度 $\boxed{\Delta T_b = T_1 - T_0 = K_b \cdot m}$

K_b：モル沸点上昇（溶媒の種類で決まる定数）

m：溶質粒子の総質量モル濃度 [mol/kg]

溶質が電解質の場合，m として電離後の溶質粒子（分子，イオン）の総質量モル濃度 [mol/kg] を用いる。

問3　溶質粒子（分子，イオン）の総質量モル濃度 [mol/kg] が大きくなると，沸点上昇度が大きくなり，沸点が高くなる。電解質は，電離後の濃度で比較する。

a　電解質　$MgCl_2 \longrightarrow Mg^{2+} + 2Cl^-$
　　　　　　$0.10 \Longrightarrow 0.10 + 0.10 \times 2 = 0.30 \,[mol/kg]$

b　非電解質　$(NH_2)_2CO$　$0.10 \,mol/kg$

c　電解質　$KCl \longrightarrow K^+ + Cl^-$
　　　　　　$0.10 \Longrightarrow 0.10 + 0.10 = 0.20 \,[mol/kg]$

よって，総質量モル濃度の大小は，**a > c > b** となるので，沸点の高い順も **a > c > b** となる。

16

問1　④　　問2　③

問1　溶質の分子量を M（モル質量　$M\,[g/mol]$）とおくと，溶質分子の物質量 n_B は，

$$n_B = \frac{146\,g}{M\,[g/mol]}$$

溶媒分子（H_2O　$18\,g/mol$）の物質量 n_A は，

$$n_A = \frac{1000\,g}{18\,g/mol}$$

したがって，溶質分子のモル分率 x_B は，

$$x_B = \frac{n_B}{n_A + n_B} = \frac{\dfrac{146}{M}}{\dfrac{1000}{18} + \dfrac{146}{M}}$$

問題文中の式(2) $\Delta P = P_0 x_B$ および $n_A + n_B ≒ n_A$ より，$\Delta P ≒ P_0 \times \dfrac{n_B}{n_A}$

よって，$18\text{Pa} ≒ 2.34 \times 10^3\text{Pa} \times \dfrac{\dfrac{146}{M}}{\dfrac{1000}{18}}$

$M = \dfrac{2.34 \times 10^3 \times 146 \times 18}{18 \times 1000} ≒ \underline{342}$

$\begin{pmatrix} \text{なお，} n_A = \dfrac{1000}{18} ≒ 56,\ n_B = \dfrac{146}{342} ≒ 0.43 \text{ であるから，} \\ n_A + n_B ≒ n_A \text{ として近似できることがわかる。} \end{pmatrix}$

問2 希薄溶液では，沸点上昇度ΔT〔K〕は蒸気圧降下度ΔP〔Pa〕に比例する。一方，問題文中の式(2)より，ΔPはx_Bに比例する。したがって，ΔTもx_Bに比例することになる。問1の水溶液に，同じ溶質をx〔g〕追加してできた溶液について，溶質分子の物質量を$n_B{'}$，そのモル分率を$x_B{'}$，溶液の沸点上昇度を$\Delta T'$とすると，次式が成り立つ。

$\dfrac{\Delta T'}{\Delta T} = \dfrac{x_B{'}}{x_B} ≒ \dfrac{n_B{'}}{n_B}$

よって，$\dfrac{100.315 - 100}{100.210 - 100} = \dfrac{\dfrac{146+x}{342}}{\dfrac{146}{342}}$

$x = \underline{73}\text{g}$

17

問1　a－④　　b－⑤　　問2　①　　問3　④

問1　a　①（正），②（正）
曲線Aでは，はじめ液体のままの状態で温度が凝固点の温度より低くなる（過冷却）が，凝固が開始すると温度が上昇し，その後しばらくの間（領域Ⅰ）温度一定となる。領域Ⅰではベンゼンの固体と液体が共存し，液体が固体に変化していく。このときの温度が凝固点であり，ベンゼンの量には無関係である。

③（正）　曲線Bでは，領域Ⅰの前まで曲線Aと同様の変化が起こるが，凝固してくる物質は溶媒のベンゼンだけである。したがって，領域Ⅰでは固体のベンゼンと溶液が共存し，溶液中のベンゼンだけが固体に変化していく。

④（誤）　曲線Bの領域Ⅰでは，溶液中の溶媒であるベンゼンが固体となって減少してい

第4章 溶液の性質 **39**

くので，溶液中の化合物 X の濃度が増加していく。このため，質量モル濃度に比例して凝固点降下度が大きくなり，温度が徐々に下がる。

⑤（正）　曲線 A の領域Ⅱではベンゼンが，曲線 B の領域Ⅱではベンゼンと化合物 X が，それぞれすべて固体になっている。

　［参考］　曲線 B では，領域Ⅰからへ移る途中で，残っている溶液は飽和し，溶媒のベンゼンと化合物 X が一緒に凝固してくる。その後，溶液はすべて溶媒と化合物 X の結晶混合物になり，領域Ⅱへ移る。

　b　図中の点 p と点 q は，それぞれ過冷却がないと仮定したときの凝固開始点に相当する。曲線 A では点 p の温度は領域Ⅰの温度と同じになるが，曲線 B では領域Ⅰの線（ほぼ直線）を延長して点 q を推定する。図より，凝固点降下度 ΔT_f は $(5.50 - 4.99)$ K である。ΔT_f については，次式が成り立つ。

$$\Delta T_\mathrm{f} = K_\mathrm{f} \cdot m \qquad \cdots\cdots(1)$$

K_f はモル凝固点降下とよばれ，溶媒の種類で決まる定数〔K・kg/mol〕である。また，m は溶質粒子（分子，イオン）の総質量モル濃度〔mol/kg〕である。化合物 X の分子量を M（モル質量 M〔g/mol〕）とすると，化合物 X 1.22 g がベンゼン 50.0 g（0.050 kg）に溶けた溶液の質量モル濃度は次式で表される。

$$m = \frac{1.22\,\mathrm{g}}{M\,\mathrm{(g/mol)}} \times \frac{1}{0.050\,\mathrm{kg}} \qquad \cdots\cdots(2)$$

(1)，(2)式より，$(5.50 - 4.99)\,\mathrm{K} = 5.1\,\mathrm{K \cdot kg/mol} \times \left(\dfrac{1.22}{M} \times \dfrac{1}{0.050} \right) \mathrm{mol/kg}$

よって，$M = 244$

　問2　凝固点降下度は，溶質粒子（分子，イオン）の種類によらず，溶質粒子の総質量モル濃度に比例する。したがって，溶質が電解質の場合は，電離後の溶質粒子の総質量モル濃度を求める。

　①　スクロースは非電解質なので，濃度は 0.30 mol/kg のままである。

　②　グルコースは非電解質なので，濃度は 0.50 mol/kg のままである。

　③　KCl は水に溶ける塩なので，電離後の濃度は次のように 0.60 mol/kg になる。

　　$\mathrm{KCl} \longrightarrow \mathrm{K^+} + \mathrm{Cl^-}$

　　$0.30 \Longrightarrow 0.30 + 0.30 = 0.60\,\mathrm{mol/kg}$

　④　$\mathrm{AlK(SO_4)_2}$ は水に溶ける塩なので，電離後の濃度は次のように 1.2 mol/kg になる。

　　$\mathrm{AlK(SO_4)_2} \longrightarrow \mathrm{Al^{3+}} + \mathrm{K^+} + 2\mathrm{SO_4^{2-}}$

　　$0.30 \qquad \Longrightarrow 0.30 + 0.30 + 0.30 \times 2 = 1.20\,\mathrm{mol/kg}$

　⑤　$\mathrm{K_2SO_4}$ は水に溶ける塩なので，電離後の濃度は次のように 0.60 mol/kg になる。

　　$\mathrm{K_2SO_4} \longrightarrow 2\mathrm{K^+} + \mathrm{SO_4^{2-}}$

　　$0.20 \Longrightarrow 0.20 \times 2 + 0.20 = 0.60\,\mathrm{mol/kg}$

よって，溶質粒子の総質量モル濃度の大小は，

　④＞③＝⑤＞②＞①

40 第1編　物質の状態と平衡

凝固点降下度の大小も同じになるので，凝固点降下度が最も小さい水溶液は ① である。

問3　この電解質を AB で表し，水溶液中の電離度を α とする。電離前の質量モル濃度は 0.01 mol/kg なので，電離後の各成分の濃度は以下のようになる。

$$
\begin{array}{lcccc}
 & \text{AB} & \rightleftharpoons & \text{A}^+ & + & \text{B}^- \\
\text{電離前} & 0.01 & & 0 & & 0 \quad \text{(単位 mol/kg)} \\
\text{変化分} & -0.01\alpha & & +0.01\alpha & & +0.01\alpha \\
\text{電離後} & 0.01(1-\alpha) & & 0.01\alpha & & 0.01\alpha
\end{array}
$$

よって，電離後の総質量モル濃度は，

$$0.01(1-\alpha) + 0.01\alpha + 0.01\alpha = 0.01(1+\alpha)\,[\text{mol/kg}]$$

1 mol/kg の非電解質水溶液の凝固点降下度が ΔT_0 であるから，次式が成り立つ。

$$1\,\text{mol/kg} : 0.01(1+\alpha)\,\text{mol/kg} = \Delta T_0 : \Delta T$$

よって，$\Delta T = 0.01(1+\alpha)\Delta T_0$

$$\alpha = \frac{100\Delta T - \Delta T_0}{\Delta T_0}$$

18

問1	ア	-⑤	イ	-①	問2	③	問3	エ	-⑤	オ	-①
カ	-⓪	キ	-⑨	ク	-②	ケ	-①				

問1　安息香酸を A，その二量体を A_2 で表すと，これらの量関係は式(1)より以下のようになる。

$$
\begin{array}{lccc}
 & 2\text{A} & \rightleftharpoons & \text{A}_2 & \quad\cdots\cdots(1) \\
\text{初め} & n & & 0 \quad [\text{単位 mol}] \\
\text{変化量} & -x & & +\dfrac{1}{2}x \\
\text{変化後} & n-x & & \dfrac{1}{2}x
\end{array}
$$

$$\alpha = \frac{x}{n} \qquad\cdots\cdots(2)$$

よって，式(2)も考慮すると，A の物質量は，$n-x = n - n\alpha = {}^{\text{ア}}\boxed{n(1-\alpha)}$　……(3)

A_2 の物質量は，$\dfrac{1}{2}x = {}^{\text{イ}}\boxed{\dfrac{1}{2}n\alpha}$　……(4)

問2　凝固点降下度 $\Delta T\,[\text{K}]$ は，溶液の質量モル濃度を $m\,[\text{mol/kg}]$，溶媒のモル凝固点降下を $K_f\,[\text{K·kg/mol}]$ とすると，一般に次式で表される。

$$\Delta T = K_f m$$

問1 より，このベンゼン溶液では，1 kg のベンゼンに A が $n(1-\alpha)\,[\text{mol}]$，$\text{A}_2$ が $\dfrac{1}{2}n\alpha$ [mol]溶けているから，溶質粒子全体(A，A_2)の質量モル濃度は，

第4章　溶液の性質　**41**

$$m = \frac{n(1-\alpha) + \frac{1}{2}n\alpha}{1\,\text{kg}} = n\left(1 - \frac{1}{2}\alpha\right)\ [\text{mol/kg}]$$

よって，$\Delta T = K_{\mathrm{f}}n\left(1 - \dfrac{1}{2}\alpha\right) = K_{\mathrm{f}}n\left(\boxed{\dfrac{2-\alpha}{2}}^{\text{ウ}}\right)$ ……(5)

（注）　凝固点降下度ΔTは，溶質粒子の種類（分子，イオン，会合体など）によらず，溶質粒子全体の質量モル濃度に比例する。

問3　a　図1のナフタレンのグラフより，ベンゼン1kgに溶かしたナフタレン$C_{10}H_8$（分子量128）の質量〔g〕と，その溶液の凝固点降下度は比例関係にあることがわかる。したがって，グラフの直線上の任意の点からK_{f}の値を求めることができる。例えば，ナフタレン10gのときΔTは0.40Kであるから，$\Delta T = K_{\mathrm{f}}m$ より，

$$0.40\,\text{K} = K_{\mathrm{f}} \times \frac{\frac{10}{128}\,\text{mol}}{1\,\text{kg}}$$

$$\therefore\ K_{\mathrm{f}} = 5.12\,\text{K·kg/mol} \fallingdotseq \boxed{5}^{\text{エ}}.\boxed{1}^{\text{オ}} \times 10^{\boxed{0}^{\text{カ}}}\,\text{K·kg/mol}$$

b　図1の安息香酸のグラフ（直線ではないことに注意）より，ベンゼン1kgに安息香酸（分子量122）15gを溶かした溶液の凝固点降下度は0.34Kである。**問2**で導いた式(5)と**問3 a**で求めたK_{f}の値を用いると，以下のように会合度αが求まる。

$$\Delta T = K_{\mathrm{f}}n\left(\frac{2-\alpha}{2}\right)$$

$$0.34\,\text{K} = 5.12\,\text{K·kg/mol} \times \frac{\frac{15\,\text{g}}{122\,\text{g/mol}}}{1\,\text{kg}} \times \frac{2-\alpha}{2}$$

$$\therefore\ \alpha \fallingdotseq 0.92 = \boxed{9}^{\text{キ}}.\boxed{2}^{\text{ク}} \times 10^{-\boxed{1}^{\text{ケ}}}$$

［参考］　会合度αは，安息香酸の濃度や温度によっても影響を受ける。図1より，ベンゼン1kgに安息香酸5gを溶かした溶液のΔTは0.12Kである。このときのαを求めてみると，

$$0.12\,\text{K} = 5.12 \times \frac{\frac{5}{122}}{1} \times \frac{2-\alpha}{2} \qquad \therefore\ \alpha \fallingdotseq 0.86$$

濃度が小さくなると，αが小さくなることがわかる。これは，式(1)の平衡が左へ移動するためと考えられる。（測定時の温度の違いによる影響は小さいので無視しうる。）

19

問1　**a**－⑥　**b**－④　問2　④　問3　④

問1　a　浸透圧は，次のように理想気体の状態方程式（$PV = nRT$）と同じ形の式で表される。

42 第1編 物質の状態と平衡

$\pi V = nRT$ （ファントホッフの式） ……(1)

π：浸透圧〔Pa〕，V：溶液の体積〔L〕，n：溶質の物質量〔mol〕，T：絶対温度〔K〕，
R：気体定数 8.3×10^3 Pa・L/(mol・K)

$\dfrac{n}{V}$ はモル濃度〔mol/L〕になるので，これを C とおくと，

$\pi = CRT$ ……(2)

（注）　溶質が電解質の場合，n，C として電離後の全溶質粒子（分子，イオンの種類によらない）の物質量〔mol〕やモル濃度〔mol/L〕を用いる。

一定温度 T_0〔K〕で，濃度が 1 g/L の溶液の浸透圧 π〔Pa〕は，溶質の分子量を M（モル質量 M〔g/mol〕）とすると，(2)式より次式が導かれる。

$$\pi = CRT = \frac{1\,\text{g/L}}{M\,\text{〔g/mol〕}}RT_0 = \frac{RT_0}{M}$$

よって，一定値 RT_0 を k とおくと，$\pi M = k$ （一定）となる。π と M は反比例するので，グラフは ⑥ である。

b ①（誤）　溶媒分子は半透膜を自由に通過しており，溶質分子が半透膜の細孔をふさぐことはない。

②（誤）　溶質分子は半透膜を通過できないので，浸透するのは溶媒分子だけである。

③（誤），④（正）　溶媒側から溶媒分子が浸透する圧力は，溶液側から溶媒分子が浸透する圧力より大きい。この圧力差が溶液の浸透圧に相当する。

問2　ある非電解質（溶質）の分子量を M（モル質量 M〔g/mol〕）とすると，ファントホッフの式 $\pi V = nRT$ より，次式が成り立つ。

$$1.23 \times 10^4\,\text{Pa} \times 0.500\,\text{L} = \frac{0.84\,\text{g}}{M\,\text{〔g/mol〕}} \times 8.3 \times 10^3\,\text{Pa・L/(mol・K)} \times (273 + 27)\,\text{K}$$

よって，$M \fallingdotseq 340$

問3　①（正）　溶液中のある成分は通すが，他の成分は通さない膜を，一般に半透膜という。セロハン膜は，水分子は通すが，デンプンなどの大きな分子は通さないので，半透膜としてよく利用される。

②（正）　純水と薄いタンパク質水溶液を半透膜で仕切り，液面の高さをそろえると，浸透圧が生じて純水側からタンパク質水溶液側に水が移動する。この結果，タンパク質水溶液側の液面が純水の液面より高くなるが，やがて液面の高さの差によって生じた圧力が浸透圧とつり合う。

③（正），④（誤）　薄い水溶液の浸透圧 π は，溶質（非電解質のとき）の種類によらず，溶液のモル濃度 C と絶対温度 T に比例する。

（注）　ファントホッフの式　$\pi = CRT$　（R は気体定数）

⑤（正）　半透膜で純溶媒と溶液を仕切り，溶液側に浸透圧以上の圧力を加えると，溶媒分子を溶液側から純溶媒側に移動させることができる。この方法（逆浸透法）は，海水の淡水化に利用されている。

20

問1 ②　　**問2** ウ －①　エ －⓪　オ －①

問1 A側に水50mLを，B側にスクロース水溶液50mLを入れると（状態Ⅰ），A側の水が半透膜を通ってB側に浸透していくので，しだいにB側の液面がA側の液面より高くなる。これを十分な時間放置すると，両液面の高さの差 h が一定となる。この状態では，両液面の高さの差に基づく圧力が溶液の浸透圧とつり合っている。（状態Ⅱ）

次に状態ⅡのA側とB側の両方に，それぞれ体積 V の水を加えて放置すると，スクロース水溶液の濃度が状態Ⅱのときより小さくなるので，液面の差 h' は ア h より小さくなる。（状態Ⅲ）

状態Ⅱと状態Ⅲは，十分な時間放置して液面の差が一定になった状態（平衡状態）であるから，U字管内の水の総量とB側のスクロース量で決まる。これは半透膜がスクロースを通さないのに対し，水を左右自由に通すからである。

したがって，状態Ⅰから状態Ⅱに至るどの段階で，どのように総体積 $2V$ の水を加えても，最終的には状態Ⅲになる。逆に，状態Ⅲからどのように総体積 $2V$ の水をとり除いても，最終的には状態Ⅱになり，液面の差は イ h にもどる。

問2 B側の液面におもりで圧力をかけたところ，液面の高さに差がなくなったので，A側の水とB側のスクロース水溶液はいずれも50mLになっている（右図）。このときのスクロース水溶液の浸透圧は，おもりの圧力とつり合っているので，1.50×10^3 Pa である。スクロース水溶液50mLに含まれるスクロース $C_{12}H_{22}O_{11}$（分子量342）の質量を W[g]とすると，ファントホッフの式 $\pi V = nRT$ より，次式が成り立つ。

浸透圧 π ＝おもりの圧力

$1.50 \times 10^3 \text{Pa} \times \dfrac{50}{1000} \text{L}$

$= \dfrac{W(\text{g})}{342 \text{g/mol}} \times 8.3 \times 10^3 \text{Pa·L/(mol·K)} \times 300 \text{K}$

∴ $W = 0.0103 \text{g} = 1.03 \times 10^{-2} \text{g} ≒ \boxed{1}.\boxed{0} \times 10^{\boxed{1}} \text{mg}$
　　　　　　　　　　　　　　　　ウ　エ　　　　オ

短期攻略のツボ

　溶媒と溶液の境界に，溶媒分子は通すが溶質粒子は通さない膜(半透膜)を置くと，溶媒分子は膜を通って溶液中へ移動(浸透)する。このような溶媒の浸透をおさえるために，溶液側に加える圧力をその溶液の浸透圧という。

21

問1　$\boxed{1}$ー①　$\boxed{2}$ー①　$\boxed{3}$ー③　$\boxed{4}$ー②　問2　②
問3　①　問4　a ー①　b ー③　c ー⑤　d ー⑨　e ー②

問1　水酸化鉄(Ⅲ)のコロイド溶液(赤褐色)に，少量の電解質を加えると，コロイド粒子がもつ電荷が中和され，コロイド粒子どうしが凝集して沈殿する。この現象を凝析($\boxed{1}$)という。このようなコロイドを疎水($\boxed{2}$)コロイドという。粘土や金のコロイドも疎水コロイドである。一方，デンプン($\boxed{3}$)，タンパク質のようなコロイドは，少量の電解質を加えても沈殿しにくい。これはコロイド粒子が水和して安定になっているためである。このようなコロイドを親水($\boxed{4}$)コロイドという。親水コロイドに多量の電解質を加えると，水和したコロイド粒子から水分子が失われて沈殿する。この現象を塩析という。

短期攻略のツボ

コロイド溶液の種類

問2　①（誤）　金のコロイドは疎水コロイドであり，水和しにくい。記述①は，親水コロイドが沈殿しにくい理由である。

　②（正）　疎水コロイドが水中に分散できるのは，コロイド粒子がもつ電荷により粒子間に反発力が作用するからである。

　③（誤）　コロイド粒子は水分子よりはるかに大きいが，熱運動する水分子がコロイド粒子に衝突するため，絶えず不規則に動いている(ブラウン運動)。

④（誤）コロイド粒子が浮力を受けることが，水中に分散して沈殿しない理由ではない。

短期攻略のツボ

コロイド粒子

　直径が 10^{-9} m（1 nm）〜10^{-7} m（10^2 nm）ぐらいの粒子で，原子数 10^3〜10^9 個からなる粒子。物質により正(＋)または負(－)に帯電している。

問3 このコロイド溶液は，少量の電解質を加えると沈殿を生じるので，疎水コロイド溶液である（③，④は誤り）。この現象を凝析という（②は誤り）。加えた2種の電解質（K_2SO_4，KNO_3）のうち，沈殿の生成に必要な塩の最小モル濃度は，K_2SO_4 の方が小さい。したがって，K_2SO_4 の方が KNO_3 より凝析効果が大きい。2種の塩の陽イオンは同一であるから，凝析効果の差は陰イオンのイオン価の差によるものである（⑤は誤り）。一般に凝析は電解質のイオンによって疎水コロイドがもつ電荷が中和されることにより生じるので，このコロイド溶液は正の電荷をもつコロイド溶液である（①は正しい）。

短期攻略のツボ

凝析：疎水コロイド $\xrightarrow{\text{電解質(少量)}}$ 沈殿〔コロイド粒子の電荷が中和される〕

電解質のイオンの凝析能力：コロイド粒子がもつ電荷と反対符号で価数の大きいイオンほど大きい。

塩析：親水コロイド $\xrightarrow{\text{電解質(多量)}}$ 沈殿〔コロイド粒子の水和水が除去される〕

問4　**a** 河川水に含まれる粘土などのコロイドは，疎水コロイドの一種である。したがって，これに少量の電解質を加えると凝析が生じる。粘土コロイドは負の電荷をもつので，Al^{3+} のようなイオン価の大きい陽イオンを含む電解質は凝析効果が大きい。

　b セロハンは，低分子のグルコースを通すが高分子のデンプンを通さない半透膜としてはたらく。混合溶液をセロハンの袋に入れて純水中に浸すと，グルコースのみがセロハンを通り袋の外に出てくる。これにより，デンプンのコロイド溶液を精製することができる。このような操作を透析という。

　c コロイド溶液中では，コロイド粒子が絶えず不規則に動いている。これは熱運動をしている溶媒分子がコロイド粒子に不規則に衝突して，コロイド粒子を動かしているためである。このようなコロイド粒子の運動をブラウン運動という。

　d 墨汁は炭素のコロイド溶液からなる。炭素のコロイド溶液は疎水コロイドの一種で凝析しやすいが，アラビアゴムなどの親水コロイドを加えると，疎水コロイドのまわりに親水コロイドが付いて，凝析しにくくなる。このようなはたらきをもつ親水コロイドを保護コロイドという。

46　第 1 編　物質の状態と平衡

　e　タンパク質の水溶液は親水コロイド溶液である。親水コロイド溶液に Na_2SO_4 などの電解質を多量に加えると沈殿が生じる。この現象を塩析という。

（注）　電気泳動：＋または－の電荷をもつコロイド粒子が，反対符号の電極に引かれて移動する現象。

　　　チンダル現象：コロイド粒子に光をあてると，光が散乱されて光の進路が見える現象。

第1章　化学反応と熱・光エネルギー　**47**

第2編　物質の変化と平衡

第1章　化学反応と熱・光エネルギー

22

| 問1 | ② | 問2 | ② | 問3 | ④ |

問1　① （正）　熱化学方程式では，化学式をエネルギーとして移項したり，加減したりすることができる。(2)式を変形すると，$CO_2 = C(黒鉛) + O_2 - 394\,kJ$

　　よって，吸熱反応である。

　　② （誤）　(1)式 − (2)式より O_2 を消去すると，

　　　$2\,CO - C(黒鉛) = CO_2 + (566 - 394)\,kJ$

　　　$2\,CO = C(黒鉛) + CO_2 + 172\,kJ$

　　よって，発熱反応である。

　　③ （正）　(1)式は CO 2 mol と O_2 1 mol がもっているエネルギーの和が，CO_2 2 mol がもっているエネルギーより 566 kJ 大きいことを表している。

エネルギー↑

$2CO + O_2$

$2CO_2$

566 kJ

　　④ （正）　CO の生成熱を $Q\,(kJ/mol)$ とすると，

$$C(黒鉛) + \frac{1}{2}O_2 = CO + Q\,(kJ)$$

(2)式 − (1)式 $\times \dfrac{1}{2}$ より CO_2 を消去すると，上式が得られる。

$$C(黒鉛) + O_2 - CO - \frac{1}{2}O_2 = \left(394 - 566 \times \frac{1}{2}\right)kJ$$

$$C(黒鉛) + \frac{1}{2}O_2 = CO + 111\,kJ$$

　　よって，$Q = 111\,(kJ/mol)$ である。

短期攻略のツボ
　生成熱：化合物 1 mol がその成分元素の単体から生成するときの反応熱

問2　① （正）　(2)式より 1 mol (18 g) の水を蒸発させるためには 43.9 kJ の熱を加えなければならないから，6 g の水の場合には，$43.9\,(kJ) \times \dfrac{6\,(g)}{18\,(g)} = 14.6\,(kJ)$ の熱を加えなければならない。

　　② （誤）　(3)式 − (2)式より $H_2O(気)$ を消去すると，

$$H_2(気) + \frac{1}{2}O_2(気) = H_2O(液) + |241.6 - (-43.9)|\,kJ$$

　　よって，$H_2O(液)$ の生成熱は 285.5 kJ/mol（発熱）である。

48　第2編　物質の変化と平衡

③（正）　(4)式より NaOH（固）の水に対する溶解熱は 44.3kJ/mol の発熱である。

④（正）　(1)式 −(3)式より O_2 を消去すると，求める反応の熱化学方程式が得られる。

$CO（気）− H_2（気）= CO_2（気）− H_2O（気）+（282.6 − 241.6）kJ$

$CO（気）+ H_2O（気）= CO_2（気）+ H_2（気）+ 41.0kJ$

よって，この反応は発熱反応である。

問3　①（正）　(2)式 −(1)式より H_2，O_2 を消去すると，

$H_2O（液）= H_2O（気）− 43.9kJ$

よって，H_2O（液）の蒸発熱は 43.9kJ/mol である。

> **短期攻略のツボ**
> 蒸発熱：物質 1mol が蒸発するとき吸収する熱量

②（正）　NO（気）の生成熱は，N_2（気）と O_2（気）から NO（気）1mol が生成するときの反応熱である。(3)式 $\times \dfrac{1}{2}$ より　$\dfrac{1}{2}N_2（気）+ \dfrac{1}{2}O_2（気）= NO（気）− \dfrac{180.6}{2}kJ$

よって，NO（気）の生成熱は -90.3kJ/mol である。

③（正）　(4)式より $AgNO_3$（固）の溶解熱は -22.6kJ/mol であるから，吸熱である。このため，純水に $AgNO_3$（固）を溶かすと，溶液から熱が奪われ，溶液の温度が下がる。

（注）　aq は aqua（水）の略で，多量の水を表す。

> **短期攻略のツボ**
> 溶解熱：物質 1mol を多量の溶媒に溶かしたときに発生または吸収する熱量

④（誤）　(6)式の 100.7kJ は溶解熱と中和熱が合わさった値である。(6)式 −(5)式より NaOH（固）を消去すると，

$NaOHaq + HClaq = NaClaq + H_2O（液）+（100.7 − 44.3）kJ$

よって，NaOHaq と HClaq の中和熱は 56.4kJ/mol で 100.7kJ/mol より小さい。

> **短期攻略のツボ**
> 中和熱：酸と塩基が中和して H_2O（液）1mol が生成するときの反応熱

23

問1　$\boxed{1}$ −②　　$\boxed{2}$ −⑥　　問2　②　　問3　④

問1　$\boxed{1}$　グルコース $C_6H_{12}O_6$ の燃焼熱が 2800kJ/mol なので，完全燃焼を表す熱化学方程式は，

$C_6H_{12}O_6 + 6O_2 = 6CO_2 + 6H_2O（液）+ 2800kJ$

$C_6H_{12}O_6$ 1mol は 180g だから，$C_6H_{12}O_6$ 1g あたりの発熱量は $\dfrac{2800〔kJ〕}{180} = 15.6〔kJ〕$

$\boxed{2}$　上の熱化学方程式より，O_2 6mol が消費されるときの発熱量は 2800kJ である。

よって，O_2 1mol が消費されるときの発熱量は $\dfrac{2800〔kJ〕}{6} = 467〔kJ〕$

> **短期攻略のツボ**
> 燃焼熱：物質 1mol が完全燃焼するときに発生する反応熱

問2 標準状態で 44.8L を占める混合気体の総物質量は，$\dfrac{44.8 \,[\text{L}]}{22.4\,[\text{L/mol}]} = 2.00\,[\text{mol}]$

この中のメタンを $x\,[\text{mol}]$ とすると，エタンは $(2.00 - x)\,\text{mol}$ である。

これらが完全燃焼したとき 2785kJ の熱が発生したので，燃焼熱より次式が成り立つ。

$x\,[\text{mol}] \times 890\,[\text{kJ/mol}] + (2.00 - x)\,[\text{mol}] \times 1560\,[\text{kJ/mol}] = 2785\,[\text{kJ}]$

$x = 0.50\,[\text{mol}]$

よって，混合気体中のメタンの物質量%は $\dfrac{0.50\,[\text{mol}]}{2.00\,[\text{mol}]} \times 100 = 25\,[\%]$

問3 熱化学方程式(1)〜(3)の反応熱は，それぞれ CO_2(気)，H_2O(液)，C_2H_5OH(液)の生成熱である。図1の中にこれらの値を書き入れると，

ヘスの法則により，$276 + Q\,[\text{kJ}] = 393 \times 2 + 284 \times 3\,[\text{kJ}]$

よってエタノールの燃焼熱 Q は，$Q = 393 \times 2 + 284 \times 3 - 276 = 1362\,[\text{kJ/mol}]$

（注）ヘスの法則：物質が変化するときに出入りする反応熱の総和は，変化する前と変化した後の状態だけで決まる。

50 第2編　物質の変化と平衡

24

問1　⑥　　問2　①

問1　求める反応熱を Q〔kJ〕とすると，

エチレン　　　エタン

$C_2H_4 + H_2 = C_2H_6 + Q$〔kJ〕

　　反応物　　　生成物

C_2H_4，C_2H_6 の生成熱〔kJ/mol〕はそれぞれ -52.2，84.0 であるから，

　　反応熱 ＝ (生成物の生成熱の和) － (反応物の生成熱の和)

より，

　　$Q = (84.0) - (-52.2) = 136.2$〔kJ〕

(注)　H_2 は単体なのでその生成熱は 0 である。

問2　$2C_2H_4(気) + Cl_2(気) + \dfrac{1}{2}O_2(気) = 2CH_2{=}CHCl(気) + H_2O(気) + Q$〔kJ〕

　　　　　　　反応物　　　　　　　　　　生成物

$C_2H_4(気)$，$CH_2{=}CHCl(気)$，$H_2O(気)$ の生成熱〔kJ/mol〕はそれぞれ，A, B, C であるから，

　　反応熱 ＝ (生成物の生成熱の和) － (反応物の生成熱の和)

より，

　　$Q = (B \times 2 + C) - (A \times 2) = 2B + C - 2A$〔kJ〕

(注)　Cl_2，O_2 は単体なので，それらの生成熱は 0 である。

短期攻略のツボ

$$aA + bB = xX + yY + Q〔kJ〕$$

生成熱 → Q_A　　Q_B　　Q_X　　Q_Y〔kJ/mol〕　反応熱 $Q = (xQ_X + yQ_Y) - (aQ_A + bQ_B)$

25

問1　**a**－②　　**b**－③　　問2　④　　問3　②　　問4　④

問1　**a**　ある反応の反応熱を燃焼熱から求めるとき，

反応熱 ＝ (反応物の燃焼熱の和) － (生成物の燃焼熱の和)

の関係を利用することができる。硫化水素の生成熱を Q とすると，

　　$S(固) + H_2(気) = H_2S(気) + Q$〔kJ〕

　　反応物　　　生成物

上の関係より，$Q = (S(固) と H_2(気) の燃焼熱の和) - (H_2S(気) の燃焼熱)$

よって，$H_2(気)$ の燃焼熱がわかればよい。

b　Q は $SO_2(気)$ 1 mol あたりの熱である。SO_2 のモル質量は 64 g/mol だから，

第1章　化学反応と熱・光エネルギー　　**51**

$$Q = \frac{64 \,[\text{g}]}{1.0 \,[\text{g}]} \times 9.7 \,[\text{kJ}] = 620 \,[\text{kJ}]$$

問2　求める反応熱を Q とすると，

$$\text{CO(気)} + 2\text{H}_2\text{(気)} = \text{CH}_3\text{OH(気)} + Q\,[\text{kJ}]$$

$$\underbrace{\phantom{\text{CO(気)} + 2\text{H}_2\text{(気)}}}_{\text{反応物}} \qquad \underbrace{\phantom{\text{CH}_3\text{OH(気)}}}_{\text{生成物}}$$

(1)～(3)式より，CO(気)，H_2(気)，CH_3OH(気)の燃焼熱[kJ/mol]はそれぞれ284，242，677であるから，反応熱 ＝ (反応物の燃焼熱の和) － (生成物の燃焼熱の和) より，

$$Q = (284 + 242 \times 2) - (677) = 91\,[\text{kJ}]$$

(注)　燃焼熱は生成する H_2O が一般に液体の場合の値となるが，(2)，(3)式の燃焼熱は H_2O が気体の場合の値である。上の関係を利用するときには，H_2O が液体か気体のどちらかに統一されていなければならない。

短期攻略のツボ

$$a\text{A} + b\text{B} = x\text{X} + y\text{Y} + Q\,[\text{kJ}]$$
$$\vdots \qquad \vdots \qquad \vdots \qquad \vdots$$
燃焼熱 → $\;Q_A'\quad Q_B'\quad Q_X'\quad Q_Y'\,[\text{kJ/mol}]$　　反応熱 $Q = (aQ_A' + bQ_B') - (xQ_X' + yQ_Y')$

問3　ナフタレンの燃焼熱を $Q\,[\text{kJ/mol}]$ とすると，

$$\text{C}_{10}\text{H}_8\text{(固)} + 12\text{O}_2\text{(気)} = 10\text{CO}_2\text{(気)} + 4\text{H}_2\text{O(液)} + Q\,[\text{kJ}]$$

$$\underbrace{\phantom{\text{C}_{10}\text{H}_8\text{(固)} + 12\text{O}_2\text{(気)}}}_{\text{反応物}} \qquad \underbrace{\phantom{10\text{CO}_2\text{(気)} + 4\text{H}_2\text{O(液)}}}_{\text{生成物}}$$

Q は与えられた生成熱から求めることができる。

反応熱 ＝ (生成物の生成熱の和) － (反応物の生成熱の和) より，

$$Q = (393.3 \times 10 + 285.5 \times 4) - (-77.7) = 5152.7\,[\text{kJ/mol}]$$

(注)　O_2 は単体なのでその生成熱は 0 である。

上の熱化学方程式より，生成する H_2O(液) 1 mol あたり $\dfrac{Q}{4}\,[\text{kJ}]$ の熱が発生する。このとき生成した H_2O(液)は $\dfrac{1.80\,[\text{g}]}{18.0\,[\text{g/mol}]} = 0.100\,[\text{mol}]$

よって発生した熱は，$\dfrac{5152.7\,[\text{kJ/mol}]}{4} \times 0.100\,[\text{mol}] = 128.8\,[\text{kJ}]$

問4　与えられた式より C_2H_2 の燃焼熱は 1309 kJ/mol

次式より CO_2 の生成熱は C(黒鉛)の燃焼熱と等しく 394 kJ/mol

$$\text{C(黒鉛)} + \text{O}_2 = \text{CO}_2 + 394\,\text{kJ}$$

また，H_2O(気)の生成熱，H_2O(液)の蒸発熱より，

$$\text{H}_2 + \frac{1}{2}\text{O}_2 = \text{H}_2\text{O(気)} + 242\,\text{kJ}$$

$$\text{H}_2\text{O(液)} = \text{H}_2\text{O(気)} - 44\,\text{kJ}$$

この二式から H_2O(気)を消去すると，

$$\text{H}_2 + \frac{1}{2}\text{O}_2 = \text{H}_2\text{O(液)} + (242 + 44)\,\text{kJ}$$

よって，H_2 の燃焼熱は 286 kJ/mol

52 第2編　物質の変化と平衡

求めるアセチレンの生成熱を Q〔kJ/mol〕とすると,

$\quad$ 2C(黒鉛) + H$_2$ = C$_2$H$_2$ + Q〔kJ〕
$\qquad\quad$ 反応物　　　生成物

反応熱 =（反応物の燃焼熱の和）－（生成物の燃焼熱の和）より,

$\quad Q = (394 \times 2 + 286) - (1309) = -235$〔kJ/mol〕

(注)　H$_2$O(気)は H$_2$O(液)より蒸発熱の分だけエネルギーが大きい。

> **短期攻略のツボ**
>
> $\quad$ C(黒鉛)の燃焼熱 = CO$_2$ の生成熱
>
> $\quad$ H$_2$ の燃焼熱 = H$_2$O(液)の生成熱

26

問1　**a**　$\boxed{\text{ア}}$ －⑥　$\boxed{\text{イ}}$ －⑥　$\boxed{\text{ウ}}$ －⑥　**b** ①　問2　①　問3　④

問4　③

問1　**a**　$\boxed{\text{ア}}$ CO$_2$(気) + $\boxed{\text{イ}}$ H$_2$O(液) = C$_6$H$_{12}$O$_6$(固) + $\boxed{\text{ウ}}$ O$_2$(気) + Q〔kJ〕

両辺の C 数のつり合いより, $\quad \boxed{\text{ア}} \times 1 = 1 \times 6 \qquad \therefore \boxed{\text{ア}} = 6$

H 数のつり合いより, $\quad \boxed{\text{イ}} \times 2 = 1 \times 12 \qquad \therefore \boxed{\text{イ}} = 6$

O 数のつり合いより, $\quad \boxed{\text{ア}} \times 2 + \boxed{\text{イ}} \times 1 = 1 \times 6 + \boxed{\text{ウ}} \times 2$

$\qquad 6 \times 2 + 6 \times 1 = 1 \times 6 + \boxed{\text{ウ}} \times 2 \qquad \therefore \boxed{\text{ウ}} = 6$

$\quad$ **b**　反応熱 =（生成物の生成熱の和）－（反応物の生成熱の和）より,

$\qquad Q = (1272 + 6 \times 0)\,\text{kJ} - (6 \times 394 + 6 \times 286)\,\text{kJ} = -2808\,\text{kJ}$
$\qquad\quad$ C$_6$H$_{12}$O$_6$ $\quad$ O$_2$ $\qquad\quad$ CO$_2$ $\qquad\quad$ H$_2$O

$\qquad \fallingdotseq -2.8 \times 10^3\,\text{kJ}$

問2　グルコース(固)1mol が完全燃焼したときの熱化学方程式は, 次式で表される。

$\quad$ C$_6$H$_{12}$O$_6$(固) + 6O$_2$(気) = 6CO$_2$(気) + 6H$_2$O(液) + Q_1〔kJ〕

この反応は, **問1** で示された反応とは逆向きになっているので, 上式を**問1** の熱化学方程式に合わせて変形すると, 次式が得られる。

$\quad$ 6CO$_2$(気) + 6H$_2$O(液) = C$_6$H$_{12}$O$_6$(固) + 6O$_2$(気) － Q_1〔kJ〕

よって, $Q = -Q_1$ すなわち $\underline{Q_1 = -Q}$ が成り立つ。

問3　グルコース(固)1mol がアルコール発酵したときの熱化学方程式は, 次式で表される。

$\quad$ C$_6$H$_{12}$O$_6$(固) = 2C$_2$H$_5$OH(液) + 2CO$_2$(気) + Q_2〔kJ〕

問1 **b**と同様に, 与えられた生成熱データより Q_2 を求めると,

$\quad Q_2 = (2 \times 277 + 2 \times 394)\,\text{kJ} - 1272\,\text{kJ} = \underline{70}\,\text{kJ}$
$\qquad\qquad$ C$_2$H$_5$OH $\qquad$ CO$_2$ $\qquad$ C$_6$H$_{12}$O$_6$

問4 バイオエタノール1molを完全燃焼させたときに得られるエネルギーを，x [kJ] とする。x，Q_1，Q_2 との関係を，エネルギー図を用いて示すと，次のようになる。

図より，$2x = Q_1 - Q_2$ ∴ $x = \dfrac{1}{2}(Q_1 - Q_2)$

27

問1 ⑥　問2 ③　問3 ②　問4 ⑤

問1 この実験の中和反応は，

　　HCl + NaOH ⟶ NaCl + H₂O

0.500 mol/L NaOH 水溶液 200 mL を完全に中和するのに必要な 0.500 mol/L HCl 水溶液は 200 mL である。20.5℃の HCl 水溶液を 50.0 mL ずつ加えていくと，中和で発生する熱により溶液の温度が上昇していく。50.0 mL 加えるごとに発生する熱は同じであるが，溶液全体の体積が増加していくので，溶液の温度上昇分はしだいに小さくなる。加えた HCl 水溶液の総量が 200 mL 以上になると，中和反応が終了しているので熱は発生しないが，温度は一定とはならず低下していく。これは加える 20.5℃の水溶液により溶液全体が冷やされるためである。

問2 求める反応熱を Q [kJ/mol] とすると，

　　NH₃(気) + HClaq = NH₄Claq + Q [kJ]　　……(4)

(1)式より　NH₄Claq = NH₄Cl(固) + aq + 14.6 kJ

(2)式より　HClaq = HCl(気) + aq − 74.8 kJ

これらを上の(4)式に代入すると，(3)式と同じ式が得られる。

　　NH₃(気) + HCl(気) + aq − 74.8 [kJ] = NH₄Cl(固) + aq + (14.6 + Q) kJ

　　NH₃(気) + HCl(気) = NH₄Cl(固) + (14.6 + 74.8 + Q) kJ

よって，14.6 + 74.8 + Q = 176.0　　Q = 86.6 [kJ/mol]

[参考] 求める反応熱を含む(4)式と与えられた(1)〜(3)式をエネルギー図でまとめると，

よって，74.8 + Q + 14.6 = 176.0　Q = 86.6〔kJ/mol〕

問3　求める反応熱を Q〔kJ/mol〕とすると，

HClaq + NaOH(固) = NaClaq + H$_2$O + Q〔kJ〕

NaOH(固)の溶解熱を Q_1〔kJ/mol〕，NaOHaq と HClaq の中和熱を Q_2〔kJ/mol〕とすると，ヘスの法則により Q はこれらの合わさったものと考えることができる。

$Q = Q_1 + Q_2$

○領域 A のデータより Q_1 を求める

NaOH(固) + aq = NaOHaq + Q_1〔kJ〕

NaOH(固)1.0mol が多量の水(500mL)に溶け，溶液の温度が 15℃ から 35℃ まで上昇した。このとき発生した熱が Q_1 に相当するから，

Q_1 = 4.2J/(℃・g) × (500mL × 1.0g/mL) × (35 − 15)℃
　　 = 42 × 10^3〔J〕= 42〔kJ〕

○領域 B のデータより Q_2 を求める

NaOHaq + HClaq = NaClaq + H$_2$O + Q_2〔kJ〕

加えた HCl は 2.0〔mol/L〕× $\frac{500}{1000}$〔L〕= 1.0〔mol〕

なので，NaOH1.0mol と過不足なく反応した。

領域 A と同様に図より温度上昇を読み取ると，溶液(500mL + 500mL)の温度が 30℃ から 43℃ まで上昇したことがわかる。このとき発生した熱が Q_2 に相当するから，

Q_2 = 4.2J/(℃・g) × (1000mL × 1.0g/mL) × (43 − 30)℃
　　 = 54.6 × 10^3〔J〕= 54.6〔kJ〕

以上より，Q = 42 + 54.6 = 96.6〔kJ/mol〕

短期攻略のツボ

発熱反応による溶液の温度上昇

　　　　発熱量　　比熱　　　質量　　温度上昇分
　　　q〔J〕= c〔J/℃・g〕× W〔g〕× Δt〔℃〕

問4　① (正)　水素 H$_2$ と塩素 Cl$_2$ の混合気体は暗所ではほとんど反応しないが，強い光を当てると光エネルギーを吸収して爆発的に反応し，塩化水素 HCl を生じる。

第1章　化学反応と熱・光エネルギー　　**55**

$$H_2 + Cl_2 \xrightarrow{\text{光}} 2HCl$$

このように，光エネルギーの吸収によって引き起こされる化学反応を，光化学反応という。

②（正）　化学反応の際に，光としてエネルギーを放出する現象を化学発光または化学ル
ミネセンスという。ホタルやウミホタルの生物発光,血痕の検出法として利用されるルミノー
ル反応などの例がある。

③（正）　臭化銀 AgBr に光を当てると，次の反応が起こって銀 Ag が生成する。

$$2AgBr \longrightarrow 2Ag + Br_2$$

臭化銀のように，光によって化学反応が起こる性質を感光性という。臭化銀は写真フィル
ムに使われている。

④（正）　緑色植物は，光エネルギーを吸収して，CO_2 と H_2O から高い化学エネルギーを
もつ糖類（グルコース，デンプンなど）を合成する。植物のこのようなはたらきを光合成とい
う。光合成は複雑な反応過程からなるが，まとめると次式のように表すことができる。

$$m\,CO_2 + n\,H_2O \xrightarrow{\text{光}} C_m(H_2O)_n + m\,O_2$$

⑤（誤）　化学発光は，化学反応において物質のもつ化学エネルギーの差が，光となって
放出されたときに起こる。

光化学反応は，光が吸収されたときに起こる反応である。

（注）　光触媒：酸化チタン（Ⅳ）TiO_2 のように，光が当たると触媒のはたらきを示す物質

28

問1	③	問2	①	問3	②	問4	③

問1　求める F−F の結合エネルギーを x〔kJ/mol〕とする。H−H と H−F の結合エネル
ギーは，それぞれ 436 kJ/mol，568 kJ/mol である。これらを熱化学方程式で表すと，

$$F_2(気) = 2F(気) - x(kJ) \qquad \cdots\cdots(1)$$

$$H_2(気) = 2H(気) - 436\,kJ \qquad \cdots\cdots(2)$$

$$HF(気) = H(気) + F(気) - 568\,kJ \qquad \cdots\cdots(3)$$

また，HF の生成熱 271 kJ/mol を熱化学方程式で表すと，

$$\frac{1}{2}F_2(気) + \frac{1}{2}H_2(気) = HF(気) + 271\,kJ \qquad \cdots\cdots(4)$$

(4)式 $= \dfrac{1}{2} \times$ (1)式 $+ \dfrac{1}{2} \times$ (2)式 $-$ (3)式 より，

$$271 = \frac{1}{2} \times (-x) + \frac{1}{2} \times (-436) - (-568)$$

よって，$x = 158\,kJ/mol$

[別解] 次図のようなエネルギー図（↑は吸熱，↓は発熱を表す）をつくり，x を求める。

図より，$\dfrac{1}{2}x + \dfrac{1}{2} \times 436 + 271 = 568$

$x = 158\,\mathrm{kJ/mol}$

短期攻略のツボ

結合エネルギー〔kJ/mol〕

ある結合 1 mol を切断するのに必要なエネルギー〔kJ〕で，その結合 1 mol が生成するとき放出されるエネルギー〔kJ〕に等しい。

結合エネルギーから反応熱 Q を求める方法

$Q =$〔生成物(気体)の結合エネルギーの総和〕$-$〔反応物(気体)の結合エネルギーの総和〕

問2 N−H の結合エネルギーを x〔kJ/mol〕として，熱化学方程式(1)を表すと，

$\mathrm{NH_3}(気) = \mathrm{N}(気) + 3\mathrm{H}(気) - 3x\,\mathrm{[kJ]}$

よって，$3x = 1173$　　$x = 391\,\mathrm{kJ/mol}$

$\begin{pmatrix} \mathrm{H}\overset{x}{\diagdown}\;\;\mathrm{H} \\ \mathrm{N} \\ | \\ \mathrm{H} \end{pmatrix}$ NH₃ 1 mol 中に N−H 結合 3 mol を含む

上で求めた N−H の結合エネルギーを用い，熱化学方程式(2)をエネルギー図で表すと，

```
原子状    2N(気) + 6H(気)
          |
          | 946 + 3×436
          |
    N₂(気) + 3H₂(気)
          |
          | 2×(3×391)
          |↓ Q
        2NH₃(気)
```

$\begin{pmatrix} 946 \\ \mathrm{N}\!\equiv\!\mathrm{N} \\ 436 \\ \mathrm{H}\!-\!\mathrm{H} \end{pmatrix}$

よって，$Q = 2 \times (3 \times 391) - (946 + 3 \times 436) = 92\,\mathrm{kJ}$

問3 C–Hの結合エネルギーを x [kJ/mol] として、熱化学方程式(1)を表すと、

$$CH_4(気) = C(気) + 4H(気) - 4x [kJ]$$

よって、$4x = 1664$ $x = 416$

C–Cの結合エネルギーを y [kJ/mol] として、上で求めたC–Hの結合エネルギーを用い、熱化学方程式(2)を表すと、

$$C_2H_6(気) = 2C(気) + 6H(気) - (6 \times 416 + y) kJ$$

よって、$6 \times 416 + y = 2826$

$y = 330 \text{ kJ/mol}$

問4 与えられた熱化学方程式(1)、(2)を加え合わせて、H_2O(液)を消去すると、

$$H_2 + \frac{1}{2}O_2 = H_2O(液) + 286 \text{ kJ} \quad \cdots\cdots(1)$$

$$H_2O(液) = H_2O(気) - 44 \text{ kJ} \quad \cdots\cdots(2)$$

$$H_2 + \frac{1}{2}O_2 = H_2O(気) + 242 \text{ kJ} \quad \cdots\cdots(3)$$

H_2O(気) 中のO–H結合エネルギーを x [kJ/mol] として、H–HとO=Oの結合エネルギーを用い、熱化学方程式(3)をエネルギー図で表すと、

H_2O(気) 1mol 中のO–H結合を、すべて切断するのに必要なエネルギーは $2x$ である。

$$H_2O(気) = 2H(気) + O(気) - 2x [kJ]$$

図より、

$$2x = 436 + \frac{1}{2} \times 498 + 242 = 927 \text{ kJ}$$

29

問1 ③   問2 ウ –②   エ –③
問3 a–④ b–⑦ c–⑨ d–③ e–⑤ f–⑧
問1 ア イ C(黒鉛)12g と C(ダイヤモンド)12g は、どちらも原子 1mol であ

る。一方，C_{60}（フラーレン）は，分子 1 mol が 12×60 g なので，C_{60}（フラーレン）12 g の物質量は，

$$\frac{12\,\mathrm{g}}{12 \times 60\,\mathrm{g/mol}} = \frac{1}{60}\,\mathrm{mol}\ \text{である。}$$

したがって，各同素体 12 g を完全燃焼させたとき発生する熱量は，与えられた熱化学方程式より，それぞれ次のようになる。

C（黒鉛）　　394 kJ/mol × 1 mol = 394 kJ

C（ダイヤモンド）　396 kJ/mol × 1 mol = 396 kJ

C_{60}（フラーレン）　25930 kJ/mol × $\frac{1}{60}$ mol ≒ 432 kJ

これらの大小関係をエネルギー図で表すと，次のようになる。

以上より，各同素体 12 g のもつエネルギー（化学エネルギー）の大小関係は，フラーレン＞ダイヤモンド＞ア黒鉛である。また，フラーレンと黒鉛のエネルギー差は，432 kJ − 394 kJ = イ 38 kJ である。

問2　ウ　黒鉛中の C 原子は，それぞれ他の 3 個の C 原子と共有結合している。

共有結合の数を，着目した Ⓒ 原子 1 個あたりでみると，左図のように $\frac{1}{2}$ 個 × 3 である。

よって，黒鉛 C 1 mol(12 g) に含まれる共有結合の数は，

$$\frac{1}{2}\,\mathrm{mol} \times 3 = \underline{\frac{3}{2}}\,\mathrm{mol}$$

エ　ダイヤモンド中の C 原子は，それぞれ他の 4 個の C 原子と共有結合している。

ウ と同様に，共有結合の数を，着目した Ⓒ 原子 1 個あたりでみると，左図のように $\frac{1}{2}$ 個 × 4 である。

よって，ダイヤモンド C 1 mol(12 g) に含まれる共有結合の数は，

$$\frac{1}{2}\,\mathrm{mol} \times 4 = \underline{2}\,\mathrm{mol}$$

第 1 章 化学反応と熱・光エネルギー　59

(注)　C−C 共有結合 1 個を，結合する二つの C 原子のそれぞれに割り当てるために，各原子が $\frac{1}{2}$ 個の共有結合をもつと考える。これにより物質中にある C−C 共有結合の総数を重複せずに数えることができる。

問 3 　オ　 黒鉛 C 12 g (1 mol) 中に含まれる共有結合は，問 2 　ウ　 より $\frac{3}{2}$ mol である。これらをすべて切断するのに必要なエネルギーは 718 kJ であるから，共有結合 1 mol を切断するのに必要なエネルギーは，

$$\frac{718\,\text{kJ}}{\frac{3}{2}} = \frac{718 \times 2}{3}\,\text{kJ} = 478.6\,\text{kJ} \fallingdotseq \boxed{4}.\boxed{7}\boxed{9} \times 10^2\,\text{kJ}$$
　　　　　　　　　　　　　　　　　　　　　　　a　b　c

　カ　 ダイヤモンド C 12 g (1 mol) 中に含まれる共有結合は，問 2 　エ　 より 2 mol である。これらをすべて切断するのに必要なエネルギーは，左図より，(718 − 2) kJ である。よって，共有結合 1 mol を切断するのに必要なエネルギーは，

$$\frac{(718 - 2)\,\text{kJ}}{2} = 358.0\,\text{kJ} = \boxed{3}.\boxed{5}\boxed{8} \times 10^2\,\text{kJ}$$
　　　　　　　　　　　　　　　　　　　　　d　e　f

(注)　問 1 の解説で示したエネルギー図より，C (ダイヤモンド) と C (黒鉛) のエネルギー差は，(396 − 394) kJ = 2 kJ

30

問 1 　④　 問 2 　a　−①　 b　−⑥　 c　−③　 問 3 　①

問 1 　平均分子量 29 の空気 29 g (1.0 mol) に，爆発下限界の濃度 (L_{25} [%]) のプロパン C_3H_8 が含まれている。表 1 より，プロパンの L_{25} は 2.1 % (体積) なので，体積 % = モル % より，含まれるプロパンの物質量は，

$$1.0\,\text{mol} \times \frac{2.1}{100} = 2.1 \times 10^{-2}\,\text{mol}$$

このプロパンが完全燃焼したときに発生する熱量 [kJ] は，表 1 の燃焼熱 2220 kJ/mol より，

　　　 $2220\,\text{kJ/mol} \times (2.1 \times 10^{-2})\,\text{mol} = 46.62\,\text{kJ} \fallingdotseq \boxed{47}\,\text{kJ}$

問 2 　はじめ 25 ℃ の空気 29 g が，問 1 で求めた熱量により均一に加熱されて t [℃] になったとすると，質量と比熱は一定としてよいので，次式が成り立つ。

　　　 $46.6 \times 10^3\,\text{J} = 1.0\,\text{J/(g·K)} \times 29\,\text{g} \times (t − 25)\,\text{K}$

　　　 ∴ $t \fallingdotseq \boxed{1}.\boxed{6} \times 10^{\boxed{3}}\,\text{℃}$
　　　　　　　　a　b　　　　c

問 3 　問 1，問 2 の計算式からわかるように，L_{25} における火炎温度は，可燃性ガスの燃

60　第2編　物質の変化と平衡

焼で発生する熱量と空気の質量でほぼ決まり，この熱量は可燃性ガスの物質量と燃焼熱の積で決まる。表1をもとに，各可燃性ガスの物質量$\left(1\,\mathrm{mol} \times \dfrac{L_{25}[\%]}{100}\right)$と燃焼熱$[\mathrm{kJ/mol}]$の積を計算してみると，次のように大体一定になっていることがわかる。

$$\left(1 \times \frac{L_{25}}{100}\right) \times 燃焼熱 \quad \begin{array}{ccc} メタン & エタン & プロパン \\ 44.55 & 48.36 & 46.62 \end{array}$$

つまり，燃焼（爆発）を維持するのに必要な火炎温度の限界は，各可燃性ガスのL_{25}によらず，一定（1.6×10^3℃付近）であると考えられる。よって，グラフは①が適当である。

　［参考］　一般に可燃性ガスには爆発下限界だけでなく，爆発上限界もあり，その濃度範囲内にあるときだけ爆発が起こることが知られている。

第2章　化学反応と電気エネルギー　**61**

| 第2章 | 化学反応と電気エネルギー |

31

問1　③　問2　③

問1　〈還元剤の式〉

$$H_2O_2 \longrightarrow O_2 + 2H^+ + 2e^- \qquad \cdots\cdots(1)$$

〈酸化剤の式〉

$$MnO_4^- + 8H^+ + 5e^- \longrightarrow Mn^{2+} + 4H_2O \qquad \cdots\cdots(2)$$

(1)式×5＋(2)式×2より電子 e^- を消去して整理すると，

$$5H_2O_2 + 2MnO_4^- + 6H^+ \longrightarrow 5O_2 + 2Mn^{2+} + 8H_2O \qquad \cdots\cdots(3)$$

反応した $KMnO_4$ は，　$0.25\,mol/L \times \dfrac{60}{1000}L = 0.015\,mol$

このとき発生する O_2 は，(3)式の係数関係より　$0.015\,mol \times \dfrac{5}{2} = 0.0375\,mol$

これを標準状態の体積に換算すると，$0.0375\,mol \times 22.4\,L/mol = \underline{0.84\,L}$

問2　一般に X が Y に酸化されて X′ となるとき（このとき Y は Y′ となる），酸化剤としては Y の方が X′ より強いといえる。

$$X + Y \longrightarrow X' + Y' \quad（還元剤としては，X の方が Y′ より強いといえる。）$$
$$\underset{e^-}{\underline{\qquad\uparrow}}$$

ア　Fe^{2+} が H_2O_2 に酸化されて Fe^{3+} となるので，酸化剤としては H_2O_2 の方が Fe^{3+} より強い。

イ　I^- が H_2O_2 に酸化されて I_2 となるので，酸化剤としては H_2O_2 の方が I_2 より強い。

ウ　I^- が Fe^{3+} に酸化されて I_2 となるので，酸化剤としては Fe^{3+} の方が I_2 より強い。

ア～ウより，酸化剤としての強さの順序は $\underline{H_2O_2 > Fe^{3+} > I_2}$ である。

32

問1　**a**－④　**b**－⑤　問2　③　問3　⑤

問1　$O_2 + 4H^+ + \boxed{a}\,e^- \longrightarrow 2H_2O$ $\qquad \cdots\cdots(1)$

　　　$MnO_4^- + 8H^+ + \boxed{b}\,e^- \longrightarrow Mn^{2+} + 4H_2O$ $\qquad \cdots\cdots(2)$

式(1)の両辺の電気的なつり合いより，

$$4 \times (+1) + \boxed{a} \times (-1) = 0 \qquad \therefore \boxed{a} = 4$$

式(2)の両辺の電気的なつり合いより，

$$(-1) + 8 \times (+1) + \boxed{b} \times (-1) = +2 \qquad \therefore \boxed{b} = 5$$

問2　式(2)より，1mol の $KMnO_4$ が奪うことのできる e^- は $\boxed{b}$〔mol〕であるから，e^- 1mol あたりでは $\dfrac{1}{\boxed{b}}\,mol$ の $KMnO_4$ が必要である。

　一方，式(1)より，1mol の O_2 が奪うことのできる e^- は $\boxed{a}$〔mol〕であるから，e^- 1mol

62　第2編　物質の変化と平衡

あたりでは $\dfrac{1}{\boxed{a}}$ mol の O_2 が必要である。したがって，消費される酸化剤の量として，

$KMnO_4$ $\dfrac{1}{\boxed{b}}$ mol は，O_2 $\dfrac{1}{\boxed{a}}$ mol に相当する。つまり，$KMnO_4$ の消費量 1 mol は，O_2

の消費量 $\dfrac{\boxed{b}}{\boxed{a}}$ mol に換算される。

問3　消費された $KMnO_4$ の物質量は，

$$1.00 \times 10^{-2}\,\text{mol/L} \times \frac{1.00}{1000}\,\text{L} = 1.00 \times 10^{-5}\,\text{mol}$$

これを O_2 の物質量に換算すると，**問1・問2**より，

$$1.00 \times 10^{-5}\,\text{mol} \times \frac{\boxed{b}}{\boxed{a}} = 1.00 \times 10^{-5}\,\text{mol} \times \frac{5}{4}$$

COD は，試料水 1L あたりに必要な O_2（分子量 32）の質量〔mg〕であるから，

$$\text{COD} = \frac{1.00 \times 10^{-5}\,\text{mol} \times \dfrac{5}{4} \times (32 \times 10^3)\,\text{mg/mol}}{\dfrac{100}{1000}\,\text{L}} = \underline{4.0}\,\text{mg/L}$$

33

問1　$\boxed{a}$ —②　$\boxed{b}$ —②　$\boxed{c}$ —②　　問2　①
問3　$\boxed{d}$ —⑥　$\boxed{e}$ —⑤　$\boxed{f}$ —⑥

問1　それぞれの反応式について，両辺の電気的なつり合いに着目すればよい。

実験Ⅰ　（酸化剤）$HClO + \boxed{a}\,e^- + H^+ \longrightarrow Cl^- + H_2O$

　　　　　　　左辺　　　　　　右辺
　　　　$\boxed{a} \times (-1) + (+1) = (-1)$　　　　　$\therefore \boxed{a} = \underline{2}$

　　　　（還元剤）$2I^- \longrightarrow I_2 + \boxed{b}\,e^-$

　　　　　　左辺　　　　右辺
　　　　$2 \times (-1) = \boxed{b} \times (-1)$　　　　　$\therefore \boxed{b} = \underline{2}$

実験Ⅱ　（酸化剤）$I_2 + \boxed{b}\,e^- \longrightarrow 2I^-$

　　　　　　左辺　　　　右辺
　　　　$\boxed{b} \times (-1) = 2 \times (-1)$

　　　　（還元剤）$2S_2O_3^{2-} \longrightarrow S_4O_6^{2-} + \boxed{c}\,e^-$

　　　　　　左辺　　　　右辺
　　　　$2 \times (-2) = (-2) + \boxed{c} \times (-1)$　　　　$\therefore \boxed{c} = \underline{2}$

問2　デンプンはヨウ素 I_2 が存在しているうちは，ヨウ素と反応して青紫色に呈色する（ヨウ素デンプン反応）。**実験Ⅱ**の滴定で，ヨウ素の色（I_2 が KI を含む水溶液に溶けて黄褐色になっている）が消える少し手前（I_2 が少し残っている）でデンプン溶液を加えると，青紫色に呈色する。さらに滴定をして，ヨウ素が完全に消失すると，溶液は<u>青紫色から無色になる</u>。このときを終点とする。

第2章　化学反応と電気エネルギー　**63**

（ヨウ素デンプン反応は極めて鋭敏な反応なので，ヨウ素が多く存在しているときにデンプンを加えるよりも，ヨウ素の色が消える少し手前で加えた方が終点が判断しやすい。）

問3　**問1**より，**実験 I**で示された e^- を含む二つのイオン反応式から e^- を消去すると，

$$HClO + 2I^- + H^+ \longrightarrow Cl^- + I_2 + H_2O \qquad \cdots\cdots(1)$$

同様に，実験 II で示された式から e^- を消去すると，

$$I_2 + 2S_2O_3^{2-} \longrightarrow 2I^- + S_4O_6^{2-} \qquad \cdots\cdots(2)$$

式(1)と式(2)からわかるように，$HClO$ 1mol は I_2 を仲立ちとして $Na_2S_2O_3$ 2mol と反応することになる。

$$\begin{array}{ccccc} & \text{(1)} & & \text{(2)} & \\ HClO & \Longrightarrow & I_2 & \Longleftrightarrow & 2Na_2S_2O_3 \\ 1 & : & 1 & : & 2 \end{array}$$

よって，水道水（試料水）100mL に含まれていた $HClO$ の物質量は，

$$0.0100\,\text{mol/L} \times \frac{2.50}{1000}\,\text{L} \times \frac{1}{2} = 1.25 \times 10^{-5}\,\text{mol}$$

これを試料水 1L あたりに含まれる $HClO$（分子量 52.5）の質量〔mg〕に換算すると，

$$1.25 \times 10^{-5}\,\text{mol} \times (52.5 \times 10^3)\,\text{mg/mol} \times \frac{1000\,\text{mL}}{100\,\text{mL}} \doteqdot \boxed{6}.\boxed{5}\boxed{6}\,\text{mg}$$

34

問1　① 　**問2**　② 　**問3**　a－⑦　b－④

問1　**a**（正）　ダニエル電池を放電させると，負極では Zn が酸化され，正極では Cu^{2+} が還元される反応が起こる。

負極：$Zn \longrightarrow Zn^{2+} + 2e^-$ 　　正極：$Cu^{2+} + 2e^- \longrightarrow Cu$

b（誤）　放電させると，上式のような変化が起こるので負極では極板の Zn が溶け出し，正極では極板に Cu が析出する。このとき，負極で溶け出す Zn の物質量と正極で析出する Cu の物質量は等しい。

しかし，Zn と Cu のモル質量〔g/mol〕は異なるから，負極と正極の質量変化は異なる。

c（誤）　負極（Zn 板）から出た電子 e^- は，導線中を正極（Cu 板）に向かって流れる。したがって，電流は導線中を逆に Cu 板から Zn 板に流れることになる。

短期攻略のツボ

電池の放電

導線中 e^-
- （－）負極：電子を放出する（酸化される）…還元剤が変化
- （＋）正極：電子を受け入れる（還元される）…酸化剤が変化

問2　② はダニエル電池，他はダニエル型電池とよばれる。ダニエル（型）電池では，二種の金属極のうちでイオン化傾向の大きい方が負極，小さい方が正極となる。また，両極のイオン化傾向の差が大きいほど起電力は大きくなる。

電池 ①～③ の金属極をイオン化傾向の順に並べると，

64 第2編 物質の変化と平衡

$$Zn \quad > \quad Ni \quad > \quad Cu$$

よって，イオン化傾向の差が最も大きい電池②の起電力が最も大きい。

問3 **a** ダニエル型電池である。イオン化傾向が Zn > Ag なので，Zn 板が負極，Ag 板が正極となる。放電時に起こる変化は，

負極：$Zn \longrightarrow Zn^{2+} + 2e^-$ …(1)　　　正極：$Ag^+ + e^- \longrightarrow Ag$ …(2)

溶け出した Zn 板の質量が 1.31 g なので，(1)式より流れた電子 e^- は

$$\frac{1.31\,\text{(g)}}{65.4\,\text{(g/mol)}} \times 2 = 4.00 \times 10^{-2}\,\text{(mol)}$$

(2)式より Ag 板に析出した Ag の質量は，$4.00 \times 10^{-2}\,\text{(mol)} \times 108\,\text{(g/mol)} = 4.32\,\text{(g)}$

よって，Ag 板の質量は 4.32 g 増加（<u>+4.32 g</u>）する。

b 導線中を流れた電気量は，

$$4.00 \times 10^{-2}\,\text{(mol)} \times 9.65 \times 10^4\,\text{(C/mol)} = \underline{3.86 \times 10^3}\,\text{(C)}$$

電流は電子と逆に <u>Ag 板から Zn 板</u>に流れる。

（注）　ファラデー定数は 1 mol の電子がもつ電気量(C)の絶対値に等しい。

35

> **問1** ①　　**問2** ②　　**問3** a－⑥　　b－①

問1 マンガン乾電池が放電するとき，負極では Zn が次のように変化する。

$$Zn \longrightarrow Zn^{2+} + 2e^-$$

放電で流れた電子 e^- は，$\dfrac{0.1\,\text{(C/s)} \times (2.7 \times 3600)\,\text{(s)}}{9.65 \times 10^4\,\text{(C/mol)}} = 0.010\,\text{(mol)}$

上式より，このとき酸化された Zn は，$0.010\,\text{(mol)} \times \dfrac{1}{2} = \underline{0.005}\,\text{(mol)}$

[参考]　マンガン乾電池　$(-)\ Zn\ |\ ZnCl_2\,aq,\ NH_4Cl\,aq\ |\ MnO_2,\ C\ (+)$

> **短期攻略のツボ**
>
> 1 A(アンペア) = 1 C(クーロン)/s(秒)
>
> i(A) の電流が t(s) 間流れたとき，
>
> 流れた電気量 $= it$(C)
>
> 流れた電子の物質量 $= \dfrac{it}{F}$(mol)
>
> F はファラデー定数(C/mol)

問2 ①（誤）　鉛蓄電池の電解液は，希硫酸である。

②（正）　鉛蓄電池が放電すると，両極に難溶性の硫酸鉛(Ⅱ)$PbSO_4$(白色)が生成し，極板上に付着する。このため，両極の表面がともに白色になる。

③（誤）　一般に電池が放電するとき，正極では還元(e^- を受けとる変化)が起こり，負極では酸化(e^- を失う変化)が起こる。

④（誤）　鉛蓄電池が放電すると，電解液中の硫酸(H_2SO_4)が減少し，水(H_2O)が増加する。

第2章　化学反応と電気エネルギー　**65**

このため，電解液の希硫酸の濃度は低くなる(その結果，電解液の密度は小さくなる)。

⑤（誤）　鉛蓄電池は二次電池の一種で，充電ができる。充電すると放電の逆向きの反応が起こるので，負極に付着していた $PbSO_4$ は鉛 Pb にもどり，正極に付着していた $PbSO_4$ は酸化鉛(Ⅳ) PbO_2 にもどる。

短期攻略のツボ

鉛蓄電池の反応　(→は放電，←は充電を表す)

負極 $(-)$ $Pb + SO_4{}^{2-} \rightleftharpoons PbSO_4 + 2e^-$ ……(1)

正極 $(+)$ $PbO_2 + SO_4{}^{2-} + 4H^+ + 2e^- \rightleftharpoons PbSO_4 + 2H_2O$ ……(2)

全体の反応　((1)式 + (2)式)

$$\underset{\substack{\text{負極}}}{Pb} + \underset{\substack{\text{正極}}}{PbO_2} + \underset{\substack{\text{電解液中}}}{2H_2SO_4} \rightleftharpoons \underset{\substack{\text{各極板上に生成}}}{2PbSO_4} + 2H_2O$$

導線中　　2e⁻

問3　**a**　鉛蓄電池を放電させると，導線中を負極から正極へ電子 e^- が流れ，負極(Pb)と正極(PbO_2)では，それぞれ次式で表される変化が起こる。

負極 (電極 **A**)：$Pb + SO_4{}^{2-} \longrightarrow PbSO_4 + 2e^-$ ……(ⅰ)

正極 (電極 **B**)：$PbO_2 + 4H^+ + SO_4{}^{2-} + 2e^- \longrightarrow PbSO_4 + 2H_2O$ ……(ⅱ)

(ⅰ)式 + (ⅱ)式より e^- を消去すると，次の全体式が得られる。

$Pb + PbO_2 + 2H_2SO_4 \longrightarrow 2PbSO_4 + 2H_2O$ ……(ⅲ)

ア　(ⅱ)式より，放電させると PbO_2 は電子を得るので，還元される。このとき(ⅰ)式より，Pb は電子を失うので酸化される。

(負極) $\underset{\substack{0}}{Pb} \Longrightarrow \underset{\substack{+2}}{PbSO_4}$ 　(正極) $\underset{\substack{+4}}{PbO_2} \Longrightarrow \underset{\substack{+2}}{PbSO_4}$
酸化数　　　　　　　　　　　酸化数

イ　(ⅲ)式より，放電させると水溶液中の H_2SO_4 が減少し，H_2O が増加するので，硫酸の濃度は減少する。

b　鉛蓄電池を放電させて，導線中を 2mol の e^- が流れたとする。(ⅰ)，(ⅱ)式より，このときの各極の質量変化は，以下のようになる。

負極 (電極 **A**)：

Pb	$\Longrightarrow$	$PbSO_4$	変化量
1mol		1mol	96g(増加)
(207) g		(207 + 96) g	

正極 (電極 **B**)：

PbO_2	$\Longrightarrow$	$PbSO_4$	変化量
1mol		1mol	64g(増加)
(207 + 32) g		(207 + 96) g	

(注)　各極で生成する $PbSO_4$ は水に難溶なので，極板上に付着していく。

よって図2のグラフでは，これらの関係が，傾き $\dfrac{96}{64}(= 1.5)$ の直線(①)で表されることになる。

66 第2編　物質の変化と平衡

36

問1　③	問2　③	問3　a	**x** ―①	**y** ―⑥	**z** ―⑥	b―②

問1　①（正）　図1の水素－酸素燃料電池は，水素の燃焼にともなって生じるエネルギーの一部を，電気エネルギーに変換する装置である。

②（正）　電池では，電子が外部に出ていく電極を負極，電子が外部から入ってくる電極を正極とよんでいる。したがって，放電時は電子が導線中を負極から正極へ移動する（電流はこの逆に流れる）。

③（誤）　H_2 が還元剤として負極で反応し，O_2 が酸化剤として正極で反応する。

負極A：$H_2 \longrightarrow 2H^+ + 2e^-$ ……(i)

正極B：$O_2 + 4e^- + 4H^+ \longrightarrow 2H_2O$ ……(ii)

式(i)×2＋式(ii)より，電子 e^- を消去すると，H_2 の燃焼の化学反応式が得られる。

$2H_2 + O_2 \longrightarrow 2H_2O$
　2　：　1

したがって，反応に使われる H_2 と O_2 の同温・同圧における体積の比（物質量の比と同じ）は，2：1である。

④（正）　水の電気分解で起こる全体としての変化は，H_2 の燃焼反応の逆反応である。

全体としての反応

水素－酸素燃料電池　　$2H_2 + O_2 \longrightarrow 2H_2O$

水の電気分解　　　　　$2H_2O \longrightarrow 2H_2 + O_2$

したがって，電池で1Cの電気量を取り出すのに必要な H_2 の物質量は，電気分解で1Cの電気量を通じたとき発生する H_2 の物質量に等しい。

短期攻略のツボ

水素－酸素燃料電池

（$-$）$H_2(Pt) \mid H_3PO_4 aq \mid O_2(Pt)$（$+$）

負極：$H_2 \longrightarrow 2H^+ + 2e^-$　　正極：$O_2 + 4H^+ + 4e^- \longrightarrow 2H_2O$

e^- を消去すると，$2H_2 + O_2 \longrightarrow 2H_2O$（全体の反応）

問2　問1の解説で示した式(ii)より，正極Bで得られる生成水 H_2O（分子量 18）1mol あたり，電子 e^- は2mol流れることがわかる。よって，生成水1.8gが得られたときに流れた電気量〔C〕は，

$$\frac{1.8\,g}{18\,g/mol} \times 2 \times (9.65 \times 10^4)\,C/mol = 1.93 \times 10^4\,C \fallingdotseq \underline{1.9 \times 10^4\,C}$$

問3　**a**　メタノール CH_3OH を燃料とした燃料電池では，メタノールが還元剤として負極で反応し，O_2 が酸化剤として正極で反応する。

負極：$CH_3OH + \boxed{\textbf{x}}\,H_2O \longrightarrow CO_2 + \boxed{\textbf{y}}\,H^+ + \boxed{\textbf{z}}\,e^-$ ……(iii)

正極：$O_2 + 4e^- + 4H^+ \longrightarrow 2H_2O$ ……(ii)

負極の反応式について，両辺のO原子数のつり合いより，$1 + \boxed{\textbf{x}} = 2$　∴ $\boxed{\textbf{x}} = \underline{1}$

H原子数のつり合いより，$4 + \boxed{\textbf{x}} \times 2 = \boxed{\textbf{y}}$　∴ $\boxed{\textbf{y}} = 4 + 1 \times 2 = \underline{6}$

さらに，電気的なつり合いより，$0 = \boxed{y} \times (+1) + \boxed{z} \times (-1)$ ∴ $\boxed{z} = \underline{6}$

b $CH_3OH + H_2O \longrightarrow CO_2 + 6H^+ + 6e^-$ ……(iii)

$O_2 + 4e^- + 4H^+ \longrightarrow 2H_2O$ ……(ii)

式(iii)×2＋式(ii)×3よりe^-を消去すると，次式が得られる。

$2CH_3OH + 3O_2 \longrightarrow 2CO_2 + 4H_2O$

この式は，メタノールを完全燃焼させたときの化学反応式と同じである。よって，メタノールが1.0mol反応するとき，O_2は$\frac{3}{2}$mol(<u>1.5mol</u>)反応する。

37

問1 $\boxed{1}$ー④ $\boxed{2}$ー⑤ $\boxed{3}$ー② $\boxed{4}$ー③ $\boxed{5}$ー⑦
$\boxed{6}$ー⑤ 問2 ① 問3 a ー① b ー① 問4 a ー⑦ b ー④

問1 電気分解では，陽極で酸化(e^-を失う変化)が起こり，陰極で還元(e^-を得る変化)が起こる。

ア 希硫酸 $H_2SO_4 \longrightarrow 2H^+ + SO_4^{2-}$

陽極(Pt)ではH_2Oが酸化され(SO_4^{2-}は変化しない)，陰極(Pt)ではH^+が還元される。

陽極：$2H_2O \longrightarrow O_2 + 4H^+ + 4e^-$

陰極：$2H^+ + 2e^- \longrightarrow H_2$

よって，$\boxed{1}$は④，$\boxed{2}$は⑤

イ 硫酸銅(Ⅱ)水溶液 $CuSO_4 \longrightarrow Cu^{2+} + SO_4^{2-}$

陽極(Cu)では極板のCuが酸化され(SO_4^{2-}は変化しない)，陰極(Cu)ではCu^{2+}が還元される。

陽極：$Cu \longrightarrow Cu^{2+} + 2e^-$（極板のCuが溶け出す）

陰極：$Cu^{2+} + 2e^- \longrightarrow Cu$

よって，$\boxed{3}$は②，$\boxed{4}$は③

ウ 塩化ナトリウム水溶液 $NaCl \longrightarrow Na^+ + Cl^-$

陽極(C)ではCl^-が酸化され，陰極(Pt)ではH_2Oが還元される(Na^+は変化しない)。

陽極：$2Cl^- \longrightarrow Cl_2 + 2e^-$

陰極：$2H_2O + 2e^- \longrightarrow H_2 + 2OH^-$

よって，$\boxed{5}$は⑦，$\boxed{6}$は⑤

68　第2編　物質の変化と平衡

短期攻略のツボ

　水溶液の電気分解

〈陽極〉 ○Ag 極，Cu 極のとき，極物質が酸化される（一般に溶け出す）。

　○Pt 極，C 極のとき I^- や Cl^- があれば I^- や Cl^- が酸化され，なければ H_2O（中性〜酸性下）または OH^-（アルカリ性下）が酸化される。……SO_4^{2-}，NO_3^- は変化しない。

〈陰極〉 ○一般に極物質は安定。

　○ Cu^{2+}，Ag^+ があれば，Cu^{2+}，Ag^+ が還元され，なければ H_2O（中性〜アルカリ性下）または H^+（酸性下）が還元される。……イオン化傾向の大きい K^+，Ca^{2+}，Na^+，Mg^{2+}，Al^{3+} は変化しない。

問2　陰極で金属（X とする）が析出するときの変化は，

$$X^{2+} + 2e^- \longrightarrow X$$

流れた電気量は，$i\,[C/s] \times t\,[s] = it\,[C]$

流れた電子 e^- の物質量は，$\dfrac{it\,[C]}{96500\,[C/mol]} = \dfrac{it}{96500}\,[mol]$

上式より，析出した金属の質量は

$$\frac{it}{96500}\,[mol] \times \frac{1}{2} \times M\,[g/mol] = \frac{M}{2} \times \frac{it}{96500}\,[g]$$

問3　**a**　$AgNO_3$ 水溶液を Ag 極を用いて電気分解すると，陽極，陰極ではそれぞれ次のような変化が起こる。

　　陽極：$Ag \longrightarrow Ag^+ + e^-$（極板の Ag が溶け出す）

　　陰極：$Ag^+ + e^- \longrightarrow Ag$（極板に Ag が析出する）

陰極で析出した Ag（原子量 M）は1gだから，上式より流れた電子 e^- の物質量は，

$$\frac{1\,[g]}{M\,[g/mol]} = \frac{1}{M}\,[mol]$$

この電子がもつ電気量は，$\dfrac{1}{M}\,[mol] \times F\,[C/mol] = \dfrac{F}{M}\,[C]$

この電気量を $A\,[A]$，t 秒間で流したので，$\dfrac{F}{M} = A \times t$　　$F = \underline{MAt}\,[C/mol]$

b　陽極で溶け出した Ag と同じ物質量の Ag が陰極で析出する。したがって，水溶液中の Ag^+ の濃度は変化しない。よって，**①**が正しい。

問4　**a**　$CuSO_4$ 水溶液を Pt 極を用いて電気分解すると，陽極，陰極ではそれぞれ次のような変化が起こる。

　　陽極：$2H_2O \longrightarrow O_2 + 4H^+ + 4e^-$　　　　　　　　　　　　……(1)

　　陰極：$Cu^{2+} + 2e^- \longrightarrow Cu$　　　　　　　　　　　　　　……(2)

陰極に $w\,[g]$ の Cu（原子量 63.5）が析出したので，(2)式より流れた電子 e^- の物質量は

$$\frac{w\,[g]}{63.5\,[g/mol]} \times 2 = \frac{2w}{63.5}\,[mol]$$

よって，流れた電気量は $\dfrac{2w}{63.5}\,[mol] \times 96500\,[C/mol] = \dfrac{2 \times 96500 \times w}{63.5}\,[C]$

第2章　化学反応と電気エネルギー　**69**

b (1)式 + (2)式 × 2 より e^- を消去すると，全体の反応式が得られる。

$$2H_2O + 2Cu^{2+} \longrightarrow O_2 + 2Cu + 4H^+ \qquad \cdots\cdots(3)$$

(3)式より，電解液中の H^+ の量は増加し，Cu^{2+} の量は減少することがわかる。また，$SO_4{}^{2-}$ は(3)式中になく量は変化しないことがわかる。

38

問1　③	問2　1 －⑤	2 －②	問3　3 －⑤	4 －②
問4　a －④	b －②	c －⑦	問5　a －⑤	b －③

問1　$CuSO_4$ 水溶液を Pt 極で電気分解すると，陽極と陰極ではそれぞれ次の変化が起こる。

陽極：$2H_2O \longrightarrow O_2 + 4H^+ + 4e^-$ $\qquad \cdots\cdots(1)$

陰極：$Cu^{2+} + 2e^- \longrightarrow Cu$ $\qquad \cdots\cdots(2)$

流れた電子 e^- の物質量は，$\dfrac{0.50 \, (C/s) \times (96.5 \times 60) \, (s)}{9.65 \times 10^4 \, (C/mol)} = 0.030 \, (mol)$

(1)式より陽極で発生する O_2 の体積(標準状態)は，

$$0.030 \, (mol) \times \frac{1}{4} \times 22.4 \times 10^3 \, (mL/mol) = \underline{168} \, (mL)$$

(2)式より陰極で析出する Cu の質量は，

$$0.030 \, (mol) \times \frac{1}{2} \times 63.5 \, (g/mol) = \underline{0.95} \, (g)$$

問2　希硫酸水溶液を Pt 極で電気分解すると，陽極と陰極ではそれぞれ次の変化が起こる。

陽極：$2H_2O \longrightarrow O_2 + 4H^+ + 4e^-$ $\qquad \cdots\cdots(1)$

陰極：$2H^+ + 2e^- \longrightarrow H_2$ $\qquad \cdots\cdots(2)$

電気分解で流れた電子の物質量は，$\dfrac{965 \, (C)}{96500 \, (C/mol)} = 0.0100 \, (mol)$

(1)式より陽極で生成する O_2 の質量は，$0.0100 \, (mol) \times \dfrac{1}{4} \times 32 \, (g/mol) = \underline{0.08} \, (g)$

(2)式より陰極で生成する H_2 の質量は，$0.0100 \, (mol) \times \dfrac{1}{2} \times 2 \, (g/mol) = \underline{0.01} \, (g)$

問3　図の A で NaOH 水溶液の電気分解で起こる変化は，

陽極（＋）：$4OH^- \longrightarrow O_2 + 2H_2O + 4e^-$ $\qquad \cdots\cdots(1)$

陰極（－）：$2H_2O + 2e^- \longrightarrow H_2 + 2OH^-$ $\qquad \cdots\cdots(2)$

(1)式 + (2)式 × 2 より e^- を消去すると，$2H_2O \longrightarrow 2H_2 + O_2$ となる。したがって，全体としては水の電気分解となり，発生する気体は体積比 2：1 の H_2 と O_2 であることがわかる。一方，図の A で蓄えられた H_2 と O_2 は，図の B では電池の還元剤，酸化剤としてはたらく。このとき起こる変化(電池の放電)は，

正極（＋）：$O_2 + 2H_2O + 4e^- \longrightarrow 4OH^-$ $\qquad$ (1)′ ((1)の逆向き)

負極（－）：$H_2 + 2OH^- \longrightarrow 2H_2O + 2e^-$ $\qquad$ (2)′ ((2)の逆向き)

70 第2編　物質の変化と平衡

全体としては $2H_2 + O_2 \longrightarrow 2H_2O$ となり，H_2 の燃焼反応と同じになる。

［参考］　図のBの電池はグローブ電池とよばれ，現在の水素 − 酸素燃料電池の原型といえる。図のAの電気分解は，図のBの電池の充電と見ることもできる。

問4　各電解槽で起こる変化は，次のようになる。

〈硫酸銅（Ⅱ）水溶液〉Cu極

陽極Ⅱ：$Cu \longrightarrow Cu^{2+} + 2e^-$ 　　　　　陰極Ⅰ：$Cu^{2+} + 2e^- \longrightarrow Cu$

　　　　　　　　　　　　　　　　　　　　　　　　2　：　1

〈塩化ナトリウム水溶液〉C極

陽極Ⅳ：$2Cl^- \longrightarrow Cl_2 + 2e^-$ 　　　　　陰極Ⅲ：$2H_2O + 2e^- \longrightarrow H_2 + 2OH^-$

〈硝酸銀水溶液〉Pt極

陽極Ⅵ：$2H_2O \longrightarrow O_2 + 4H^+ + 4e^-$ 　　陰極Ⅴ：$Ag^+ + e^- \longrightarrow Ag$

　　　　　　　　　　　　　　　　　　　　　　　　1　：　1

a　電極Ⅲにおける変化

　<u>H_2</u> が発生し，電極付近の溶液中に OH^- が生成したので溶液が<u>アルカリ性</u>になった。（④）

b　電極Ⅳにおける変化

　<u>Cl_2</u> が発生した。（②）

c　電極Ⅴにおける変化

　Ag が析出した。電極Ⅰで析出した Cu が 0.635 g なので流れた電子の物質量は，

$$\frac{0.635 〔g〕}{63.5 〔g/mol〕} \times 2 = 0.0200 〔mol〕$$

よって，析出した Ag の質量は

$$0.0200 〔mol〕 \times 108 〔g/mol〕 = \underline{2.16} 〔g〕 　（⑦）$$

（注）　各電解槽はすべて直列に連結されているので，各電極に流れた電気量は等しい。

問5　**a**　図4より，析出する金属 M の物質量は時間に比例することがわかる。例えば 30 分で 9.0×10^{-3} mol 析出するので，5.0×10^{-3} mol 析出するまでの時間は，

$$30 分 \times \frac{5.0 \times 10^{-3} mol}{9.0 \times 10^{-3} mol} = \frac{50}{3} 分$$

よって，この時間までに流れた電気量は，

$$0.965 C/s \times \left(\frac{50}{3} \times 60 \right) s = 965 C ≒ 9.7 \times 10^2 C$$

（注）　$1A = 1C/s$

b　図3より，電極**ウ**は陰極，電極**エ**は陽極となっているので，NaOH 水溶液の電気分解により，電極**ウ**・**エ**ではそれぞれ次のような変化が起こる。

　　　　　　　　　　　　　　　　　┌-- 2：1 --┐

　　　　　電極(ウ)：$2H_2O + 2e^- \longrightarrow H_2\uparrow + 2OH^-$……(i)

　　　　　電極(エ)：$4OH^- \longrightarrow O_2\uparrow + 2H_2O + 4e^-$……(ii)

　　　　　　　　　　　└------ 1：4 ------┘

30分まで電気分解を行ったとすると，流れた電子e^-の物質量は，

$$\frac{0.965\,\text{C/s} \times (30 \times 60)\,\text{s}}{96500\,\text{C/mol}} = 0.018\,\text{mol} \quad (30\,分までに流れた電子)$$

〔電極(ウ)で発生した気体H_2〕
(i)式の係数比より，発生したH_2の物質量は，

$$0.018\,\text{mol} \times \frac{1}{2} = 0.0090\,\text{mol}$$

〔電極(エ)で発生した気体O_2〕
(ii)式の係数比より，発生したO_2の物質量は，

$$0.018\,\text{mol} \times \frac{1}{4} = 0.0045\,\text{mol}$$

以上の結果を正しく表しているグラフは，③である。

[参考]　金属Mのイオンの価数をnとすると，電極アで起こる変化は，

$$M^{n+} + ne^- \longrightarrow M$$

30分間で電子が0.018 mol流れると，Mは0.0090 mol析出するので，次式が成り立つ。

$$0.018\,\text{mol} \times \frac{1}{n} = 0.0090\,\text{mol} \qquad \therefore\ n = 2$$

39

問1　a　[1]—①　[2]—①　[3]—②　[4]—②　[5]—②
[6]—①　b—③　問2　a—②　b—④　問3　a—⑥　b—⑦

問1　図1の左側はダニエル電池であり，Aが負極でBが正極である。また，右側は鉛蓄電池であり，Eが負極でFが正極である。これらの電池により，中央の電解槽に入った硫酸ナトリウム水溶液が電解される。

a　[1]（正）　電子e^-は電池の負極A，Eから送り出され，上図に示した方向に流れる。したがって，電流は電子と逆にF→Y→X→Aの方向に流れる。

[2]（正）　ダニエル電池が放電したときの負極の変化($Zn \longrightarrow Zn^{2+} + 2e^-$)が起こ

る。このとき Zn 極は溶け出すので質量が減少する。

$\boxed{3}$ (誤), $\boxed{4}$ (誤)　中央の電解槽で起こる変化は,
　　陽極 C：$2H_2O \longrightarrow O_2 + 4H^+ + 4e^-$ 　　　　　　　　……(1)
　　陰極 D：$2H_2O + 2e^- \longrightarrow H_2 + 2OH^-$ 　　　　　　　……(2)
(1)式より, 陽極 C の質量は変化しないことがわかる。
(2)式より, 陰極 D 付近の溶液中には OH^- が生成するので, 溶液はアルカリ性になることがわかる。
(注)　(1)式より, 陽極 C 付近の溶液中には H^+ が生成し, 溶液は酸性になる。陽極側と陰極側は隔膜で隔てられているので, H^+ と OH^- が両極で別々に生成してくる。

$\boxed{5}$ (誤), $\boxed{6}$ (正)　鉛蓄電池が放電すると, 正極 F と負極 E ではともに難溶性の $PbSO_4$ が生成し, これが各極板上に付着する。したがって, E, F ともに質量が増加する。

b　流れた電子の物質量は　$\dfrac{270 [C]}{9.65 \times 10^4 [C/mol]} = 0.00280 [mol]$

ダニエル電池が放電したときの正極 B の変化は, 　$Cu^{2+} + 2e^- \longrightarrow Cu$

よって, 析出した Cu の質量は, 　$0.00280 [mol] \times \dfrac{1}{2} \times 63.5 [g/mol] = 0.089 [g]$ 増

問2　**a**　陽極(C 極)と陰極(Pt 極)では, それぞれ次の変化が起こる。
　　陽極：$2Cl^- \longrightarrow Cl_2 + 2e^-$ 　　　　　　　　　　　　　　……(1)
　　陰極：$2H_2O + 2e^- \longrightarrow H_2 + 2OH^-$ 　　　　　　　　……(2)
この電解槽は陽イオンだけを通す隔膜(陽イオン交換膜)で仕切られている。したがって, 次図に示すように溶液中は陽イオン Na^+ が A 室から B 室に移動することによって電気が流れる(溶液中の陽イオンと陰イオンが電気的につり合いを保つようにイオンが移動する)。

電気分解をしていくと, A 室の NaCl 濃度は小さくなり, B 室の NaOH 濃度は大きくなる。
電気分解により A 室の NaCl 水溶液の濃度が $1.00 [mol/L]$ から $0.900 [mol/L]$ になったので, 隔膜を通って B 室に移動した Na^+ の物質量は

$$(1.00 [mol/L] - 0.900 [mol/L]) \times \dfrac{500}{1000} [L] = 0.0500 [mol]$$

溶液中を Na^+ が運んだ電気量と導線中を電子が運んだ電気量は, その絶対値が等しい。

よって，電気分解で流れた電気量は，
    0.0500〔mol〕× 9.65 × 10⁴〔C/mol〕= <u>4825</u>〔C〕

b (2)式より，B室の溶液中に生成した OH⁻ の物質量は，流れた電子と等しく 0.0500 mol である。溶液は 500 mL なので，水酸化物イオン濃度は

$$[OH^-] = \frac{0.0500 \text{〔mol〕}}{0.500 \text{〔L〕}} = 0.100 \text{〔mol/L〕}$$

これを 100 倍にうすめると，

$$[OH^-] = \frac{0.100 \text{〔mol/L〕}}{100} = \underline{1.00 \times 10^{-3}} \text{〔mol/L〕}$$

> **短期攻略のツボ**
> 陽イオン交換膜を用いた NaCl 水溶液の電気分解
> 陽極室から陰極室へ Na⁺ が入っていくが，陰極室から陽極室へ OH⁻ が入らない。

問3 a 陽極(粗銅)と陰極(純銅)では，それぞれ次のような変化が起こる。
    陽極：Cu(粗銅) ⟶ Cu²⁺ + 2e⁻   溶け出す   ……(1)
    陰極：Cu²⁺ + 2e⁻ ⟶ Cu(純銅)   析出する   ……(2)
粗銅中に含まれる他の金属は，イオン化傾向の大小により，次のように分離される。
    Zn, Fe, Ni (＞ Cu)：陽イオンとなって溶け出し，溶液中に残る。
    Ag, Au (＜ Cu)：単体のまま陽極の下に沈む(陽極泥)。

b 粗銅の質量減少については，次の関係が成り立つ。
    (減少した粗銅の質量)
    ＝(溶け出した銅の質量 x)＋(溶け出した不純物の金属の質量 y)＋(陽極泥の質量)
したがって， 67.14 g ＝ x〔g〕＋ y〔g〕＋ 0.34〔g〕   ……(1)
一方，純銅の質量増加については，次の関係が成り立つ。
    (析出した純銅の質量)
    ＝(溶け出した銅の質量 x)＋(溶液から減少した銅イオンの質量)
したがって，
    66.50〔g〕＝ x〔g〕＋ 0.0400〔mol/L〕× 1〔L〕× 63.5〔g/mol〕   ……(2)
(1), (2)式より，x = 63.96〔g〕，y = 2.84〔g〕
よって，溶け出した不純物の金属の質量は <u>2.84 g</u> である。

第3章　反応速度と化学平衡

40

問1　②　問2　③　問3　a－②　b－③　問4　⑤

問1　①（正）　温度を上げると，下図に示すように活性化エネルギーを超える分子の数の割合が増加するため，正反応も逆反応も速くなる。

②（誤）　温度を10℃上げると速さが2倍になる反応では，温度を10℃下げると速さが$\frac{1}{2}$倍になる。したがって，温度を20℃下げると，速さは$\frac{1}{2}\times\frac{1}{2}=\frac{1}{4}$倍になる。

③（正）　反応物の濃度が高くなると，熱運動する分子どうしの衝突回数が増すので，反応の速さは増大する。

④（正）　活性化エネルギーが小さくなれば，下図に示すように活性化エネルギーを超える分子の数の割合が増加するので，反応の速さは増大する。

⑤（正）　可逆反応における見かけの反応の速さ（$v-v'$）は，時間とともにvが小さくなりv'が大きくなるので，減少していく。$v=v'\neq 0$になると，見かけの反応の速さは0になる。これが平衡状態である。

問2　①（誤）　触媒は，固体だけでなく酸の水溶液などのように液体のときもある。

②（誤）　触媒が作用しても，反応の初めと終わりの状態は変化しないので，反応熱は変化しない。

③（正）　触媒の作用により，活性化エネルギーがより小さい別の反応経路に変わる。

④（誤）　触媒の作用により，正反応と逆反応の活性化エネルギーはいずれも同じだけ小さくなるので，正反応と逆反応の速さはともに増大する。

⑤（誤）　触媒を加えると，正反応も逆反応も速くなるが，化学平衡の状態は変わらない。

短期攻略のツボ

活性化エネルギー

　反応が進行するためには，反応物質の粒子同士が衝突し，かつ活性化エネルギーとよばれるエネルギーの障壁を越えなければならない。

〔例〕

問3　a　同じ時点におけるA，B，Cの濃度変化速度(絶対値)の比は，反応式の係数の比と一致する。

$$2A + B \longrightarrow 2C$$
$$2\ :\ 1\ :\ 2$$

ある時点におけるCの増加速度は $4.0 \times 10^{-3}\,\mathrm{mol/(L \cdot s)}$ であったので，この時点におけるBの減少速度は，反応式の係数の比より，

$$4.0 \times 10^{-3}\,\mathrm{mol/(L \cdot s)} \times \frac{1}{2} = 2.0 \times 10^{-3}\,\mathrm{mol/(L \cdot s)}$$

b　この反応の反応速度式（Cの増加速度式）を $v = k[A]^x[B]^y$ とおく。

[A]を2倍にするとCの増加速度は4倍になるので，

$$v' = k(2[A])^x[B]^y = 2^x k[A]^x[B]^y = 2^x v = 4v$$

よって，$2^x = 4$　　$x = 2$

また，[B]を2倍にするとCの増加速度は2倍になるので，

$$v' = k[A]^x(2[B])^y = 2^y k[A]^x[B]^y = 2^y v = 2v$$

よって，$2^y = 2$　　$y = 1$

以上より，この反応の反応速度式は，$v = k[A]^2[B]$ となる。

短期攻略のツボ

　反応速度は，反応物質または生成物質の単位時間あたりの濃度変化(絶対値)で表される。
　一般に反応速度 v は，反応物質の濃度に関して次式のような形(反応速度式)に従う。比例定数 k は，(反応)速度定数とよばれる。

$$aA + bB \xrightarrow{v} xX + yY$$
$$v = k[A]^{n_1}[B]^{n_2}$$

n_1，n_2 は一般に実験によって決められる(反応式の係数から単純に決まるものではない)。

問4 反応 $2HI \longrightarrow H_2 + I_2$ の反応速度式は, $v = k[HI]^2$ で表される。

一定容積の容器中に含まれる HI 分子の数を3倍にすると, HI の濃度 [HI] が3倍になる。このとき反応速度は, 速度式より9倍になることがわかる。

$$v' = k(3[HI])^2 = 9k[HI]^2 = 9v$$

反応物の濃度の増加により反応速度が大きくなるのは, 反応速度が分子どうしの衝突回数に比例して増加するためである。よって, [HI] を3倍にすると HI 分子どうしが単位時間あたり衝突する回数は9倍になる。

(注) $H_2 + I_2 \xrightarrow{v} 2HI$ 　　$2HI \xrightarrow{v'} H_2 + I_2$
反応速度式　　　　　反応速度式
$v = k[H_2][I_2]$ 　　　$v' = k'[HI]^2$
(2次反応) 　　　　　(2次反応)

41

問1 ④　問2 ②　問3 ①

問1 問題文より, 誘導時間後に式(1)と式(2)の反応が起こると考えてよい。このときから I_2 が生成し始めるので, 溶液中にあったデンプンと I_2 が直ちに反応する(ヨウ素デンプン反応)。その結果, 溶液の色が突然, 無色から青紫色に変化する。

問2 誘導時間中(0 秒〜t^* 秒)に起こる反応は, 式(1)と式(3)の反応である。この間の平均反応速度は, t^* に反比例すなわち $\dfrac{1}{t^*}$ に比例すると考えてよいので, $S_2O_8^{2-}$ の初期濃度と $\dfrac{1}{t^*}$ の関係を調べてみる。$S_2O_8^{2-}$ の初期濃度は, 表1の溶液 B の量[mL]に比例するから(水を加えて溶液の体積を同じにしてある), これを $S_2O_8^{2-}$ の濃度の代わりに用いてグラフをつくると, 次図のようになる。

実験結果	溶液 B [mL]	$\dfrac{1}{t^*}$ [/秒]
ア	3	2.4×10^{-2}
イ	2	1.6×10^{-2}
ウ	1	0.78×10^{-2}

グラフはほぼ直線となるので, $\dfrac{1}{t^*}$ は $[S_2O_8^{2-}]$ に比例すると考えてよい。

すなわち, t^* は $[S_2O_8^{2-}]^{-1}$ に比例する。

$$\therefore \ t^* = k[S_2O_8^{2-}]^{-1}$$

第3章　反応速度と化学平衡　**77**

問3　①（誤）　温度を上げると，一般に反応速度は大きくなる。式(1)と式(3)の反応の平均反応速度は $\dfrac{1}{t^*}$ に比例するので，温度を上げると $\dfrac{1}{t^*}$ は大きくなる。よって t^* は小さくなる。

②（正）　$S_2O_3{}^{2-}$ の濃度を大きくすると，$S_2O_3{}^{2-}$ が反応してある濃度以下になるまでの時間が長くなる。このため式(1)と式(2)の反応が起こるまでの時間すなわち誘導時間 t^* は大きくなる。

③（正）　触媒を加えると，一般に反応速度は大きくなる。式(1)と式(3)の反応の平均反応速度は $\dfrac{1}{t^*}$ に比例するので，$\dfrac{1}{t^*}$ は大きくなる。よって，t^* は小さくなる。

④（正）　$S_2O_8{}^{2-}$ の S 原子の酸化数を x とすると，O 原子の酸化数は -2 であるから，
$$2x + 8 \times (-2) = -2 \quad \therefore x = +7$$
$SO_4{}^{2-}$ の S 原子の酸化数を y とすると，
$$y + 4 \times (-2) = -2 \quad \therefore y = +6$$
よって，S 原子の酸化数は $+7$ から $+6$ に減少する。

［参考］

$$(S_2O_8{}^{2-}) \qquad\qquad (SO_4{}^{2-})$$

42

問1　①　　問2　②，③（順不同）　　問3　④

問1　密閉容器に H_2 と I_2 の混合物を入れて一定温度で加熱すると，H_2 や I_2 の物質量(または濃度)はしだいに減少していく。したがって正反応の速さは，反応開始時が最も大きく，時間とともにしだいに小さくなる。一方，逆反応の速さは，反応開始時には HI がないので 0 であるが，正反応によって HI の物質量(または濃度)がしだいに増加していくので時間とともに大きくなる。やがて正反応の速さと逆反応の速さは等しくなり一定となるので，見かけ上反応が停止したように見えるが，実際は停止していない。このような状態は，化学平衡の状態とよばれる。

短期攻略のツボ

$$aA + bB \underset{v'}{\overset{v}{\rightleftarrows}} xX + yY$$

○可逆反応 …… 右向き(正反応)だけでなく左向き(逆反応)も起こる反応

○平衡状態 …… 可逆反応で正反応の速度(v)と逆反応の速度(v')が等しくなった状態

$$\boxed{v = v' \neq 0}$$

この状態では，各物質 A，B，X，Y の濃度は一定になっている。

78 第2編 物質の変化と平衡

問2 初めに，H_2（モル質量 2.0 g/mol）と CO_2（モル質量 44 g/mol）を，同じ質量 w〔g〕ずつ混合したとする。w〔g〕の H_2 と w〔g〕の CO_2 の物質量を，それぞれ n_{H_2}，n_{CO_2} とすると，$n_{H_2} = \dfrac{w}{2.0}$〔mol〕，$n_{CO_2} = \dfrac{w}{44}$〔mol〕より，$n_{H_2} \neq n_{CO_2}$ である。

n_{H_2}，n_{CO_2} のうち，x〔mol〕ずつが反応して平衡状態に達したとすると，各気体の量的関係は以下のようになる。

	H_2	$+$	CO_2	$\rightleftharpoons$	H_2O	$+$	CO	
初め	n_{H_2}		n_{CO_2}		0		0	〔単位 mol〕
変化量	$-x$		$-x$		$+x$		$+x$	
平衡	$n_{H_2} - x$		$n_{CO_2} - x$		x		x	

① （誤） $n_{H_2} \neq n_{CO_2}$ より，$n_{H_2} - x \neq n_{CO_2} - x$ である。したがって，H_2 と CO_2 の物質量は常に必ず異なるので，平衡状態における H_2，CO_2，H_2O，CO の分圧がすべて等しくなることはない。

② （正） 平衡状態では，正反応（$\longrightarrow$）の速さと逆反応（$\longleftarrow$）の速さがつり合い，見かけ上反応が停止したように見えるが，どちらの反応も停止はしていない。

③ （正） H_2O の物質量 x と CO の物質量 x は常に必ず等しいので，平衡状態における H_2O と CO の分圧は等しい。

④ （誤） 容器内の物質全体について，各元素の原子の総数は一定であるから，各元素の原子数の比も一定である。

⑤ （誤） 平衡状態における H_2 の質量は $w - 2.0x$〔g〕，CO_2 の質量は $w - 44x$〔g〕となるので，$w - 2.0x$〔g〕$\neq w - 44x$〔g〕である。

問3 $\underset{\text{逆反応}}{\overset{\text{正反応}}{CH_3COOC_2H_5 + H_2O \rightleftharpoons CH_3COOH + C_2H_5OH}}$

① （誤） 酢酸エチル $CH_3COOC_2H_5$ は正反応（右向きの反応）の反応物質であるから，濃度を高くすると分子同士の衝突回数が増し，正反応の速さは<u>大きくなる</u>。

② （誤） 溶液の温度を上げると，活性化エネルギーを超えるエネルギーをもつ分子の数の割合が増すので，正反応の速さと逆反応の速さは<u>どちらも大きくなる</u>。

③ （誤） 反応式の係数関係より，酢酸エチル $CH_3COOC_2H_5$ が 1 mol 減少すると，エタノール C_2H_5OH が 1 mol 増加する。したがって，酢酸エチルの濃度が減少する速さと，エタノールの濃度が増加する速さは<u>等しい</u>。

④ （正） 平衡状態では，正反応と逆反応の速さが等しくなっている。ただし，どちらの反応も停止することはない。

⑤ （誤） エタノール C_2H_5OH は逆反応（左向きの反応）の反応物質であるから，溶液にエタノールを加えてエタノールの濃度を高くすると，逆反応の速さは<u>大きくなる</u>。

第3章　反応速度と化学平衡　**79**

> **短期攻略のツボ**
>
> 反応速度を大きくする条件
>
> 反応物質の濃度を大きくする
>
> 　反応物質の粒子同士の衝突回数が増加する。
>
> 温度を高くする
>
> 　エネルギーに富んだ粒子の数の割合が増加するため，活性化エネルギーを超える粒子の数の割合も増加する。　⇒速度定数　大
>
> 触媒を加える
>
> 　活性化エネルギーが小さくなり，活性化エネルギーを超える粒子の数の割合が増加する。　⇒速度定数　大

43

問1　①　　問2　a－③　　b－①　　問3　③

問1　$H_2(気) + I_2(気) \underset{逆反応（逆反応の速度 v'）}{\overset{正反応（正反応の速度 v）}{\rightleftharpoons}} 2HI(気)$

初めの平衡状態における正反応の速度を v_0，逆反応の速度を v_0' とすると，$v_0 = v_0'$ が成り立つ。温度を上げた直後における正反応の速度を v_1，逆反応の速度を v_1' とすると，温度上昇により v_0，v_0' はどちらも増加するので，$v_1 > v_0$，$v_1' > v_0'$ となる。

（注）　この反応のように正反応が発熱反応の場合，v_0' の増加率は v_0 の増加率より大きい $\left(増加率 \dfrac{v_1'}{v_0'} > \dfrac{v_1}{v_0} > 1\right)$。よって，$v_0' = v_0$ より $v_1' > v_1$ となるので平衡は左（吸熱方向）へ移動する。

問2　**a**　触媒の量だけを増すと，反応速度が増すので，反応初期の曲線の接線の傾き（絶対値）は大きくなるが，反応終了時の状態は変わらない。したがって，曲線Bのグラフは圧力が一定となるまでの時間が曲線Aより短くなり，最終的には曲線Aと一致する。

b　体積比＝分圧比が成り立つので，反応前の混合気体中のアセチレン $CH{\equiv}CH$ と水素 H_2 の各分圧は，次のようになる。

アセチレン　$1.0 \times 10^5\,Pa \times \dfrac{3.0\,L}{10.0\,L} = 0.30 \times 10^5\,Pa$

水素　　　　$1.0 \times 10^5\,Pa \times \dfrac{7.0\,L}{10.0\,L} = 0.70 \times 10^5\,Pa$

容積（10.0L）と温度（25℃）が一定で，物質量の比＝分圧の比が成り立つので，反応前後における各気体の分圧は，以下のようになる。

	$CH{\equiv}CH$	＋	$2H_2$	$\longrightarrow$	$CH_3{-}CH_3$
反応前	0.30		0.70		0	〔$\times 10^5\,Pa$〕
変化分	－0.30		－0.60		＋0.30
反応後	0		0.10		0.30

よって，反応後に残った H_2 の分圧は，$0.10 \times 10^5 \mathrm{Pa} = 1.0 \times 10^4 \mathrm{Pa}$

なお，混合気体の全圧は，反応前は $1.0 \times 10^5 \mathrm{Pa}$，反応後は $0.40 \times 10^5 \mathrm{Pa}$ になることがわかる。

問3 エチレン $CH_2=CH_2$ とヨウ化水素 HI が反応してヨウ化エチル CH_3CH_2I が生成するときの，化学反応式と各物質の量的関係は以下のように表される。

	$CH_2=CH_2$	+	HI	$\longrightarrow$	CH_3CH_2I	
時間 0	0.8		1.0		0	[mol]
変化分	$-x$		$-x$		$+x$	
時間 t	$0.8-x$		$1.0-x$		x	

① (正)，② (正) $CH_2=CH_2$, HI, CH_3CH_2I について，反応式の係数比は $1:1:1$ であるから，反応時間が同じ時点では，

$$\begin{pmatrix} CH_2=CH_2 \text{ の物質量} \\ \text{が減少する速さ} \end{pmatrix} : \begin{pmatrix} HI \text{ の物質量} \\ \text{が減少する速さ} \end{pmatrix} : \begin{pmatrix} CH_3CH_2I \text{ の物質量} \\ \text{が増加する速さ} \end{pmatrix}$$

$= 1 : 1 : 1$

が成り立つ。よって，反応時間が同じ時点ではこれらの速さはすべて等しい。

(注) 同じ時点が例えば右図の t_1 であったとすると，t_1 における各曲線の接線の傾き(絶対値)が，物質量の変化する速さに相当する。

③ (誤) 生成物である CH_3CH_2I の物質量が増加する速さは，反応物である $CH_2=CH_2$ や HI の物質量が減少するにつれて小さくなる。よって，反応開始時が最も<u>大きい</u>。図では，CH_3CH_2I の曲線の接線の傾き(絶対値)が，反応開始時で最も大きいことに対応する。

④ (正)，⑤ (正) 反応を始めてからある時間 t までに減少した HI の物質量を x [mol] とすると，反応式の係数比より，同じ時間内に増加した CH_3CH_2I の物質量も x [mol] である(図も参照)。

また，反応を始めてからある時間 t までに残っている HI と $CH_2=CH_2$ の物質量は，それぞれ $1.0-x$ [mol]，$0.8-x$ [mol] である。これらの比は，反応が進むにつれて x が変化するので変化する。

第4章　化学平衡と平衡移動　**81**

第4章	化学平衡と平衡移動

44

問1　$\boxed{1}$ ー② 　$\boxed{2}$ ー① 　$\boxed{3}$ ー① 　$\boxed{4}$ ー③ 　問2　③
問3　⑥　問4　②, ⑤（順不同）

問1　右辺の物質の量を増加させるには，平衡を右へ移動させればよい。ルシャトリエの原理に基づいて，平衡が右へ移動する温度と圧力の条件変化を考える。

a　　　　　　　$CO + 2H_2 \rightleftharpoons CH_3OH(気)$〔熱化学方程式より右方向は発熱〕

気体分子数
の変化　　　$1 + 2 \;>\; 1$

○温度を<u>低くする</u>と，発熱方向(右)に平衡が移動する。

○圧力を<u>高くする</u>と，気体分子の総数が減少する方向(右)に平衡が移動する。

b　　　　　　　$CO_2 + H_2 \rightleftharpoons CO + H_2O(気)$〔熱化学方程式より右方向は吸熱〕

気体分子数
の変化　　　$1 + 1 \;=\; 1 + 1$

○温度を<u>高くする</u>と，吸熱方向(右)に平衡が移動する。

○圧力を<u>変えても</u>，気体分子の総数は変化しないので，<u>効果はない</u>。

短期攻略のツボ

ルシャトリエの原理(平衡移動の原理)

　ある平衡状態に条件変化(濃度，圧力，温度)を与えると，その変化を緩和する方向に平衡が移動する。

　　　　　　　条件変化　　　　　　　　　　　　平衡移動の方向
①ある物質の<u>濃度</u>を<u>大きくする</u>　　　　　その物質の<u>濃度</u>が小さくなる方向
②<u>圧力(全圧)</u>を<u>大きくする</u>　　　　　　<u>圧力(全圧)</u>が小さくなる方向
　　　　　　　　　　　　　　　　　　　　　〔気体分子の総数が減少する方向〕

③<u>温度</u>を<u>高くする</u>　　　　　　　　　　<u>温度</u>が低くなる方向
　　　　　　　　　　　　　　　　　　　　　〔吸熱方向〕

(触媒を加えても，平衡は移動しない。)

問2　無色の N_2O_4 が一部解離して褐色の NO_2 を生じる可逆反応は，次式で表される。平衡移動は，ルシャトリエの原理に基づいて考えればよい。

$$N_2O_4(気) \rightleftharpoons 2NO_2(気)〔問題文より右方向は吸熱〕$$

　　気体分子数の変化　　　$1 \;<\; 2$

①（誤），②（誤）　体積一定のもとで温度を高くすると，吸熱方向(右)へ平衡が移動するので，NO_2 の濃度が増加して褐色が<u>濃くなる</u>。

③（正）　温度一定のもとで体積を大きくして圧力を急に減らすと，初めは N_2O_4 と NO_2 の濃度がどちらも減少するので，褐色がうすくなる。その後，しだいに気体分子の総数が増

加する方向(右)へ平衡が移動するので，NO₂の濃度が増加して褐色が濃くなる。

④（誤）温度一定のもとで体積を小さくして圧力を急に加えると，初めはN₂O₄とNO₂の濃度がどちらも増加するので，褐色が濃くなる。その後，しだいに気体分子の総数が減少する方向(左)へ平衡が移動するので，NO₂の濃度が減少して褐色がうすくなる。

⑤（誤）③，④で示したように，温度一定のもとで圧力を減らしても加えても，色の変化がある。

問3　　　N₂(気) + 3H₂(気) ⇌ 2NH₃(気)〔右方向は発熱〕

気体分子数
の変化　　　1　+　3　＞　2

圧力一定で温度を高くすると，吸熱方向(左)へ平衡が移動するので，NH₃の体積パーセントは減少する。また，温度一定で圧力を高くすると，気体分子の総数が減少する方向（右）へ平衡が移動するので，NH₃の体積パーセントは増加する。

問4　①（正）Aの正反応の反応熱は，10kJの吸熱である。

2HI = H₂ + I₂ − 10kJ

この反応熱と正・逆両反応の活性化エネルギーとの関係は，次図のように表される。図より，$E_a > E_a'$ である。

E_a：正反応の活性化エネルギー
E_a'：逆反応の活性化エネルギー

②（誤）

　　　　A： 2HI(気) ⇌ H₂(気) + I₂(気)

気体分子
の変化なし　　2　＝　1　+　1

　　　　B： 2NO(気) ⇌ N₂(気) + O₂(気)

気体分子数
の変化なし　　2　＝　1　+　1

　　　　C： C(黒鉛) + H₂O(気) ⇌ CO(気) + H₂(気)

気体分子数
の変化　　（固体）　1　＜　1　+　1

正反応（⟶）と逆反応（⟵）で気体分子の総数に変化がないとき，温度を一定にして圧力を上げても，平衡は移動しない。したがって，A，Bの反応では，平衡は移動しない。一方，Cの反応において，固体のC(黒鉛)は気体と比べて圧力の影響を無視しうる。したがって，温度を一定にして圧力を上げると，気体分子の総数が減少する方向(左)へ平衡が移動する。

③（正）Bの反応が平衡に達しているとき，NO，N₂，O₂の各物質について濃度が一定

になっている。これは NO, N₂, O₂ の各物質について，その消滅する速度と生成する速度が等しくなっているからである。

④（正）　　$2SO_2(気) + O_2(気) \rightleftarrows 2SO_3(気)$〔右方向は発熱〕

気体分子数
の変化　　　2　　+　　1　　>　　2

Dの反応では，温度を低くすると発熱方向の右へ平衡が移動し，圧力を上げると気体分子の総数が減少する方向の右へ平衡が移動する。したがって，温度が低く圧力が高いほど，平衡における SO_3 の生成率は大きい。

⑤（誤）　触媒を加えると，正反応と逆反応の活性化エネルギーが同じだけ減少するが，反応熱は変化しない。

⑥（正）　　$2O_3(気) \rightleftarrows 3O_2(気)$〔右方向は発熱〕

気体分子数
の変化　　　2　　<　　3

Eの反応では，圧力を下げると，気体分子の総数が増加する方向の右へ平衡が移動する。また，温度を低くすると，発熱方向の右へ平衡が移動する。

45

問1　　　$2NO_2(気) \rightleftarrows N_2O_4(気)$〔問題文より右方向は発熱〕

気体分子数
の変化　　　2　　>　　1

a 1 （正）平衡状態では，正反応（⟶）の速さと逆反応（⟵）の速さがつり合い，NO_2 の濃度と N_2O_4 の濃度は一定になる。したがって，一定体積中の NO_2 分子の数と N_2O_4 分子の数は一定に保たれる。

 2 （誤）平衡状態は，反応条件によって異なるので，NO_2 の濃度が N_2O_4 の濃度の2倍になるとは限らない。

 3 （正）n_0〔mol〕の NO_2 のみから出発して，そのすべてが N_2O_4 に変化したと仮定すると，$\frac{1}{2}n_0$〔mol〕の N_2O_4 が生成する。実際に到達する平衡状態はその途中にあるので，同温・

同圧であれば，$\frac{1}{2}n_0$〔mol〕の N_2O_4 のみから出発したとき到達する平衡状態と完全に一致する。

4 （誤）ルシャトリエの原理により，与えた条件変化を緩和する方向に平衡が移動する。この場合，体積一定で冷却すると，発熱方向の右へ平衡が移動するが，到達した平衡状態の温度が初めの温度より高くなることはない。

b 温度 T が低いときの平衡状態は，発熱方向の右に平衡がかたよっている。すべて N_2O_4 になっていると仮定したときの N_2O_4 の物質量を a〔mol〕とすると，T が低くなるほど，混合気体の物質量は a〔mol〕に近づく。

一方，温度 T が高いときの平衡状態は，吸熱方向の左に平衡がかたよっている。すべて NO_2 になっていると仮定したときの NO_2 の物質量は $2a$〔mol〕で表されるので，T が高くなるほど，混合気体の物質量は $2a$〔mol〕に近づく。したがって，理想気体の状態方程式（$PV = nRT$）より，$\frac{R}{V} = k$（一定）とおくと，グラフは T が低くなるほど $P = akT$ の直線に近づき，T が高くなるほどグラフは $P = 2akT$ の直線に近づく。

c **5** 混合気体の密度を ρ〔g/L〕とすると，ρ は次式で表される。

$$\rho〔g/L〕= \frac{W〔g〕}{V〔L〕} \quad \begin{pmatrix} W : 混合気体の総質量〔g〕 \\ V : 容器の容積〔L〕 \end{pmatrix}$$

質量保存の法則により，平衡状態にかかわらず，混合気体の全質量 W は一定である。V，W が一定となるので，ρ は変化しない。

6 混合気体の平均モル質量を $\overline{M}$〔g/mol〕（平均分子量 $\overline{M}$）とすると，$\overline{M}$ は次式で表される。

第4章　化学平衡と平衡移動　**85**

$$\overline{M}\,[\text{g/mol}] = \frac{W\,[\text{g}]}{n_\text{T}\,[\text{mol}]} \quad \left(\begin{array}{l} W : 混合気体の総質量\,[\text{g}] \\ n_\text{T} : 混合気体の総物質量\,[\text{mol}] \end{array} \right)$$

この混合気体を冷却すると，発熱方向の右へ平衡が移動するので，気体分子の総数が減少する。すなわち，n_T が減少する。このとき W は一定で，n_T が減少するので $\overline{M}$ は増加する。

問2　　7　　気体 **a**〜**c** は，いずれも温度が同じで，PV 値が等しいので，次式からわかるようにそれらの物質量は等しい。

$$\left(n = \frac{PV}{RT} = \right) \underbrace{\frac{1 \times 10^5 \times 1}{RT}}_{\textbf{a}} = \underbrace{\frac{0.25 \times 10^5 \times 4}{RT}}_{\textbf{b}} = \underbrace{\frac{1 \times 10^5 \times 1}{RT}}_{\textbf{c}}$$

NO_2 と N_2O_4 の平衡混合物である **a** と **b** を比較すると，**a** の方が **b** より圧力が高い。圧力が高いと気体分子の総数が減少する方向（次式の右方向）に平衡がかたよる。**a** と **b** で NO_2 と N_2O_4 の総物質量は等しいので，含まれる N_2O_4 の物質量は **a** の方が **b** より多くなる。

$$2NO_2(気) \rightleftharpoons N_2O_4(気)$$

気体分子数　　　　　2　　＞　　1
の変化

よって，**a**，**b** に含まれる N 原子の数の大小は，**a** ＞ **b** である。

一方，**c** の物質量も **a** と **b** に等しいが，**c** は NO だけなので，含まれる N 原子の数は **a**，**b** より少ない。以上より，**a**〜**c** に含まれる N 原子の数の大小は，**a** ＞ **b** ＞ **c** である。

　　8　　気体 **a**：1L から 2L へ膨張させたので，圧力を下げたことになる。このとき平衡移動がないと仮定すると，ボイルの法則より，圧力は $\frac{1}{2}$ 倍の $\frac{1}{2} \times 1 \times 10^5\,\text{Pa} = 0.50 \times 10^5\,\text{Pa}$ となる。実際には，気体分子の総数が増加する方向に平衡移動するので，圧力 P は $P > 0.50 \times 10^5\,\text{Pa}$ となる。

気体 **b**：4L から 2L へ圧縮したので，圧力を上げたことになる。このとき平衡移動がないと仮定すると，ボイルの法則より，圧力は 2 倍の $2 \times 0.25 \times 10^5\,\text{Pa} = 0.50 \times 10^5\,\text{Pa}$ となる。実際には，気体分子の総数が減少する方向に平衡移動するので，圧力 P は $P < 0.50 \times 10^5\,\text{Pa}$ となる。

気体 **c**：1L から 2L へ膨張させたので，ボイルの法則より，圧力 P は $\frac{1}{2}$ 倍の $\frac{1}{2} \times 1 \times 10^5\,\text{Pa} = 0.50 \times 10^5\,\text{Pa}$ となる。

以上より，**a**〜**c** の圧力の大小は，**a** ＞ **c** ＞ **b** である。

問3　**a**　エチレン C_2H_4 2.0 mol と水素 H_2 4.0 mol からエタン C_2H_6 1.3 mol が生成して平衡に達したので，反応前と平衡状態との量的関係は以下のようになる。

	C_2H_4	＋	H_2	$\rightleftharpoons$	C_2H_6	
反応前	2.0		4.0		0	[mol]
変化量	−1.3		−1.3		＋1.3	
平衡	0.7		2.7		1.3	

平衡状態（$1.0 \times 10^5\,\text{Pa}$, 1000K）では，2.7 mol の H_2 が存在し，全気体の物質量は 0.7 ＋ 2.7

86 第2編 物質の変化と平衡

＋1.3 ＝ 4.7mol である。よって，H_2 の分圧は，分圧 ＝ 全圧 × モル分率より，

$$1.0 \times 10^5 \text{Pa} \times \frac{2.7 \text{mol}}{4.7 \text{mol}} \fallingdotseq 0.57 \times 10^5 \text{Pa}$$

b 圧力を 1.0×10^5Pa に保ったまま温度を上げると，H_2 の分圧が増大したので，H_2 のモル分率が増大したことになる。したがって，圧力一定で温度を上げると平衡が左へ移動することがわかる。ルシャトリエの原理により，温度を上げると吸熱方向に平衡が移動するので，この反応は右が発熱方向，すなわち $Q > 0$ である。

46

問1 **a**－③ **b**－② 問2 ③ 問3 ③ 問4 ①
問5 ⟨1⟩－② ⟨2⟩－① ⟨3⟩－② ⟨4⟩－②

問1 **a** 一定容積 V〔L〕の容器の中に HI 1mol を封入し，一定温度で加熱して平衡状態になったとき，I_2 が a〔mol〕生成したとすると，量的関係は以下のようになる。

$$H_2 + I_2 \rightleftarrows 2HI$$

平衡 $\quad a \quad\quad a \quad\quad 1-2a$ 〔mol〕（総物質量は 1mol で不変化）

平衡定数 K は，$K = \dfrac{[\text{HI}]^2}{[\text{H}_2][\text{I}_2]} = \dfrac{\left(\dfrac{1-2a}{V}\right)^2}{\dfrac{a}{V} \times \dfrac{a}{V}} = \left(\dfrac{1-2a}{a}\right)^2$

別の同じ容器の中に HI n〔mol〕を封入し，同じ温度で平衡状態になったとき，I_2 が b〔mol〕生成したとすると，量的関係は以下のようになる。

$$H_2 + I_2 \rightleftarrows 2HI$$

平衡 $\quad b \quad\quad b \quad\quad n-2b$ 〔mol〕（総物質量は n〔mol〕で不変化）

同様に K は，$K = \dfrac{\left(\dfrac{n-2b}{V}\right)^2}{\dfrac{b}{V} \times \dfrac{b}{V}} = \left(\dfrac{n-2b}{b}\right)^2$

温度一定のとき，K は一定となるので，

$$K = \left(\frac{1-2a}{a}\right)^2 = \left(\frac{n-2b}{b}\right)^2$$

したがって，$\dfrac{1-2a}{a} = \dfrac{n-2b}{b}$ より，$b = na$ が成り立つ。

体積％ ＝ mol％ より，

$$x = \frac{a〔\text{mol}〕}{1 \text{mol}} \times 100 = 100a〔\%〕$$

$$y = \frac{b〔\text{mol}〕}{n〔\text{mol}〕} \times 100 = \frac{na}{n} \times 100 = 100a〔\%〕$$

よって，初めに入れた HI の物質量 n によらず $\underline{x = y}$ となることがわかる。

第4章　化学平衡と平衡移動　**87**

短期攻略のツボ

平衡定数

$$a\mathrm{A} + b\mathrm{B} \rightleftarrows x\mathrm{X} + y\mathrm{Y} \quad \cdots\cdots(1)$$

可逆反応(1)が平衡状態にあるとき，各物質の濃度について次の関係式(2)が成立する。（化学平衡の法則）

$$\frac{[\mathrm{X}]^x[\mathrm{Y}]^y}{[\mathrm{A}]^a[\mathrm{B}]^b} = K_c \text{（平衡定数）} \quad \cdots\cdots(2)$$

ただし，[　]はその物質のモル濃度〔mol/L〕を表す。

K_c の値は，一つの反応では，温度が一定ならば，一定の値になる。

---

b　塩酸に水酸化ナトリウム水溶液を加えると，発熱反応が起こるので，中和熱を Q〔kJ/mol〕とすると，次の熱化学方程式において Q は正の値となる。

$$\mathrm{H^+ + OH^- = H_2O} + Q\text{〔kJ〕}$$

したがって，次の可逆反応において，正反応（$\mathrm{H_2O}$ の電離）は吸熱となる。

$$\mathrm{H_2O} \rightleftarrows \mathrm{H^+ + OH^-} \text{〔右方向は吸熱〕}$$

温度を上げると，吸熱方向の右へ平衡が移動するため，$\mathrm{H^+}$ と $\mathrm{OH^-}$ のモル濃度 $[\mathrm{H^+}]$，$[\mathrm{OH^-}]$は増加する。よって，水のイオン積 $K_\mathrm{W} = [\mathrm{H^+}][\mathrm{OH^-}]$ の20℃における値 $x\,(\mathrm{mol/L})^2$ と60℃における値 $y\,(\mathrm{mol/L})^2$ の大小関係は，$\underline{x < y}$ である。

短期攻略のツボ

水のイオン積

　一定温度では，純水だけでなく，一般の水溶液でも，$[\mathrm{H^+}]$と$[\mathrm{OH^-}]$の積（水のイオン積 K_W）が一定となる。

$$\mathrm{H_2O} \rightleftarrows \mathrm{H^+ + OH^-}$$

平衡定数 $K = \dfrac{[\mathrm{H^+}][\mathrm{OH^-}]}{[\mathrm{H_2O}]}$

$\Rightarrow K[\mathrm{H_2O}] = \boxed{K_\mathrm{W} = [\mathrm{H^+}][\mathrm{OH^-}]\,(\mathrm{mol/L})^2}$

　　　　　　25℃で，$K_\mathrm{W} = 1.0 \times 10^{-14}\,(\mathrm{mol/L})^2$

（水の電離はごくわずかなので，$[\mathrm{H_2O}]$は一定としてよい。）

問2　① （誤）　電離度が1に近い酸は強酸，0に近い酸は弱酸である。

②（誤）　酸・塩基の価数は強弱とは関係しない。

③（正）　$[\mathrm{H^+}]$を $10^{-n}\mathrm{mol/L}$ で表したとき，n の値が pH の値となるので，$[\mathrm{H^+}]$ が大きいほど pH は小さくなる。同じモル濃度の強酸と弱酸では強酸の方が $[\mathrm{H^+}]$ が大きいので，強酸の方が pH の値が小さい。

④（誤）　酸の水溶液は pH が7より小さい。これを水でうすめていくと pH は増すが，限りなく純水の pH 7に近づくだけである。したがって，pH＝6の酢酸水溶液を水で1000倍にうすめると，pH はほとんど7になるが7以上になることはない。

（注）　同様に塩基の水溶液（pH＞7）を水でうすめていくと pH は減少するが，7に限りなく近づくだけであり，7以下になることはない。

88　第2編　物質の変化と平衡

問3　① (誤)　弱酸 HA は水溶液中で次式のような電離平衡の状態になる。

　　$HA \rightleftharpoons H^+ + A^-$

水でうすめると体積が増加して溶質粒子(HA, H^+, A^-)の総濃度が減少する。これにより，溶質粒子の総濃度が増加する方向，つまり電離する方向(右)に平衡が移動する。よって，弱酸 HA の電離度は，濃度が小さくなるにつれて<u>大きくなる。</u>

(注)　弱酸(HA)水溶液の濃度を C〔mol/L〕，HA の電離度を α とすると，電離定数 K_a は次式で表される。

$$K_a = \frac{[H^+][A^-]}{[HA]} = \frac{C\alpha \times C\alpha}{C(1-\alpha)} = \frac{C\alpha^2}{1-\alpha}$$

α が1に比べて小さい場合，$1-\alpha \fallingdotseq 1$ と近似すると，$K_a \fallingdotseq C\alpha^2$ が得られる。よって，$\alpha = \sqrt{\dfrac{K_a}{C}}$ となる。これより α は，C が小さくなるにつれて<u>大きくなる</u>ことがわかる。(K_a は温度一定であれば一定である。)

② (誤)　純水の電離平衡は次式で表される。

　　$H_2O \rightleftharpoons H^+ + OH^-$

純水 1L の物質量は，$\dfrac{1000g}{18g/mol} = \dfrac{1000}{18} mol$

水のイオン積 $K_W = [H^+][OH^-]$ は，25℃で 1.0×10^{-14} $(mol/L)^2$ であるから，純水(25℃)中の $[H^+]$ と $[OH^-]$ は $1.0 \times 10^{-7} mol/L$ となる。したがって，純水 $\dfrac{1000}{18} mol$(1L)のうち，電離している分は $1.0 \times 10^{-7} mol$ である。よって，純水の電離度 α は，

$$\alpha = \frac{1.0 \times 10^{-7}}{\dfrac{1000}{18}} = \underline{1.8 \times 10^{-9}}$$

③ (正)　水のイオン積 $K_W = [H^+][OH^-]$ の値は，温度で決まるので，一定温度の水溶液では pH によらず一定となる。25℃における K_W の値は 1.0×10^{-14} $(mol/L)^2$ である。

④ (誤)　pH 4 の塩酸 1L と pH 12 の水酸化ナトリウム水溶液 1L を混合したとする。また，水のイオン積を 1×10^{-14} $(mol/L)^2$ とする。

　　塩酸からの H^+：$1 \times 10^{-4} mol/L \times 1L = 1 \times 10^{-4} mol$

水酸化ナトリウム水溶液からの OH^-：$\dfrac{1 \times 10^{-14}}{1 \times 10^{-12}} mol/L \times 1L = 1 \times 10^{-2} mol$

中和後，OH^- が $(1 \times 10^{-2} - 1 \times 10^{-4})$ mol 残るので，混合後の体積を 2L とすると，

$$[OH^-] = \frac{(1 \times 10^{-2} - 1 \times 10^{-4})mol}{2L} \fallingdotseq \frac{1}{2} \times 10^{-2} mol$$

$$[H^+] = \frac{1 \times 10^{-14}}{\dfrac{1}{2} \times 10^{-2}} = 2 \times 10^{-12} mol/L$$

よって，$1 \times 10^{-12} mol/L < [H^+] < 1 \times 10^{-11} mol/L$ より，pH は 11 と 12 の間になる。

⑤ (誤)　酢酸水溶液に水酸化ナトリウム水溶液を加えると，次のような平衡移動が起こっ

第4章 化学平衡と平衡移動 **89**

て酢酸の電離が進み，溶液中の酢酸イオンの濃度が増加する。

$$CH_3COOH \rightleftharpoons CH_3COO^- + \boxed{H^+} \xrightarrow{\text{中和}} \boxed{H_2O}$$
$$NaOH \longrightarrow Na^+ + \boxed{OH^-}$$

短期攻略のツボ

弱酸の電離定数

〔C mol/L 酢酸水溶液〕

$$CH_3COOH \rightleftharpoons CH_3COO^- + H^+$$

$\boxed{平衡}$　$C(1-\alpha)$　　　　$C\alpha$　　　　$C\alpha$　（α：電離度）

酢酸の電離定数
（温度で決まる値）　$\boxed{K_a = \dfrac{[CH_3COO^-][H^+]}{[CH_3COOH]} \text{(mol/L)} = \dfrac{C\alpha \times C\alpha}{C(1-\alpha)} = \dfrac{C\alpha^2}{1-\alpha}}$

$\alpha \ll 1$ のときは $1-\alpha \fallingdotseq 1$ となり，次の近似式が得られる。

近似式　$\boxed{\begin{array}{c} K_a = C\alpha^2 \text{ または } \alpha = \sqrt{\dfrac{K_a}{C}} \\[2mm] [H^+] = C\alpha = C\sqrt{\dfrac{K_a}{C}} = \sqrt{K_a C} \end{array}}$

K_a が小さいほど弱い酸であり，$K_a \ll C$ のとき $\alpha \ll 1$ となり，上記の近似式がよく成り立つ。

問4　ルシャトリエの原理に基づいて考える。

a　HCl 水溶液（塩酸）を加えると，H^+ と OH^- が中和して，$[OH^-]$ が減少する。その結果，$[OH^-]$ が増加する方向（<u>右</u>）へ平衡が移動する。

$$NH_3 + H_2O \rightleftharpoons NH_4^+ + \boxed{OH^-} \xrightarrow{\text{中和}} \boxed{H_2O}$$
$$HCl \longrightarrow Cl^- + \boxed{H^+}$$

b　NaOH 水溶液を加えると，$[OH^-]$ が増加する。その結果，$[OH^-]$ が減少する方向（<u>左</u>）へ平衡が移動する。

$$NH_3 + H_2O \rightleftharpoons NH_4^+ + \boxed{OH^-}$$
$$NaOH \longrightarrow Na^+ + \boxed{OH^-}$$

c　NH_4Cl 水溶液を加えると，$[NH_4^+]$ が増加する。その結果，$[NH_4^+]$ が減少する方向（<u>左</u>）へ平衡が移動する。

$$NH_3 + H_2O \rightleftharpoons \boxed{NH_4^+} + OH^-$$
$$NH_4Cl \longrightarrow \boxed{NH_4^+} + Cl^-$$

（注）　**b**，**c** のように，ある電解質 A の水溶液にその電離平衡に関係するイオンを含んだ電解質 B を加えると，A の電離平衡が移動して A の電離が抑えられる（電離度が小さくなる）。このような現象を「共通イオン効果」という。

90 第2編 物質の変化と平衡

問5 $H_2S + H_2O \rightleftarrows H_3O^+ + HS^-$ ......(1)

$HS^- + H_2O \rightleftarrows H_3O^+ + S^{2-}$ ......(2)

a 硫酸などの強酸を加えると，H_3O^+ の濃度が増加する。これにより上の(2)式の平衡は，H_3O^+ の濃度が減少する方向（左）へ移動する（共通イオン効果）。その結果，S^{2-} の濃度は減少する。

（注）本問では，はじめの硫化水素の飽和水溶液 100 mL に対して加えた水溶液の体積は小さいので，**a ～ c** について溶液全体の体積変化の影響は考えなくてよい。

b 水酸化ナトリウム水溶液などの強塩基を加えると，OH^- と H_3O^+ が中和して H_3O^+ の濃度が減少する。これにより上の(1)式の平衡は，H_3O^+ の濃度が増加する方向（右）へ移動する。その結果，HS^- の濃度は増加する。

c 硫化水素の飽和水溶液（約 0.1 mol/L）100 mL 中に含まれる硫化水素は約 0.01 mol である。**b** の操作で加えた NaOH は $1 \text{mol/L} \times \dfrac{10}{1000} \text{L} = 0.01 \text{mol}$ である。したがって，**b** の操作を行った後，(1)式の平衡はほぼ完全に右へ移動してしまい，HS^- は最大量（約 0.01 mol）となる（このとき HS^- の中和はほとんど進行していない）。

$$\underset{0.01\,\text{mol}}{H_2S} \xrightarrow{\quad OH^-\ 0.01\,\text{mol}\quad} \underset{0.01\,\text{mol}}{HS^-} \xrightarrow{\quad OH^-\ 0.005\,\text{mol}\quad} \begin{array}{l} \underset{0.005\,\text{mol}}{HS^-} \\ \underset{0.005\,\text{mol}}{S^{2-}} \end{array}$$

b の操作を行った後，さらに NaOH を 0.005 mol 加えると，HS^- の約半分が中和されて S^{2-} になる。よって，**c** の操作では HS^- の濃度が減少する。

（注）2価の弱酸の電離平衡では，一般に1段階目の電離定数に比べて2段階目の電離定数は非常に小さい。このため塩基を加えていくと，1段階目の中和が完了するまで，2段階目の中和はほとんど進行しない。

d 溶液を沸騰させると，硫化水素の水への溶解度が減少し，H_2S が気体となって溶液外へ出ていく。これにより，溶液中の H_2S の濃度が減少し，(1)式の平衡は，H_2S の濃度が増加する方向（左）へ移動する。その結果，HS^- の濃度は減少する。

47

問1 ① **問2** ① **問3** ②

問1 図1より，0.10 mol/L の炭酸ナトリウム水溶液 10.0 mL を 0.10 mol/L の塩酸で滴定していくと，pH 8 前後と pH 4 前後で，それぞれ急激な pH の変化が見られる。これらの変化は滴下量 10.0 mL と 20.0 mL のところで起こっている。滴下量 0 ～ 10.0 mL までに，次の反応が終了する。

$Na_2CO_3 + HCl \longrightarrow NaHCO_3 + NaCl$ ......(1)

さらに滴下量 10.0 mL ～ 20.0 mL までに，次の反応が終了する。

$NaHCO_3 + HCl \longrightarrow NaCl + CO_2 + H_2O$ ......(2)

第4章　化学平衡と平衡移動　**91**

K_2SO_4 と Na_2CO_3 の混合水溶液 **X** に pH 8 付近で鋭敏に変色する $_{ア}$指示薬フェノールフタレイン（①）を加えて，塩酸で滴定していくと，式(1)の反応が終了したときに変色（赤色→無色）が起こるので，式(1)の反応の終点がわかる。（式(1)の反応において，K_2SO_4 は変化しない。）なお，式(2)の反応の終点を知るには，指示薬としてメチルオレンジを加えておくのがよい。

［参考］　　　　　　　　　　　　　変色域（pH）

フェノールフタレイン	8.0 ～ 9.8 ←無色　赤色→
メチルオレンジ	3.1 ～ 4.4 ←赤色　橙黄色→
メチルレッド	4.2 ～ 6.2 ←赤色　黄色→
ブロモチモールブルー	6.0 ～ 7.6 ←黄色（緑）青色→

問2　K_2SO_4 と Na_2CO_3 の混合水溶液 **X** に，塩酸を加えて酸性にして加熱すると，次の反応が起こり，炭酸イオン CO_3^{2-} がすべて CO_2 となって消失する。

$$Na_2CO_3 + 2HCl \longrightarrow 2NaCl + H_2O + CO_2\uparrow$$

この後で十分な量の塩化バリウム $BaCl_2$ 水溶液を加えると，次の反応が起こり，白色（①）の $_{イ}$沈殿（硫酸バリウム $BaSO_4$）が生じる。

$$K_2SO_4 + BaCl_2 \longrightarrow BaSO_4\downarrow + 2KCl \qquad\qquad\cdots\cdots(3)$$

問3　式(1)の反応で，Na_2CO_3 と HCl は物質量比 1 : 1 で反応する。水溶液 **X** 10.0 mL 中に含まれる Na_2CO_3（式量 106）の質量を x〔g〕とすると，式(1)の反応で消費された $0.10\,mol/L$ の塩酸は $8.00\,mL$ なので，次式が成り立つ。

$$x = 0.10\,mol/L \times \frac{8.00}{1000}L \times 106\,g/mol = 8.48 \times 10^{-2}\,g$$

K_2SO_4 と Na_2CO_3 の混合物 $1.00\,g$ から水溶液 **X** を $100\,mL$ つくったので，水溶液 **X** 10.0 mL に含まれる K_2SO_4 の質量は，

$$1.00\,g \times \frac{10.0\,mL}{100\,mL} - 8.48 \times 10^{-2}\,g = 1.52 \times 10^{-2}\,g$$

水溶液 **X** 10.0 mL に含まれる K_2SO_4（式量 174）の物質量と，それから生じた沈殿 $BaSO_4$（式量 233）の物質量は等しいので，生じた沈殿の質量を y〔mg〕とすると，次式が成り立つ。

$$y = \frac{1.52 \times 10^{-2}\,g}{174\,g/mol} \times (233 \times 10^3)\,mg/mol \fallingdotseq \underline{20\,mg}$$

48

問1　⑤	問2　⑤	問3　a−③　　b−④	問4　⑥

問1　反応前と平衡状態について，H_2, I_2, HI の量的関係は以下のようになる。なお，448℃の高温に保っているので，H_2, I_2, HI はすべて気体である。

92　第 2 編　物質の変化と平衡

$$\begin{array}{ccccc} & H_2 & + & I_2 & \rightleftharpoons & 2HI \\ \text{反応前} & 0.50 & & 0.50 & & 0 \quad \text{〔mol〕} \\ \text{変化量} & -0.78 \times \dfrac{1}{2} & & -0.78 \times \dfrac{1}{2} & & +0.78 \\ \left(\begin{array}{c}448℃\\V〔L〕\end{array}\right)\text{平衡} & 0.11 & & 0.11 & & 0.78 \end{array}$$

よって，448℃における平衡定数 K の値は，

$$K = \frac{[HI]^2}{[H_2][I_2]} = \frac{\left(\dfrac{0.78\,\text{mol}}{V〔L〕}\right)^2}{\dfrac{0.11\,\text{mol}}{V〔L〕} \times \dfrac{0.11\,\text{mol}}{V〔L〕}} = \left(\frac{0.78}{0.11}\right)^2 \fallingdotseq 50$$

問 2　ア　$CO_2(気) + H_2(気) \rightleftharpoons CO(気) + H_2O(気)$ 〔右方向は吸熱〕

$CO_2\,0.5\,\text{mol}$，$H_2\,0.5\,\text{mol}$，$CO\,1.0\,\text{mol}$，$H_2O\,1.0\,\text{mol}$ を入れた直後（反応前）について，$\dfrac{[CO][H_2O]}{[CO_2][H_2]}$ の値を計算してみる（容器の容積を $V〔L〕$ とする）。

$$\frac{[CO][H_2O]}{[CO_2][H_2]} = \frac{\left(\dfrac{1.0\,\text{mol}}{V〔L〕}\right) \times \left(\dfrac{1.0\,\text{mol}}{V〔L〕}\right)}{\left(\dfrac{0.5\,\text{mol}}{V〔L〕}\right) \times \left(\dfrac{0.5\,\text{mol}}{V〔L〕}\right)} = 4.0$$

反応が 1120℃の平衡状態に近づくにつれて，この式の値は 1120℃の平衡定数 K の値 2.0 に近づくはずである。

$$\begin{array}{cc} \text{反応前} & \text{平衡状態} \\ \dfrac{[CO][H_2O]}{[CO_2][H_2]} = 4.0 & \Longrightarrow \quad 2.0 \text{（1120℃での平衡定数} K \text{の値）} \end{array}$$

よって，反応が進行するにつれて，[CO]，[H₂O]は小さくなり，[CO₂]，[H₂]は大きくなることがわかる。これは反応が左方向へ進むことを示す。

イ　この反応の温度を低くすると（1120℃ ⟶ 700℃），ルシャトリエの原理により発熱方向（左）に平衡が移動する。平衡が左へ移動すると，[CO]，[H₂O]が小さくなり，[CO₂]，[H₂]が大きくなる。その結果，700℃のときの平衡定数 K の値は，1120℃のときの K の値 2.0 より小さくなる。

$$\text{（1120℃ ⟶ 700℃）} \quad K = \frac{[CO][H_2O]}{[CO_2][H_2]} \begin{array}{l} \leftarrow \text{小さくなる} \\ \leftarrow \text{大きくなる} \end{array}$$
$$\uparrow$$
$$\text{小さくなる}$$

問 3　a　濃度 $C〔mol/L〕$ の酢酸水溶液の電離平衡において，酢酸の電離度を α とすると，分子やイオンの量的関係は以下のように表される。

$$\begin{array}{cccc} & CH_3COOH & \rightleftharpoons & CH_3COO^- + & H^+ \\ \text{電離前} & C & & 0 & 0 \\ \text{変化量} & -C\alpha & & +C\alpha & +C\alpha \\ \text{電離後} & C(1-\alpha) & & C\alpha & C\alpha \end{array}$$

これらを用いると電離定数 K_a は，次式で表される。

第4章　化学平衡と平衡移動　**93**

$$K_a = \frac{[\mathrm{CH_3COO^-}][\mathrm{H^+}]}{[\mathrm{CH_3COOH}]} = \frac{C\alpha \times C\alpha}{C(1-\alpha)} = \frac{C\alpha^2}{1-\alpha}$$

K_a の値($2.7 \times 10^{-5}\,\mathrm{mol/L}$)に比べて C の値($0.030\,\mathrm{mol/L}$)がかなり大きいとき，α は1に比べて小さくなり，$1-\alpha \doteqdot 1$ と近似できる。

これにより $K_a = C\alpha^2$ となり，$\boxed{\alpha = \sqrt{\dfrac{K_a}{C}}}$ の近似式が得られる。

α の式に C，K_a の数値を入れると，

$$\alpha = \sqrt{\frac{2.7 \times 10^{-5}}{0.030}} = \sqrt{9.0 \times 10^{-4}} = 3.0 \times 10^{-2} = 0.030$$

b　近似が可能な範囲では，近似式を用いて $[\mathrm{H^+}]$，α の変化を知ることができる。

この酢酸水溶液を水でうすめると C が小さくなるので，$\alpha = \sqrt{\dfrac{K_a}{C}}$ より，α は<u>大きくなる</u>（温度一定ならば，K_a は変化しない）。

また，$[\mathrm{H^+}] = C\alpha = C\sqrt{\dfrac{K_a}{C}} = \boxed{\sqrt{K_a C}}$ より，C が小さくなると$[\mathrm{H^+}]$は小さくなるから，pHは<u>大きくなる</u>。

（注）　$K_a = C\alpha^2 = (C\alpha)\cdot\alpha = [\mathrm{H^+}]\cdot\alpha$ より，近似が可能な範囲では，$[\mathrm{H^+}]$ と α は反比例する。

問4　$\mathrm{HCl} \longrightarrow \mathrm{H^+} + \mathrm{Cl^-}$

$\mathrm{AgCl(固)} \rightleftharpoons \mathrm{Ag^+} + \mathrm{Cl^-}$

pH が 3.0 の塩酸中の$[\mathrm{H^+}]$は $1.0 \times 10^{-3}\,\mathrm{mol/L}$ である。AgCl(固)の溶解で生じた $\mathrm{Cl^-}$ の濃度は極めて小さいので，$[\mathrm{Cl^-}]$は$[\mathrm{H^+}]$と同じ $1.0 \times 10^{-3}\,\mathrm{mol/L}$ としてよい。AgCl(固)の溶解度積 K_{sp} は，

$$K_{sp} = [\mathrm{Ag^+}][\mathrm{Cl^-}] = 1.8 \times 10^{-10}\,(\mathrm{mol/L})^2$$

$[\mathrm{Cl^-}] = 1.0 \times 10^{-3}\,\mathrm{mol/L}$ より，$[\mathrm{Ag^+}] = \dfrac{1.8 \times 10^{-10}}{1.0 \times 10^{-3}} = 1.8 \times 10^{-7}\,\mathrm{mol/L}$

（注）　AgCl(固)の溶解で生じた $\mathrm{Cl^-}$ の濃度は $1.8 \times 10^{-7}\,\mathrm{mol/L}$ で，$1.0 \times 10^{-3}\,\mathrm{mol/L}$ と比べて無視できることがわかる。

短期攻略のツボ

溶解度積

　難溶性塩 $\mathrm{A}_m\mathrm{B}_n$ が一定温度の水溶液中で溶解平衡にあるとき，溶解しているイオンの濃度について次の溶解度積 K_{sp} が成り立つ。

$$\mathrm{A}_m\mathrm{B}_n(固) \rightleftharpoons m\mathrm{A}^{n+} + n\mathrm{B}^{m-}$$

$\boxed{K_{sp} = [\mathrm{A}^{n+}]^m[\mathrm{B}^{m-}]^n}$（温度一定ならば一定）

94　第2編　物質の変化と平衡

49

問1	②	問2	A －③	B －④	問3	⑤
問4	(1, 1, 2)の場合 ⑤	(1, 3, 2)の場合 ④				

問1　ピストンを押し下げると，圧力が増加するから，$_{\mathcal{T}}$ルシャトリエの原理により圧力が減少する方向(圧力の増加を緩和する方向)すなわち混合気体の総物質量が$_{\mathcal{A}}$減少する方向に平衡が移動する。

問2　式(1)の反応 $a\mathrm{X}(気) + b\mathrm{Y}(気) \rightleftarrows c\mathrm{Z}(気)$ の平衡定数 K は，次式で定義される。

$$K = \frac{^{A}\boxed{[\mathrm{Z}]^c}}{^{B}\boxed{[\mathrm{X}]^a[\mathrm{Y}]^b}} \qquad \cdots\cdots(2)$$

問3　ピストンを押し下げ，容積を V から $\dfrac{V}{n}$ $(n > 1)$ にすると，容積が $\dfrac{1}{n}$ 倍になるので，その瞬間(平衡移動が起こる直前)では，各気体成分の濃度はすべて n 倍になる。

$$[\mathrm{X}] \Longrightarrow n[\mathrm{X}], \quad [\mathrm{Y}] \Longrightarrow n[\mathrm{Y}], \quad [\mathrm{Z}] \Longrightarrow n[\mathrm{Z}]$$

これらを式(2)の右辺に代入すると，

$$K^* = \frac{(n[\mathrm{Z}])^c}{(n[\mathrm{X}])^a(n[\mathrm{Y}])^b} = {}^{C}\boxed{n^{c-a-b}} \times \frac{^{A}\boxed{[\mathrm{Z}]^c}}{^{B}\boxed{[\mathrm{X}]^a[\mathrm{Y}]^b}} \qquad \cdots\cdots(3)$$

問4　●(a, b, c)が$(1, 1, 2)$の場合

$$K^* = {}^{C}\boxed{n^{2-1-1}} \times \frac{[\mathrm{Z}]^c}{[\mathrm{X}]^a[\mathrm{Y}]^b} = {}^{C}\boxed{1} \times \frac{[\mathrm{Z}]^c}{[\mathrm{X}]^a[\mathrm{Y}]^b} = K$$

式(3)の $\boxed{\text{C}}$ の値は$\underline{1}$で，K^* は K の値と同じになるから，平衡移動はなく，K^* の値は$\underline{変化しない}$。

●(a, b, c)が$(1, 3, 2)$の場合

$$K^* = {}^{C}\boxed{n^{2-1-3}} \times \frac{[\mathrm{Z}]^c}{[\mathrm{X}]^a[\mathrm{Y}]^b} = {}^{C}\boxed{n^{-2}} \times \frac{[\mathrm{Z}]^c}{[\mathrm{X}]^a[\mathrm{Y}]^b} < K$$

式(3)の $\boxed{\text{C}}$ の値は$\underline{1より小さく}$，K^* は K の値より小さいので，K^* の値が K の値に近づく方向すなわち K^* の値が$\underline{大きくなる}$方向に変化する。これは$[\mathrm{X}]$，$[\mathrm{Y}]$が小さくなり$[\mathrm{Z}]$が大きくなる方向であるから，ルシャトリエの原理が示す混合気体の総物質量が減少する方向と一致する。

$$\overset{\text{移動方向}}{\mathrm{X}(気) + 3\mathrm{Y}(気) \rightleftarrows 2\mathrm{Z}(気)}$$

50

問1	ア －③	イ －②	ウ －①	問2	④
問3	a エ －⑤	オ －⑤	b カ －③	キ －⓪	

問1　酢酸と酢酸ナトリウムの混合溶液では，酢酸ナトリウムから生じた酢酸イオン $\mathrm{CH_3COO^-}$ によって$_{\mathcal{T}}\underline{\mathrm{CH_3COO^-}}$ の濃度が増加するため，ルシャトリエの原理により酢酸の電離が抑えられ，酢酸はほとんど電離していない状態になっている。これを共通イオン

第4章　化学平衡と平衡移動　**95**

(CH_3COO^-)の効果という。

$$CH_3COONa \longrightarrow \boxed{CH_3COO^-} + Na^+$$

$$CH_3COOH \rightleftharpoons \boxed{CH_3COO^-} + H^+$$

この状態に少量の塩基(OH^-)を加えると，次式に示すように加えた$_イ\underline{OH^-}$のほとんどが溶液中の酸(CH_3COOH)によって中和され，消失する。このため溶液のpHはほとんど変化しない。

$$CH_3COOH + OH^- \longrightarrow CH_3COO^- + H_2O \qquad \cdots\cdots(1)$$

また，少量の酸(H^+)を加えると，次式に示すように溶液中の$_ア\underline{CH_3COO^-}$が加えた$_ウ\underline{H^+}$のほとんどと反応するので，やはり溶液のpHはほとんど変化しない。

$$CH_3COO^- + H^+ \longrightarrow CH_3COOH \qquad \cdots\cdots(2)$$

式(1), (2)に示したようなpH変化を抑えるはたらき(緩衝作用)をもつ溶液を，緩衝液という。

　問2　酢酸の電離定数K_aは，次式で表される。

$$K_a = \frac{[CH_3COO^-][H^+]}{[CH_3COOH]}$$

この式を変形すると，$[H^+] = K_a \times \dfrac{[CH_3COOH]}{[CH_3COO^-]}$　　　　　$\cdots\cdots(3)$

1.0L中に酢酸0.10molと酢酸ナトリウム0.10molが溶けている水溶液は，緩衝液である。**問1**の解説で述べたように，この水溶液中の酢酸ナトリウムはすべて電離しているが，酢酸はほとんど電離していないので，次の近似が有効となる。

　　$[CH_3COOH] \fallingdotseq 0.10\,mol/L$，$[CH_3COO^-] \fallingdotseq 0.10\,mol/L$

式(3)に，これらの値とK_aの値$(2.8 \times 10^{-5}\,mol/L)$を代入すると，

$$[H^+] = 2.8 \times 10^{-5}\,mol/L \times \frac{0.10\,mol/L}{0.10\,mol/L} = \underline{2.8 \times 10^{-5}\,mol/L}$$

　問3　**a**　純水は中性なので，$[H^+] = [OH^-]$である。
水のイオン積$K_w = [H^+][OH^-] = 1.0 \times 10^{-14}\,(mol/L)^2$より，

$$[H^+] = [OH^-] = \sqrt{K_w} = \sqrt{1.0 \times 10^{-14}\,(mol/L)^2} = 1.0 \times 10^{-7}\,mol/L$$

純水1.0LにHCl 0.05molを吸収させてできた塩酸の濃度は0.05mol/Lなので，
$HCl \longrightarrow H^+ + Cl^-$より，その$[H^+]$は0.05mol/Lである。
よって，$[H^+]$は$\dfrac{0.05\,mol/L}{1.0 \times 10^{-7}\,mol/L} = \boxed{5}^{エ} \times 10^{\boxed{5}^{オ}}$倍に変化する。

b　**問2**の水溶液に，HCl 0.05mol(H^+として0.05mol)を加えると，**問1**の解説で示した式(2)の反応が起こり，CH_3COO^-とCH_3COOHの物質量は，それぞれ次のように変化する。これにより，加えたH^+はほとんど消失する。

		CH_3COO^-	$+$	H^+	$\longrightarrow$	CH_3COOH	$\cdots\cdots(2)$
	変化前	0.10		0.05		0.10	〔単位 mol〕
1.0L中	変化量	-0.05		-0.05		$+0.05$	
	変化後	$\boxed{0.05}$		(加えた分はほとんど消失)		$\boxed{0.15}$	

96 第2編 物質の変化と平衡

問2の解説で示した式(3)より,

$$[H^+] = K_a \times \frac{[CH_3COOH]}{[CH_3COO^-]} = 2.8 \times 10^{-5}\,mol/L \times \frac{\boxed{0.15}\,mol/L}{\boxed{0.05}\,mol/L}$$

$$= 2.8 \times 10^{-5} \times 3\,mol/L$$

よって,$[H^+]$は$\dfrac{2.8 \times 10^{-5} \times 3\,mol/L}{2.8 \times 10^{-5}\,mol/L} = \boxed{3}^{カ} \times 10^{\boxed{0}^{キ}}$倍に変化する。

51

問1	$\boxed{ア}$ $\boxed{イ}$ ー②, ③	$\boxed{ウ}$ ー④	問2 ①
問3	$\boxed{x}$ ー①	$\boxed{y}$ ー③ $\boxed{z}$ ー⑧	問4 ⑤

問題文には,$NaHCO_3$水溶液が酸性,中性,塩基性のいずれを示すのかを,HCO_3^-の電離定数K_2と加水分解定数K_hの数値の大小を比較することによって判断する方法が述べられている。

問1 式(1),式(2)(式(a)と同じ)より,電離定数K_1,K_2はそれぞれ次式で表される。

$$K_1 = \frac{[H^+][HCO_3^-]}{[H_2CO_3]} \qquad\qquad \cdots\cdots(1)'$$

$$K_2 = \frac{[H^+][CO_3^{2-}]}{[HCO_3^-]} \qquad\qquad \cdots\cdots(2)'$$

また,水のイオン積K_wは,$K_w = [H^+][OH^-]$で表される。

一方,式(b)の反応の平衡定数Kは,次式で表される。

$$K = \frac{[H_2CO_3][OH^-]}{[HCO_3^-][H_2O]} \qquad\qquad \cdots\cdots(b)'$$

ここで,H_2Oは多量にあるので,$[H_2O]$は一定としてよい。$K[H_2O]$を改めてK_hとおくと,次の式(3)が得られる。

$$K_h = \frac{\boxed{[H_2CO_3]}^{ア,\,イ}\,\boxed{[OH^-]}}{\boxed{[HCO_3^-]}^{ウ}} \qquad\qquad \cdots\cdots(3)$$

問2 式(3)の右辺の分母と分子に$[H^+]$をかけて変形すると,K_hは次式で表されることがわかる。

$$K_h = \frac{[H_2CO_3][OH^-] \times [H^+]}{[HCO_3^-] \times [H^+]} = \boxed{\frac{[H_2CO_3]}{[HCO_3^-][H^+]}} \times \boxed{[H^+][OH^-]}$$

$$= \frac{1}{K_1} \times \boxed{K_w} = {}^{エ}\boxed{\frac{K_w}{K_1}} \qquad\qquad \cdots\cdots(4)$$

問3 式(4)に$K_1 = 7.8 \times 10^{-7}\,mol/L$,$K_w = 1.0 \times 10^{-14}\,(mol/L)^2$を代入すると,

$$K_h = \frac{K_w}{K_1} = \frac{1.0 \times 10^{-14}\,(mol/L)^2}{7.8 \times 10^{-7}\,mol/L} \fallingdotseq \boxed{1}^{x}.\boxed{3}^{y} \times 10^{-\boxed{8}^{z}}\,mol/L$$

問4 式(a)の反応のK_2は$1.3 \times 10^{-10}\,mol/L$,式(b)の反応の$K_h$は$1.3 \times 10^{-8}\,mol/L$であるから,$_{オ}\underline{K_h}$の方が大きい。これは,式$_{カ}\underline{(b)}$の反応の方がより進行することを示している。このため,式(a)の反応で生じるH^+より,式(b)の反応で生じるOH^-の方が濃度として大き

第4章　化学平衡と平衡移動　**97**

くなる。以上より，$NaHCO_3$ の水溶液は$_キ$塩基性を示すと考えられる。

52

問1　$\boxed{ア}$－① $\boxed{イ}$－⑤　問2　③　問3　③　問4　②

問1　Ag^+ と Cl^- からなる $AgCl$ は$_ア$白色の物質であり，Ag^+ と CrO_4^{2-} からなる Ag_2CrO_4 は$_イ$赤褐色の物質である。いずれも水に難溶で，それぞれの溶解度積 K_{sp} は次式で表される。

$AgCl \rightleftharpoons Ag^+ + Cl^- \quad K_{sp}(AgCl) = [Ag^+][Cl^-]$

$Ag_2CrO_4 \rightleftharpoons 2Ag^+ + CrO_4^{2-} \quad K_{sp}(Ag_2CrO_4) = [Ag^+]^2[CrO_4^{2-}]$

問2　はじめに用いた $NaCl$ 水溶液の濃度を C〔mol/L〕とする。この水溶液 $10.0\,mL$ に含まれる Cl^- をほぼ完全に沈殿させるのに（$Ag^+ + Cl^- \longrightarrow AgCl\downarrow$），$0.10\,mol/L$ の $AgNO_3$ 水溶液を $10.0\,mL$ 必要としたので，次式が成り立つ。

$$\underbrace{C〔mol/L〕\times \frac{10.0}{1000}L}_{Cl^-〔mol〕} = \underbrace{0.10\,mol/L \times \frac{10.0}{1000}L}_{Ag^+〔mol〕} \quad \therefore C = \underline{0.10}\,mol/L$$

問3　終点では，Ag_2CrO_4 の沈殿がわずかに残るようになったので，この時点で Ag_2CrO_4 はちょうど飽和に達し，かつ $K_{sp}(Ag_2CrO_4)$ が成り立つ。終点における溶液の体積は，$10.0\,mL + 10.0\,mL = 20.0\,mL$ であるから，

CrO_4^{2-} の濃度は，$[CrO_4^{2-}] = \dfrac{2.0 \times 10^{-4}\,mol}{0.020\,L} = 1.0 \times 10^{-2}\,mol/L$

になっている。このとき，溶液中に含まれる Ag^+ の濃度を x〔mol/L〕とすると，$K_{sp}(Ag_2CrO_4)$ について，次式が成り立つ。

$K_{sp}(Ag_2CrO_4) = [Ag^+]^2[CrO_4^{2-}] = x^2(mol/L)^2 \times 1.0 \times 10^{-2}\,mol/L$

$\qquad\qquad\qquad = 4.0 \times 10^{-12}(mol/L)^3$

$\therefore x = \underline{2.0 \times 10^{-5}}\,mol/L$

問4　終点における溶液では，$AgCl$ についても $K_{sp}(AgCl)$ が成立しているので，Cl^- の濃度を y〔mol/L〕とすると，**問3** より次式が成り立つ。

$K_{sp}(AgCl) = [Ag^+][Cl^-] = 2.0 \times 10^{-5}\,mol/L \times y〔mol/L〕$

$\qquad\qquad\quad = 1.8 \times 10^{-10}(mol/L)^2$

$\therefore y = 9.0 \times 10^{-6}\,mol/L$

はじめに用いた $NaCl$ 水溶液中の Cl^- の濃度は，**問1** より $0.10\,mol/L$ であるから，終点における Cl^- の濃度は，$0.10\,mol/L$ の $\dfrac{9.0 \times 10^{-6}\,mol/L}{0.10\,mol/L} \times 100 = \underline{9.0 \times 10^{-3}}$ ％となっている。よって，この滴定法は有効であることかわかる。

98　第3編　無機物質

第3編　無機物質

第1章	非金属元素とその化合物

53

問1　$\boxed{1}$ －①　　$\boxed{2}$ －④　　$\boxed{3}$ －③　　$\boxed{4}$ －②　　問2　④

問3　⑤

問1　$\boxed{1}$　ハロゲンの単体の融点や沸点は，分子量が大きくなるにつれて分子間力が強くなるため，高くなる。

　　　　　F_2　　Cl_2　　Br_2　　I_2

融点，沸点───────→高

$\boxed{2}$　ハロゲンの単体の反応性(酸化力 $X_2 + 2e^- \longrightarrow 2X^-$)は，元素の原子番号が小さくなるにつれて陰性が強くなるため，高くなる。

　　　　　F_2　　Cl_2　　Br_2　　I_2

高←───────── 反応性

$\boxed{3}$　ハロゲンの単体のうち，常温で液体であるものは Br_2 である。

$\boxed{4}$　1価の陰イオンがアルゴン $_{18}Ar$ と同じ電子配置をとるハロゲンは，Ar より原子番号が1小さい $_{17}Cl$ である。

短期攻略のツボ
ハロゲンの単体の状態(常温・常圧)と色

F_2：気体 (淡黄色)，Cl_2：気体 (黄緑色)，Br_2：液体 (赤褐色)，I_2：固体 (黒紫色)

問2　①(誤)　F_2 と Cl_2 は気体であるが，Br_2 は液体，I_2 は固体である。

②(誤)　ガラス(主成分 SiO_2)を侵すのは，フッ化水素酸(HF 水溶液)である。臭素 Br_2 は，ガラスを侵さない。

③(誤)　ハロゲン化銀のうち AgF だけが水に溶けやすい。AgCl，AgBr，AgI はいずれも水に難溶である。

④(正)　ハロゲンの単体の酸化力(電子を奪う力)は，$F_2 > Cl_2 > Br_2 > I_2$ の順に弱くなる。

⑤(誤)　アルミニウムに塩酸を加えると水素が発生する。

　　　$2Al + 6HCl \longrightarrow 2AlCl_3 + 3H_2$

問3　①(正)，②(正)　ヨウ素 I_2 は昇華性があり，固体は分子からなる結晶で黒紫色，気体は赤紫色である。

③(正)　I_2 はモル質量が空気より大きいので，同温・同圧において，気体のヨウ素の密度は，空気より大きい。

　　　I_2 のモル質量 254 g/mol　　空気の平均モル質量約 29 g/mol

④(正)　ヨウ素にデンプン水溶液を加えると，ヨウ素デンプン反応により青〜青紫色に呈色する。

第1章　非金属元素とその化合物　**99**

（注）　この反応は，ヨウ素やデンプンの検出に利用される。

⑤（誤）　ヨウ素は，水に溶けにくい。

（注）　ヨウ素はヨウ化カリウム水溶液やエタノールにはよく溶けて褐色の溶液になる。

54

問1　③　　問2　①，⑥（順不同）　　問3　⑤　　問4　$\boxed{1}$ — ④　　$\boxed{2}$ — ①
問5　④　　問6　③

問1　①（正）　O_2 と O_3 は同じ元素でできている単体であるが，性質の異なる物質だから互いに同素体である。

②（正）　オゾンは強い酸化作用をもつので，湿ったヨウ化カリウムデンプン紙を青変させる。

　　酸化剤　還元剤
$$O_3 + 2KI + H_2O \longrightarrow \boxed{I_2} + 2KOH + O_2$$
$$\boxed{I_2} + デンプン \Longrightarrow 青紫色（ヨウ素デンプン反応）$$

③（誤）　オゾンは淡青色で特異臭のある気体である。

④（正），⑤（正）　O_2 や空気の中で，紫外線を当てたり，放電を行ったりすると，O_3 が生成する。　$3O_2 \rightleftharpoons 2O_3$

問2　①（正）　SO_2 が酸化剤，H_2S が還元剤となって反応し，硫黄の単体が生じる。

$$SO_2 + 2H_2S \longrightarrow 3S + 2H_2O$$

②（誤）　SO_2 は，無色・刺激臭の気体である。

③（誤）　SO_2 は水に溶けて弱い酸性を示す。　$SO_2 + H_2O \rightleftharpoons HSO_3^- + H^+$

④（誤）　H_2S は，無色・腐卵臭の有毒な気体である。

⑤（誤）　H_2S のモル質量（34 g/mol）は空気の平均モル質量（約 29 g/mol）より大きいので，空気より重い気体である。

⑥（正）　FeS は弱酸（H_2S）の塩なので，強酸（H_2SO_4）を加えると，弱酸（H_2S）が遊離する。

$$FeS + H_2SO_4 \longrightarrow FeSO_4 + H_2S \uparrow$$

⑦（誤）　H_2S は水に溶けて弱い酸性を示す。　$H_2S \rightleftharpoons H^+ + HS^-$

⑧（誤）　$CuSO_4$ 水溶液に H_2S を通じると，CuS の黒色沈殿が生じる。

$$Cu^{2+} + S^{2-} \longrightarrow CuS \downarrow$$

問3　反応物（原料）から生成物（製品）に至る段階的な反応を，1つの反応式にまとめると量的関係がつかめる。(1)式 + (2)式 × 2 + (3)式 × 4 により SO_2，SO_3 を消去すると，

$$4FeS + 9O_2 + 4H_2O \longrightarrow 2Fe_2O_3 + 4H_2SO_4$$

質量パーセント濃度 80 % の硫酸 196 g に含まれる H_2SO_4 の物質量は，H_2SO_4 のモル質量が 98 g/mol なので

$$\frac{196\,g \times \dfrac{80}{100}}{98\,g/mol} = 1.6\,mol$$

100 第3編 無機物質

反応式の係数関係($O_2 : H_2SO_4 = 9 : 4$)より，必要な O_2 の物質量は

$$1.6\,\text{mol} \times \frac{9}{4} = 3.6\,\text{mol}$$

問4 希硫酸を空気中に放置しておくと，溶媒の水が蒸発していくので質量が減っていく
④
（溶質の H_2SO_4 は不揮発性なので蒸発しない）。

したがって，グラフは <u>A</u> である。

一方，濃硫酸は吸湿性が強いので，空気中に放置しておくと空気中の水蒸気を吸収して質
①
量が増していく。

したがって，グラフは <u>B</u> である。

問5 ①（正） 濃硫酸は水分子を引きつける力が強いため，吸湿性が強く，脱水作用がある。

②（正） 濃硫酸を水でうすめるときは，水の中に少しずつ濃硫酸を加えなければならない。

③（正） 熱濃硫酸は酸化力が強く，Cu や Ag を溶かす。

$$2\,Ag + 2\,H_2SO_4 \longrightarrow Ag_2SO_4 + SO_2 + 2\,H_2O$$
$$Cu + 2\,H_2SO_4 \longrightarrow CuSO_4 + SO_2 + 2\,H_2O$$

④（誤） 濃硫酸を塩化ナトリウムと混ぜて熱すると，不揮発性の H_2SO_4 により揮発性の塩化水素 HCl がつくられ，気体となって外へ出ていく。この反応で塩素は発生しない。

$$NaCl + H_2SO_4 \longrightarrow NaHSO_4 + HCl\uparrow$$

⑤（正） 濃硫酸に SO_3 を吸収させると，発煙硫酸が得られる。発煙硫酸は SO_3 の蒸気を発して白煙を出す。

問6 硝酸 HNO_3 は，工業的には_イオストワルト法とよばれる製法により，_アアンモニア NH_3 からつくられる。

$$\begin{array}{c}
\text{（白金触媒）}\downarrow\quad\longrightarrow\text{NO}\longrightarrow\\
NH_3 \xrightarrow{} NO \longrightarrow NO_2 \longrightarrow HNO_3\\
\text{①空気酸化}\quad\text{②空気酸化}\quad\text{③水}\\
800℃
\end{array}$$

$$4\,NH_3 + 5\,O_2 \longrightarrow 4\,NO + 6\,H_2O \qquad\qquad \cdots\cdots①$$
$$2\,NO + O_2 \longrightarrow 2\,NO_2 \qquad\qquad \cdots\cdots②$$
$$3\,NO_2 + H_2O \longrightarrow 2\,HNO_3 + NO \qquad\qquad \cdots\cdots③$$

（①式 ＋ 3 × ②式 ＋ 2 × ③式）× $\dfrac{1}{4}$ より，NO，NO_2 を消去すると，全体の反応は次式で表される。

$$NH_3 + 2\,O_2 \longrightarrow HNO_3 + H_2O \qquad\qquad \cdots\cdots④$$

$NH_3\,1\,\text{mol}$ から $HNO_3\,1\,\text{mol}$ が得られるので，1.7 kg の NH_3（モル質量 17 g/mol）から得られる HNO_3（モル質量 63 g/mol）の質量は，

第 1 章　非金属元素とその化合物　**101**

$$1.7〔kg〕 \times \frac{63}{17} = 6.3〔kg〕$$

よって，求める 63 ％硝酸を x〔kg〕とすると，

$$x〔kg〕 \times 0.63 = 6.3〔kg〕 \qquad x = 10〔kg〕$$

> **短期攻略のツボ**
>
> 濃硫酸の性質
>
> (1)　粘性のある重い液体　　(2)　水を加えると多量の熱を発生　　(3)　吸湿性が大きく，脱水作用がある　　(4)　熱せられると強い酸化作用を示す（熱濃硫酸）　　(5)　沸点が高く（300℃以上），不揮発性

55

問 1　**a** － ②　　**b** － ⑤　　問 2　①　　問 3　⑤　　問 4　①

問 5　①，④（順不同）

問 1　①〜⑤ の各元素の水素化合物と水に対する性質は，

①　CH_4　メタン　水に溶けにくい

②　NH_3　アンモニア　水によく溶ける（弱塩基性）

③　HF　フッ化水素　水によく溶ける（弱酸性）

④　H_2S　硫化水素　水に少し溶ける（弱酸性）

⑤　HI　ヨウ化水素　水によく溶ける（強酸性）

よって，**a** は②，**b** は⑤

> **短期攻略のツボ**
>
> ハロゲン化水素：無色・刺激臭の気体で，水によく溶けて酸性を示す。
>
> 酸としての強さ　HI ＞ HBr ＞ HCl ＞ HF
>
> 　　　　　　　└── 強酸 ──┘ 　弱酸

問 2　**a**　ヘリウム He は不燃性で，水素 H_2 に次いで軽いので，浮揚ガスとして気球や飛行船に充塡される。ヘリウムは軽くて化合物をつくらないので，地殻中に閉じ込められたもの以外はわずかしか存在しない。

　b　アルゴン Ar は最初に発見された貴ガスで，貴ガスの中では大気中に最も多く（約 1 ％）含まれる。白熱電球に封入され，高温のフィラメントの寿命を長く保つ。

　c　ネオン Ne は貴ガスの中では原子量が 2 番目に小さい（原子量の大小：He 4 ＜ Ne 20 ＜ Ar 40）。広告用のネオンサイン（赤橙色）などに用いられる。

〔参考〕　空気中の貴ガスの存在量（体積％）

　Ar 0.93，Ne 1.8×10^{-3}，He 5.2×10^{-4}，Kr 1.1×10^{-4}，Xe 8.7×10^{-6}

問 3　オキソ酸は，分子中に O 原子を含む無機の酸である。酸化数 +1 の Cl 原子 1 個を含むオキソ酸は，次亜塩素酸 HClO（Cl $\diagdown^{O}\diagup$ H）である。また，酸化数 +5 の N 原子 1 個を含むオキソ酸は，硝酸 HNO_3 である。HClO は強い酸化作用をもつ 1 価の弱酸であり，**a**，**b**，

102 第3編 無機物質

cすべてに当てはまる。

一方，HNO$_3$ は強い酸化作用をもつ1価の強酸であり，**a**，**c** に当てはまる。

よって，両方に当てはまるのは，**a**，**c** である。

(注) 塩素原子1個を含むオキソ酸

	次亜塩素酸	亜塩素酸	塩素酸	過塩素酸
	HClO	HClO$_2$	HClO$_3$	HClO$_4$
酸化数………	+1	+3	+5	+7

小 ─────── 酸としての強さ ───────→ 大

問4 濃硫酸，濃硝酸，濃塩酸について，当てはまる性質には○，当てはまらない性質には×をつけて示す。

	a	b	c	d
濃硫酸	○	×	○	×
濃硝酸	○	×	○	○
濃塩酸	○	×	○	○

よって，いずれにも当てはまる性質は，**a**と**c** である。

(注) 濃塩酸と濃硝酸の体積比3：1の混合物(王水)は，金や白金を溶かす。

問5 ① (誤) 黄リンは空気中で自然発火しやすいが，赤リンは空気中で安定である。

② (正) HF 水溶液は SiO$_2$(ガラスの主成分)と反応してこれを溶かす。

$$SiO_2 + 6HF \longrightarrow H_2SiF_6 + 2H_2O$$
ヘキサフルオロ
ケイ酸

③ (正) 一般に，非金属酸化物は酸性酸化物であり(CO，NO は除く)，水と結合してオキソ酸になる。

$$SO_2 + H_2O \longrightarrow H_2SO_3 \quad 亜硫酸$$
$$SO_3 + H_2O \longrightarrow H_2SO_4 \quad 硫酸$$
} オキソ酸の一種

④ (誤) 硫酸 H$_2$SO$_4$ は2価の酸であるが，リン酸 H$_3$PO$_4$ は3価の酸である。

⑤ (正) 希硝酸，濃硝酸はともに強い酸化作用を示す。

[参考] 濃硝酸が酸化剤としてはたらくとき：HNO$_3$ + H$^+$ + e$^-$ $\longrightarrow$ NO$_2$ + H$_2$O

希硝酸が酸化剤としてはたらくとき：HNO$_3$ + 3H$^+$ + 3e$^-$ $\longrightarrow$ NO + 2H$_2$O

⑥ (正) ケイ素は酸素に次いで地殻中に多く存在する元素である。ケイ素の化合物は，二酸化ケイ素やケイ酸塩として岩石や土壌に含まれる。

(注) ケイ素の単体は，天然には存在しない。

56

問1 ③ 問2 ② 問3 ④ 問4 a-③ b-④
問5 a-①，⑥ b-③，⑦ c-③，⑥ (順不同)

問1 常温・常圧で単体が気体である元素は，表中の斜線部分の元素である。

第1章 非金属元素とその化合物　103

> **短期攻略のツボ**
> 　常温・常圧で単体が気体である元素は H, N, O, F, Cl および貴ガス元素，液体である元素は Hg と Br のみ，その他はすべて固体である元素である。

問2　①〜⑤の気体のうち，常温・常圧で有色の気体は Cl_2（黄緑色）と NO_2（赤褐色）である。よって，②が当てはまる。

（注）他の有色気体として，O_3（淡青色），F_2（淡黄色）も覚えておくとよい。

問3　①〜⑤の物質のうち，刺激臭のあるものは HCl, CH_3COOH, NH_3 である（他は無臭）。よって，④が当てはまる。

（注）一般に②のような金属結晶，③，⑤のようなイオン結晶は不揮発性なので無臭である。CH_3COOH は揮発性の液体で，その蒸気は刺激臭である。

問4　**a**　塩酸は強酸なので，弱酸（H_2CO_3）の塩（Na_2CO_3）と反応して弱酸を遊離させる。
　　　$Na_2CO_3 + 2HCl \longrightarrow 2NaCl + CO_2 + H_2O$

　　　b　水酸化ナトリウム水溶液は強塩基なので，弱塩基（NH_3）の塩（NH_4Cl）と反応して弱塩基を遊離させる。
　　　$NH_4Cl + NaOH \longrightarrow NaCl + NH_3 + H_2O$

問5　①〜⑦の反応は，以下のようになる。

① 水素 H_2 発生　$2Al + 2NaOH + 6H_2O \longrightarrow 2Na[Al(OH)_4] + 3H_2\uparrow$
② 塩化水素 HCl 発生　$NaCl + H_2SO_4 \longrightarrow NaHSO_4 + HCl\uparrow$
③ 二酸化窒素 NO_2 発生　$Ag + 2HNO_3 \longrightarrow AgNO_3 + H_2O + NO_2\uparrow$
④ アンモニア NH_3 発生　$2NH_4Cl + Ca(OH)_2 \longrightarrow CaCl_2 + 2H_2O + 2NH_3\uparrow$
⑤ アセチレン C_2H_2 発生　$CaC_2 + 2H_2O \longrightarrow Ca(OH)_2 + CH\equiv CH\uparrow$
⑥ 塩素 Cl_2 発生　$MnO_2 + 4HCl \longrightarrow MnCl_2 + 2H_2O + Cl_2\uparrow$
⑦ 二酸化炭素 CO_2 発生　$CaCO_3 \longrightarrow CaO + CO_2\uparrow$

a　単体の気体は，①H_2 と ⑥Cl_2
b　酸性酸化物の気体は，③NO_2 と ⑦CO_2
c　有色の気体は，③NO_2（赤褐色）と ⑥Cl_2（黄緑色）

［参考］①，③，⑥は酸化還元反応，②は揮発性（HCl）・不揮発性（H_2SO_4）の違いを利用した反応，④は塩基の強弱を利用した反応，⑤は加水分解反応，⑦は熱による分解反応

104 第3編　無機物質

57

> 問1　a－②　　b－④　　問2　a－③　　b－⑦　　c－②　　d－②　　e－①
> f－④　　問3　a　$\boxed{1}$・$\boxed{2}$－⑥, ⑧　　$\boxed{3}$・$\boxed{4}$－②, ③（順不同）
> b　$\boxed{5}$・$\boxed{6}$－④, ①　　$\boxed{7}$・$\boxed{8}$－①, ③　　問4　①

問1　**a**　亜鉛と希硫酸による水素発生反応は，一般的にはイオン化傾向が H_2 より大きい金属の単体によって，酸から生じた H^+ が還元される反応である。

$$Zn + H_2SO_4 \longrightarrow ZnSO_4 + H_2\uparrow$$

$$(Zn + 2H^+ \longrightarrow Zn^{2+} + H_2\uparrow)\quad イオン化傾向\ Zn > H_2$$

（上式の $2H^+ \to Zn^{2+}$ に $2e^-$ の矢印）

したがって，Fe と Pb が考えられるが，Pb は生成する $PbSO_4$ が水に難溶なので，ほとんど反応しない。よって，Fe と決まる。

$$Fe + H_2SO_4 \longrightarrow FeSO_4 + H_2\uparrow$$

$$(Fe + 2H^+ \longrightarrow Fe^{2+} + H_2\uparrow)\quad イオン化傾向\ Fe > H_2$$

（上式の $2H^+ \to Fe^{2+}$ に $2e^-$ の矢印）

（注）①はアセチレンを発生する。④，⑤は反応しない。

b　コックDを閉じると，発生する気体によりB内の圧力が増し，B内にある希硫酸の液面が押される。このため希硫酸がCを経てAの方向へもどされる（B→C→A）。逆にDを開くと，B内の圧力が大気圧にもどるので，A内の希硫酸がCを経てBに入ってくる。

（注）図1のような装置を，キップの装置という。

問2　**a・b**　塩素の実験室的製法としては，酸化マンガン(Ⅳ) MnO_2 に濃塩酸を加えて加熱する方法や，さらし粉 $CaCl(ClO)\cdot H_2O$ に塩酸を加える方法などがあるが，選択肢から試薬を選ぶと前者の方法になる。よって，aには濃塩酸③，bには酸化マンガン(Ⅳ) ⑦を入れる。

これらの試薬により，次の反応が起こる。

$$MnO_2 + 4HCl \longrightarrow MnCl_2 + Cl_2\uparrow + 2H_2O$$

c　フラスコb内の圧力が，もし，ビンd内の圧力より小さくなると，d内の水が逆流する。このとき，bとdが直結しているとd内の水がb内に入ってしまう。これを防ぐために，bとdの間に空ビンcをつないでおく。

d　bから出てきた塩素には，不純物として水蒸気と塩化水素が含まれる。塩化水素は水によく溶けるので，dに入れてある水に吸収させて除く（このとき，塩素も少し水に溶ける）。

e　dから出てきた塩素には，水蒸気が含まれる。これを除くには，乾燥剤としてeに濃硫酸を入れておくのがよい。

f　MnO_2 は反応により $MnCl_2(Mn^{2+})$ に変化する。このとき，Mn の酸化数は $+4$ から $+2$ になる。

（注）d(水)とe(濃硫酸)を逆に連結することはできない。dをeの後につなぐと，dの水から生じる水蒸気を除くことができない。

第1章　非金属元素とその化合物　**105**

問3　**a**　アンモニア：弱塩基(NH_3)の塩(⑥ NH_4Cl)に強塩基(⑧ $Ca(OH)_2$)を作用させる。

$$2NH_4Cl + Ca(OH)_2 \xrightarrow{\text{加熱}} CaCl_2 + 2NH_3\uparrow + 2H_2O$$
　　　　固体　　　　固体

水素：イオン化傾向が H_2 より大きい金属(③ Zn)に強酸(② H_2SO_4)を作用させる。

$$Zn + H_2SO_4 \longrightarrow ZnSO_4 + H_2\uparrow$$
　　固体　　液体

b　アンモニア：〔発生装置〕　試薬が固体だけの場合は，一般に加熱が必要である。また，発生した水蒸気が試験管の出口付近で冷え，液滴となる。これが試験管の底にもどると，ガラスが急冷されて割れる危険がある。このため，底の方を出口より少し高くしておく。(④)

〔捕集装置〕　アンモニアは水によく溶け，空気より軽い(空気より密度が小さい)ので，上方置換で捕集する。(⓪)

水素：〔発生装置〕　この反応では，加熱は不要である。また，液体を用いるので，試験管の底は出口より低くしておく。(①)

〔捕集装置〕　水素は水に溶けにくいので，水上置換で捕集する。(③)

(注)　一般に実験室的な気体発生反応で，希硝酸，濃硝酸を用いるときは，加熱は不要。(濃塩酸，濃硫酸を用いるときは加熱を必要とするものが多い。)

短期攻略のツボ

　気体の捕集法

水に溶けない気体(1)……水上置換

水に溶ける気体 ┬ (2)　空気より重いもの　($M > 29$)……下方置換

　　　　　　　　└ (3)　空気より軽いもの　($M < 29$)……上方置換

　　　　　　　　M は気体の分子量，29 は空気の平均分子量

酸性の気体は(2)，塩基性の NH_3 は(3)，と覚えておくとよい。

問4　① (正)　Cu が還元剤，希硝酸が酸化剤となって反応し，NO が発生する。NO は水に溶けないので，水上置換で集める。

$$3Cu + 8HNO_3 \longrightarrow 3Cu(NO_3)_2 + 2NO\uparrow + 4H_2O$$

② (誤)　Cu が還元剤，H_2SO_4 が酸化剤となって反応し，SO_2 が発生する。

$$Cu + 2H_2SO_4 \longrightarrow CuSO_4 + SO_2\uparrow + 2H_2O$$

SO_2 は水に溶け(酸性)，空気より重いので，下方置換で集める。

③ (誤)　NH_3 が発生する。

$$2NH_4Cl + Ca(OH)_2 \longrightarrow CaCl_2 + 2NH_3\uparrow + 2H_2O$$

NH_3 は塩基性なので，酸性乾燥剤の P_4O_{10}(十酸化四リン)は使えない。塩基性乾燥剤のソーダ石灰などを使う。

④ (誤)　弱酸(H_2CO_3)の塩(石灰石 $CaCO_3$)に強酸(HCl)を作用させると，弱酸が遊離して CO_2 が発生する。

106　第3編　無機物質

$$CaCO_3 + 2HCl \longrightarrow CaCl_2 + CO_2\uparrow + H_2O$$

CO_2 は酸性なので，塩基性乾燥剤のソーダ石灰は使えない。

⑤　(誤)　弱酸(H_2S)の塩(FeS)に強酸(HCl)を作用させると，弱酸が遊離して H_2S が発生する。

$$FeS + 2HCl \longrightarrow FeCl_2 + H_2S\uparrow$$

H_2S は酸性なので，塩基性の NaOH 水溶液で洗浄することはできない。

> ### 短期攻略のツボ
>
> 酸性乾燥剤：濃硫酸，P_4O_{10} など
>
> 塩基性乾燥剤：ソーダ石灰(CaO + NaOH)など
>
> 中性乾燥剤：$CaCl_2$ など
>
> 乾燥剤と乾燥させたい気体が酸・塩基の組合せにならないように選ぶのが原則。
>
> ただし，NH_3 の乾燥に $CaCl_2$ は不適（化合物を生成するため）
>
> H_2S の乾燥には濃硫酸は不適（酸化還元が生じるため）

58

問1　a－①　　b－⑥　　問2　$\boxed{1}$－⑤　　$\boxed{2}$－⑧　　問3　④
問4　a－⑥　　b－①　　c－⑤　　d－④

問1　a　鉄の製錬では，高温の溶鉱炉内で，鉄鉱石(鉄の酸化物)が主に一酸化炭素 CO によって還元される。

例　$Fe_2O_3 + 3CO \longrightarrow 2Fe + 3CO_2$

CO は無色・無臭だが，人体にきわめて有毒な気体である。

[参考]　CO は血液中のヘモグロビンと強く結合するので，酸素の供給が妨げられる。

b　二酸化硫黄 SO_2 は還元性があり，それによる漂白作用をもつ。(たとえば，SO_2 の入っている容器の中に，色のついた花びらを入れると花びらが漂白される。)

還元剤：$SO_2 + 2H_2O \longrightarrow SO_4^{2-} + 4H^+ + 2e^-$

SO_2 は無色・刺激臭で，有毒な気体である。

(注)　CO_2 無色・無臭，NO 無色・無臭，NO_2 赤褐色・特有臭(きわめて有毒)，Cl_2 黄緑色・刺激臭(有毒)

問2　$\boxed{1}$　発生した気体は，赤色リトマス紙を青変するので，塩基性のアンモニア NH_3 である。強塩基(NaOH)を作用させると NH_3 が発生する物質はアンモニウム塩であるから，⑤とわかる。

$$NH_4Cl + NaOH \longrightarrow NaCl + NH_3 + H_2O$$

NH_4Cl は弱塩基(NH_3)と強酸(HCl)からできた塩なので，加水分解により水溶液は弱い酸性を示す。

$\boxed{2}$　発生した気体は，赤色リトマス紙の赤色を消すので，漂白作用をもつ。塩酸を加えると気体が発生するのは③ $CaCO_3$ か⑧ $CaCl(ClO)\cdot H_2O$ であるが，CO_2 は無臭で漂白作用をもたないので⑧とわかる。

第1章　非金属元素とその化合物　**107**

$$CaCO_3 + 2HCl \longrightarrow CaCl_2 + CO_2\uparrow + H_2O$$

さらし粉
$$CaCl(ClO)\cdot H_2O + 2HCl \longrightarrow CaCl_2 + Cl_2\uparrow + 2H_2O \quad (加熱は不要)$$

> **短期攻略のツボ**
>
> 漂白作用をもつ気体
>
> SO_2：還元作用による漂白
>
> Cl_2：酸化作用による漂白

問3　**a**　アンモニア NH_3 と塩化水素 HCl を混合すると，中和反応が起こって塩化アンモニウム NH_4Cl の白煙が生じる。

$$NH_3(気) + HCl(気) \longrightarrow NH_4Cl(固)$$

よって，**ア**，**ウ**は NH_3，HCl の2種である。

（注）　この反応は，NH_3（気）または HCl（気）の検出に利用される。生成した NH_4Cl は固体微粒子となり，白煙として観察される。

b　大気上層で紫外線を吸収するので，**イ**の同素体はオゾン O_3 である。よって，**イ**は $\underline{O_2}$ である。

c　ウは水に溶けると酸性を示すから，**a** より**ウ**は $\underline{HCl}$ とわかる。（よって，**ア**は NH_3）

d　エは腐卵臭があり，還元性を示す。また，**c** より酸性を示す。よって，**エ**は $\underline{H_2S}$ である。　　還元剤：$H_2S \longrightarrow S + 2H^+ + 2e^-$

問4　**a**　H_2S との反応などから，発生した気体は SO_2 とわかる。

$$SO_2 + 2H_2S \longrightarrow 3S\downarrow + 2H_2O$$
酸化剤　還元剤

亜硫酸塩に強酸を加えると，SO_2 が発生する。よって，$\underset{⑥}{\underline{亜硫酸ナトリウム}}$ が当てはまる。

$$Na_2SO_3 + 2HCl \longrightarrow 2NaCl + SO_2\uparrow + H_2O$$

（注）　酸化還元反応で SO_2 は主に還元剤としてはたらくが，反応する相手により酸化剤にもなり得る。

b　発生した気体は無色の NO で，これが空気に触れて酸化され，赤褐色の NO_2 に変化した。　　$2NO + O_2 \longrightarrow 2NO_2$

NO は，$\underset{①}{\underline{銅}}$ に希硝酸を加えると発生する。

$$3Cu + 8HNO_3 \longrightarrow 3Cu(NO_3)_2 + 2NO\uparrow + 4H_2O$$

c　ガラス（主成分 SiO_2）を侵す気体は，HF（フッ化水素）である。

$$SiO_2 + 4HF \longrightarrow SiF_4\uparrow + 2H_2O$$

HF は，$\underset{⑤}{\underline{フッ化カルシウム}}$ に濃硫酸を加えて加熱すると発生する。

$$CaF_2 + H_2SO_4 \longrightarrow CaSO_4 + 2HF\uparrow$$

（注）　SiO_2 にフッ化水素酸（HF 水溶液）を加えたときは，

$$SiO_2 + 6HF \longrightarrow H_2SiF_6 + 2H_2O$$

d　発生した気体は腐卵臭のある H_2S である。$CuSO_4$ 水溶液に通じると，CuS の黒色沈

108 第3編　無機物質

殿が生じる。

$$Cu^{2+} + S^{2-} \longrightarrow CuS\downarrow$$

H_2S は，硫化鉄(II)に希硫酸を加えると発生する。
④

$$FeS + H_2SO_4 \longrightarrow FeSO_4 + H_2S\uparrow$$

第2章　金属元素とその化合物　**109**

第2章　金属元素とその化合物

59

　問1　②　　問2　②　　問3　④

問1　アルカリ土類金属は，2族のうち Be，Mg を除いた元素

　　2族：Be　　Mg　│ Ca　Sr　Ba　Ra │
　　　　　　　　　　　アルカリ土類金属（Be，Mg を含めることもある）

（注）　アルカリ金属は，1族のうち H を除いた元素

　　1族：H　│ Li　Na　K　Rb　Cs　Fr │
　　　　　　　　アルカリ金属

問2　①（正）　いずれも特有の炎色反応を示す。例　Ca：橙赤，Sr：紅，Ba：黄緑

（注）　2族のうち，Be，Mg は炎色反応を示さない。

②（誤）　単体は常温の水と反応して水素を発生させる。

　　例　$Ca + 2H_2O \longrightarrow Ca(OH)_2 + H_2$

③（正），④（正）　酸化物は水と反応して強塩基の水酸化物になる。

　　例　$BaO + H_2O \longrightarrow Ba(OH)_2$

　　　　$Ba(OH)_2 \longrightarrow Ba^{2+} + 2OH^-$　（塩基性）

⑤（正）　炭酸塩はいずれも水に難溶である。

　　例　$CaCO_3$，$SrCO_3$，$BaCO_3$

（注）　アルカリ土類金属の硫酸塩は水に難溶で，塩化物は水に可溶である。

問3　①（正）　陽イオン交換膜を用いた電気分解（イオン交換膜法）により工業的に製造されている。

　　$2NaCl + 2H_2O \xrightarrow{\text{電解}} Cl_2 + H_2 + 2NaOH$
　　　　　　　　　　　　　　　陽極側　陰極側
　　　　　　　　　　　　　　　で生成　で生成

②（正）　塩素は水に少し溶け，その一部が次のように反応する。

　　　　　　　　　　次亜塩素酸
　　$Cl_2 + H_2O \rightleftharpoons HCl + HClO$

したがって，NaOH 水溶液に塩素を通じると，HCl や HClO が中和されて NaCl や NaClO が生じる。

　　$Cl_2 + 2NaOH \longrightarrow NaCl + NaClO + H_2O$

　　$(Cl_2 + 2OH^- \longrightarrow Cl^- + ClO^- + H_2O)$
　　　　　　　　　　　　　　　　次亜塩素酸
　　　　　　　　　　　　　　　イオン

［参考］　次亜塩素酸やその塩は，酸化力が強く，漂白作用や殺菌作用を示す。

③（正）　次のような反応が起こり，炭酸イオン CO_3^{2-} が生じる。

　　$2NaOH + CO_2 \longrightarrow Na_2CO_3 + H_2O$

($2OH^- + CO_2 \longrightarrow CO_3^{2-} + H_2O$)

④（誤） NaOHの結晶は空気中の水分を吸収して自然に溶けていく（潮解）。

例　KOH, $CaCl_2$, $MgCl_2$

（注） 風解は，結晶が空気中で水和水を失い，自然に粉末化していく現象。

例　$Na_2CO_3 \cdot 10H_2O \longrightarrow Na_2CO_3 \cdot H_2O + 9H_2O$

60

問1　アンモニアソーダ法（ソルベー法）とよばれる Na_2CO_3 の工業的製法である。Na_2CO_3 はガラスなどの原料となる。

a　$NaCl + H_2O + NH_3 + CO_2 \longrightarrow NaHCO_3$（沈殿）$+ NH_4Cl$ ……(i)

b　$2NaHCO_3 \longrightarrow Na_2CO_3 + \underline{CO_2} + H_2O$（熱分解） ……(ii)
　　　　　　　　　　　　　　a の反応に利用

c　$CaCO_3 \longrightarrow CaO + \underline{CO_2}$（熱分解） ……(iii)
　　　　　　　　　　　a の反応に利用

d　$CaO + H_2O \longrightarrow Ca(OH)_2$　発熱が大きい ……(iv)

　　$2NH_4Cl + Ca(OH)_2 \longrightarrow CaCl_2 + 2\underline{NH_3} + 2H_2O$ ……(v)
　　　　　　　　　　　　　　　　　　　　　a の反応に利用

[参考] **a** の反応　$CO_2 + H_2O$ ┐中和
　　　　　　　　　　　NH_3 　┘$\longrightarrow$ $\boxed{HCO_3^-}$ $+ NH_4^+$
　　　　　　飽和　$NaCl \longrightarrow \boxed{Na^+}$ $+ Cl^-$
　　　　　　　　　　　　　　⇓
　　　　　　　　　　　$NaHCO_3$ 沈殿（溶解度を超えた分）

式(i)～式(v)の反応を，式(i)×2＋式(ii)＋式(iii)＋式(iv)＋式(v)により一つにまとめると，次式に示す全体の化学反応式が得られる。

$2NaCl + CaCO_3 \longrightarrow Na_2CO_3 + CaCl_2$

問2　上で示した全体の化学反応式より，Na_2CO_3 1mol を製造するには，NaCl 2mol を必要とすることがわかる。よって，1.06kg の Na_2CO_3（式量106）の製造に必要な NaCl（式量58.5）の質量[kg]は，

$1.06kg \times \dfrac{58.5}{106} \times \dfrac{2}{1} = \boxed{1.17}$ kg
　　　　　式量比　物質量比

61

問1　①　問2　⑤　問3　⑤　問4　⑤

問1　典型元素は周期表の1, 2, 12〜18族，遷移元素は3〜11族にある元素である。①

第2章　金属元素とその化合物　**111**

～⑤の元素のうち，遷移元素は8族のFe，10族のNiと11族の(Cu，Ag，Au)である。その他の元素は典型元素である。よって，典型元素の組合せは①である。

問2　常温で自由電子をもつ単体は，金属の単体である。①～⑤のうち，金属の単体は⑤Znであり，その他は非金属の単体である。

問3　酸とも塩基とも反応する酸化物は，両性元素の酸化物である。両性元素(両性金属)にはAl，Zn，Pb，Snなどがある。よって，⑤ZnOが当てはまる。

例　$ZnO + 2HCl \longrightarrow ZnCl_2 + H_2O$

　　$ZnO + 2NaOH + H_2O \longrightarrow Na_2[Zn(OH)_4]$

(注)　$Al_2O_3 + 6HCl \longrightarrow 2AlCl_3 + 3H_2O$

　　　$Al_2O_3 + 2NaOH + 3H_2O \longrightarrow 2Na[Al(OH)_4]$

問4　常温・常圧における単体の状態は，次のように分類される。

単体が
$\begin{cases} \text{液体である元素} \Rightarrow \text{Hg，Br} \\ \text{気体である元素} \Rightarrow \text{H，N，O，F，Cl，希ガス元素(18族)} \\ \text{固体である元素} \Rightarrow \text{上記以外の元素} \end{cases}$

よって，単体がいずれも固体である元素は⑤Si，P，Sである。

62

問1　③　問2　⑤　問3　$\boxed{1}$ － ④　$\boxed{2}$ － ⑦　$\boxed{3}$ － ⑨
$\boxed{4}$ － ③　$\boxed{5}$ － ①

問1　**a**（正）　アルミニウムは酸素との結合力が強いので，酸化アルミニウムは2000℃以上の高融点をもつ(金属アルミニウムの融点は660℃)。溶融塩電解(融解塩電解)で酸化アルミニウムからアルミニウムを得るときは，酸化アルミニウムを融解した氷晶石中に入れて溶かす。これにより約1000℃で電解することができる。

　b（誤）　金属結晶のアルミニウムは電気をよく導くが，イオン結晶の酸化アルミニウムは電気を導かない。

　c（誤）　アルミニウムはイオン化傾向が大きいので，Al^{3+}を含む水溶液を電気分解しても，陰極ではH_2OやH^+が還元されてしまう。このため金属アルミニウムは得られない。

　　陰極：$2H_2O + 2e^- \longrightarrow H_2 + 2OH^-$　$(2H^+ + 2e^- \longrightarrow H_2)$

　d（正）　空気中では表面が酸化されて，Al_2O_3のち密な被膜ができる。これにより内部は保護されて，酸化されにくくなる。

問2　①（正）　SnはH_2よりイオン化傾向が大きいので，塩酸や希硫酸などの酸(H^+)と反応して溶ける。

　　$Sn + 2HCl \longrightarrow SnCl_2 + H_2$

　　$(Sn + 2H^+ \longrightarrow Sn^{2+} + H_2)$

　　$\underset{-2e^-}{\longleftarrow}$

②（正）　$SnCl_2$は酸化されやすいので，還元作用をもつ。

$\underset{+2}{SnCl_2} + 2Cl^- \longrightarrow \underset{+4}{SnCl_4} + 2e^-$

112　第3編　無機物質

③（正）　$PbSO_4$ は水に難溶で，希硫酸にも溶けにくい。鉛蓄電池の放電で生成する $PbSO_4$ が，両極板上に付着するのもこのためである。

④（正）　$PbCl_2$ は冷水には溶けにくいが，熱水には溶ける。

⑤（誤）　PbO_2 は鉛蓄電池の正極に用いられるように，酸化剤として使われる。

$$\underset{+4}{PbO_2} + 4H^+ + 2e^- \longrightarrow \underset{+2}{Pb^{2+}} + 2H_2O$$

（注）　Pb の単体が塩酸や希硫酸に溶けにくいのは，水に溶けにくい $PbCl_2$ や $PbSO_4$ が表面にできるからである。

問3　ア　A の単体 1.00 g に対して B の単体 1.54 g が反応して AB の組成をもつ化合物 2.54 g が生成するので，A, B の原子量を M_A, M_B とすると，

$$\frac{1.00\,g}{M_A\,(g/mol)} : \frac{1.54\,g}{M_B\,(g/mol)} = 1 : 1$$

よって，$M_A : M_B = 1.00 : 1.54$ である。

イ　A, C の単体は常温で水と反応して水素を発生するので，A, C はナトリウム Na，カリウム K，カルシウム Ca のいずれかである。

ウ　水素との混合物に光を当てると爆発的に反応する単体は塩素である。よって，B は塩素 Cl である。　$H_2 + Cl_2 \overset{光}{\longrightarrow} 2HCl$

ここでアより，$M_B = 35.5$ (Cl)，$M_A = \dfrac{35.5}{1.54} = 23$ となるので，イより A は Na である。

エ　空気の一成分である D の単体を O_2 と考えて，ED_2 を CO_2 とすると，オの反応に結びつく。

オ　イより C の単体を Ca とすると，Ca と水との反応は，

$$Ca + 2H_2O \longrightarrow Ca(OH)_2 + H_2$$

$Ca(OH)_2$ の水溶液に CO_2 を通すと，$CaCO_3$ の白色沈殿を生じる。

$$Ca(OH)_2 + CO_2 \longrightarrow CaCO_3 + H_2O$$

（注）　さらに CO_2 を通じると，沈殿が溶けて無色透明になる。

$$CaCO_3 + CO_2 + H_2O \rightleftharpoons Ca(HCO_3)_2$$

以上より，A：ナトリウム，B：塩素，C：カルシウム，D：酸素，E：炭素と決まる。

短期攻略のツボ

14 族元素

　　　　　　　　　　半導体　　　　　両性
　　　　　　　C　　Si　 Ge　 Sn　 Pb
　　　　非金属元素 ⟸ ┊ ⟹ 金属元素

63

問1　④　　問2　a－⑤　　b－⑥　　問3　⑥　　問4　②　　問5　②

問1　①（誤）　クロム Cr，マンガン Mn，鉄 Fe は，いずれも第4周期にある遷移元素である。

第2章　金属元素とその化合物　113

② （誤）　一般に，遷移元素のイオンや化合物には有色のものが多い。

　　例　$Cr_2O_7^{2-}$　CrO_4^{2-}　MnO_4^-　Fe_2O_3

　　（色）赤橙　　　黄　　赤紫　　赤褐

③ （誤）　Fe は両性元素ではない。

④ （正）　一般に，遷移元素は同じ元素であっても酸化数の異なるいくつかのイオンや化合物をつくるものが多い。

⑤ （誤）　いずれも金属なので熱伝導性が大きい。

> **短期攻略のツボ**
> その他の遷移元素の特徴
> (1)　すべて金属元素で単体は密度が大きい。（Sc 以外は重金属）
> (2)　単体は融点が高く硬い。
> (3)　触媒に利用されるものが多い。

問2　**a**　金属の鉄 Fe は，溶鉱炉で鉄鉱石（Fe_2O_3，Fe_3O_4 など）をコークスや一酸化炭素によって還元してつくられる。

　　$2Fe_2O_3 + 3C \longrightarrow 4Fe + 3CO_2$

　　$Fe_2O_3 + 3CO \longrightarrow 2Fe + 3CO_2$

Al，Fe，Ni などは，濃硝酸には不動態になって溶けない。

b　銅 Cu を湿った空気中に放置すると，酸化されて緑色のさび（緑青(ろくしょう)）を生じる。銅は電線や，貨幣などの合金材料として用いられる。

問3　化学反応式で表すと，$4Fe + 3O_2 \longrightarrow 2Fe_2O_3$

Fe のモル質量は 56g/mol なので，上式の係数関係より，必要な O_2 の物質量は

$$\frac{28g}{56g/mol} \times \frac{3}{4} = 0.375mol$$

これを標準状態の体積に換算すると，　$0.375mol \times 22.4L/mol = \underline{8.4L}$

問4　化合物中に含まれる Fe 原子 1mol あたりで鉄化合物の変化をまとめると，

$$FeCl_3 \Longrightarrow Fe(OH)_3 \Longrightarrow \frac{1}{2}Fe_2O_3$$

1mol　　　　　1mol　　　　　$\frac{1}{2}$mol

Fe_2O_3 のモル質量は $56 \times 2 + 16 \times 3 = 160g/mol$ だから，Fe_2O_3 0.32g の物質量は

$$\frac{0.32g}{160g/mol} = 2.0 \times 10^{-3}mol$$

上に示した関係により，初めにあった $FeCl_3$ の物質量は

$2.0 \times 10^{-3}mol \times 2 = 4.0 \times 10^{-3}mol$

これが $FeCl_3$ 水溶液 10mL 中にあったので，その濃度〔mol/L〕は

$$\frac{4.0 \times 10^{-3}mol}{0.010L} = 0.40mol/L$$

[参考]　上に示した鉄化合物の変化を化学反応式で表すと，

114 第3編 無機物質

$$Fe^{3+} + 3OH^- \longrightarrow Fe(OH)_3$$

$$2Fe(OH)_3 \longrightarrow Fe_2O_3 + 3H_2O$$

問5 $CuSO_4 \cdot 5H_2O$（式量 250）を加熱して得られた物質の式量を x とする。$CuSO_4 \cdot 5H_2O$ も，選択肢①〜⑤も Cu 原子 1 個を含む式なので，$CuSO_4 \cdot 5H_2O$ の物質量と得られた物質の物質量は等しいはずである。よって，次式が成り立つ。

$$\frac{62 \times 10^{-3}\mathrm{g}}{250\,\mathrm{g/mol}} = \frac{20 \times 10^{-3}\mathrm{g}}{x\,[\mathrm{g/mol}]} \qquad x \fallingdotseq 81$$

各式量は① 64　② 80　③ 160　④ 178　⑤ 214　なので，②が適する。

［参考］　$CuSO_4 \cdot 5H_2O$　　$CuSO_4$　　CuO　　Cu_2O
　　　　　　　青　　　　　　　　白　　　　黒　　　赤

64

問1　a－③　　b－②	問2　③	問3　a－③　　b－①	問4　②

問1 **a** 炎色反応を示す不純物質が白金線に付着していると，試料の金属塩による炎色と重なるため正しい観察ができなくなる。このため，試料をつける前にあらかじめ炎色の有無を確認しておく。

b 黄色の炎色反応を示す元素は，ナトリウムである。

［参考］ 金属塩で炎色反応を観察するには，バーナーで加熱したとき金属塩が蒸発しやすい方がよい。このため，金属塩には沸点の低い塩化物や硝酸塩が適している。

短期攻略のツボ

炎色反応

　アルカリ金属，アルカリ土類金属，銅などの元素に起こる。

　　　　Li　Na　K　　Ca　Sr　Ba　　Cu
　　　　赤　黄　赤紫　橙赤　紅　黄緑　青緑

問2 **a** CaO, CuO, ZnO は塩酸に溶けるが，SiO_2 は塩酸に溶けない。

　例　$CaO + 2HCl \longrightarrow CaCl_2 + H_2O$

SiO_2 はフッ化水素酸（HF 水溶液）に溶ける。

　$SiO_2 + 6HF \longrightarrow H_2SiF_6 + 2H_2O$

よって，**a** は SiO_2 である。

（注）　CaO, CuO, ZnO は金属酸化物でイオン結晶をつくり，SiO_2 は非金属酸化物で共有結合からなる結晶をつくる。また，CaO, CuO は塩基性酸化物，ZnO は両性酸化物，SiO_2 は酸性酸化物に分類される。

b 濃い NaOH 水溶液に溶け，弱い塩基性下で硫化物が沈殿するので，**b** は両性酸化物の ZnO である。

　$ZnO + 2NaOH + H_2O \longrightarrow Na_2[Zn(OH)_4]$（溶ける）

生じた硫化物の沈殿は ZnS（白）である。

c 水に溶けて強い塩基性を示す酸化物は，アルカリ金属やアルカリ土類金属の酸化物で

第2章　金属元素とその化合物　**115**

ある。よって，**c** は CaO である。

$$CaO + H_2O \longrightarrow Ca(OH)_2$$

d　塩酸に溶け，酸性下で硫化物が沈殿するので，**d** は CuO である。

$$CuO + 2HCl \longrightarrow CuCl_2 + H_2O$$

$$Cu^{2+} + S^{2-} \longrightarrow CuS（黒色沈殿）$$

問3　**a**　Cu^{2+} を含む水溶液に NaOH 水溶液を加えると，水酸化銅(Ⅱ) $Cu(OH)_2$ の ₇青白色沈殿が生じる。

$$Cu^{2+} + 2OH^- \longrightarrow Cu(OH)_2\!\downarrow$$

この沈殿を 60〜80℃ に加熱すると，分解して黒色の酸化銅(Ⅱ) ₍CuO が生成する。

$$Cu(OH)_2 \longrightarrow CuO + H_2O$$

b　クロム酸カリウム K_2CrO_4 の水溶液は，クロム酸イオン CrO_4^{2-} により黄色になる。この水溶液を ₉酸性にすると，次の反応によって生じた二クロム酸イオン₊$Cr_2O_7^{2-}$ により赤橙色になる。

$$2CrO_4^{2-} + 2H^+ \longrightarrow Cr_2O_7^{2-} + H_2O$$
$$\quad 黄色 \qquad\qquad\qquad 赤橙色$$

(注)　逆に，二クロム酸イオンの水溶液を塩基性にすると，CrO_4^{2-} を生じて黄色になる。

$$Cr_2O_7^{2-} + 2OH^- \longrightarrow 2CrO_4^{2-} + H_2O$$

問4　① (正)　$Fe(OH)_3$ の赤褐色沈殿が生じる。

$$Fe^{3+} + 3OH^- \longrightarrow Fe(OH)_3\!\downarrow$$

② (誤)　Fe^{2+} を含む水溶液に KSCN 水溶液を加えても，特に変化はない。

(注)　Fe^{3+} を含む水溶液に KSCN 水溶液を加えると，血赤色の溶液になる。

③ (正)，④ (正)　Fe^{3+} を含む水溶液に $K_4[\underset{+2}{Fe}(CN)_6]$ 水溶液を加えると，濃青色沈殿が生じる。また，Fe^{2+} を含む水溶液に $K_3[\underset{+3}{Fe}(CN)_6]$ 水溶液を加えると，濃青色沈殿が生じる。

⑤ (正)　$Fe(OH)_2$ の緑白色沈殿が生じる。

$$Fe^{2+} + 2OH^- \longrightarrow Fe(OH)_2\!\downarrow$$

短期攻略のツボ

イオン化傾向 大↑

硫化水素 H_2S による沈殿反応

K^+，Ca^{2+}，Na^+，Mg^{2+}，Al^{3+}：pH によらず硫化物は沈殿しない

Zn^{2+}，Fe^{2+}，Ni^{2+}：中性〜弱塩基性で硫化物が沈殿する

Pb^{2+}，Cd^{2+}，Cu^{2+}，Ag^+：pH によらず硫化物が沈殿する

（沈殿の色　黒が多いが，ZnS は白，CdS は黄）

116 第3編 無機物質

65

| 問1 | ⑤ | 問2 | ② | 問3 | a－⑤ | b－② | 問4 | a－⑤ | b－④ |
| 問5 | ⑤ |

問1 **a** $\underline{Ag^+,\ Cu^{2+},\ Zn^{2+}}$ が当てはまる。

$Ag^+ \xrightarrow[\ ]{NH_3\ 沈殿} Ag_2O\downarrow \xrightarrow[\ ]{NH_3\ 溶ける} [Ag(NH_3)_2]^+$

$Cu^{2+} \longrightarrow Cu(OH)_2\downarrow \longrightarrow [Cu(NH_3)_4]^{2+}$

$Zn^{2+} \longrightarrow Zn(OH)_2\downarrow \longrightarrow [Zn(NH_3)_4]^{2+}$

b $\underline{Ag^+,\ Cu^{2+},\ Pb^{2+},\ Zn^{2+}}$ が当てはまり，弱アルカリ性下でそれぞれ Ag_2S, CuS, PbS，ZnS が沈殿する。

c $\underline{Al^{3+},\ Cu^{2+},\ Zn^{2+}}$ が当てはまる。

Ag^+ と Pb^{2+} は塩酸を加えると沈殿する。

$Ag^+ + Cl^- \longrightarrow AgCl\downarrow \qquad Pb^{2+} + 2Cl^- \longrightarrow PbCl_2\downarrow$

d 両性元素のイオンである $\underline{Al^{3+},\ Pb^{2+},\ Zn^{2+}}$ が当てはまる。

$Al^{3+} \xrightarrow[\ ]{NaOH\ 沈殿} Al(OH)_3\downarrow \xrightarrow[\ ]{NaOH\ 溶ける} [Al(OH)_4]^-$

$Zn^{2+} \longrightarrow Zn(OH)_2\downarrow \longrightarrow [Zn(OH)_4]^{2-}$

$Pb^{2+} \longrightarrow Pb(OH)_2\downarrow \longrightarrow [Pb(OH)_4]^{2-}$

以上より，**a**～**d** のすべてに当てはまる金属イオンは $\underline{Zn^{2+}}$ である。

短期攻略のツボ

NH_3aq 過剰に溶ける……Ag^+, Cu^{2+}, Zn^{2+}

NaOHaq 過剰に溶ける……Al^{3+}, Zn^{2+}, Pb^{2+}, Sn^{2+}

問2 ①（正） Ag^+, Cu^{2+} は両性元素のイオンではないので，これらに過剰の NaOH 水溶液を加えても生じた沈殿は溶けない。

$Ag^+ \xrightarrow[\ ]{NaOH\ 沈殿} Ag_2O\downarrow \xrightarrow[\ ]{NaOH} \times$ 溶けない

$Cu^{2+} \longrightarrow Cu(OH)_2\downarrow \longrightarrow\times$ 溶けない

②（誤） Zn^{2+} は両性元素のイオンなので生じた沈殿が溶けるが，Fe^{2+} は両性元素のイオンではないので沈殿は溶けない。したがって，両方の沈殿が完全に溶けることはない。

$Zn^{2+} \xrightarrow[\ ]{NaOH\ 沈殿} Zn(OH)_2\downarrow \xrightarrow[\ ]{NaOH} [Zn(OH)_4]^{2-}$ 溶ける

$Fe^{2+} \longrightarrow Fe(OH)_2\downarrow \longrightarrow\times$ 溶けない

③（正） Ag^+, Cu^{2+} に過剰のアンモニア水を加えると生じた沈殿がどちらも溶ける。

$Ag^+ \xrightarrow[\ ]{NH_3\ 沈殿} Ag_2O\downarrow \xrightarrow[\ ]{NH_3} [Ag(NH_3)_2]^+$ 溶ける

$Cu^{2+} \longrightarrow Cu(OH)_2\downarrow \longrightarrow [Cu(NH_3)_4]^{2+}$ 溶ける

④（正） 硫酸バリウムの沈殿が生じる。

$Ba^{2+} + SO_4^{2-} \longrightarrow BaSO_4\downarrow$

⑤（正） 塩化鉛（Ⅱ）の沈殿が生じる。

$$Pb^{2+} + 2Cl^- \longrightarrow PbCl_2 \downarrow$$

> **短期攻略のツボ**
> SO_4^{2-} と沈殿する金属イオン（沈殿は白色）：$\underbrace{Ca^{2+},\ Sr^{2+},\ Ba^{2+}}_{\text{アルカリ土類金属}},\ Pb^{2+}$
> Cl^- と沈殿する金属イオン（沈殿は白色）：$Ag^+,\ Pb^{2+}$

問3　a　$CuSO_4$ 水溶液にアンモニア水を加えていくと，まず次の反応が起こり，青白色の沈殿 $Cu(OH)_2$ が生じる。

$$Cu^{2+} + 2OH^- \longrightarrow Cu(OH)_2 \downarrow$$

さらにアンモニア水を加えると，次の反応が起こって沈殿が溶け，深青色の錯イオン $[Cu(NH_3)_4]^{2+}$ が生じる。

$$Cu(OH)_2 + 4NH_3 \longrightarrow [Cu(NH_3)_4]^{2+} + 2OH^-$$
　　　　　　　　　　　　　　　　↑
　　　　　　　　　　　　　　　配位数4

$[Cu(NH_3)_4]^{2+}$ の形は，次図に示すような正方形である。

テトラアンミン銅(Ⅱ)イオン
正方形

（注）配位数4の亜鉛の錯イオン $[Zn(NH_3)_4]^{2+}$（無色）の形は，正四面体形である。

テトラアンミン亜鉛(Ⅱ)イオン
正四面体

b　水に難溶の $AgCl$ にアンモニア水を加えると，配位数2の銀の錯イオン $[Ag(NH_3)_2]^+$（無色）が生じて溶ける。

$$AgCl + 2NH_3 \longrightarrow [Ag(NH_3)_2]^+ + Cl^-$$

（H_3N ── Ag^+ ── NH_3　ジアンミン銀(Ⅰ)イオン
　　　　直線）

118 第3編 無機物質

短期攻略のツボ

配位数と錯イオンの立体構造

	直線	正方形	正四面体	正八面体
	—M—	M	M	M
	[M：中心金属イオン] [○：配位子]			
	（配位数2）	（配位数4）	（配位数4）	（配位数6）
〔例〕	$[Ag(NH_3)_2]^+$	$[Cu(H_2O)_4]^{2+}$	$[Zn(NH_3)_4]^{2+}$	$[Fe(CN)_6]^{3-}$
	ジアンミン銀 （Ⅰ）イオン	テトラアクア 銅（Ⅱ）イオン	テトラアンミン 亜鉛（Ⅱ）イオン	ヘキサシアニド 鉄（Ⅲ）酸イオン

問4 a NaCl 水溶液に <u>AgNO₃</u> 水溶液を加えると，AgCl の白色沈殿が生成する。

$$Ag^+ + Cl^- \longrightarrow AgCl\downarrow$$

さらに <u>NH₃</u> の水溶液を加えていくと，AgCl が溶ける。

$$AgCl + 2NH_3 \longrightarrow [Ag(NH_3)_2]^+ + Cl^-$$

b $BaSO_4$ は強酸(H_2SO_4)の塩であり，$CaCO_3$ は弱酸(H_2CO_3)の塩である。弱酸の塩に強酸を加えると，弱酸が遊離する。この反応を利用すれば，$CaCO_3$ だけを溶かすことができる。したがって，強酸である④希硝酸を加えればよい。

$$CaCO_3 + 2HNO_3 \longrightarrow Ca(NO_3)_2 + CO_2 + H_2O$$

（注）アルカリ金属イオン(Na^+, K^+ など)，NH_4^+，NO_3^-，CH_3COO^- は沈殿しにくい。

問5 はじめにあった $Pb(NO_3)_2$ は，$0.1\,mol/L \times \dfrac{300}{1000}\,L = 0.03\,mol$

加えた H_2SO_4 は，$0.2\,mol/L \times \dfrac{100}{1000}\,L = 0.02\,mol$

これらの反応と物質量の変化は，次のようになる。

	$Pb(NO_3)_2$ +	H_2SO_4 $\longrightarrow$	沈殿 $PbSO_4$ +	$2HNO_3$
初　め	0.03 mol	0.02 mol	0 mol	0 mol
変化量	−0.02	−0.02	+0.02	+0.04
反応後	0.01 mol	0 mol	0.02 mol	0.04 mol

（注）変化量の比は，反応式の係数の比と一致する。

① （誤） H_2SO_4 はすべて消費され，未反応の $Pb(NO_3)_2$ が 0.01 mol 残る。

② （誤） 強酸の HNO_3 が生成するので，溶液は酸性となる。よって，溶液の pH は 7 より小さい。

③ （誤） HNO_3 は 0.04 mol 生成する。溶液の体積は 500 mL なので，HNO_3 の濃度は

$$\frac{0.04\,mol}{0.5\,L} = 0.08\,mol/L$$

④ （誤） 沈殿した $PbSO_4$ は，0.02 mol である。

⑤ （正） 未反応の $Pb(NO_3)_2$ 0.01 mol は，溶液中に溶けている。

Pb(NO₃)₂ ⟶ Pb²⁺ + 2NO₃⁻
　　　　　　0.01 mol　0.02 mol

したがって，溶液中に溶けて残っている Pb²⁺ の濃度は

$$[Pb^{2+}] = \frac{0.01 \text{ mol}}{0.5 \text{ L}} = 0.02 \text{ mol/L}$$

66

A 本問は，配位説を提唱し，錯体の立体化学を確立した A.ウェルナー(1913年ノーベル化学賞受賞)による歴史的な考察をテーマにした問題である。

問1 表1で，化合物 A～D の組成式をみると，いずれも Cl⁻ 3個が含まれている。しかし，化合物1mol あたり沈殿する AgCl 量〔mol〕をみると，A では 3mol，B では 2mol，C と D ではいずれも 1mol である。AgCl として沈殿した Cl⁻ は，それぞれの化合物が水に溶けたときに電離して生じたものと考えてよいので，化合物中ではイオン結合していたと判断できる。したがって，A では NH₃ 6個，B では NH₃ 5個と Cl⁻ 1個，C と D では NH₃ 4個と Cl⁻ 2個が，Co³⁺ の周囲の6ヶ所で，イオン結合とは異なる結合をしているのではないかと推察される。この6ヶ所に結合したイオンや分子が，中心にある Co³⁺ から等しい距離に，かつ対称的に配置されていると仮定すると，問題文中の図1に示すような3種類の立体構造が考えられる。A は NH₃ 6個の配置，B は NH₃ 5個と Cl⁻ 1個の配置なので，図1の平面正六角形，正三角柱，正八面体のいずれであるかは判断できない。一方，C と D は，いずれも NH₃ 4個と Cl⁻ 2個の配置であるが，表1から明らかなように色が異なるので，互いに立体構造の異なる化合物と考えられる。図1の3種類の構造について，番号1～6の位置のうち，Cl⁻ 2個の可能な位置を調べると，以下のようになる。なお，Cl⁻ 2個のうち1個は番号1の位置にあるとする。また，残りの4ヶ所の位置は NH₃ が占める。

問2 組成式 CoCl₃·4NH₃ をもつ化合物は，表1に示したように2種類存在する。この事実と図1の立体構造に関する考察(問1)により，Co³⁺は，Co³⁺を中心とした A 正八面体の各頂点の位置に6個の他のイオンや分子を配置した立体構造をとると考えられる。Co³⁺とこれらのイオンや分子の結びつきは，イオン結合とは異なるものであり，B 配位結合とよばれる。

[参考] 表1の化合物 A～D は，いずれも錯塩である。それぞれを水に溶かすと，次のように電離して錯イオンを生じる。

$$
\begin{array}{lll}
 & \text{錯塩} & \text{錯イオン} \\
A & [\text{Co}(\text{NH}_3)_6]\text{Cl}_3 & \longrightarrow [\text{Co}(\text{NH}_3)_6]^{3+} + 3\text{Cl}^- \\
B & [\text{CoCl}(\text{NH}_3)_5]\text{Cl}_2 & \longrightarrow [\text{CoCl}(\text{NH}_3)_5]^{2+} + 2\text{Cl}^- \\
C, D & [\text{CoCl}_2(\text{NH}_3)_4]\text{Cl} & \longrightarrow [\text{CoCl}_2(\text{NH}_3)_4]^+ + \text{Cl}^-
\end{array}
$$

[CoCl₂(NH₃)₄]⁺には，シス，トランスの2種類の立体構造が存在する。

（Cに含まれる錯イオン）　　　（Dに含まれる錯イオン）

B Pt，NH₃，Br を含む錯塩の化学式を決める実験問題である。

問3 錯塩[PtBr$_x$(NH₃)$_y$]Br$_z$ の物質量と，その熱分解で得られた単体の白金 Pt（原子量195）の物質量は等しいので，錯塩の式量を M（モル質量 M [g/mol]）とおくと，**実験 I** の結果より次式が成り立つ。

$$\frac{0.150\,\text{g}}{M\,[\text{g/mol}]} = \frac{0.0502\,\text{g}}{195\,\text{g/mol}} \quad \therefore M = 582.6\,\text{g/mol}$$

よって，この錯塩 1 mol の質量は，$\overset{a}{5}.\overset{b}{8}\overset{c}{3} \times 10^{\overset{d}{2}}$ g である。

問4 この錯塩を水に溶かすと，錯塩 1 mol あたり z [mol]の Br⁻ が生じる。

$$[\text{PtBr}_x(\text{NH}_3)_y]\text{Br}_z \longrightarrow [\text{PtBr}_x(\text{NH}_3)_y]^{z+} + z\text{Br}^-$$

実験 II で用いた錯塩量は**実験 I** と同じなので，錯塩を水に溶かしたとき生じた Br⁻の物質量は，**問3**より

$$\frac{0.150\,\text{g}}{M\,[\text{g/mol}]} \times z \quad \left(\text{または}\; \frac{0.0502\,\text{g}}{195\,\text{g/mol}} \times z\right)$$

これをすべて AgBr として沈殿（Ag⁺ + Br⁻ ⟶ AgBr）させるのに，0.0100 mol/L の AgNO₃ 水溶液を 51.50 mL 要したので，次式が成り立つ。

$$\frac{0.0502\,\text{g}}{195\,\text{g/mol}} \times z = 0.0100\,\text{mol/L} \times \frac{51.50}{1000}\,\text{L} \quad \therefore z = \underline{2}$$

問5 **実験 III** では，**実験 II** と異なり，錯塩を水に溶かした後，湯浴上で長時間加熱したの

第2章　金属元素とその化合物　**121**

で，イオン結合していた Br^- だけでなく，配位結合していた Br^- も溶け出した。したがって，加えた $AgNO_3$ により，錯塩中の Br^- がすべて $AgBr$（式量 188）として沈殿したと考えてよい。よって，**問3**，**問4** より，次式が成り立つ。

$$\frac{0.0502\,g}{195\,g/mol} \times (x+z) = \frac{0.1940\,g}{188\,g/mol} \qquad \therefore x+z=4$$

$z=2$ より，$x=\underline{2}$

なお，生じた $AgBr$ の物質量は，$\dfrac{0.1940\,g}{188\,g/mol} \fallingdotseq 0.001\,mol$ なので，加えた $AgNO_3$ $0.200\,mol$ は十分な量である。

問6　この錯塩は $[PtBr_2(NH_3)_y]Br_2$ と表せるので，**問1** で求めた式量 M について次式が成り立つ。

$$\underset{Pt}{195} + \underset{Br}{80 \times 4} + \underset{NH_3}{17 \times y} = \underset{M}{583} \qquad \therefore y=\underline{4}$$

[参考]　この錯塩を水に溶かすと，次式のように電離して錯イオンを生じる。

$$[PtBr_2(NH_3)_4]Br_2 \longrightarrow [PtBr_2(NH_3)_4]^{2+} + 2Br^-$$

化学式から，この錯塩に含まれる白金イオンは Pt^{4+} であることがわかる。

67

問1	⑥	問2	②	問3	**1** -②	**2** -④	**3** -⑤

問1　金属イオンが確定できるものから先に決めるとよい。

イより，水溶液 A には Fe^{2+} が含まれる。

$$\underset{+2}{Fe^{2+}} + K_3[\underset{+3}{Fe}(CN)_6] \longrightarrow 濃青色沈殿$$

ウより，水溶液 B には Ag^+ が含まれる。

$$Ag^+ + Cl^- \longrightarrow AgCl\downarrow \quad 白色沈殿$$

エより，水溶液 B には Ag^+ の他に Zn^{2+} が含まれる。

$$Zn^{2+} \xrightarrow[\text{白色沈殿}]{NH_3} Zn(OH)_2\downarrow \xrightarrow[\text{溶ける}]{NH_3} [Zn(NH_3)_4]^{2+}$$

（注）　$Cu^{2+} \xrightarrow[\text{青白色沈殿}]{NH_3} Cu(OH)_2\downarrow \xrightarrow[\text{溶ける}]{NH_3} [Cu(NH_3)_4]^{2+}$

$Al^{3+} \xrightarrow[\text{白色沈殿}]{NH_3} Al(OH)_3\downarrow \xrightarrow[\text{溶けない}]{NH_3} \times$

アより，水溶液 A には Fe^{2+} の他に Cu^{2+} が含まれる。

$$Cu^{2+} + S^{2-} \xrightarrow{酸性下} CuS\downarrow \quad 黒色沈殿$$

（注）　Al^{3+} は硫化物が沈殿しない。

問2　**ア**　$AgNO_3$ 水溶液に Cu を加えると，イオン化傾向が $Cu > Ag$ なので，次の反応が起こる。

122 第3編 無機物質

$$Cu + 2Ag^+ \longrightarrow Cu^{2+} + 2Ag$$

無色 → Ag⁺、青色 → Cu²⁺、溶け出す、析出する、2e⁻

この溶液の一部をとり，過剰のアンモニア水を加えると，次の反応が起こる。

$$Cu^{2+} \xrightarrow{NH_3} Cu(OH)_2\downarrow \xrightarrow{NH_3} [Cu(NH_3)_4]^{2+}$$

青白色、沈殿、深青色、溶ける

よって，溶液が深青色になる。

イ $Cu(NO_3)_2$ 水溶液に Pb を加えると，イオン化傾向が Pb＞Cu なので，次の反応が起こる。

$$Pb + Cu^{2+} \longrightarrow Pb^{2+} + Cu$$

青色、無色、溶け出す、析出する、2e⁻

この溶液の一部をとり，塩酸を加えると，次の反応が起こる。

$$Pb^{2+} + 2Cl^- \longrightarrow PbCl_2\downarrow$$

白色、沈殿

よって，白色の沈殿が生じる。

問3 ⬛**1** Ag^+，Ba^{2+}，Fe^{3+}，Al^{3+} のうちから Ag^+ だけを沈殿させるには，<u>希塩酸</u>を加える。

$$Ag^+ + Cl^- \longrightarrow AgCl\downarrow$$

⬛**2** Ba^{2+}，Fe^{3+}，Al^{3+} のうちから Ba^{2+} だけを沈殿させるには，<u>硫酸カリウム K_2SO_4 水溶液</u>を加える。

$$Ba^{2+} + SO_4{}^{2-} \longrightarrow BaSO_4\downarrow$$

⬛**3** Fe^{3+}，Al^{3+} のうちから Fe^{3+} だけを沈殿させるには，<u>水酸化ナトリウム水溶液</u>を過剰に加える。

$$Fe^{3+} + 3OH^- \longrightarrow Fe(OH)_3\downarrow$$

Al^{3+} は両性元素のイオンなので溶ける。

$$Al^{3+} \xrightarrow{NaOH} Al(OH)_3\downarrow \xrightarrow{NaOH} [Al(OH)_4]^-$$

沈殿、溶ける

68

問1　**a** ─ ①　　**b** ─ ④　　問2　**a** ─ ①　　**b** ─ ⑧　　**c** ─ ⑥　　**d** ─ ⑨
問3　⬛**1** ─ ⑦　　⬛**2** ─ ⑤　　⬛**3** ─ ②　　⬛**4** ─ ①　　問4　②

問1 ①～⑥はすべてイオン結晶で固体である。

a 水にほとんど溶けないのは，① ZnO，② AgI。このうち白色は①（②は黄色）。

（注） ZnO は白色の顔料として用いられる。

第2章　金属元素とその化合物　**123**

> **短期攻略のツボ**
> ハロゲン化銀：AgCl 白色，AgBr 淡黄色，AgI 黄色
> 　　　　　　　（AgF 以外は水に溶けにくい）

b　水に溶けるのは，③ Na_2CO_3，④ K_2CrO_4，⑤ $AgNO_3$，⑥ $CuSO_4$。このうち黄色は④（③は白色，⑤は無色，⑥は五水和物で青色，無水物で白色）。

（注）　K_2CrO_4 水溶液は，CrO_4^{2-} によって黄色になる。

問2　a　塩酸を加えて CO_2 を発生するのは① $NaHCO_3$，② Na_2CO_3。このうち，熱で分解して CO_2 を発生するのは①（②は熱で分解しにくい）。

$$NaHCO_3 + HCl \longrightarrow NaCl + CO_2 + H_2O$$
$$Na_2CO_3 + 2HCl \longrightarrow 2NaCl + CO_2 + H_2O$$
$$2NaHCO_3 \longrightarrow Na_2CO_3 + CO_2 + H_2O \quad（熱で分解）$$

b　Fe^{3+} の性質なので，⑧ $FeCl_3$。

$$Fe^{3+} \xrightarrow[]{NH_3} \underset{沈殿}{\overset{赤褐色}{Fe(OH)_3 \downarrow}} \xrightarrow[]{NH_3} 溶けない$$

（注）　$$Ag^+ \xrightarrow[]{NH_3} \underset{沈殿}{\overset{(暗)褐色}{Ag_2O \downarrow}} \xrightarrow[]{NH_3} \underset{溶ける}{[Ag(NH_3)_2]^+}$$

c　両性元素のイオンの性質なので，⑥ $AlCl_3$。

$$Al^{3+} \xrightarrow[]{NaOH} \underset{沈殿}{\overset{白色}{Al(OH)_3 \downarrow}} \xrightarrow[]{NaOH} \underset{溶ける}{\overset{無色}{[Al(OH)_4]^-}}$$

d　Cu^{2+} の性質なので，⑨ $CuSO_4$。

$$Cu^{2+} \xrightarrow[]{NH_3} \underset{沈殿}{\overset{青白色}{Cu(OH)_2 \downarrow}} \xrightarrow[]{NH_3} \underset{溶ける}{\overset{深青色}{[Cu(NH_3)_4]^{2+}}}$$

問3　a　黄色の炎色反応を示すので，A は Na^+ を含む。よって，A は⑦ Na_2CO_3 である。

b　Fe^{3+} の性質なので，B は⑤ $FeCl_3$ である。

c　両性元素のイオンの性質なので，C は② $AlCl_3$，③ $Al(NO_3)_3$，⑧ $Zn(NO_3)_2$ のいずれかである。

d　Cl^- と結合して白色沈殿が生じるので，D は① $AgNO_3$ である。

e　B，C に D を加えると，ともに白色沈殿が生じるので，B，C はともに Cl^- を含む。

（B，C）　D
$$Cl^- + Ag^+ \longrightarrow AgCl \downarrow$$

よって，**c** より C は②と決まる。

問4　$$Ag_2SO_4 + BaCl_2 \longrightarrow 2\underset{沈殿}{AgCl \downarrow} + \underset{沈殿}{BaSO_4 \downarrow}$$

上式の反応が過不足なく終了した点では，溶液中に溶けているイオンがほとんどなくなる。このため電流はほとんど流れなくなる。この点までの 0.5mol/L $BaCl_2$ 水溶液の滴下量を x〔mL〕とすると，

124　第3編　無機物質

$$\overset{\text{Ag}_2\text{SO}_4}{0.01\,\text{mol/L} \times \frac{100}{1000}\,\text{L}} = \overset{\text{BaCl}_2}{0.5\,\text{mol/L} \times \frac{x}{1000}\,(\text{L})} \qquad x = 2\,\text{mL}$$

　$BaCl_2$ 水溶液の滴下量が 2mL より多くなると，$BaCl_2$ が過剰となり再びイオン濃度が増すので，電流が大きくなる。よって，②のグラフのようになる。

第3章 生活と無機物質

69
問1　④　問2　1 ─①　2 ─③　問3　①　問4　④

問1　①（正）　酸化マグネシウム MgO は融点(2800℃)が高い。これは主として陽イオンと陰イオンのイオン価数がともに大きく，イオン結合が強いためである。MgO は耐火れんがや，るつぼなどの原料として使われる。

②（正）　セッコウ $CaSO_4 \cdot 2H_2O$ を 120～140℃ に加熱すると，水和水の一部を失って白色粉末状の焼きセッコウ $CaSO_4 \cdot \frac{1}{2}H_2O$ になる。焼きセッコウは，水を加えると硬化してセッコウにもどる。焼きセッコウは，この性質を利用して，建築材料，塑像，医療用ギプスなどに使われる。

$$CaSO_4 \cdot 2H_2O \xrightarrow{120\sim140℃} CaSO_4 \cdot \frac{1}{2}H_2O + \frac{3}{2}H_2O$$
　　セッコウ　　　　　　　焼きセッコウ
　　　　↑硬化│水
　　　　　　↓

③（正）　ハロゲン化銀に光を当てると，銀の粒子が遊離する。ハロゲン化銀のこのような性質は感光性とよばれ，AgBr などは写真フィルムに利用される。

例　$2AgBr \xrightarrow{光} 2Ag + Br_2$

④（誤）　さらし粉 $CaCl(ClO) \cdot H_2O$ は，強い<u>酸化作用をもつ</u>。これは成分として含まれる次亜塩素酸イオン ClO^- の酸化力によるものである。
さらし粉は，この性質を利用して漂白剤や殺菌剤に使われる。

$ClO^- + 2e^- + 2H^+ \longrightarrow Cl^- + H_2O$

⑤（正）　酸化チタン(Ⅳ) TiO_2 は，光が当たると，特定の反応に対して触媒としてはたらく。このような性質を光触媒作用という。TiO_2 などの光触媒は，ビルの外壁を汚れにくくしたり，自動車のドアミラーに水滴がつきにくくしたりするのに役立っている。

問2　ヘキサシアニド鉄(Ⅲ)酸カリウム $K_3[Fe(CN)_6]$ は Fe^{2+} と反応して濃青色の沈殿を生じるので，青色の部分 A では次の反応が起こっていると考えられる。

$Fe \longrightarrow Fe^{2+} + 2e^-$ 　　　　　　　……(1)

(1)式は，Fe が還元剤としてはたらいていることを示す。一方，フェノールフタレインは酸性側では無色，塩基性側では赤色になるので，うすい赤色の部分 B では OH^- を生じる反応が起こっていると考えられる。また，A の方では Fe が還元剤としてはたらいているので，B の方では酸化剤としてはたらいている物質が存在するはずである。これは水溶液にわずかに溶け込んでいる空気中の酸素 O_2 と考えられる。したがって，B では次の反応が起こっていると考えられる。

$O_2 + 2H_2O + 4e^- \longrightarrow 4OH^-$ 　　　　　　　……(2)

126 第3編 無機物質

(1), (2)式より，酸化還元反応が進行して，鉄釘が腐食していくことがわかる。なお，NaCl は反応の進行を促進する電解質として加えられている。

問3 ① (誤) 建築材料として広く使われるセメント(ポルトランドセメント)は，石灰石，粘土，セッコウなどを原料とする。製造するときには高温で処理されるので，石灰石 $CaCO_3$ は酸化カルシウム CaO に変化する。セメントに水を加えると CaO が $Ca(OH)_2$ になる。セメントに砂利，砂，水を加えて固めたものがコンクリートである。コンクリートは $Ca(OH)_2$ を含む塩基性物質なので，塩酸などの酸には<u>弱い</u>。

② (正) ガラス(ソーダ石灰ガラス)は，ケイ砂 SiO_2 に炭酸ナトリウム Na_2CO_3 や炭酸カルシウム $CaCO_3$ を加えて融解させた後，冷却してつくる。安価であり，窓ガラスやビンなどに最も多量に使用されている。

③ (正) 土器や陶磁器をつくるには，原料となる粘土や陶土などを水とよく練り混ぜ，成形して乾燥した後，窯で焼く。土器は比較的低い温度(700〜900℃)で，陶器は高い温度(1100〜1300℃)で，磁器はさらに高い温度(1300〜1500℃)で，それぞれ焼いてつくる。

④ (正) ほうろうや陶磁器に色や模様をつけるには，うわぐすりをかけてから，主に金属または金属の化合物を含む絵具を塗って焼く。

(注) ほうろう：Fe，Cu，Al などの金属の表面に，うわぐすり(Si，Al，Ca，Na などの酸化物からなるガラス層)を焼きつけて覆ったもので，台所用品などに用いられている。

⑤ (正) ファインセラミックス(ニューセラミックス)は，原料として人工的に合成または高純度にした無機物質(Al_2O_3，ZrO_2，Si_3N_4，SiC など)を用いて，精密な反応条件のもとで焼き固めたものである。セラミックスの中では特に優れた性能をもち，人工骨，人工関節や人工歯，エンジン部品，刃物などに利用されている。

問4 ① (誤) ジュラルミンは，<u>アルミニウム</u> Al を主成分とする合金(他に Cu，Mg などを含む)である。

② (誤) 青銅は，銅 Cu と<u>スズ</u> Sn の合金である。

(注) 黄銅(しんちゅう)は，銅 Cu と亜鉛 Zn の合金であり，楽器や仏具などに用いられる。

③ (誤) ニクロムは，電気抵抗が<u>大きく</u>，電熱器などに用いられる。

④ (正) (無鉛)はんだは，スズ Sn を主成分とした合金(他に Cu，Ag，Ni などを含む)で，融点が比較的低い(300℃以下)ので，金属どうしの接合剤に用いられる。

⑤ (誤) ステンレスは，<u>鉄</u> Fe とクロム Cr，ニッケル Ni などの合金である。

第4章 総合問題 **127**

第4章	総合問題

70

問1　a−④　　b−①　　c−⑥　　d−⑧　　e−⑤　　f−⑦　　g−②
h−②　　i−④　　問2　a−②　　b−⑨　　c−⑥

問1　a　1族のアルカリ金属や2族のアルカリ土類金属に見られる反応なので，カリウム $\underset{④}{\underline{K}}$ が当てはまる。

$$2K + 2H_2O \longrightarrow 2KOH + H_2 \uparrow$$
　　　　　　　　　強アルカリ性

b　生成した還元性の気体は酸化物と考えられるので，SO_2 である。よって，硫黄 $\underset{①}{\underline{S}}$ が当てはまる。　$S + O_2 \longrightarrow SO_2$

c　石英や水晶は SiO_2 からなる。よって，ケイ素 $\underset{⑥}{\underline{Si}}$ が当てはまる。ケイ素は地殻中で酸素に次いで多く存在する。

d　常温・常圧で単原子分子となるのは，18族の貴ガス（希ガス）元素である。よって，アルゴン $\underset{⑧}{\underline{Ar}}$ が当てはまる。

e　原子核の陽子の数が17なので，この元素の原子番号は17である。よって，塩素 $\underset{⑤}{\underline{Cl}}$ が当てはまる。

f　空欄の遷移元素は Mn と Fe である。マンガン乾電池には MnO_2 が使われている。よって，マンガン $\underset{⑦}{\underline{Mn}}$ が当てはまる。

g　典型元素で，両性酸化物 M_2O_3 をつくるのは，13族のアルミニウム $\underset{②}{\underline{Al}}$ である。

h　アルミニウム $\underset{②}{\underline{Al}}$ は，まずボーキサイト鉱石を化学処理して純粋なアルミナ Al_2O_3 をとり出し，これを氷晶石とともに約 1000℃で融解塩電解してつくる。

i　植物の三大栄養素は窒素 N，リン P，カリウム $\underset{④}{\underline{K}}$ である。カリ肥料としてカリウム塩が用いられる。

問2　a　濃硝酸で不動態となるので，アルミニウム Al か鉄 Fe である。このうち NaOH 水溶液に溶けるのは，両性元素の $\underset{②}{\underline{アルミニウム}}$ である。

$$2Al + 6HCl \longrightarrow 2AlCl_3 + 3H_2 \uparrow$$
$$2Al + 2NaOH + 6H_2O \longrightarrow 2Na[Al(OH)_4] + 3H_2 \uparrow$$

b　希塩酸に溶けないが，濃硝酸には気体を発生して溶けるので，イオン化傾向が H_2 より小さい金属であり，銀 Ag，水銀 Hg，銅 Cu が考えられる。これらのうち，赤味を帯びた固体は $\underset{⑨}{\underline{銅}}$ である。

$$Cu + 4HNO_3 \longrightarrow Cu(NO_3)_2 + 2NO_2 \uparrow + 2H_2O$$
　　　　　　　　　　　　　　　赤褐色の気体

128　第3編　無機物質

c　常温・常圧で液体である単体は，水銀 Hg と臭素 Br_2 だけである。臭素 Br_2 はヨウ素⑥ I_2 より酸化力が強いので，I^- を酸化して I_2 にする。

$$Br_2 + 2KI \longrightarrow 2KBr + I_2$$

$$(Br_2 + 2I^- \longrightarrow 2Br^- + I_2)$$

$$\underset{\llcorner\cdots 2e^- \cdots\lrcorner}{}$$

短期攻略のツボ

Al，Fe，Ni の金属単体 $\Longrightarrow$ 濃硝酸に溶けない

表面にち密な酸化被膜を生じて内部が保護されるため。（不動態）

71

問1　⑤　　問2　a－③　　b－④　　問3　a－③　　b－⑦　　c－②

問1　①（正）　希ガスの He や Ne は，それぞれ原子の電子殻が最大数の電子で満たされており，安定で他の物質と反応しにくい。

（注）　最大数の電子で満たされている電子殻を閉殻という。閉殻になった電子殻の状態は安定である。

②（正）　一般に，遷移元素はいろいろな酸化数をとるものが多い。

③（正）　ハロゲンの単体は，F_2，Cl_2，Br_2，I_2 のように，いずれも二原子分子である。

④（正）　水と反応して水酸化物となり，それが OH^- を放出するので塩基性を示す。

　　例　$Na_2O + H_2O \longrightarrow 2NaOH$

⑤（誤）　アルカリ土類金属の硫酸塩は，$CaSO_4$，$SrSO_4$，$BaSO_4$ など，いずれも水に難溶である。

（注）　$MgSO_4$ は水によく溶ける。

問2　**a**　Na_2CO_3 と K_2CO_3

これらの炎色反応を調べると，それぞれ異なる色(Na：黄，K：赤紫)を示すので，区別できる。（③）

b　KCl と KI

硫酸酸性にして過酸化水素水を加えると，H_2O_2 により Cl^- は Cl_2 に，I^- は I_2 にそれぞれ酸化される。

気体の Cl_2 が水に溶けた色(淡黄色)と，固体の I_2 が水または KI 水溶液に溶けた色(黄褐色または褐色)は異なるので区別できる。（④）

$$2Cl^- + H_2O_2 + 2H^+ \longrightarrow Cl_2 + 2H_2O$$

$$2I^- + H_2O_2 + 2H^+ \longrightarrow I_2 + 2H_2O$$

問3　**a**　NO が当てはまる。

無色の気体 NO は，空気に触れると酸化され，赤褐色の気体 NO_2 になる。NO_2 が水に溶けると，HNO_3 が生じて強酸性を示す。

$$2NO + O_2 \longrightarrow 2NO_2$$

$$3NO_2 + H_2O \longrightarrow 2HNO_3 + NO$$
強酸

b CaO が当てはまる。

白色の固体 CaO に水を加えると，多量の発熱が生じて $Ca(OH)_2$ になる。$Ca(OH)_2$ は水にとけて強塩基性を示す。

$$\underset{生石灰}{CaO} + H_2O \longrightarrow \underset{消石灰}{Ca(OH)_2}$$

（注） CaO は発熱剤，乾燥剤に用いられる。

c CO_2 が当てはまる。

無色の気体 CO_2 を $Ca(OH)_2$ の水溶液(石灰水)に通じると，$CaCO_3$ の白色沈殿を生じる。

$$Ca(OH)_2 + CO_2 \longrightarrow CaCO_3 \downarrow + H_2O$$
白濁

さらに CO_2 を通じていくと，沈殿が溶けて無色の溶液になる。

$$CaCO_3 + H_2O + CO_2 \rightleftharpoons Ca(HCO_3)_2$$

（注） 石灰岩地帯で見られる鍾乳洞は，この反応によって形成されたものである。

短期攻略のツボ

72

問1 ⑤   問2 ①，⑥ (順不同)
問3 a－①   b－③   c－⑧   d－⑥

問1 a 選択肢から，アは Fe と判断できる。Fe は Fe^{2+} または Fe^{3+} の化合物をつくりやすい(FeS, Fe_2O_3 など)。

c 黄銅には Cu，Zn が含まれる。ウはこのどちらかである。

d ウは両性元素なので，**c** より Zn と決まる。エも両性元素なので，選択肢から Al と決まる。

b イのイオン化傾向は Al，Zn，Fe よりも小さいので，選択肢③，⑤のうち，⑤が正しい。(よって，イは Cu)

[参考]
〈合金〉		主元素		添加元素
黄銅	⇒	Cu	+	Zn
青銅	⇒	Cu	+	Sn
ステンレス鋼	⇒	Fe	+	Cr, Ni など
ジュラルミン	⇒	Al	+	Cu, Mg など

問2 ①（正） 十酸化四リン P_4O_{10} に水を加えて加熱すると，リン酸 H_3PO_4 ができる。

$$P_4O_{10} + 6H_2O \longrightarrow 4H_3PO_4$$

130 第3編 無機物質

（注） P_4O_{10} は吸湿性が強く，潮解性を示す。

② （誤） 銅は熱濃硫酸に溶け，二酸化硫黄を発生する。

$$Cu + 2H_2SO_4 \longrightarrow CuSO_4 + SO_2\uparrow + 2H_2O$$

③ （誤） 二クロム酸イオン $Cr_2O_7{}^{2-}$ を含む水溶液に塩基を加えると，クロム酸イオン $CrO_4{}^{2-}$ を生じる。

$$\underset{\text{赤橙色}}{Cr_2O_7{}^{2-}} + 2OH^- \longrightarrow \underset{\text{黄色}}{2CrO_4{}^{2-}} + H_2O$$

（注） クロム酸イオンを含む水溶液に酸を加えると，二クロム酸イオンを生じる。

$$(2CrO_4{}^{2-} + 2H^+ \longrightarrow Cr_2O_7{}^{2-} + H_2O)$$

④ （誤） 次の酸化還元反応が起こって，硫酸が生成する。

$$\underset{\text{還元剤}}{SO_2} + \underset{\text{酸化剤}}{H_2O_2} \longrightarrow H_2SO_4\;(\text{硫酸})$$

⑤ （誤） $AgCl$ は，アンモニア水を十分に加えると，溶ける。

$$AgCl + 2NH_3 \longrightarrow [Ag(NH_3)_2]^+ + Cl^-$$

⑥ （正） 黄リンも赤リンも，空気中で燃やすと，どちらも十酸化四リン P_4O_{10} になる。

$$4P + 5O_2 \longrightarrow P_4O_{10}\;(\text{白煙を生じる})$$

問3 **a** ジエチルエーテルは沸点34℃の可燃性液体で，揮発性が高く特に引火しやすい。

b ナトリウムやカリウムのようなアルカリ金属は，水に触れると反応して水素を発生し，発火する（石油中保存）。

$$2K + 2H_2O \longrightarrow 2KOH + H_2\uparrow$$

c 黄リン P_4 は，空気中で自然発火しやすい（水中保存）。

（注） 赤リンは空気中で安定。

d 過マンガン酸カリウム $KMnO_4$ は強い酸化剤なので，還元剤となるもの（有機物など）と接触させておくと危険である。

第1章　有機化学の基礎　**131**

第4編　有機化合物

第1章　有機化学の基礎

73

問1	$\boxed{1}$ － ②	$\boxed{2}$ － ⑤	問2　④	問3　**a**－⑥　**b**－⑦
問4　③	問5　$\boxed{3}$・$\boxed{4}$ － ②，⑤（順不同）		$\boxed{5}$・$\boxed{6}$ － ⑥，⑨（順不同）	

問1　分子式の決定は次のような手順で行う。

```
             ＜実験＞              ＜データ処理＞
                        ┌→ 原子数の比 ── 組成式(⌷1⌷) ┐
試料 → │ 元素分析 │ ─┤                          ├→ 分子式
       │ 分子量測定 │  └──────── 分子量 (⌷2⌷) ┘
```

問2　分子式を $C_xH_yO_z$ とおくと，完全燃焼の化学反応式は，

$$C_xH_yO_z + \left(x + \frac{y}{4} - \frac{z}{2}\right)O_2 \longrightarrow xCO_2 + \frac{y}{2}H_2O$$

上式より，$C_xH_yO_z$ 1 mol から CO_2 x〔mol〕，H_2O $\frac{y}{2}$〔mol〕が生じ，O_2 $\left(x + \frac{y}{4} - \frac{z}{2}\right)$ mol が消費されることがわかる。

実験結果より　$x = 3$，$\frac{y}{2} = 4$，$x + \frac{y}{4} - \frac{z}{2} = 4.5$　　よって，$y = 8$，$z = 1$

以上より，分子式は $\underline{C_3H_8O}$ と決まる。

（注）　組成式が C_3H_8O のように $C_nH_{2n+2}O_x$ で表される化合物は，鎖式飽和となるため組成式と分子式が一致する。

問3　**a**　同温・同圧における気体の密度は，気体の分子量（またはモル質量）に比例する。この化合物の分子量を M とすると，酸素 O_2 の分子量は 32 なので，次式が成り立つ。

$$\frac{\text{この化合物の密度}}{\text{酸素の密度}} = \frac{M}{32} = 2.75 \text{ 倍}$$

よって，$M = \underline{88}$

b　まず，構成元素の原子数の比を求めると，

$$C : H : O = \frac{54.5}{12} : \frac{9.1}{1.0} : \frac{36.4}{16}$$

$$= 4.54 : 9.1 : 2.28 = \frac{4.54}{2.28} : \frac{9.1}{2.28} : 1 \fallingdotseq 2 : 4 : 1$$

最も簡単な整数比

よって，組成式は C_2H_4O （式量 44）

次に，分子量 ＝ 組成式量 × n （n は整数）が成り立つので，

$$88 = 44 \times n \qquad n = 2$$

よって，分子式は $(C_2H_4O) \times 2 = \underline{C_4H_8O_2}$

（注）　一般に実験データには誤差が含まれるので，原子数の比や上述の n の値を求める

132 第4編　有機化合物

ときは最も近い整数に近似する。

問4　ヒドロキシ基は，−OH である。各化合物の簡略化した構造式を以下に示す。

アセトン

CH_3-C-CH_3
　　　　$\underset{O}{\|}$

アニリン

$\langle \rangle-NH_2$

o-クレゾール

$\boxed{OH}$
$\langle \rangle-CH_3$

ジエチルエーテル

$CH_3-CH_2-O-CH_2-CH_3$

サリチル酸

$\boxed{OH}$
$\langle \rangle-C-OH$
　　　$\underset{O}{\|}$

酢酸エチル

$CH_3-C-O-CH_2-CH_3$
　　　$\underset{O}{\|}$

トリクロロメタン

$\underset{Cl}{\overset{Cl}{H-C-Cl}}$

グリセリン

$\boxed{HO}-CH_2-CH-CH_2-\boxed{OH}$
　　　　　　　$\underset{\boxed{OH}}{|}$

ヒドロキシ基をもつ化合物は，o-クレゾール，サリチル酸，グリセリンの<u>3</u>個である。

問5　メチル基は−CH₃，ベンゼン環は$\langle \rangle$である。①〜⓪の各化合物の簡略化した構

造式を以下に示す。

①　$\langle \rangle-OH$

②　$\langle \rangle-CH_3$

③　$\langle \rangle\overset{OH}{\underset{COOH}{}}$

④　CH_3-COOH

⑤　$\underset{CH_3}{\langle \rangle-OH}$

⑥　$HO-CH_2-CH-CH_2-OH$
　　　　　　　$\underset{OH}{|}$

⑦　H_2N-CH_2-COOH

⑧　$\langle \rangle-NH_2$

⑨　$HOOC+CH_2{}_{\overline{4}}COOH$　　⓪　CH_3-CHO

メチル基とベンゼン環の両方を含む化合物は，②，⑤である。1分子中に同じ官能基を二つ以上含む化合物は，⑥（ヒドロキシ基−OH が3個），⑨（カルボキシ基−COOH が2個）である。

短期攻略のツボ

（官能基）ヒドロキシ基−OH，カルボニル基 $\rangle C=O$，ホルミル基$-\underset{O}{\overset{\|}{C}}-H$

カルボキシ基$-\underset{O}{\overset{\|}{C}}-OH$，ニトロ基−NO₂，アミノ基−NH₂

スルホ基−SO₃H，エーテル結合−O−，エステル結合$-\underset{O}{\overset{\|}{C}}-O-$

第1章　有機化学の基礎　**133**

74

| 問1 ③ | 問2 ③ | 問3 ③ | 問4 a-③ | b-④ | c-③ |

　問1　異性体とは，分子式は同じであるが何らかの構造が異なる化合物どうしをいう。①～⑤の各組の化合物の簡略構造式を示すと，

① $CH_3-CH=CH-CH_3$　　$CH_2=\overset{\overset{\textstyle CH_3}{|}}{C}-CH_3$

2-ブテン　　　　　　　2-メチルプロペン

②
o-キシレン　　　p-キシレン

③ $\begin{matrix} COOH \\ | \\ COOH \end{matrix}$　　$CH_3-\overset{\overset{\textstyle }{|}}{\underset{\underset{\textstyle OH}{|}}{CH}}-COOH$

シュウ酸　　　乳酸

④ フタル酸　　テレフタル酸

⑤ マレイン酸　　フマル酸

③のシュウ酸と乳酸は分子式が異なるので異性体ではない。

その他は，互いに異性体である。

　問2　分子式が C_3H_8O である化合物は，次の3種類である。

$CH_3-CH_2-CH_2-OH$　　$CH_3-\overset{\overset{\textstyle }{|}}{\underset{\underset{\textstyle OH}{|}}{CH}}-CH_3$　　$CH_3-O-CH_2-CH_3$

1-プロパノール　　2-プロパノール　　エチルメチルエーテル

短期攻略のツボ

　分子式が $C_nH_{2n+2}O$ で表される化合物は，鎖式飽和のアルコール R-OH か，鎖式飽和のエーテル R-O-R′ のどちらかである。(R, R′ はアルキル基)

　問3　プロパン C_3H_8 の H 原子2個を Cl 原子2個で置き換えた化合物 $C_3H_6Cl_2$ には，次の4種類の構造異性体がある。

(注)

鎖状の単結合 C−C 間は自由に回転できるので，上図の3個の x の位置，2個の y の位置，3個の z の位置は互いに同等である。

問4 **a** 分子式 C_5H_{12} で示される化合物のすべての異性体は，次の3種類である。

$CH_3-CH_2-CH_2-CH_2-CH_3$ $CH_3-\underset{\underset{CH_3}{|}}{CH}-CH_2-CH_3$ $CH_3-\underset{\underset{CH_3}{|}}{\overset{\overset{CH_3}{|}}{C}}-CH_3$

b 分子式 C_3H_5Br で示され，二重結合を一つもつ化合物のすべての異性体は，次の4種類である。

（図：C_3H_6 に H 1個を Br 1個で置換 ⇒ 4種類の C_3H_5Br 異性体）

(注) 二重結合 >C=C< は自由に回転ができない。

c 分子式 $C_6H_3Cl_3$ で示され，ベンゼン環を一つもつ芳香族化合物のすべての異性体は，次の3種類である。

（図：C_6H_6 に H 3個を Cl 3個で置換 ⇒ 3種類の $C_6H_3Cl_3$ 異性体）

(注) ベンゼン C_6H_6 分子の6個の H は互いに同等である。

75

問1 ⑤　問2 ②　問3 ④

問1 シス-トランス異性体（幾何異性体）が存在するものには，一般に二重結合 >C=C< があるので，③か⑤と考えられる。

③，⑤の構造を立体的に表すと，③にはシス-トランス異性体がないが，⑤にはマレイン酸とフマル酸のシス-トランス異性体がある。

シス形
(マレイン酸)

トランス形
(フマル酸)

> **短期攻略のツボ**
>
> 異性体 ─┬─ 構造異性体
>   └─ 立体異性体 ─┬─ シス-トランス異性体（幾何異性体）
>   └─ 鏡像異性体（光学異性体）
>
> シス-トランス異性体が存在する条件は,
>
> $\underset{y}{\overset{x}{>}}C=C\underset{w}{\overset{z}{<}}$　　x ≠ y かつ z ≠ w

問2 C原子の4個の結合手についた原子または原子団がすべて異なるとき, そのC原子は**不斉炭素原子**とよばれる。

ウとカは, 次図のように不斉炭素原子(C*で表す)をもつ。(②)

（注）オ　同じもの（−CH₂OH）が結合しているので不斉炭素原子ではない

> **短期攻略のツボ**
>
>
>
> (x, y, z, wはすべて異なる原子や原子団)
>
> (a)と(b)は鏡像異性体（光学異性体ともよばれる）

問3 ①（誤）メタンでは炭素原子を中心とした正四面体の頂点の位置に水素原子がある。

メタン CH₄

② (誤)　プロペン C₃H₆ 〔図〕同一平面上にはない

③ (誤)　プロパン C₃H₈ 〔図〕

図のように各炭素原子が正四面体構造をとるので，炭素原子は折れ線状につながる。

④ (正)　メチルアセチレン CH₃-C≡C-H
三重結合 -C≡C- の2つのC原子と，それに結合した原子（○）は一直線上に並ぶ。

⑤ (誤)　天然のα-アミノ酸は，グリシンのみ不斉炭素原子がない。
　　　　グリシン H₂N-CH₂-COOH
(注)　α-アミノ酸
　　　　　　R
　　　　　　|
　　H₂N-CH-COOH
　　（例　　　CH₃
　　　　　　　|　　←不斉炭素原子
　　　　H₂N-CH-COOH
　　　　　アラニン　　　）

⑥ (誤)　ベンゼン環の炭素-炭素結合はすべて同等であるから，AとBは同一である。

76

問1　②　　問2　②，⑤　　問3　⑤

問1　①(正)，②(誤)　D型とL型では，融点や沸点，密度，溶解度などの物理的性質や，反応性などの化学的性質は，ほとんど同じである。

③(正)　D型とL型では，旋光性とよばれる特殊な光の性質が異なるので，これらを光学異性体ともいう。

[参考]　自然光は，その振動面があらゆる方向を向いているが，自然光を偏光板に通すと，一方向のみで振動する光(偏光)が得られる。偏光の振動面(偏光面)を回転させる性質を，旋光性という。D型とL型の一方が偏光面を左に回転させると，他方は右へ回転させ

るが，その回転角は互いに等しい。

④（正）　D 型と L 型では，味やにおい，薬としてのはたらき（薬理作用）など，生物に対する作用（生理作用）が異なることがある。

⑤（正）　D 型と L 型では，反応性などの化学的性質は同じなので，通常の化学反応を用いて合成すると，D 型と L 型の等量混合物が得られる。なお，D 型と L 型の等量混合物は，旋光性を示さない。

　［参考］　触媒などを用いて，D 型または L 型の一方を選択的に合成する方法を，不斉合
　　　成という。

問2　**a** の鏡像異性体を描き，それを裏返すと，**c** であることがわかる。

H₃C と CH₃ の構造図

同様に **b** の鏡像異性体を描き，それを裏返すと，**d** であることがわかる。

（注）　**a** と **c** は，二つの不斉炭素原子のそれぞれに結合した H と OH，Cl と H を，両方とも逆に結合させたものどうしの関係になっている。

構造図 **a**　　　**c**

（**b** と **d** も同様）

　問3　問 2 と同様に，**e** の鏡像異性体を描くと，**g** になることがわかる。一方，**f** を裏返すと **h** と完全に一致する。つまり，**f** と **h** は同一物である。これは，**f** が分子内に対称面をもつためである。（**f** の分子内に鏡があると考えればよい。）

対称面の構造図 **f**

なお，**f** は旋光性を示さない。

第2章　脂肪族炭化水素

77

問1 ④　問2 ⑤　問3 ⑤　問4 ③　問5 ③

問1 この炭化水素の分子式をC_xH_yとおく。完全燃焼の化学反応式は，

$$C_xH_y + \left(x + \frac{y}{4}\right)O_2 \longrightarrow xCO_2 + \frac{y}{2}H_2O$$

生じたCO_2とH_2Oの物質量(モル)の比は1：1だから，

$$x : \frac{y}{2} = 1 : 1 \qquad y = 2x$$

よって，この炭化水素の分子式はC_xH_{2x}とおける。

一方，この炭化水素のモル質量をM〔g/mol〕とおくと，標準状態での気体の密度は1.88 g/Lだから，

$$M〔g/mol〕= 1.88〔g/L〕× 22.4〔L/mol〕= 42.1〔g/mol〕$$

C_xH_{2x}の分子量が42.1となるので，

$$12 × x + 1.0 × 2x = 42.1 \qquad x = 3$$

よって，分子式は$\underline{C_3H_6}$と決まる。

問2 ①(誤)　アルカンC_nH_{2n+2}は，炭素原子数nが増大するにつれて，しだいに分子間力が強くなり，その融点や沸点が高くなる。

(注)　室温では，直鎖状アルカンは$n = 4$までが気体である。

②(誤)　アルケンC_nH_{2n}の二重結合は，自由な回転ができない。このことが幾何異性体を生じる原因となる。

③(誤)　アルケンは水には溶けにくく，有機溶媒には溶けやすい。

④(誤)　アルキンC_nH_{2n-2}には三重結合が一つあるが二重結合がないので，幾何異性体は存在しない。

⑤(正)　シクロアルカンC_nH_{2n}は飽和で環を一つもち，アルケンC_nH_{2n}は鎖式で二重結合を一つもつので，nが同じシクロアルカンとアルケンは互いに構造異性体である。

問3 ア〜ウのそれぞれについて，H原子1個をCl原子で置換する位置の種類をx, y, ……の記号で示す。同じ記号が付いたところはどれも同等であり，1種類と数える。

ア

x, y, zの$\underline{3}$種類

イ

x, y, z, wの$\underline{4}$種類

ウ

xの1種類

問4 次の3種類の異性体がある。

エチレン　　　　　　　　　　シス形　　トランス形

問5 ① (正) 次の反応が起こり，アセチレンが発生する。

$CaC_2 + 2H_2O \longrightarrow Ca(OH)_2 + CH\equiv CH\uparrow$

(注) 炭化カルシウムはカーバイドともよばれる。

② (正)　H−C≡C−H　直線分子
　　　　　　180° 180°

③ (誤) 触媒を用いてアセチレンに水を付加させると，不安定なビニルアルコールを経てアセトアルデヒドになる。

$$CH\equiv CH + H_2O \longrightarrow \begin{pmatrix} \text{不安定} \\ CH_2=CH \\ | \\ OH \\ \text{ビニルアルコール} \end{pmatrix} \longrightarrow CH_3-\underset{\underset{O}{\|}}{C}-H$$

アセトアルデヒド

④ (正) 触媒を用いてアセチレン3分子を重合させると，環が形成されてベンゼンになる。

3CH≡CH ⟶ ⬡
　　　　　ベンゼン

⑤ (正) 触媒を用いてアセチレンに酢酸を付加させると，ビニル化合物の一種である酢酸ビニルになる。

CH≡CH + CH_3−C−OH ⟶ CH_2=CH
　　　　　　　‖　　　　　　　|
　　　　　　　O　　　　　　　O−C−CH_3
　　　　　　　　　　　　　　　　‖
　　　　　　　　　　　　　　　　O
　　　　　　　　　　　　　　酢酸ビニル

ビニル基

(注) 塩化ビニル $CH_2=CH-Cl$ や酢酸ビニルのようなビニル基をもつ化合物（ビニル化

140 第4編　有機化合物

合物）は，付加重合させて高分子をつくることができる。

78

| 問1 | a－② | b－② | c－③ | 問2　② | 問3　④ | 問4　④ |

問1　**a**　あるアルカンの分子式を C_nH_{2n+2} とおく。アルカンとプロペン C_3H_6 の完全燃焼は，次の化学反応式で表される。

$$C_nH_{2n+2} + \left(\frac{3n+1}{2}\right)O_2 \longrightarrow nCO_2 + (n+1)H_2O$$

$$C_3H_6 + \frac{9}{2}O_2 \longrightarrow 3CO_2 + 3H_2O$$

上式より，アルカン $1\,mol$ の完全燃焼に必要な O_2 は $\dfrac{3n+1}{2}$〔mol〕

プロペン $\dfrac{1}{3}\,mol$ の完全燃焼に必要な O_2 は $\dfrac{9}{2} \times \dfrac{1}{3}$〔mol〕

である。この混合気体の完全燃焼に必要な O_2 は $5\,mol$ なので，

$$\frac{3n+1}{2}〔mol〕 + \frac{9}{2} \times \frac{1}{3}〔mol〕 = 5〔mol〕 \qquad n = 2$$

よって，アルカンの分子式は $\underline{C_2H_6}$ である。

b　この混合気体の物質量は，$\dfrac{90 \times 10^{-3}〔L〕}{22.4〔L/mol〕} = 4.0 \times 10^{-3}$〔mol〕

混合気体の組成は，アルカン：プロペン＝3：1（物質量の比）なので，プロペンの物質量は，

$$4.0 \times 10^{-3}〔mol〕 \times \frac{1}{3+1} = 1.0 \times 10^{-3}〔mol〕$$

このプロペンがすべて臭素と反応（付加）すると，次式により 1, 2-ジブロモプロパンが $1.0 \times 10^{-3}\,mol$ 生成する（このときアルカンは反応しない）。

$$CH_3-CH=CH_2 + Br_2 \longrightarrow CH_3-\overset{\displaystyle |}{\underset{\displaystyle Br}{CH}}-\overset{\displaystyle |}{\underset{\displaystyle Br}{CH_2}}$$

1, 2-ジブロモプロパン

よって，生成する 1, 2-ジブロモプロパン（モル質量 $202\,g/mol$）の質量は，

$$1.0 \times 10^{-3}〔mol〕 \times 202〔g/mol〕 = \underline{0.20}〔g〕$$

c　ジブロモプロパンの異性体は，1, 2-ジブロモプロパンの他に次の $\underline{3}$ 種類がある。

$$CH_3-CH_2-\overset{\displaystyle Br}{\underset{\displaystyle |}{\underset{\displaystyle Br}{CH}}} \qquad CH_3-\overset{\displaystyle Br}{\underset{\displaystyle |}{\underset{\displaystyle Br}{C}}}-CH_3 \qquad \overset{\displaystyle |}{\underset{\displaystyle Br}{CH_2}}-CH_2-\overset{\displaystyle |}{\underset{\displaystyle Br}{CH_2}}$$

1, 1-ジブロモプロパン　　2, 2-ジブロモプロパン　　1, 3-ジブロモプロパン

第2章 脂肪族炭化水素 **141**

問2 ア 次図のように①，②，④，⑤は，すべての炭素原子が一つの平面上にあるが，③は分子中の炭素原子1個が平面上にない。

①
$$C \atop \diagdown C = C \diagup$$

②
$$\diagup C = C \diagdown ^C$$

③
$$\diagup C = C \diagdown \overset{|}{C} \textcircled{C}$$

④
$$C \atop \diagdown C = C \diagdown _C$$
（または $\diagup C = C \diagdown ^{C} _{C}$ ）

⑤
$$^C _C \diagdown C = C \diagdown ^C$$

イ 次式のように②，⑤からは，枝分かれをしたアルカンが得られるが，①，③，④からは直鎖状のアルカンが得られる。

① $+ H_2 \longrightarrow CH_3-CH_2-CH_3$

② $+ H_2 \longrightarrow CH_3-\overset{\overset{\textstyle CH_3}{|}}{CH}-CH_3$

③ $+ H_2 \longrightarrow CH_3-CH_2-CH_2-CH_3$

④ $+ H_2 \longrightarrow CH_3-CH_2-CH_2-CH_3$

⑤ $+ H_2 \longrightarrow CH_3-\overset{\overset{\textstyle CH_3}{|}}{CH}-CH_2-CH_3$

ウ ①〜⑤はすべてアルケンなので分子式を C_nH_{2n} とおくと，臭素との反応(付加)は次式で表される。 $C_nH_{2n} + Br_2 \longrightarrow C_nH_{2n}Br_2$

C_nH_{2n} 1 mol あたり Br_2 1 mol が付加するので，

$$\frac{0.56(g)}{12 \times n + 1.0 \times 2n(g/mol)} = 1.0(mol/L) \times \frac{10}{1000}(L) \qquad n = 4$$

よって，アルケンの分子式は C_4H_8 であり，②，③，④が当てはまる。

以上より，ア〜ウの条件をすべて満たすのは②である。

短期攻略のツボ

アルケンやアルキンを臭素溶液(赤褐色)に通じると，Br_2 が付加して臭素溶液が脱色される。

⇒不飽和結合（$\diagup C = C \diagdown$，$-C \equiv C-$）の検出

問3 シクロヘキサン C_6H_{12} はシクロアルカンの1種で，飽和で環を1個もつ炭化水素である。炭化水素 C_6H_{10} に H_2 を付加させるとシクロヘキサンになったので，この炭化水素 C_6H_{10} はシクロアルケンの1種であるシクロヘキセンと考えらえる。

$$\begin{array}{c} CH_2 \\ H_2C \diagup \quad \diagdown CH \\ | \qquad \quad \| \\ H_2C \diagdown \quad \diagup CH \\ CH_2 \end{array} \quad + H_2 \longrightarrow \quad \begin{array}{c} CH_2 \\ H_2C \diagup \quad \diagdown CH_2 \\ | \qquad \quad | \\ H_2C \diagdown \quad \diagup CH_2 \\ CH_2 \end{array}$$

シクロヘキセン C_6H_{10} 　　　　　　シクロヘキサン C_6H_{12}

142 第4編 有機化合物

C_6H_{10} 1 mol あたり H_2 1 mol が付加するので，C_6H_{10}（モル質量 82 g/mol） 164 mg に付加する H_2 の体積（標準状態）〔mL〕は，$\dfrac{0.164〔g〕}{82〔g/mol〕} \times 22.4 \times 10^3〔mL/mol〕 = \underline{44.8}〔mL〕$

短期攻略のツボ

　シクロアルケン：環式不飽和炭化水素で，二重結合を環内に 1 個含むもの。一般式は C_nH_{2n-2} で表される。

　シクロアルカンやシクロアルケンは，まとめて脂環式炭化水素とよばれる。

問4　プロピン（アルキンの一種）に水素を付加させてプロパンとする反応は，

$$\underset{\text{プロピン}}{CH_3-C\equiv CH} + 2H_2 \longrightarrow \underset{\text{プロパン}}{CH_3-CH_2-CH_3}$$

上式より，プロピン（モル質量 40 g/mol） 20 g をプロパンとするのに必要な H_2 の体積（標準状態）は，$\dfrac{20〔g〕}{40〔g/mol〕} \times 2 \times 22.4〔L/mol〕 = \underline{22.4}〔L〕$

このとき得られるプロパン（モル質量 44 g/mol）の質量は，

$$\dfrac{20〔g〕}{40〔g/mol〕} \times 44〔g/mol〕 = \underline{22}〔g〕$$

第3章 酸素を含む脂肪族化合物 **143**

第3章 酸素を含む脂肪族化合物

79

問1 ①	問2 ②	問3 ④	問4 ②

問5 a ☐1☐ −③ ☐2☐ −⑧ b−②

問1 ア 第一級アルコールのエタノールを，二クロム酸カリウムでおだやかに酸化すると，アセトアルデヒドが得られる。

$$CH_3CH_2OH + (O) \longrightarrow \underset{\text{アセトアルデヒド}}{CH_3CHO (A)} + H_2O$$

イ エタノールと酢酸の混合物に少量の濃硫酸を加えて温めると，エステル化が起こり，エステルの一種である酢酸エチルが得られる。

$$CH_3CO\underline{OH} + CH_3CH_2O\underline{H} \longrightarrow \underset{\text{酢酸エチル}}{CH_3COOCH_2CH_3 (B)} + \underline{H_2O}$$

短期攻略のツボ

アルコールの酸化

第一級アルコール $R-CH_2OH \overset{(O)}{\longrightarrow} \underset{\text{アルデヒド}}{R-CHO} \overset{(O)}{\longrightarrow} \underset{\text{カルボン酸}}{R-COOH}$

第二級アルコール $\begin{matrix} R \\ \diagdown \\ \diagup \\ R' \end{matrix}CHOH \overset{(O)}{\longrightarrow} \underset{\text{ケトン}}{\begin{matrix} R \\ \diagdown \\ \diagup \\ R' \end{matrix}CO}$ （第三級アルコール $R'-\underset{R''}{\overset{R}{C}}-OH$ は酸化されにくい）

$\underset{\text{カルボン酸}}{R-\underset{O}{\overset{\|}{C}}-OH} + \underset{\text{アルコール}}{H-O-R'} \overset{\text{エステル化}}{\longrightarrow} \underset{\text{エステル}}{R-\underset{O}{\overset{\|}{C}}-O-R'} + H_2O$ （カルボン酸以外に, H_2SO_4, HNO_3 などのオキソ酸もエステルをつくる）

※ エステル結合

問2 エタノールと濃硫酸との混合物を，160〜170℃に加熱すると，分子内で脱水が起こり，エチレンが生じる。

$$CH_3CH_2OH \xrightarrow[160〜170℃]{H_2SO_4} \underset{\text{エチレン}}{CH_2=CH_2} + H_2O$$

（注） エタノールに濃硫酸を加えて，130〜140℃に加熱すると，分子間で脱水が起こり，ジエチルエーテルが生じる。

$$CH_3CH_2O\underline{H} + \underline{HO}CH_2CH_3 \xrightarrow[130〜140℃]{H_2SO_4} \underset{\text{ジエチルエーテル}}{CH_3CH_2OCH_2CH_3} + \underline{H_2O}$$

問3 選択肢から，AとBはアルコールかエーテルである。

ア アルコールはナトリウムと反応して水素を発生するが，エーテルはナトリウムと反応

144 第4編 有機化合物

しない。したがって，AとBはどちらもアルコールである。

イ アルコールAを酸化して得られた生成物は，銀鏡反応を示すのでアルデヒドと考えられる。したがって，Aは第一級アルコールである。

ウ アルコールBを酸化して得られた生成物は，銀鏡反応を示さないのでケトンと考えられる。したがって，Bは第二級アルコールである。

よって選択肢より，Aは1-プロパノール $CH_3CH_2CH_2OH$，Bは2-プロパノール $CH_3CH(OH)CH_3$ と決まる。

短期攻略のツボ

ヒドロキシ基（$-OH$）⇒金属ナトリウムを作用させると H_2 を発生する。

アルデヒド基（$-CHO$）⇒還元性を示す。（銀鏡反応やフェーリング液を還元する反応に陽性）

銀鏡反応ではアンモニア性硝酸銀水溶液により銀 Ag が析出し，フェーリング液を還元する反応では酸化銅（Ⅰ）Cu_2O の赤色沈殿が生成。

問4 a 分子式 $C_4H_{10}O$ で表されるアルコールは，

$$CH_3-CH_2-CH_2-CH_2-OH$$
1-ブタノール

$$CH_3-CH_2-\overset{*}{C}H-CH_3$$
$$|$$
$$OH$$
2-ブタノール
（不斉炭素原子 C^* あり）

$$\overset{\displaystyle CH_3}{\underset{}{|}}$$
$$CH_3-CH-CH_2-OH$$
2-メチル-1-プロパノール

$$\overset{\displaystyle CH_3}{\underset{}{|}}$$
$$CH_3-\overset{|}{\underset{|}{C}}-CH_3$$
$$OH$$
2-メチル-2-プロパノール

b アとイは，二クロム酸カリウムによって酸化されるので，第一級か第二級のアルコールである。よって，アとイは 1-ブタノール，2-ブタノール，2-メチル-1-プロパノールのいずれか二つである。一方ウは，二クロム酸カリウムによって酸化されないので，第三級アルコールの 2-メチル-2-プロパノール と決まる。

c イには一対の光学異性体があるので，イは不斉炭素原子（C^*）をもつ。よって，イは 2-ブタノール と決まる。

以上より，アは 1-ブタノールか 2-メチル-1-プロパノールとなるが，選択肢には 2-メチル-1-プロパノールがないので 1-ブタノール と決まる。

問5 a アルコール C_pH_qO 1mol を完全燃焼させたとすると，CO_2 は p [mol]，H_2O は $\dfrac{q}{2}$ [mol] 生成する。　$C_pH_qO \overset{完全燃焼}{\Longrightarrow} pCO_2, \dfrac{q}{2}H_2O$

CO_2 のモル質量は 44g/mol，H_2O のモル質量は 18g/mol なので，生成した CO_2 と H_2O の質量比は，$\dfrac{44\text{[g/mol]} \times p\text{[mol]}}{18\text{[g/mol]} \times \dfrac{q}{2}\text{[mol]}} = 1.83\text{[倍]}$ 　　　……(1)

第3章 酸素を含む脂肪族化合物　145

　一方，このアルコールは鎖式飽和1価アルコールなので，$C_pH_{2p+1}OH$（分子式 $C_pH_{2p+2}O$）で表すことができる。（$C_pH_{2p+1}-$ はアルキル基）

　したがって，$q = 2p + 2$　　　　　　　　　　　　　　　　　　　　……(2)

(1)，(2)より，$p = \underline{3}$，$q = \underline{8}$

b　炭素原子数4の鎖式飽和1価アルコールは，C_4H_9OH で表すことができる。このうち，酸化したとき炭素原子数4のアルデヒドを生成するのは，第一級アルコールであるから，次の <u>2</u> 種類である。

　　　1-ブタノール　　　　　　2-メチル-1-プロパノール

80

問1 ②　問2 ②　問3 a—⑦　b—⑤　c—③　問4 ③

問1　①（誤）アセトアルデヒドを酸化すると，酢酸が得られる。

$$CH_3-C{\underset{H}{\overset{O}{\diagup\hspace{-1em}\diagdown}}} \xrightarrow{(O)} CH_3-C{\underset{OH}{\overset{O}{\diagup\hspace{-1em}\diagdown}}}$$

　アセトアルデヒド　　　酢酸

②（正）ギ酸は，カルボキシ基とホルミル基（アルデヒド基）を合わせもつ。

　ホルミル基〜H-C〜OH〜カルボキシ基
　（還元性）　　∥　　　（酸性）
　　　　　　　　O

③（誤）ギ酸などのカルボン酸は一般に弱酸であるが，炭酸水より強い酸性を示す。

④（誤）アセトアルデヒドは，工業的には触媒を用い，エチレンを酸化してつくる。

$$2CH_2=CH_2 + O_2 \xrightarrow{PdCl_2 + CuCl_2} 2CH_3CHO$$

なお，触媒を用いてプロピレン $CH_2=CHCH_3$ を酸化するとアセトン CH_3COCH_3 が得られる。

⑤（誤）アセトンは還元性がないので，銀鏡反応を示さない。

（注）アルデヒドやケトンがもつ >C=O はカルボニル基とよばれ，アルデヒドやケトンはカルボニル化合物とよばれる。

問2　**a**　選択肢から，無色・刺激臭の気体は，<u>ホルムアルデヒド</u> HCHO である（メタノール，ギ酸は液体）。ホルムアルデヒドは水によく溶け，還元性を示す（フェーリング液を還元）。

　b　選択肢から，アルカリと反応して塩を生じるのは，酸性物質の<u>ギ酸</u> HCOOH である（メタノール，ホルムアルデヒドは中性物質）。ギ酸はホルミル基（アルデヒド基）をもつので還元性を示す（銀鏡反応で銀を析出）。

問3　**a**　カルボニル基（>C=O）を還元すると第二級アルコールが生成するので，化合

146 第4編　有機化合物

物 **a** はケトンである。選択肢より，ケトンは⑥か⑦である。このうち，還元して生成する第
二級アルコールが不斉炭素原子(C*)をもつのは，⑦である。

⑥　$CH_3-CO-CH_3 \xrightarrow[還元]{+2H} CH_3-\underset{\underset{OH}{|}}{CH}-CH_3$

⑦　$CH_3-CH_2-CO-CH_3 \xrightarrow[還元]{+2H} CH_3-CH_2-\underset{\underset{OH}{|}}{\overset{*}{C}H}-CH_3$

　b　化合物 **b** はアルデヒドである。選択肢より，アルデヒドは①，③，⑤，⑧の4種であ
る。化合物 **b** を酸化して生じるカルボン酸は，酢酸メチル CH_3COOCH_3(分子式 $C_3H_6O_2$)の
異性体である。したがって，化合物 **b** の炭素原子数は，3 とわかる。よって，化合物 **b** は⑤
である。

　(注)　アルコールを酸化して得られるアルデヒド，ケトン，カルボン酸の炭素原子数は，
　　　元のアルコールの炭素原子数と同じである。

　c　化合物 **c** は，フェーリング液を還元するので，アルデヒド①，③，⑤，⑧のいずれか
である。このうち，ヨードホルム反応を起こすのは，CH_3COR の構造をもつ③である。

③　$\underbrace{CH_3}_{(ヨードホルム反応に陽性)} \overset{}{\underset{\underset{O}{\|}}{C}} \overbrace{H}^{(フェーリング液を還元する反応に陽性)}$

短期攻略のツボ

ヨードホルム反応

　$CH_3CH(OH)R$ または CH_3COR の構造をもつ物質に特有の反応(R は一般に，H や炭
化水素基)。ヨードホルム反応では，ヨウ素 I_2 とアルカリ水溶液により特有臭の黄色結
晶(ヨードホルム CHI_3)が生成。

問4　**ア**　化合物 A の分子式を $C_xH_yO_2$ とおくと，A 1mol を完全燃焼させたとき生じる
CO_2 は x〔mol〕，H_2O は $\dfrac{y}{2}$〔mol〕である。よって，$x=5$，$\dfrac{y}{2}=5$　　　$y=10$

選択肢より，分子式が $C_5H_{10}O_2$ となるのは③と④なので，A はこのどちらかである。

　イ　1mol の③，④を 1mol の水素で還元すると，それぞれ次の③′，④′が得られる。

③ + $H_2 \longrightarrow CH_3-\underset{\underset{OH}{|}}{\overset{\overset{CH_3}{|}}{CH}}-CH-CH_3$　　④ + $H_2 \longrightarrow CH_3-\underset{\underset{OH}{|}}{CH}-CH_2-CH_2-CH_3$

　　　　　　　　　③′　　　　　　　　　　　　　　　　④′

したがって，生成物 B は③′，④′のどちらかである。

　ウ　③′，④′について分子内の脱水反応を行うと，それぞれ次の2種類のアルケン(Ⅰ，Ⅱ)，
(Ⅲ，Ⅳ)が生成する。

第3章　酸素を含む脂肪族化合物　**147**

$$CH_3-CH-\underset{\underset{OH}{|}}{CH}-CH_3 \xrightarrow{-H_2O} CH_2=CH-\underset{\underset{CH_3}{|}}{CH}-CH_3 \ , \ CH_3-CH=\underset{\underset{CH_3}{|}}{C}-CH_3$$

③′　　　　　　　　　　　　Ⅰ　　　　　　　　　　　Ⅱ

$$CH_3-CH-\underset{\underset{OH}{|}}{CH_2}-CH_2-CH_3 \xrightarrow{-H_2O} CH_2=CH-CH_2-CH_2-CH_3 \ , \ CH_3-CH=CH-CH_2-CH_3$$

④′　　　　　　　　　　　　　　　Ⅲ　　　　　　　　　　　　　Ⅳ

これらのアルケンのうち，炭素原子がすべて同じ平面にあるのはⅡだけである。

Ⅱ
$$\underset{C}{\overset{C}{}}\!\!C=C\!\!\underset{C}{\overset{C}{}}$$

以上より，**ア〜ウ**をすべて満たす化合物**A**は，③である。

81

問1　$\boxed{A}$－⑥　$\boxed{B}$－③　$\boxed{C}$－②　$\boxed{D}$－⑧　　問2　④　　問3　⑥

問1　$\boxed{A}$ の化合物名は，2-メチル-2-ブテンである。$\boxed{A}$ をオゾン分解すると，$\boxed{B}$ (アセトン)と $\boxed{C}$ (アセトアルデヒド)が得られる。

$$^1CH_3-^2C\!\doteq\!^3CH-^4CH_3 \xrightarrow[]{O_3 \quad Zn+H_2O} \ \underset{CH_3}{\overset{CH_3}{}}\!\!C=O+O=C\!\!\underset{H}{\overset{CH_3}{}}$$
$$\underset{\overset{|}{CH_3}}{}$$

$\boxed{A}$ (2-メチル-2-ブテン)　　　$\boxed{B}$ (アセトン)　$\boxed{C}$ (アセトアルデヒド)

1mol の $\boxed{D}$ をオゾン分解すると，$\boxed{B}$ が2mol 得られるので，$\boxed{D}$ は，2,3-ジメチル-2-ブテンである。

$$\underset{CH_3}{\overset{CH_3}{}}\!\!C\!\doteq\!O+O\!\doteq\!C\!\!\underset{CH_3}{\overset{CH_3}{}} \xleftarrow[Zn+H_2O]{\quad O_3 \quad} \ ^1CH_3-^2C\!\doteq\!^3C-^4CH_3$$
$$\underset{\overset{|}{CH_3}\ \overset{|}{CH_3}}{}$$

$\boxed{B}$　　$\boxed{B}$　　　　　　$\boxed{D}$ (2,3-ジメチル-2-ブテン)

問2　問題文に示された脂肪酸を，完全にオゾン分解すると，以下のような生成物が得られる。

$$CH_3(CH_2)_4CH\!\doteq\!CHCH_2CH\!\doteq\!CH(CH_2)_7COOH$$

$$O_3, Zn+H_2O\downarrow \qquad\qquad \downarrow O_3, Zn+H_2O$$

$$CH_3(CH_2)_4\underset{\overset{|}{H}}{C}=O \quad O=\underset{\overset{|}{H}}{C}CH_2\underset{\overset{|}{H}}{C}=O \quad O=\underset{\overset{|}{H}}{C}(CH_2)_7COOH$$

① (正)　上に示したように，生成物は全部で3種類ある。

② (正) 3種類の生成物は，分子1個に含まれるO原子の数が1個，2個，3個で，すべて異なる。

③ (正) 生成物は，上に示したように，すべてホルミル基(アルデヒド基)−C=O をもつ。
　　　　　　　　　　　　　　　　　　　　　　　　　　　　　　　　　　　|
　　　　　　　　　　　　　　　　　　　　　　　　　　　　　　　　　　　H

④ (誤) 分子量が最も大きい生成物は O=CH(CH$_2$)$_7$COOH で，分子1個にH原子 16 個を含む。

⑤ (正) 3種類の生成物の物質量比は，1:1:1 である。

問3　E　(分子式 C$_{10}$H$_{16}$)1分子をオゾン分解して得られる生成物(2種類)には，カルボニル基 >C=O が全部合わせて4個含まれているので，　E　1分子には二重結合(C=C)が2個含まれていたと考えられる。また，　E　は6員環の構造をもつが，生成物には環がないので，6員環の中に二重結合(C=C)が含まれていたと考えられる。これらを考慮して，2種類の生成物から　E　の構造を組み立てると，以下のようになる。

a　　E　は，不斉炭素原子(④)を1個もつ。

b　　E　は，環の中に二重結合を1個もつ。

c　　E　に含まれる二重結合は2個あるが，いずれも二重結合をしている炭素原子の一方にメチル基(CH$_3$−)が結合している。

d　　E　に含まれる CH$_3$− をすべて H− に，環をベンゼン環に置き換えるとスチレンになる。

第3章　酸素を含む脂肪族化合物　**149**

よって，**c** と **d** は E に当てはまる。

　[参考]　化合物 E は，リモネンとよばれる無色透明の液体物質で，オレンジ，グレープフルーツ，ゆず，レモンなどの柑橘系の果皮に多く含まれる。スチレンと構造が類似したところがあり，ポリスチレンなどを溶かす性質がある。

82

問1　②　　問2　A － ⑥　　B － ④　　問3　①

問1　同じ炭素原子にヒドロキシ基 $-OH$ とエーテル結合 $-\overset{|}{\underset{|}{C}}-O-\overset{|}{\underset{|}{C}}-$ がついた構造は，ヘミアセタール構造とよばれる。α-グルコース（②）は，この構造をもつ化合物である。

α-グルコース

$$
\begin{array}{c}
R_1 \\
\diagdown \\
C \\
\diagup \quad \diagdown \\
R_2 \quad\quad OH
\end{array}
\begin{array}{c}
O-R
\end{array}
$$

ヘミアセタール構造

①，③，④，⑤ はこのような構造をもたない。

① $CH_2-CH-CH_2$
　　$\;\;|\quad\;\;|\quad\;\;|$
　　$OH\;\;OH\;\;OH$

③ $H_2N-CH-\overset{CH_3}{\overset{|}{C}}-OH$
　　　　　　　$\underset{\displaystyle O}{\|}$

④ $CH_3-CH_2-O-CH_2-CH_3$

⑤ $CH_3-CH-\overset{OH}{\overset{|}{C}}-OH$
　　　　　　$\underset{\displaystyle O}{\|}$

問2　問題文に示された反応式を，逆向きに見ればよい。(この反応は，可逆反応でもある。)

$$
\begin{array}{c}
R_1 \\
\diagdown \\
C \\
\diagup \quad \diagdown \\
R_2 \quad\quad OH
\end{array}
\begin{array}{c}
O-R
\end{array}
\rightleftharpoons
\begin{array}{c}
R_1 \\
\diagdown \\
C=O \;+\; H-O-R \\
\diagup \\
R_2
\end{array}
$$

カルボニル化合物　　アルコール

$$
CH_3-CH-\overset{CH_3}{\overset{|}{O}}-CH-CH_3 \longrightarrow \overset{CH_3}{\underset{H}{\diagup}}C=O + CH_3-CH-CH_3
$$
　　　　　　$\;\;|$　　　　　　　　　　　　　　　　　　　　　　　　$\;\;|$
　　　　　OH　　　　　　　　　　　　　　　　　　　　　　OH

　　　　　　　　　　　　　　　　　　　　　　A　　　　　　　B

よって，カルボニル化合物 A はアセトアルデヒドであり，アルコール B は2-プロパノールである。
　　　　　　　　　　　⑥　　　　　　　　　　　　　　　　　　　　　　④

問3　香気成分 C は，分子内にカルボニル基とヒドロキシ基があるので，二分子間で反

150 第4編 有機化合物

応すると，環状構造をもつ二量体 C_2 が生じると考えられる。

$$
\begin{array}{ccc}
\underset{\text{C}}{
\begin{array}{c}
\mathrm{H_3C} \quad\quad\quad \mathrm{CH_3} \\
| \quad\quad\quad\quad | \\
\mathrm{C=O} \quad \mathrm{HO-CH} \\
| \quad\quad\quad\quad\quad | \\
\mathrm{HC-OH} \quad \mathrm{O=C} \\
| \quad\quad\quad\quad\quad | \\
\mathrm{H_3C} \quad\quad\quad \mathrm{CH_3}
\end{array}
}
&
\longrightarrow
&
\underset{C_2(①)}{
\begin{array}{c}
\mathrm{H_3C} \quad \mathrm{O} \quad \mathrm{CH_3} \\
| \quad\;\, \diagup\;\diagdown \;\;| \\
\mathrm{HO-C} \quad\quad \mathrm{CH} \\
| \quad\quad\quad\quad | \\
\mathrm{HC} \quad\quad \mathrm{C-OH} \\
| \;\, \diagdown\;\diagup \;\;| \\
\mathrm{H_3C} \quad \mathrm{O} \quad \mathrm{CH_3}
\end{array}
}
\end{array}
$$

83

問1 ⑤ **問2** ⑤ **問3** a－② b－③ c－⑥

問1 Aは酢酸，Bはプロピオン酸，Cは乳酸である。

① （誤） ヒドロキシ酸は，分子中にヒドロキシ基−OHとカルボキシ基−COOHの両方をもつカルボン酸であるから，Cだけが当てはまる。

② （誤） 芳香族カルボン酸は，ベンゼン環の水素原子をカルボキシ基で置換した形の化合物であるから，いずれも当てはまらない。

③ （誤） 不斉炭素原子をもつCだけが当てはまる。

④ （誤） A～Cはいずれもカルボン酸であり，強酸の塩酸より弱い酸である。

⑤ （正） カルボン酸は，二酸化炭素の水溶液(炭酸水)より強い酸である。

> **短期攻略のツボ**
> 酸の強さ
> $$\underbrace{\text{硝酸，塩酸，硫酸}}_{\text{強酸}} > \underbrace{\underset{\text{RCOOH}}{\text{カルボン酸}} > \underset{(\mathrm{CO_2+H_2O})}{\text{炭酸水}} > \text{フェノール}}_{\text{弱酸}}$$

問2 ① （正） ともに，水と任意の割合で混ざり合う。

（注） メタノールと1-プロパノールも，水と任意の割合で混ざり合う。

② （正） 酢酸 CH_3COOH とエタノール CH_3CH_2OH は，ともに1分子中に2個の炭素原子を含む。

③ （正） 酢酸(融点17℃，沸点118℃)とエタノール(沸点78℃)は，ともに30℃では無色の液体である。

④ （正） カルボン酸 RCOOH とアルコール R′OH を縮合させると，エステル RCOOR′ が得られる。 $RCO\boxed{OH}+\boxed{H}OR' \longrightarrow \underset{\text{エステル}}{RCOOR'}+\boxed{H_2}O$

⑤ （誤） 酸性物質の酢酸は NaOH と反応して塩を生成するが，中性物質のエタノールは NaOH と反応しない。

（注） エタノールは金属ナトリウムと反応して水素を発生する。

問3 **a** シアン酸アンモニウム NH_4OCN を加熱すると，尿素(②)が生成する。

$$NH_4OCN \longrightarrow \underset{\text{尿素}}{(NH_2)_2CO}$$

第3章　酸素を含む脂肪族化合物　**151**

［参考］　この反応により，無機物（シアン酸アンモニウム）から有機物（尿素）を合成できることが明らかになった。⇒ 1828 年，ウェーラー（ドイツ）の発見

b　シス形のマレイン酸（③）を加熱すると，分子内で容易に脱水が起こり，無水マレイン酸が生成する。

　　　　マレイン酸　　　　無水マレイン酸

（注）　トランス形のフマル酸は分子内で脱水されにくい。

c　酢酸カルシウム（$CH_3COO)_2Ca$ を乾留すると，アセトン（⑥）が得られる。

$$(CH_3COO)_2Ca \longrightarrow CaCO_3 + CH_3COCH_3$$
　　　　　　　　　　　　　　　　　　アセトン

（注）　乾留：空気を断って有機化合物を加熱し，分解生成物を得る操作。

84

　問1　③　　問2　③　　問3　④

　問1　化合物 A は，C，H，O からなる酸性物質であるから，選択肢より中性物質の①（エタノール）と⑤（グリセリン）は除かれる。また，A は $NaHCO_3$ と反応して CO_2 を発生させるから，炭酸（$CO_2 + H_2O$）より強い酸である。したがって，炭酸より弱い酸である⑥（フェノール）も除かれる。よって，A はカルボン酸②，③，④のいずれかである。A をモノカルボン酸 RCOOH（②，④）とすると，$NaHCO_3$ との反応は次式で表される。

　　　$RCOOH + NaHCO_3 \longrightarrow RCOONa + CO_2\uparrow + H_2O$

RCOOH 1 mol あたり CO_2 1 mol が生成するので，A の分子量を M（モル質量 M〔g/mol〕）とすると，

$$\frac{0.18〔g〕}{M〔g/mol〕} = \frac{89.6〔mL〕}{22.4 \times 10^3〔mL/mol〕} \qquad M = 45$$

よって，②，④（乳酸）は該当しないので，③（シュウ酸）と決まる。

> ③はジカルボン酸なので，$NaHCO_3$ との反応は次式で表される。
> 　　$(COOH)_2 + 2NaHCO_3 \longrightarrow (COONa)_2 + 2CO_2\uparrow + 2H_2O$
> よって，$\dfrac{0.18}{M} \times 2 = \dfrac{89.6}{22.4 \times 10^3}$ より，$M = 90$ となる。

短期攻略のツボ

　　$NaHCO_3$ と反応して CO_2 を発生させる C，H，O からなる化合物⇒カルボン酸

　問2　$RCOONa + NaOH \longrightarrow RH + Na_2CO_3$（脱炭酸反応）

　R の式量を M とすると，RCOONa の式量は $M + 67$，RH の式量は $M + 1$ となる。RCOONa 11 g から RH 4.4 g が生成したので，上式より

152 第4編 有機化合物

$$\frac{11 \text{(g)}}{(M+67) \text{(g/mol)}} = \frac{4.4 \text{(g)}}{(M+1) \text{(g/mol)}} \qquad M = 43$$

選択肢①〜④について R の式量を調べると，

① CH_3　15　　② CH_3CH_2　29　　③ $CH_3CH_2CH_2$　43

④ $CH_3CH_2CH_2CH_2$　57

よって，この飽和脂肪酸は③である。

問3　不飽和カルボン酸 56.0g に付加した Br_2（分子量 160）の物質量は，

$$\frac{(152 - 56.0) \text{(g)}}{160 \text{(g/mol)}} = 0.60 \text{(mol)}$$

一方，同量（56.0g）の不飽和カルボン酸に付加した H_2 は，付加した Br_2 と同じ物質量のはずだから，0.60mol である。

（注）　二重結合 $>C=C<$ 1mol あたり，Br_2 も H_2 も 1mol 付加する。

よって，付加した H_2（分子量 2.0）の体積（標準状態）と質量は，

　　$0.60 \text{(mol)} \times 22.4 \text{(L/mol)} = \underline{13.4} \text{(L)}$　　　$0.60 \text{(mol)} \times 2.0 \text{(g/mol)} = 1.2 \text{(g)}$

得られた飽和カルボン酸の質量は，$56.0 + 1.2 = \underline{57.2} \text{g}$

85

問1　**a**－③　　**b**－⑤　　問2　②　　問3　**a**－④　　**b**－②

問1　$C_nH_{2n+2}O$ で表される化合物は，鎖式飽和のアルコール $R-OH$ かエーテル $R-O-R'$（R，R′ はアルキル基 $C_nH_{2n+1}-$）のどちらかである。

一般に同程度の分子量ではアルコールの方がエーテルより沸点が高いので，図1より B を含む破線（同族体）がアルコールで，D を含む破線（同族体）がエーテルと考えられる。さらに D は，B を濃硫酸と加熱することにより生成するとあるので，B がアルコールで，D がエーテルであることは明らかである。

　　$2R-OH \longrightarrow R-O-R + H_2O$
　　　B　　　　　　D

次に，$C_nH_{2n}O_2$ で表される化合物 A，C について，C は A と B（アルコール）の脱水縮合反応によって生成するとあるので，A はカルボン酸 RCOOH で，C はエステル RCOOR′（R，R′ はアルキル基）とわかる。

a　A は分子量 60 の鎖式飽和カルボン酸，B は分子量 46 の鎖式飽和アルコールだから，A は酢酸 CH_3COOH，B はエタノール CH_3CH_2OH と決まる。（③）

b　C は A と B から得られるエステルだから，酢酸エチル $CH_3COOCH_2CH_3$ である。

　　$CH_3COOH + CH_3CH_2OH \longrightarrow CH_3COOCH_2CH_3 + H_2O$
　　　　A　　　　　　B　　　　　　　　C

また，D は B から得られるエーテルだから，ジエチルエーテル $CH_3CH_2OCH_2CH_3$ である。（⑤）

　　$2CH_3CH_2OH \longrightarrow CH_3CH_2OCH_2CH_3 + H_2O$
　　　　B　　　　　　　　　D

問2 ①（誤）エタノールが酸化されるが，エステルは得られない。

②（正）濃硫酸を触媒としてエタノールに酢酸を作用させると，次のエステル化反応が起こる。

$$CH_3COOH + C_2H_5OH \longrightarrow CH_3COOC_2H_5 + H_2O$$
　　　酢酸　　　エタノール　　　酢酸エチル

上式より，エタノール1mol(46g)からエステルである酢酸エチル1mol(88g)が得られる。

③（誤）エタノールが分子間で脱水され，ジエチルエーテルが得られるが，エステルは得られない。

④（誤）②と同様にエステル化反応が起こるが，得られるエステルは安息香酸エチル

—COOC$_2$H$_5$ 1mol(150g)である。

問3　a　元素分析値からエステルBの組成式を求める。エステルB 3.48mg中の各元素の質量は，

C　$7.92[mg] \times \dfrac{12}{44} = 2.16[mg]$

H　$3.24[mg] \times \dfrac{2.0}{18} = 0.36[mg]$

O　$3.48 - (2.16 + 0.36) = 0.96[mg]$

原子数の比は，　$C : H : O = \dfrac{2.16}{12} : \dfrac{0.36}{1.0} : \dfrac{0.96}{16} = 3 : 6 : 1$

よって，組成式はC_3H_6O(式量58)となる。エステルBの分子量は110と118の間なので，分子式は組成式の2倍の$\underline{C_6H_{12}O_2}$(④)と決まる。

b　Bは酢酸とアルコールAから得られたエステルと考えられる。このエステル化反応は，AをROHで表すと，次式で表される。

　　　　　　　　　　　　　　　アセチル基
$CH_3COOH + RO\underline{H} \longrightarrow \underline{CH_3CO}OR + H_2O$
　　　　　　　　A　　　　　　　B ($C_6H_{12}O_2$)

よって，Aの分子式はBの分子式から$\underline{CH_3CO}$(C_2H_3O)を引き，$\underline{H}$を加えれば求まる。（②）

短期攻略のツボ

分子式

$C_nH_{2n+2}O \Rightarrow$ (1)アルコール R—OH，(2)エーテル R—O—R′ のみ

$C_nH_{2n}O \Rightarrow$ (3)アルデヒド R—CHO，(4)ケトン R—CO—R′ など

$C_nH_{2n}O_2 \Rightarrow$ (5)カルボン酸 R—COOH，(6)エステル R—COO—R′ など

（ただし，R，R′はアルキル基C_nH_{2n+1}—で，(3)・(5)・(6)はRがHのときもある。）

154 第4編 有機化合物

86

問1	1 －④	2 －⑤	3 －④	問2	a －②	b －①
問3	④	問4 ③	問5 a －④	b －④		

問1 油脂は脂肪酸（ 1 ）とグリセリンのエステルである。

$$\begin{array}{l}
CH_2-O\underline{H} \quad \underline{HO}-C-R \\
\qquad\qquad\qquad\ \| \\
\qquad\qquad\qquad\ O \\
CH-O\underline{H} \quad \underline{HO}-C-R \qquad \xrightarrow{-3H_2O} \\
\qquad\qquad\qquad\ \| \\
\qquad\qquad\qquad\ O \\
CH_2-O\underline{H} \quad \underline{HO}-C-R \\
\qquad\qquad\qquad\ \| \\
\qquad\qquad\qquad\ O
\end{array}$$

$$\begin{array}{l}
CH_2-O-C-R \\
\qquad\qquad\ \| \\
\qquad\qquad\ O \\
CH-O-C-R \\
\qquad\qquad\ \| \\
\qquad\qquad\ O \\
CH_2-O-C-R \\
\qquad\qquad\ \| \\
\qquad\qquad\ O
\end{array}$$

（天然の油脂では，Rは異なるものがいろいろと混じっている。）

グリセリン　　脂肪酸　　　　　　　油脂

油脂にNaOH水溶液を加えて加熱すると，<u>けん化</u>（ 2 ）が起こり，セッケンとグリセリンになる。

$$\begin{array}{l}
CH_2OCOR \\
CHOCOR \quad + 3NaOH \longrightarrow \\
CH_2OCOR
\end{array}
\begin{array}{l}
CH_2OH \\
CHOH \quad + 3RCOONa \\
CH_2OH \qquad セッケン \\
\qquad\qquad （脂肪酸ナトリウム）
\end{array}$$

セッケンは弱酸と強塩基の塩なので，セッケンの水溶液は<u>弱塩基性</u>（ 3 ）を示す。

$$RCOO^- + H_2O \rightleftarrows RCOOH + OH^-$$

短期攻略のツボ

脂肪酸：脂肪族のモノカルボン酸 RCOOH

けん化：エステルに塩基の水溶液を加えて加熱すると，カルボン酸の塩とアルコールになる反応。

問2 **a**　脂肪酸Aの元素分析値より，原子数の比を求めると

$$C : H : O = \frac{75.0}{12} : \frac{12.5}{1.0} : \frac{12.5}{16} = 6.25 : 12.5 : 0.781 = 8 : 16 : 1$$

よって，Aの組成式は$C_8H_{16}O$である。

脂肪酸（RCOOH）は，1分子中にO原子を2個含むので，Aの分子式は組成式の2倍の$\underline{C_{16}H_{32}O_2}$である。

b　エステル結合 ①－C－O－C－が，けん化によって変化を受ける。
$$\qquad\qquad\quad \|$$
$$\qquad\qquad\quad O$$

$$\begin{array}{l}
-C+O-C- \ + OH^- \longrightarrow \ -C-O^- + HO-C- \\
\ \| \quad\ \ \| \qquad\qquad\qquad\qquad \| \\
\ O \quad\ \ O \qquad\qquad\qquad\qquad O
\end{array}$$

（②はエーテル，③はカルボン酸無水物，④はケトン，⑤はアミドに，それぞれ含まれる結合である。）

問 3 ステアリン酸 $C_{17}H_{35}COOH$ は飽和脂肪酸（$C_nH_{2n+1}COOH$）である。リノール酸 $C_{17}H_{31}COOH$ は，ステアリン酸より H 原子が 4 個少ないので二重結合（>C=C<）を 2 個もつ。また，リノレン酸 $C_{17}H_{29}COOH$ は，ステアリン酸より H 原子が 6 個少ないので二重結合（>C=C<）を 3 個もつ。油脂 1 分子には構成脂肪酸が 3 個含まれるので，油脂 A 1 分子に存在する二重結合は 2 × 3 = 6 個，油脂 B 1 分子に存在する二重結合は 3 × 3 = 9 個である。

したがって，油脂 A, B 各 1 mol 中の二重結合（>C=C<）に付加しうる H_2 の物質量は，それぞれ 6 mol, 9 mol となる。

よって，モル比＝体積比より， A：B ＝ 6：9 ＝ <u>2：3</u>

問 4 $R-COOC_2H_5 + NaOH \longrightarrow R-COONa + C_2H_5OH$

R の式量を M とすると，エチルエステルの式量は $M + 73$，NaOH の式量は 40 なので，上式より

$$\frac{153\,[g]}{(M+73)\,[g/mol]} = \frac{20\,[g]}{40\,[g/mol]} \quad M = 233$$

この脂肪酸 RCOOH の炭素数は 18 だから，R 中の炭素数は 17 である。

R を $C_{17}H_x$ とおくと，$17 \times 12 + 1.0 \times x = 233$ $x = 29$

よって，この脂肪酸は $C_{17}H_{29}COOH$（リノレン酸）であり，この脂肪酸 1 分子中に存在する炭素—炭素二重結合は，$\underbrace{(17 \times 2 + 1}_{\text{最大 H 数}} - 29) \times \frac{1}{2} = \underline{3}$ 〔個〕である。

問 5 **a** 油脂のけん化は，次の化学反応式で表される。

```
油脂(分子量 M)    (式量 40.0)   グリセリン    高級脂肪酸の塩〔セッケン〕
 CH₂OCOR                        CH₂OH
  |                              |
 CHOCOR     + 3NaOH  ⟶        CHOH    + 3RCOONa
  |                              |
 CH₂OCOR                        CH₂OH
     1      :    3
```

油脂の分子量を M（モル質量 M〔g/mol〕）とすると，反応式の係数比より，次式が成り立つ。

$$\frac{22.5\,[\text{g}]}{M\,[\text{g/mol}]} \times 3 = \frac{3.00\,[\text{g}]}{40.0\,[\text{g/mol}]}$$

よって，$M = 900$

b この油脂は，単一の脂肪酸のエステルなので，R の式量は，

$(900 - 173) \times \dfrac{1}{3} \fallingdotseq 242$

R－は直鎖状飽和の炭化水素基なので，これを $C_nH_{2n+1}-$（アルキル基）とおくと，

$12 \times n + 1.0 \times (2n + 1) = 242$

$n \fallingdotseq 17$

よって，この脂肪酸 RCOOH の炭素数は，$17 + 1 = 18$

第4章　芳香族化合物

87

問1 ⑤　問2 ③　問3 ⑥　問4 ④　問5 ⑤

問1　① (正)　ベンゼン C_6H_6 分子の炭素原子間の結合は，単結合と二重結合の中間の状態であり，すべて同等で，結合の長さは等しい。

② (正)　ベンゼン分子は，正六角形の平面構造をしていて，すべての原子はその平面上にある。

③ (正)　ベンゼンは沸点80℃の液体で揮発性があり，蒸気は可燃性で引火しやすい。

④ (正)　ベンゼン環は不飽和結合をもつが，かなり安定であるため，付加反応よりも置換反応を起こしやすい。

⑤ (誤)　ベンゼン環は安定で酸化されにくい。例えば，トルエンを $KMnO_4$ で酸化すると安息香酸が得られるが，ベンゼン環は変化しない。

(注)　ベンゼンの構造式では，単結合と二重結合を交互に書いて表すが，実際の炭素原子間の結合はすべて同等である。

問2　① 置換反応（H が Cl で置換される）

$$CH_4 + Cl_2 \xrightarrow{\text{光}} CH_3Cl + HCl$$
　　　　　　　　　　クロロメタン

（引き続いて，CH_2Cl_2，$CHCl_3$，CCl_4 も生成する。）
　　　　　ジクロロメタン　トリクロロメタン　テトラクロロメタン

② 置換反応（H が Na で置換される）

$$2CH_3OH + 2Na \longrightarrow 2CH_3ONa + H_2$$
　　　　　　　　　　　ナトリウムメトキシド

③ 付加反応（ベンゼンに Cl_2 が付加する）

ヘキサクロロシクロヘキサン
（ベンゼンヘキサクロリド，BHC）

(注) ベンゼンにニッケルを触媒として高温高圧下で水素を作用させると，付加反応が起こり，シクロヘキサン C_6H_{12} を生じる。

④ 置換反応（H が NO_2 で置換される）

〔ニトロ化〕ベンゼン + HNO_3 →(H_2SO_4)→ ニトロベンゼン + H_2O　［ニトロ化］

⑤ 置換反応（H が Cl で置換される）

ベンゼン + Cl_2 →(Fe)→ クロロベンゼン + HCl　［塩素化］

［参考］ Fe は $FeCl_3$ となって触媒としてはたらく。

問3　①，④は中性物質。

②，③，⑤は酸性物質で，酸の強さは次の順になる。

②ベンゼンスルホン酸 –SO_3H ＞ ⑤安息香酸 –COOH （＞ $CO_2 + H_2O$ 炭酸水）＞ ③フェノール –OH

（注）　ベンゼンスルホン酸は強酸で，水溶性がある。

⑥のアニリンは塩基性物質で，塩基の強さはアンモニアより弱い。

問4　置換した化合物には，次の <u>4</u> 種類の異性体がある。

トルエン（CH_3）—H 原子1個を Br 原子1個で置換→ オルト体（CH_3, Br）　メタ体（CH_3, Br）　パラ体（CH_3, Br）　CH_2Br

問5　ア（正）　トルエンは，次式で表される炭化水素である。

CH_3—⟨ベンゼン環⟩　（$C_6H_5CH_3$）

イ（正）　ベンゼン環をもつので，芳香族化合物の一つである。

ウ（正）　次図のように，C 原子がつくる正六角形の環に，C 原子が一つ結合した構造である。

エ（正） ベンゼン環をもつ化合物は，水素原子数に対する炭素原子数の割合が大きいので，燃やすとススが多く出る。

オ（誤） 安息香酸が得られる。

安息香酸

カ（正） トルエンを濃硝酸と濃硫酸の混合物（混酸）と反応させると，ニトロ化が起こり，オルトやパラの位置にニトロ基－NO_2 がついたニトロトルエンが生成する。

o-ニトロトルエン　p-ニトロトルエン　2,4,6-トリニトロトルエン（TNT）

短期攻略のツボ
ベンゼンの置換反応

X－Y ： Cl－Cl, HO－NO₂ (HNO₃), HO－SO₃H (H₂SO₄)

88

問　ベンゼン ◯ (C_6H_6) 1 mol に水素 H_2 3 mol が付加して，シクロヘキサン ⬡ (C_6H_{12}) 1 mol が生成する反応の熱化学方程式は，次式で表される。

◯ ＋ 3H_2 ＝ ⬡ ＋ [A] kJ

燃焼熱のデータが与えられているので，

反応熱＝(反応物の燃焼熱の和)－(生成物の燃焼熱の和)
の関係式を利用すると，

$\boxed{A}$ kJ ＝ (3270 kJ/mol × 1 mol ＋ 286 kJ/mol × 3 mol)
－ (3920 kJ/mol × 1 mol) ＝ 208 kJ ＝ $\boxed{2}^a.\boxed{0}^b\boxed{8}^c$ × 10^2 kJ

シクロヘキセン ⬡ (C_6H_{10}) 1 mol に水素 H_2 1 mol が付加して，シクロヘキサン ⬡ (C_6H_{12}) 1 mol が生成する反応の熱化学方程式は，問題文より次式で表される。

⬡ ＋ H_2 ＝ ⬡ ＋ 120 kJ

ベンゼン分子に二重結合が3個含まれると仮定すると，すなわち実在しない 1,3,5-シクロヘキサトリエン ⬡ (C_6H_6) と仮定すると，この 1 mol に水素 H_2 3 mol が付加して，シクロヘキサン ⬡ (C_6H_{12}) 1 mol が生成する反応の熱化学方程式は，次式で表される。

⬡ ＋ $3H_2$ ＝ ⬡ ＋ $^B\boxed{120 × 3}$ kJ ∴ $\boxed{B}$ kJ ＝ $\boxed{3}^d.\boxed{6}^e\boxed{0}^f$ × 10^2 kJ

実際には，この発熱量よりも $\boxed{C}$ kJ ＝ $\boxed{B}$ kJ － $\boxed{A}$ kJ ＝ 360 kJ － 208 kJ
＝ $\boxed{1}^g.\boxed{5}^h\boxed{2}^i$ × 10^2 kJ 少ない。

その分，ベンゼンは安定化していることになる。
以上の関係をエネルギー図にまとめると，次のようになる。

89

問1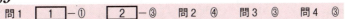

問1 ベンゼンからフェノールをつくる方法

〈アルカリ融解法〉

ベンゼン → 濃H₂SO₄ → ベンゼンスルホン酸（1）→ NaOH(融解) → ナトリウムフェノキシド → CO₂ + H₂O → フェノール

〈クメン法〉

ベンゼン → CH₃-CH=CH₂, 触媒 → クメン（2）→ O₂, 触媒 → クメンヒドロペルオキシド → 希H₂SO₄ → フェノール + CH₃COCH₃ アセトン

（注）クメン法ではフェノールとともにアセトンが得られる。

問2 ①〜⑥の反応は，それぞれ以下のようになる。

① （誤） ベンゼン + H₂SO₄ → ベンゼンスルホン酸 + H₂O

② （誤） ベンゼン + Cl₂ → クロロベンゼン + HCl（鉄粉は触媒）

③ （誤） ベンゼン + CH₃-CH=CH₂ → クメン

④ （正） フェノール + 3HNO₃ → ピクリン酸 + 3H₂O （濃硝酸と濃硫酸の混合物を用いる）

162 第4編 有機化合物

⑤ （誤）

$$\text{（フェノール）} + 3Br_2 \longrightarrow \text{（2,4,6-トリブロモフェノール）} + 3HBr$$

2,4,6-トリブロモフェノール

⑥ （誤）

$$\text{（フェノール）} + (CH_3CO)_2O \longrightarrow \text{（酢酸フェニル）} + CH_3COOH$$

酢酸フェニル

問3 ア サリチル酸がエステル化されて，サリチル酸メチルが生成する。

$$\text{（サリチル酸）} + CH_3-OH \xrightarrow{\text{濃硫酸}} \text{（サリチル酸メチル）} + H_2O$$

サリチル酸メチル（液）

（注） サリチル酸に無水酢酸を作用させると，アセチル化（エステル化）が起こってアセチルサリチル酸が生成する。

$$\text{（サリチル酸）} + (CH_3CO)_2O \longrightarrow \text{（アセチルサリチル酸）} + CH_3COOH$$

アセチルサリチル酸（固）

［参考］ サリチル酸メチル（液）は外用塗布薬，アセチルサリチル酸（固）は解熱剤として用いられる。

イ サリチル酸の製法である。

$$\text{（ナトリウムフェノキシド）} + CO_2 \xrightarrow{\text{高温・高圧}} \text{（サリチル酸ナトリウム）} \left[\xrightarrow[\text{希硫酸}]{H^+} \text{（サリチル酸）} \text{ 遊離} \right]$$

サリチル酸（固）

（注） この反応で，ナトリウムフェノキシドは水溶液ではなく，融解液を用いる。ナトリウムフェノキシドの水溶液にCO_2を通じたときは，フェノールが遊離する。

$$\text{（ナトリウムフェノキシド）} + CO_2 + H_2O \longrightarrow \text{（フェノール）} + NaHCO_3$$

第4章　芳香族化合物　**163**

ウ　分子内で脱水反応が起こる。

$$\text{フタル酸} \xrightarrow{\text{加熱}} \text{無水フタル酸} + H_2O$$

無水フタル酸

（注）　イソフタル酸　や　テレフタル酸　（テレフタル酸）は，分子内の脱水が起こらない。

問4　〈化合物Aが生成する反応……エステル化〉

$$\text{サリチル酸} + CH_3-OH \xrightarrow{(H_2SO_4)} \text{サリチル酸メチル} + H_2O$$

サリチル酸　　メタノール　　サリチル酸メチル
　　　　　　　　　　　　　　　（油状の化合物A）

反応液には，生成したサリチル酸メチル，未反応のサリチル酸やメタノール，H_2SO_4 が含まれる。

これらの中から油状のサリチル酸メチルだけを遊離させるには，過剰の _アNaHCO₃ 水溶液を加えればよい。NaHCO₃ 水溶液を加えると，サリチル酸メチル以外はすべて水層に入る。

$$\text{サリチル酸} + NaHCO_3 \longrightarrow \text{サリチル酸ナトリウム} + CO_2 + H_2O$$

$$\text{サリチル酸メチル} + NaHCO_3 \longrightarrow\hspace{-1.2em}\times\hspace{0.5em} \text{反応しない}$$

（注）　アで NaOH 水溶液を加えると，すべて水層に入ってしまうので不適である。

$$\text{サリチル酸メチル} + NaOH \longrightarrow \text{(ONa体)} + H_2O$$

〈化合物Bが生成する反応……アセチル化（エステル化）〉

（化合物A） ＋ 無水酢酸 →(H₂SO₄) （固体の化合物B） ＋ CH₃-C-OH (O)

FeCl₃水溶液で呈色するのは，一般にフェノール性のヒドロキシ基(ベンゼン環の炭素原子に結合した−OH)をもつ化合物である。よって，ₐAは呈色するが，Bは呈色しない。

短期攻略のツボ
サリチル酸の反応

OH ⇐ 無水酢酸(CH₃CO)₂O でアセチル化（−OH → −O−C−CH₃、∥O）
C−OH ⇐ アルコール ROH でエステル化（−C−OH → −C−O−R、∥O　∥O）
∥O

90

問1 ②　問2 ⑤　問3 ②

問1　①（誤），②（正）　塩化鉄(Ⅲ)FeCl₃水溶液で呈色するのは，一般にフェノール性ヒドロキシ基(ベンゼン環の炭素原子に結合した−OH)をもつ化合物である。

③（誤）　ニトロベンゼンは有機溶媒に溶けやすいが，水には不溶である。また，中性物質なので，酸や塩基の水溶液には溶けない。

④（誤）　サリチル酸はアニリンのようなベンゼン環の炭素原子に結合したアミノ基−NH₂がないので，さらし粉水溶液を加えても呈色しない。

短期攻略のツボ

アニリン　　　　　　　　　　　フェノール　　サリチル酸

問2 ① （正） いずれも2分子から H_2O 1分子がとれて結合する。

$$\text{（アニリン）}-N-\overset{|}{\underset{H}{}} \overset{\fbox{H}+\fbox{HO}}{} -\overset{\|}{\underset{O}{C}}-CH_3 \xrightarrow[\text{アセチル化}]{} \text{（ベンゼン環）}-N-\overset{\|}{\underset{O}{C}}-CH_3 + \fbox{H_2O}$$

アセトアニリド（固）

$$CH_3-\overset{\|}{\underset{O}{C}}-\fbox{OH}+\fbox{HO}-CH_2-CH_3 \xrightarrow[\text{エステル化}]{} CH_3-\overset{\|}{\underset{O}{C}}-O-CH_2-CH_3 + \fbox{H_2O}$$

酢酸エチル（液）

② （正） ナトリウムエトキシドは，水と反応してエタノールと $NaOH$ を生じる。

$$\underset{\text{ナトリウムエトキシド}}{CH_3CH_2ONa} + H_2O \longrightarrow CH_3CH_2OH + NaOH$$

③ （正） フェノールは酸性物質なので，$NaOH$ 水溶液と反応して塩を生じる。

$$\text{（フェノール）} OH + NaOH \longrightarrow \text{（フェノキシド）} ONa + H_2O$$

ナトリウム
フェノキシド

④ （正） アニリンは水に溶けにくいが，塩基性物質なので酸の水溶液には塩をつくって溶ける。

$$\text{（アニリン）} NH_2 + HCl \longrightarrow \text{（アニリン塩酸塩）} NH_3^+Cl^-$$

アニリン塩酸塩

⑤ （誤） 塩化ベンゼンジアゾニウムは，低温（5℃以下）にした水溶液中では安定に存在するが，水溶液中で熱すると分解して N_2 を発生し，フェノールを生じる。

$$\text{（塩化ベンゼンジアゾニウム）}-N^+\equiv NCl^- + H_2O \longrightarrow \text{（フェノール）}-OH + N_2 + HCl$$

塩化ベンゼン
ジアゾニウム　　　　　　フェノール

問3 ア　アニリンを希塩酸に溶かし，氷冷しておく。

$$\text{（アニリン）} NH_2 + HCl \longrightarrow \text{（アニリン塩酸塩）} NH_3^+Cl^-$$

イ　この溶液に，冷却しながら亜硝酸ナトリウム $NaNO_2$ 水溶液を加えると，ジアゾ化が起こり，塩化ベンゼンジアゾニウムの水溶液（溶液 **A**）が得られる。

$$\text{（アニリン塩酸塩）}-NH_3^+Cl^- + NaNO_2 + HCl \xrightarrow{\text{5℃以下}} \text{（塩化ベンゼンジアゾニウム）}-N^+\equiv NCl^- + NaCl + 2H_2O$$

塩化ベンゼン
ジアゾニウム

ウ フェノールを水酸化ナトリウム水溶液に溶かし,冷却した溶液(溶液B)をつくる。

C₆H₅-OH + NaOH ⟶ C₆H₅-ONa + H₂O
　　　　　　　　　　　　ナトリウム
　　　　　　　　　　　　フェノキシド

エ 溶液Aに溶液Bを加えると,(ジアゾ)カップリングが起こり,橙赤色のアゾ化合物 (p-ヒドロキシアゾベンゼン)が沈殿する。

C₆H₅-N⁺≡NCl⁻ + C₆H₅-ONa —5℃以下→ C₆H₅-N=N-C₆H₄-OH + NaCl
　　　　　　　　　　　　　　　　　　　　　　アゾ基
　　　　　　　　　　　　　　　　p-ヒドロキシアゾベンゼン
　　　　　　　　　　　　　　　　(p-フェニルアゾフェノール)

91

操作1　②　　操作2　⑤
操作3　①　　操作4　⑤　　操作5　②

問

トルエンがもつ置換基−CH₃は,表1より o-,p-配向性であるから,この配向性を利用して,まず p-位に−NO₂を導入する。よって**操作1**では,トルエンにニトロ化の**操作②**を行う。これにより得られる化合物Aは,p-ニトロトルエンである。この後,**操作2**では,Aがもつ−CH₃を酸化して−COOHに変える。よって**操作2**では,Aを酸化する**操作⑤**を行う。以上により,目的の化合物が効率よく得られる。

　　CH₃　　　　　A　CH₃　　　　　　　COOH
　　│　②HNO₃　　│　⑤KMnO₄aq　H⁺　│
　　⬡ ─────→ ⬡ ───────────→ ⬡
　　　(H₂SO₄)　　│　　　　　　　　　　│
　　　　　　　　　NO₂　　　　　　　　　NO₂
　　　　　　　　p-体(o-体は分離して除く)

(注) トルエンに⑤の操作を先に行うと,安息香酸が得られるが,−COOHが m-配向性であるから,この後②の操作を行っても m-ニトロ安息香酸になってしまう。

第4章 芳香族化合物 **167**

上述した理由により，まずトルエンの p-位に$-$Br を導入する。よって**操作 3** では，トルエンにハロゲン化(臭素化)の**操作①**を行う。（**③**は，臭素の付加が起こるので不適。）これにより得られる**化合物 B** は，p-ブロモトルエンである。この後，**操作 4** では，B がもつ$-$CH$_3$ を酸化して$-$COOH に変える。よって**操作 4** では，B を酸化する**操作⑤**を行う。これにより得られる**化合物 C** は，p-ブロモ安息香酸である。$-$Br は o-，p-配向性，$-$COOH は m-配向性であるが，p-ブロモ安息香酸では$-$Br の o-位と$-$COOH の m-位が同じ位置になるので，引き続き**操作 5** でニトロ化の**操作②**を行えば，目的の化合物が効率よく得られる。

（なお，**④**は$-$SO$_3$H の導入，**⑥**は$-$NO$_2$ の還元を行う操作である。）

92

問1 ⑤　　問2 ⑤　　問3 ①

問1　アセチレンからベンゼンをつくる反応は，触媒のもとでアセチレン 3 分子が付加重合する反応である。

$$3CH \equiv CH \longrightarrow \text{（ベンゼン）} \qquad \cdots\cdots(1)$$

ベンゼンから**化合物 A** が生じる反応は，紫外線照射下，ベンゼンに塩素が付加する反応である。

(1)式より，78.0 g のアセチレン(モル質量 26 g/mol)から得られるベンゼンの物質量は，

168 第4編 有機化合物

$$\frac{78.0[g]}{26[g/mol]} \times \frac{1}{3} = 1.0[mol]$$

(2)式より，ベンゼン 1.0 mol から得られる化合物 A（モル質量 291 g/mol）も 1.0 mol なので，その質量は，$1.0[mol] \times 291[g/mol] = \underline{291}[g]$

問2 ベンゼン環にアルキル基が直接結合した化合物を酸化すると，次のようにベンゼン環はそのままで，アルキル基をカルボキシ基に変えることができる。

①～⑤についてこの反応を行わせると，以下のような生成物が得られる。

① 酸化→ COOH (122)

② 酸化→ COOH / Cl (156.5)

③ 酸化→ COOH / NO₂ (167)

④ 酸化→ COOH (122)

⑤ 酸化→ COOH / COOH (166)　　　（ ）内の数値は分子量

カルボン酸 B の分子量を M（モル質量 $M[g/mol]$）として，NaOH との中和の関係式をつくる。

〈B がモノカルボン酸の場合〉

$$\underbrace{\frac{1.00[g]}{M[g/mol]} \times 1}_{\text{価数}} = 1.00[mol/L] \times \frac{12.0}{1000}[L] \times \underbrace{1}_{\text{価数}} \qquad M = 83.3$$

この場合，①，②，③，④から得られた生成物のいずれにも当てはまらないので不適となる。

〈B がジカルボン酸の場合〉

$$\frac{1.00}{M} \times 2 = 1.00 \times \frac{12.0}{1000} \times 1 \qquad M = 167$$

この場合，⑤から得られた生成物の分子量とほぼ一致する。よって，化合物 A は，⑤である。

第4章　芳香族化合物　**169**

短期攻略のツボ
ベンゼン環の炭素原子に結合したアルキル基の酸化

$$\underset{\text{アルキル基}}{\boxed{\begin{array}{c}H\\ |\\ C\\ |\\ H\end{array}}} \cdots\cdots \xrightarrow[\text{酸化}]{(O)} \begin{array}{c}\text{C-OH}\\ \|\\ \text{O}\end{array}$$

問3

$$\bigcirc \xrightarrow[\text{(80\%)}]{\text{ニトロ化}} \bigcirc-NO_2 \xrightarrow[\text{(70\%)}]{\text{還元}} \bigcirc-NH_2$$

（分子量 78）　　　　　（分子量 123）　　　　（分子量 93）

ベンゼン 39 g の物質量は，$\dfrac{39\,[\text{g}]}{78\,[\text{g/mol}]} = 0.50\,[\text{mol}]$

ベンゼン 0.50 mol から得られるニトロベンゼンの物質量：$0.50\,[\text{mol}] \times \overset{\text{収率}}{\dfrac{80}{100}} = 0.40\,[\text{mol}]$

ニトロベンゼン 0.40 mol から得られるアニリンの物質量：$0.40\,[\text{mol}] \times \overset{\text{収率}}{\dfrac{70}{100}} = 0.28\,[\text{mol}]$

よって，得られるアニリンの質量は，　$0.28\,[\text{mol}] \times 93\,[\text{g/mol}] = \underline{26}\,[\text{g}]$

93

問1　**a**－①　　**b**－③　　**c**－⑥　　　**問2**　⑤，⑥（順不同）　　　**問3**　⑥

問1　**a**　酸の水溶液に溶けて，塩基の水溶液に溶けないので，塩基性物質である。よって，①のアニリンが当てはまる。

b　塩基の水溶液に溶けて，酸の水溶液に溶けないので，酸性物質である。酸性物質 ③，⑧ のうち，$FeCl_3$ 水溶液を加えても呈色が見られないのは，③の安息香酸である。

c　酸の水溶液にも，塩基の水溶液にも溶けないので，水に不溶の中性物質である。水に不溶の中性物質④，⑤，⑥，⑦のうち，臭素溶液(四塩化炭素は有機溶媒)を脱色するのは，炭素－炭素不飽和結合をもつ⑥のスチレンである。

なお，②のアラニンは α-アミノ酸の一種で，水溶性の両性物質である。

$$
\begin{pmatrix}
① \bigcirc-NH_2 & ② \text{CH}_3-\underset{\underset{NH_2}{|}}{\text{CH}}-\text{COOH} & ③ \bigcirc-COOH & ④ \bigcirc-COOCH_3 \\
⑤ \bigcirc-Cl & ⑥ \bigcirc-CH=CH_2 & ⑦ \bigcirc-NO_2 & ⑧ \bigcirc-OH
\end{pmatrix}
$$

問2　最後に得られたジエチルエーテル溶液中に含まれている化合物は，塩酸にも NaOH 水溶液にも溶けなかったので，水に溶けにくい中性物質である。これに当てはまるものは，

⑤と⑥である。なお，①，③，④，⑦は酸性物質，②は塩基性物質である。

問3　操作1〜4の結果をまとめると，次図のようになる。

操作1〜4で起こった反応を，以下に示す。

(注) このような分離操作には，右上図のような分液漏斗が用いられる。

第4章　芳香族化合物　**171**

短期攻略のツボ

　　弱酸の塩 + 強酸 ⟶ 強酸の塩 + 弱酸（遊離）

　　弱塩基の塩 + 強塩基 ⟶ 強塩基の塩 + 弱塩基（遊離）

94

　問1　②　　問2　②　　問3　③，⑤（順不同）

　問1　サリチル酸メチルの合成反応は，次式で示される。

　　　　サリチル酸　　　メタノール　　　サリチル酸メチル

　反応後の混合物には，サリチル酸メチルの他に未反応のサリチル酸とメタノール，さらに硫酸や水が含まれる。これらのうち，メタノールと硫酸は水に溶け，サリチル酸とサリチル酸メチルはエーテルに溶ける。したがって，サリチル酸メチルをエーテル層に残し，サリチル酸を水層へ移すような水溶液を加えればよい。以下，①～④の操作について，サリチル酸とサリチル酸メチルの分離の可否をみると，

　①　どちらもエーテル層に移る。

　②　サリチル酸はカルボキシ基をもつが，サリチル酸メチルはこれをもたないので，NaHCO₃ 水溶液を十分に加えれば，サリチル酸だけを水層へ移すことができる。

　③　どちらも酸性基(カルボキシ基やフェノール性ヒドロキシ基)をもつので，NaOH 水溶液を十分に加えると，ともに中和されて塩となり水層へ移る。

　④　③で水層に移ったものが，どちらも塩酸酸性で遊離し，エーテル層へ移る。

　よって，②の操作が適している。

短期攻略のツボ

炭酸より強い酸が NaHCO₃ と反応して，CO₂ を発生させる。

——NaOH とは反応するが，NaHCO₃ とは反応しない。

——NaOH とも，NaHCO₃ とも反応する。

　問2　(けん化) 安息香酸エチルが，NaOH 水溶液でけん化される。

①には ベンゼン環-COONa と C_2H_5OH が溶け，②にはニトロベンゼンが残る。

（還元）ニトロベンゼンが，スズと塩酸で還元される。

[参考] $2\,C_6H_5NO_2 + 3Sn + 14HCl \longrightarrow 2\,C_6H_5NH_3^+Cl^- + 3SnCl_4 + 4H_2O$

反応後，③，④にはニトロベンゼンがほとんどない。
よって，ニトロベンゼンは②に最も多く含まれる。

問3 操作ア～ウの結果をまとめると，次図のようになる。

① （誤） 官能基の性質（酸性や塩基性など）を利用して分離した。
② （誤） 塩をつくると水に溶けやすくなるので，分離できた。
③ （正） 上図を参照。
④ （誤） 上図を参照。
⑤ （正） 上図を参照。
（注） p-ヒドロキシアゾベンゼン（橙赤色）は，アゾ化合物の一種で染料に用いられる。

第5章 生活と有機化合物

95

問1 ④　問2 ①　問3 ④

問1　ア　セッケン水に $CaCl_2$ 水溶液を加えると，次の反応が起こって水に不溶のカルシウム塩が生じ，水溶液が白く濁る。

$$2\underset{セッケン}{RCOONa} + CaCl_2 \longrightarrow (RCOO)_2Ca\downarrow + 2NaCl$$

（注）セッケンが硬水（Mg^{2+}，Ca^{2+} を多く含む水）や海水中で泡立ちにくいのは，このような反応が起こるためである。

$$2RCOO^- + Ca^{2+} \longrightarrow (RCOO)_2Ca\downarrow$$
$$2RCOO^- + Mg^{2+} \longrightarrow (RCOO)_2Mg\downarrow$$

イ　セッケンは，弱酸（高級脂肪酸）と強塩基（水酸化ナトリウム）が中和してできた塩であるから，その水溶液はセッケンの加水分解により弱塩基性を示す。

$$RCOONa \longrightarrow RCOO^- + Na^+$$
$$RCOO^- + H_2O \rightleftarrows RCOOH + OH^- \quad (弱塩基性)$$

したがって，セッケン水にフェノールフタレイン溶液を加えると，赤く変色する。

（注）フェノールフタレインの変色域　　無色←(8.0～9.8)→赤色
$\overset{pH}{}$

ウ　セッケン粒子が油滴をとり囲んでコロイド粒子（ミセル）となるので，油滴は安定に水の中に分散する。このような現象を，乳化という。

セッケン粒子の構造　　　ミセルの構造

問2　①（誤）油脂は，私たちの体内に脂肪となって蓄積したり，エネルギー源となる。グリコーゲンは動物デンプンともよばれ，アミロペクチンと似た多糖類（α-グルコースの縮合重合体）で動物の肝臓や筋肉に多く含まれ，必要に応じて加水分解されてグルコースになり，エネルギー源となる。

②（正）私たちのからだは，ほとんどがタンパク質からできており，タンパク質は生体組織の主要な成分である。また，一部はエネルギー源にもなる。

③（正）酵素はタンパク質の一種であり，特定の物質（基質）に作用して生体内で起こる反応を速やかに進行させる触媒としてはたらく。

④（正）食品に含まれる炭水化物（糖質）・タンパク質・脂質は，私たちの健康を保つために必要な成分であり，三大栄養素とよばれる。これに体のはたらきを調節するために必要な無機塩類・ビタミンを加えて五大栄養素とよばれる。食品に含まれる繊維（セルロースなど）

174　第4編　有機化合物

は，消化されず栄養素とはならないが，便秘を防ぐなど健康保持に役立つ。

⑤（正）　デンプンは，植物の種子・茎・根などに広く存在する。私たちが食べたデンプンは，グルコースに加水分解されて吸収され，エネルギー源となる。

問3　**a**（正）　染料は，可視光線の波長の一部を吸収して，残りの波長の光によって固有の色を示す色素の一種である。

（注）　色素のうち，水などの溶媒に溶け，繊維に染着するものを「染料」といい，溶媒に溶けず，繊維に染着しないものを「顔料」という。

b（正）　染色するには，染料が繊維と化学的に結合（染着）する必要がある。酸性染料，塩基性染料はそれぞれ繊維の塩基性部分，酸性部分とイオン結合するので，絹，羊毛(タンパク質)やナイロンの染色に適する。木綿はセルロースからなり，このような染料と反応する官能基をもたない。木綿やレーヨンの染色には，建染め染料などが適する。

c（誤）　絹や羊毛はタンパク質からなり，天然染料(植物染料，動物染料)でも合成染料でも染色できる。

［参考］植物染料：アリザリン(アカネの根より)…赤，インジゴ(アイの葉より)…青

96

問1　①　　問2　| 1 |－⑤　| 2 |－④

問1　ヤナギの樹皮には解熱鎮痛作用をもつサリシンとよばれる物質が含まれる。この物質から得られる_アサリチル酸が薬理作用を示すと考えられ，1860年から合成されるようになった。しかし，サリチル酸は胃などに対して副作用が強いことがわかり，その代用として_イアセチルサリチル酸(アスピリン)が開発された。アセチルサリチル酸は現在でも，解熱鎮痛剤などとして広く使用されている。また，_ウサリチル酸メチルは消炎外用薬として湿布などに使用されている。

第5章　生活と有機化合物　**175**

問2　ドイツのドーマクは，1935 年，プロントジルとよばれるアゾ染料（アゾ基
−N＝N−をもつ染料）の一種に，細菌の増殖を抑える抗菌作用があることを発見した。後に，
プロントジルが体内で分解されてできるスルファニルアミドが，抗菌作用の有効成分である
ことがわかった。現在では，スルファニルアミドやその部分構造をもつ抗菌剤が合成され利
用されている。これらは硫黄 S を含むので，サルファ剤とよばれる。

$$H_2N-\underset{\text{プロントジル（\boxed{1}）}}{\underline{\overset{NH_2}{\bigcirc}-N\overset{!}{=}N-\bigcirc-SO_2NH_2}} \xrightarrow[\text{分解}]{\text{体内で}} H_2N-\underset{\substack{\text{スルファニルアミド}\\ \text{（スルファミン）（\boxed{2}）}}}{\bigcirc-SO_2NH_2}$$

（注）
○対症療法薬
　　サリチル酸系医薬品やアミド系医薬品のように，病気の症状を緩和するための医薬品
○化学療法薬
　　サルファ剤や抗生物質のように，病気の原因を根本的に取り除くための医薬品

176　第4編　有機化合物

第6章　総合問題

97

問1　③　　問2　②　　問3　$\boxed{1}$ — ⑧　　$\boxed{2}$ — ⑥　　$\boxed{3}$ — ⓪
$\boxed{4}$ — ⓪　　$\boxed{5}$ — ④

問1　(カルボン酸)エステルは，エステル結合($-\overset{\mid}{\underset{O}{C}}-O-\overset{\mid}{\underset{\parallel}{C}}-$)をもつ化合物である。

① $CH_3-\boxed{\underset{\parallel}{\underset{O}{C}}-O}-C_2H_5$　② $CH_2=CH-\boxed{O-\underset{\parallel}{\underset{O}{C}}}-CH_3$　③ 〔ベンゼン環〕$-\overset{N-\underset{\parallel}{\underset{O}{C}}-CH_3}{\underset{H}{\mid}}$
　　　　　　　　　　　　　　　　　　　　　　　　　　　　　　　アミド結合

④ 〔ベンゼン環〕$\overset{\boxed{O-\underset{\parallel}{\underset{O}{C}}-CH_3}}{\underset{\underset{O}{\parallel}}{C-OH}}$　⑤ $\overset{CH_2-\boxed{O-\underset{\parallel}{\underset{O}{C}}-R_1}}{\underset{\underset{CH_2-\boxed{O-\underset{\parallel}{\underset{O}{C}}-R_3}}{\mid}}{\overset{\mid}{CH-\boxed{O-\underset{\parallel}{\underset{O}{C}}-R_2}}}}$　⑥ $\begin{bmatrix} \underset{\underset{O}{\parallel}}{C}-\text{〔ベンゼン環〕}-\boxed{\underset{\parallel}{\underset{O}{C}}-O}-CH_2-CH_2-O \end{bmatrix}_n$

③はエステルではなく，アミドである。

(注)　エステルは，エステル化反応によりつくられるものだけではない。また，カルボン
酸エステルだけでなく，硝酸や硫酸などのオキソ酸から構成されるエステルもある。

例　$\overset{CH_2-O-NO_2}{\underset{\underset{CH_2-O-NO_2}{\mid}}{\overset{\mid}{CH-O-NO_2}}}$

　　　ニトログリセリン（硝酸エステル）

問2　①（誤）　空気の平均モル質量は約 29 g/mol なので，分子量が 29 より小さい気体
は，同温・同圧の空気より軽い気体となる。したがって，メタン CH_4(16)，エタン C_2H_6(30)，
プロパン C_3H_8(44) のうち，メタンだけが空気より軽い。

②（正）　一般に炭化水素やエーテルは，水より軽い。

③（誤）　酢酸とエタノールは水と自由に混じり合うが，酢酸エチルはエステルなので水
に溶けにくい。

④（誤）　シクロペンタンはシクロアルカンの一種で，アルケンとは異なり環状で飽和な
ので付加反応を行わない。

⑤（誤）　メタノールのようなアルコールは中性物質なので，アルカリとは反応しない。

(注)　アルコールは金属ナトリウムと反応して水素を発生する。

⑥（誤）　アセチレンに酢酸を付加させると，酢酸ビニルが生じる。

第6章　総合問題　**177**

$$CH \equiv CH + CH_3COOH \longrightarrow CH_2 = CHOCOCH_3$$
酢酸ビニル

問3　**a** 〜 **e** の反応は，それぞれ以下の反応式で表される。

a ⬡ $+ Cl_2 \longrightarrow$ ⬡Cl $+ HCl$　<u>置換</u>（　**1**　）

b $CH_3COOH + CH_3OH \longrightarrow \underline{CH_3COOCH_3}$（　**2**　）$+ H_2O$　エステル化
　　　　　　　　　　　　　　　　酢酸メチル

c ⬡NO_2（　**3**　）$+ 6(H) \longrightarrow$ ⬡NH_2 $+ 2H_2O$　還元
　<u>ニトロベンゼン</u>

d $CH \equiv CH + CH_3COOH \longrightarrow CH_2 = CHOCOCH_3$　<u>付加</u>（　**4**　）

e $CH_3OH + (O) \longrightarrow HCHO + H_2O$　<u>酸化</u>（　**5**　）

98

問1　④　　問2　**a** － ⑤　　**b** － ②　　**c** － ⑥
問3　**a** － ⑦　　**b** － ②　　**c** － ⑦　　**d** － ④　　問4　③

問1　①　アニリンにさらし粉水溶液を加えると，アニリンが酸化されて赤紫色に呈色する。

②　ギ酸は還元性があるので，アンモニア性硝酸銀水溶液を加えると，銀が析出する（銀鏡反応）。

③　デンプンにヨウ素溶液を加えると，ヨウ素デンプン反応が起こって，青紫色に呈色する。

④　アセトンは還元性がないので，フェーリング液を還元しない。よって，化学変化しない。

問2　**a**　メタノールが酸化されて，ホルムアルデヒド HCHO が生じる。

$$2CH_3OH + O_2 \xrightarrow{\text{Cu 触媒}} 2HCHO + 2H_2O$$

ホルムアルデヒドは，銀鏡反応を示す。（⑤）

b　ニトロベンゼンが還元されて，アニリンの塩酸塩 ⬡$NH_3^+Cl^-$ が生じる。

[参考]　2 ⬡NO_2 $+ 3Sn + 14HCl \longrightarrow 2$ ⬡$NH_3^+Cl^-$ $+ 3SnCl_4 + 4H_2O$

アニリンをジアゾ化して塩化ベンゼンジアゾニウムをつくり，これに（ジアゾ）カップリングを行うと，アゾ化合物が得られる。（②）

178　第4編　有機化合物

　c　サリチル酸がエステル化されて，サリチル酸メチル $\overset{\displaystyle OH}{\underset{\displaystyle COOCH_3}{\bigcirc}}$ が生じる。

$$\underset{\displaystyle COOH}{\overset{\displaystyle OH}{\bigcirc}} + CH_3OH \xrightarrow{\text{濃硫酸}} \underset{\displaystyle COOCH_3}{\overset{\displaystyle OH}{\bigcirc}} + H_2O$$

サリチル酸メチルは，フェノール性のヒドロキシ基をもつので，$FeCl_3$ 水溶液を加えると呈色する。（⑥）

　問3　**a**　⑦は，アニリンと同様のアミノ基 $-NH_2$ をもつので，弱塩基であり，塩酸と反応して塩をつくる。

$$CH_3-\bigcirc-NH_2 + HCl \longrightarrow CH_3-\bigcirc-NH_3{}^+Cl^-$$

（注）　⑧（アセトアニリド）は中性である。

　b　②は炭化水素であり，炭素－炭素二重結合をもつので，臭素水を容易に脱色する。

$$CH_3CH{=}CHCH_3 + Br_2 \longrightarrow \underset{\underset{\displaystyle Br\ Br}{\vert\ \ \vert}}{CH_3CHCHCH_3}$$

　c　⑦は，アニリンと同様のアミノ基 $-NH_2$（ベンゼン環の炭素原子に結合した $-NH_2$）をもつので，塩酸酸性で $NaNO_2$ を作用させると，ジアゾ化が起こり，ジアゾニウム塩が生じる。

$$CH_3-\bigcirc-NH_3{}^+Cl^- + NaNO_2 + HCl \longrightarrow CH_3-\bigcirc-N^+{\equiv}NCl^- + NaCl + 2H_2O$$
$$\text{ジアゾニウム塩}$$

　d　④は，第二級アルコールなので，$KMnO_4$ で酸化するとケトンが生じる。

$$\underset{\underset{\displaystyle OH}{\vert}}{CH_3CHCH_2CH_3} \xrightarrow{-2H} \underset{\underset{\displaystyle O}{\parallel}}{CH_3CCH_2CH_3}\ (C_4H_8O)$$

　問4　**a**　次の反応で，アセトアルデヒドを得る。

$$CH_3CH_2OH + (O) \longrightarrow \underset{\text{アセトアルデヒド}}{CH_3CHO} + H_2O$$

生成物のアセトアルデヒドは，水によく溶ける沸点（約20℃）の低い液体である。このため，発生蒸気を氷水で冷却し，凝縮させて集めなければならない。（装置**イ**）

　b　次の反応で，エチレンを得る。

$$CH_3CH_2OH \longrightarrow \underset{\text{エチレン}}{CH_2{=}CH_2} + H_2O$$

生成物のエチレンは，水に溶けにくい気体であるから，水上置換によって捕集する方法がよい。（装置**ア**）

　c　次の反応で，サリチル酸メチルを得る。

第6章　総合問題　*179*

$$\text{（サリチル酸）} + CH_3OH \longrightarrow \text{（サリチル酸メチル）} + H_2O$$

サリチル酸メチル

　反応物のメタノールが加熱により蒸発して逃げないように，試験管の先に細長いガラス管をつけておく。一度蒸発したメタノールは，このガラス管の中で空冷され凝縮し，再び試験管にもどってくる。（装置**ウ**）

180 第5編 高分子化合物

第5編 高分子化合物

第1章 高分子化合物の分類と特徴

99

問1 $\boxed{1}$ – ⑤ $\boxed{2}$ – ⑧ $\boxed{3}$ – ⑦ $\boxed{4}$ – ⑦ $\boxed{5}$ – ⑨
問2 a – ③ b – ① 問3 ①

問1 a $\boxed{1}$ テレフタル酸は, <u>p-キシレン</u>の酸化によって得られる。
⑤

$$H_3C-\bigcirc-CH_3 \xrightarrow{酸化} HOOC-\bigcirc-COOH$$

p-キシレン テレフタル酸

$\boxed{2}$, $\boxed{3}$ テレフタル酸と<u>2価</u>アルコールであるエチレングリコールを<u>縮合重合</u>
⑧ ⑦

させると, ポリエステルの一種であるポリエチレンテレフタラート(PET)が得られる。

$$n\ HOOC-\bigcirc-COOH + n\ HO-CH_2CH_2-OH$$

テレフタル酸 エチレングリコール

$$\longrightarrow \left[\begin{matrix}C\\\|\\O\end{matrix}-\bigcirc-\begin{matrix}C\\\|\\O\end{matrix}-O-CH_2CH_2-O\right]_n + 2n\ H_2O$$

ポリエチレンテレフタラート

PET には多数のエステル結合がある。

b $\boxed{4}$, $\boxed{5}$ アジピン酸とヘキサメチレンジアミンとを加熱して反応させると,
<u>縮合重合</u>が起こり, ポリアミドの一種であるナイロン 66(6,6-ナイロン)が得られる。ナイ
⑦

ロン 66 には多数の<u>アミド結合</u>がある。
⑨

$$n\ HOOC-(CH_2)_4-COOH + n\ H_2N-(CH_2)_6-NH_2$$

アジピン酸 ヘキサメチレンジアミン

$$\longrightarrow \left[\begin{matrix}C\\\|\\O\end{matrix}-(CH_2)_4-\begin{matrix}C\\\|\\O\end{matrix}-\begin{matrix}N\\\|\\H\end{matrix}-(CH_2)_6-\begin{matrix}N\\\|\\H\end{matrix}\right]_n + 2n\ H_2O$$

ナイロン 66

問2 ①～⑥の高分子化合物は, それぞれ以下のような単量体を重合させてつくる。

第1章　高分子化合物の分類と特徴　**181**

単量体（モノマー）		重合体（ポリマー）
① $H_2N-(CH_2)_6-NH_2$ $HOOC-(CH_2)_4-COOH$	縮合重合 $\Longrightarrow$	**b** $\left[\begin{array}{c}N-(CH_2)_6-N-C-(CH_2)_4-C\\ \mid \quad\quad\quad \mid \;\; \parallel \quad\quad\quad \parallel\\ H \quad\quad\quad H \;\; O \quad\quad\quad O\end{array}\right]_n$
② $CH_2=CH_2$	付加重合 $\Longrightarrow$	$\left[CH_2-CH_2\right]_n$
③ $HO-(CH_2)_2-OH$ $HOOC-\bigcirc-COOH$	縮合重合 $\Longrightarrow$	**a** $\left[\begin{array}{c}C-\bigcirc-C-O-(CH_2)_2-O\\ \parallel \quad\quad\quad \parallel\\ O \quad\quad\quad O\end{array}\right]_n$
④ $CH_2=CH$ $\quad\quad\mid$ $\quad\quad Cl$	付加重合 $\Longrightarrow$	$\left[\begin{array}{c}CH_2-CH\\ \quad \mid\\ \quad Cl\end{array}\right]_n$
⑤ $CH_2=CH$ $\quad\quad\mid$ $\quad\quad OCOCH_3$	付加重合 $\Longrightarrow$	$\left[\begin{array}{c}CH_2-CH\\ \quad \mid\\ \quad OCOCH_3\end{array}\right]_n$
⑥ $CH_2=CH$ $\quad\quad\mid$ $\quad\quad CH_3$	付加重合 $\Longrightarrow$	$\left[\begin{array}{c}CH_2-CH\\ \quad \mid\\ \quad CH_3\end{array}\right]_n$

以上より，単量体どうしが C−O 結合でつながっている重合体は ③（**a** の答），単量体どうしが C−N 結合でつながっている重合体は ①（**b** の答）である。他はすべて単量体どうしが C−C 結合でつながっている。

短期攻略のツボ

重合反応

　　単量体（モノマー） $\xrightarrow{\text{重合}}$ 重合体（ポリマー）

〔付加重合〕

　二重結合（$\rangle C=C\langle$）をもつ化合物が付加反応をくり返して重合体になる。

$\left[\begin{array}{l}2\text{種類以上の単量体を混合して重合させる反応を共重合といい，生じた高分子を共}\\ \text{重合体という。}\end{array}\right]$

〔縮合重合〕

　分子どうしから H_2O などの簡単な分子が取れて結合する縮合反応をくり返して重合体になる。

〔付加縮合〕

　付加反応と縮合反応をくり返して重合体になる。

〔開環重合〕

　環を含む単量体が環を開きながら結合して重合体になる。

問3　① セルロースは，β−グルコースが互いに脱水縮合してつながった構造の高分子化合物である。

①以外は，以下に示すように，いずれも多数の分子が付加をくり返してつながった構造の高分子化合物である。

② $n\ CH_2=C(CH_3)-CH=CH_2 \longrightarrow {-}[CH_2-C(CH_3)=CH-CH_2]_n{-}$
　イソプレン　　　　　天然ゴム（シス形ポリイソプレン）

③ $n\ CH_2=CH(CN) \longrightarrow {-}[CH_2-CH(CN)]_n{-}$
　アクリロニトリル　　　ポリアクリロニトリル

④ $n\ CH_2=CH(OCOCH_3) \longrightarrow {-}[CH_2-CH(OCOCH_3)]_n{-}$
　酢酸ビニル　　　　　ポリ酢酸ビニル

⑤ $n\ CH_2=CH(C_6H_5) \longrightarrow {-}[CH_2-CH(C_6H_5)]_n{-}$
　スチレン　　　　　　ポリスチレン

100

問1　④　問2　1 －②　　2 －④　　3 －⑧　　4 －⑤
問3　③

問1　①（正）高分子化合物は，炭素原子を骨格とする有機高分子化合物と，ケイ素 Si や酸素 O など炭素以外の原子を骨格とする無機高分子化合物に分類される。これらには，それぞれ天然高分子化合物と合成高分子化合物がある。

	天然高分子化合物	合成高分子化合物
無機高分子化合物	石英，水晶，雲母，石綿（アスベスト）	ガラス，シリカゲル，ケイ素樹脂

第1章 高分子化合物の分類と特徴 **183**

②（正） 高分子化合物は一般に，結晶部分と非結晶部分が入り混じっているが，ゴムの多くは非晶質（アモルファス）であり，結晶部分をもたない。

③（正） 高分子化合物は，一般に重合度が一定ではなく，ある範囲にわたっているものが多い。したがって，高分子の分子量は，平均分子量のことである場合が多い。

④（誤） 高分子化合物は，分子が大きく一般に溶媒に溶けにくいものが多い。

⑤（正） 高分子化合物の多くは，分子量が一定ではないので，固体を加熱していくと一定の融点を示さず，しだいに軟化する。

問2 ポリエチレンやポリ塩化ビニル（ 1 ）は，二重結合をもつ単量体の付加重合（ 2 ）でつくられる。

単量体（モノマー）　　付加重合　　重合体（ポリマー）
$$n \; CH_2=CH_2 \longrightarrow \left[CH_2-CH_2\right]_n$$
エチレン　　　　　　　　　　　ポリエチレン

$$n \; CH_2=CH \atop \quad\quad | \atop \quad\quad Cl \xrightarrow{\text{付加重合}} \left[CH_2-CH \atop \quad | \atop \quad Cl\right]_n$$
塩化ビニル　　　　　　　　ポリ塩化ビニル

一方，フェノール樹脂は，フェノールとホルムアルデヒド（ 3 ） HCHO を付加縮合（ 4 ）させてつくられる。

フェノール樹脂

（注） 尿素樹脂，メラミン樹脂も同様の反応（付加縮合）でつくられる。

問3 ① (誤) 食器などに用いられるメラミン樹脂は，メラミンとホルムアルデヒドを付加縮合させてつくられる<u>熱硬化性樹脂</u>である。熱硬化性樹脂は，加熱により硬化するので硬く耐熱性にすぐれているが，硬化したものは<u>成型・加工しにくい</u>。

② (誤) <u>袋や容器などに用いられる</u>ポリエチレンは，エチレンを付加重合させてつくられる<u>熱可塑性樹脂</u>である。熱可塑性樹脂は<u>加熱すると軟化する</u>ので成型・加工はしやすいが，機械的強度や耐熱性はあまり大きくない。

③ (正) 管やシートなどに用いられるポリ塩化ビニル $\left[\begin{array}{c}CH_2-CH\\|\\Cl\end{array}\right]_n$ は，塩素原子を含むので，燃焼すると塩化水素 HCl などの有毒な気体を発生する。

④ (誤) ポリスチレン(スチロール樹脂)は，<u>スチレンを付加重合させてつくられ</u>，発泡ポリスチレンとして断熱材，緩衝材などに利用されている。

⑤ (誤) ポリスチレンは，水には溶けないが，ベンゼンなどのいくつかの有機溶媒には溶ける。

101

問1　a-②　b　x-④　y-④　　問2　③

問1　**a**　高分子化合物では，一般にその分子量にばらつきがあり，また，結晶部分と非結晶部分が様々な割合で入り混じった状態をとる。

結晶部分　　非結晶部分

ア<u>結晶</u>部分は密度が大きくかたいが，イ<u>非結晶</u>部分は密度が小さくやわらかい。加熱すると，分子間力の弱いウ<u>非結晶</u>部分からしだいに軟化していき，明確な融点を示さない。また，結晶部分の割合が小さいほど透明度が高くなる。

第1章　高分子化合物の分類と特徴　**185**

b　このポリエチレン $1\,cm^3$ について，結晶部分を $x\,[cm^3]$，非結晶部分を $1-x\,[cm^3]$ とすると，全質量について次式が成り立つ。

$1\,cm^3 \times 0.91\,g/cm^3 = x\,[cm^3] \times 1.0\,g/cm^3 + (1-x)\,[cm^3] \times 0.85\,g/cm^3$

$\therefore x = 0.40\,cm^3$

よって，結晶部分の質量分率 [%] は，

$$\frac{0.40\,cm^3 \times 1.0\,g/cm^3}{1\,cm^3 \times 0.91\,g/cm^3} \times 100 = 43.9\,\% = \boxed{4}^{\text{x}}.\boxed{4}^{\text{y}} \times 10\,\%$$

問2　図1より，ホルムアルデヒド分子1個あたり，セルロース分子間でヒドロキシ基2個が架橋化されることがわかる。

よって，質量 $3.0\,g$ のホルムアルデヒド CH_2O（分子量 30）によって架橋化された $-OH$ の最大数は，

$$\frac{3.0\,g}{30\,g/mol} \times 2 \times 6.0 \times 10^{23}/mol = \underline{1.2 \times 10^{23}}\,（個）$$

186　第5編　高分子化合物

第2章　合成高分子化合物

102

問1　**a**－②　　**b**－④　　問2　②　　問3　②

問1　**a**　フェノール樹脂は，次の2種類の単量体(モノマー)からできている。これらのうち，一方は中性，他方は酸性物質である。

フェノール　　ホルムアルデヒド

$$\text{OH} \qquad \text{H}-\overset{\text{O}}{\underset{\|}{\text{C}}}-\text{H}$$

（酸性物質）　　　（中性物質）

b　ポリ酢酸ビニルは，次の1種類の単量体(モノマー)からできている。この単量体は，中性物質(エステルの一種)である。

酢酸ビニル

$$\text{CH}_2=\overset{}{\underset{\text{O}-\overset{\text{O}}{\underset{\|}{\text{C}}}-\text{CH}_3}{\text{CH}}}$$

問2　①（正）　ビニル基($\text{CH}_2=\text{CH}-$)をもつ化合物（ビニル化合物）は一般に，付加重合させると鎖状構造をもつ熱可塑性樹脂となる。熱可塑性樹脂は加熱すると軟化し，冷却すると再び硬化するので，成型・加工しやすい。

ビニル化合物　　　　ビニル高分子

$$n\ \text{CH}_2=\underset{\text{X}}{\overset{}{\text{CH}}} \xrightarrow{\text{付加重合}} \left[\text{CH}_2-\underset{\text{X}}{\overset{}{\text{CH}}}\right]_n$$

$-\text{X}：-\text{H} \longrightarrow$ ポリエチレン
　エチレン

　　：　$\longrightarrow$ ポリスチレン

スチレン

②（誤）　ポリ塩化ビニル $\left[\text{CH}_2-\underset{\text{Cl}}{\overset{}{\text{CH}}}\right]_n$ は，電気を通しにくく，比較的燃えにくいので，電線の被覆材に用いられる。その他，給排水パイプ，ホース，シートなど幅広く利用される。

③（正）　ポリ塩化ビニルの小片を，強熱した銅線につけてバーナーの炎の中に入れると，生じた CuCl_2 が揮発して銅の炎色反応(青緑色)が観察される。この反応は，化合物に含まれる塩素の検出に利用される。

④（正）　フェノール樹脂はフェノールとホルムアルデヒドを単量体として，尿素(ユリア)樹脂は尿素とホルムアルデヒドを単量体として，メラミン樹脂はメラミンとホルムアルデヒ

第2章　合成高分子化合物　**187**

ドを単量体として，それぞれ付加縮合させると三次元網目構造をもつ熱硬化性樹脂となる。尿素樹脂とメラミン樹脂は合わせてアミノ樹脂とよばれる。

⑤（正）ナイロンは，強度，弾性ともに高く，摩擦にも強いので，繊維だけでなく，ロープ，機械部品用プラスチックなどにも用いられる。

問3　n HO-C-◯-C-OH ＋ n HO-CH$_2$-CH$_2$-OH
　　　　　　‖　　　‖
　　　　　　O　　　O

テレフタル酸(166)　　　エチレングリコール(62)

$\xrightarrow{\text{縮合重合}}$ ＋C-◯-C-O-CH$_2$-CH$_2$-O＋$_n$　＋　$2n$ H$_2$O
　　　　　　　‖　　‖
　　　　　　　O　　O

エステル結合
くり返し単位(192)

ポリエチレンテレフタラート(PET)

ポリエチレンテレフタラート(PET)のくり返し単位の式量は，$166 + 62 - 2 \times 18 = 192$ である。PET の重合度を n（くり返し単位の数）とすると，PET の分子量について次式が成り立つ。

$192n = 2.0 \times 10^5$

よって，$n \fallingdotseq 1.0 \times 10^3$

上の構造式より，くり返し単位1個あたりにエステル結合は2個含まれるので，この PET 分子に含まれるエステル結合の数は，

$2n = 2.0 \times 10^3$

103

問1　**a**－②　　**b**－④　　問2　**a**－①　　**b**－⑤
問3　④

問1　**a**　プロピレン $CH_2=CHCH_3$ が付加重合してできるポリプロピレン $+CH_2CH(CH_3)+_n$ は，次のような分子構造をもつ。

　　　　　　　　　A
　　　CH$_3$　　CH$_3$　　CH$_3$　　　CH$_3$
　　　│　　　│　　　│　　　　│
···-CH$_2$+CH+CH$_2$-CH-CH$_2$-CH+CH$_2$+CH-
　　　　　　　　　B

この分子の中で，直鎖状に並んだ5個の炭素原子に結合しているメチル基 CH$_3$- の数は，A の場合 <u>3</u>，B の場合 2 であり，この二通りしかない。

188 第5編 高分子化合物

b セルロース$(C_6H_{10}O_5)_n$のくり返し単位(グルコース単位)$C_6H_{10}O_5$には,ヒドロキシ基$-OH$が3個含まれる。$-OH$1個が無水酢酸$(CH_3CO)_2O$によってエステル化されると,炭素の数が2個増加する。

$$-\overset{\curvearrowleft}{OH}\xrightarrow[\text{エステル化}]{(CH_3CO)_2O}-OCOCH_3$$

よって,セルロースを完全にエステル化するとき,グルコース単位1個あたり増加する炭素の数は,

$$2\times3=\underline{6}$$

問2 a イソプレン(C_5H_8)分子には二重結合が2個存在するが,これが付加重合してできるポリイソプレン分子には,イソプレン単位1個あたり二重結合が$\underline{1}$個存在する。

$$n\ CH_2=\overset{\overset{\textstyle CH_3}{|}}{C}-CH=CH_2 \longrightarrow \cdots\cdot CH_2-\overset{\overset{\textstyle CH_3}{|}}{C}-CH-CH_2\ CH_2-\overset{\overset{\textstyle CH_3}{|}}{C}-CH-CH_2\cdots\cdot$$

イソプレン

$$\longrightarrow \left[\!\!\begin{array}{c}CH_3\\ |\\ CH_2-C=CH-CH_2\end{array}\!\!\right]_n$$

ポリイソプレン

(注) シス形のポリイソプレンは天然ゴムの主成分である。

シス形ポリイソプレン

b ヘキサメチレンジアミン$H_2N(CH_2)_6NH_2$にはCH_2基が6個含まれ,アジピン酸$HOOC(CH_2)_4COOH$にはCH_2基が4個含まれる。ナイロン66はこれらが縮合重合して生じるから,そのくり返し単位1個にはCH_2基が$6+4=\underline{10}$個含まれる。

$$n\ H_2N\!-\!(CH_2)_6\!-\!NH_2\ +\ n\ HOOC\!-\!(CH_2)_4\!-\!COOH$$

$$\longrightarrow\ \left[NH\!-\!(CH_2)_6\!-\!NHCO\!-\!(CH_2)_4\!-\!CO\right]_n\ +\ 2n\ H_2O$$

ナイロン66

第2章　合成高分子化合物　*189*

問3　選択肢の中で，2種類の単量体の付加縮合によって得られる高分子化合物は，フェノール樹脂と尿素樹脂である。

単量体

$$\left(\begin{array}{c} \underset{\text{フェノール}}{\text{OH}\bigcirc} \text{ と HCHO}_{\text{ホルムアルデヒド}} \end{array}\right) \xrightarrow[]{\text{付加縮合}} \text{フェノール樹脂}$$

単量体

$$\left(\begin{array}{c} \underset{\substack{\| \\ \text{O} \\ \text{尿素}}}{\text{H}_2\text{N}-\text{C}-\text{NH}_2} \text{ と HCHO}_{\text{ホルムアルデヒド}} \end{array}\right) \xrightarrow[]{\text{付加縮合}} \text{尿素樹脂}$$

また，選択肢の中で，単量体の開環重合によって得られる高分子化合物は，ナイロン6である。

単量体

$$n\ \text{H}_2\text{C}\underset{\substack{\text{CH}_2-\text{CH}_2-\text{C}=\text{O}}}{\overset{\text{CH}_2-\text{CH}_2-\text{NH}}{\big|}} \xrightarrow[\substack{\text{少量の水} \\ (\text{加熱})}]{\text{開環重合}} \{\!\!-\text{NH}-(\text{CH}_2)_5\text{CO}-\!\!\}_n$$

ε-カプロラクタム　　　　　　　　　　　　　ナイロン6
　　　　　　　　　　　　　　　　　　（日本で開発された合成繊維）

よって，高分子化合物 A，B として，**④** の組合せが当てはまる。

(注)　ポリ酢酸ビニル，ポリスチレン，ポリ塩化ビニルは，それぞれ1種類の単量体の付加重合によって得られる。また，ポリエチレンテレフタラート，ナイロン66は，それぞれ2種類の単量体の縮合重合によって得られる。

190 第5編 高分子化合物

104

問1　$\boxed{1}$ － ⑥　　$\boxed{2}$ － ③　　$\boxed{3}$ － ②　　$\boxed{4}$ － ③　　問2　**a** － ⑥
b － ③　　問3　④

問1　日本で発明された合成繊維のビニロンは, 以下に示す一連の反応により合成される。

$$CH \equiv CH + CH_3COOH \xrightarrow[\text{(触媒)}]{\text{付加}(\boxed{1})} CH_2 = CHOCOCH_3 (\boxed{2})$$

アセチレン　　酢酸　　　　　　　　　　　　　　酢酸ビニル

$$n\ CH_2 = CHOCOCH_3 \xrightarrow{\text{付加重合}} \begin{bmatrix} CH_2-CH \\ | \\ OCOCH_3 \end{bmatrix}_n$$

ポリ酢酸ビニル

$$\begin{bmatrix} CH_2-CH \\ | \\ OCOCH_3 \end{bmatrix}_n + n\,NaOH \xrightarrow{\text{けん化}(\boxed{3})} \begin{bmatrix} CH_2-CH \\ | \\ OH \end{bmatrix}_n + n\,CH_3COONa$$

エステル結合　　　　　　　　　　　　　　　　　　　ポリビニルアルコール

　　　$-CH_2-CH-CH_2-CH-CH_2-CH-$　　ポリビニルアルコール
　　　　　　　$|$　　　　$|$　　　　　$|$
　　　　　　OH　　O　HO　　　OH
　　　　　　　　　　$\|$
　　　　　　　　　　C　$\rightarrow$ (H₂O)
　　　　　　　　　H　　H
ホルムアルデヒド

$$\xrightarrow{\text{アセタール化}(\boxed{4})} \cdots-CH_2-CH-CH_2-CH-CH_2-CH-\cdots$$
　　　　　　　　　　　　　　　　　$\underset{\underset{CH_2}{\diagdown\diagup}}{O}$　　　　$\underset{\underset{CH_2}{\diagdown\diagup}}{O}$　　　　OH

ビニロン(木綿と似た合成繊維)

(ポリビニルアルコール中の－OH の 30～40 ％をアセタール化)

(注)　ポリビニルアルコールは水に溶けやすいので, 一部をアセタール化して水に溶けないようにする。

問2　**a**　ポリビニルアルコール $\begin{bmatrix} CH_2-CH(OH) \end{bmatrix}_n$ の分子量を M とすると, くり返し単位の式量は 44 であるから, 次式が成り立つ。

　　　$M = 44n = 4.4 \times 10^4$

よって,　$n = 1000$

b　分子量 M のポリビニルアルコール分子に含まれる－OH 数は重合度 n と同じで, $n = \dfrac{M}{44}$ 個である。このうち x 〔％〕がホルムアルデヒドと反応(アセタール化)したとする。

第2章　合成高分子化合物　**191**

アセタール化すると，$-OH$ 2個あたり式量が 12（C原子1個分）増加する。つまり，$-OH$ 1個あたり式量が6増加する。

（注）　$\boxed{OH \quad HO}$ $\xrightarrow{\text{C 1個増加}}$ $\boxed{O-CH_2-O}$ （**問1**の解説参考）

したがって，アセタール化による高分子全体の式量増加分は，

$$\underbrace{\left(\frac{M}{44} \times \frac{x}{100}\right)}_{\text{アセタール化された}-OH\text{数}} \times 6$$

よって，ビニロンの分子量は，　$M + \left(\dfrac{M}{44} \times \dfrac{x}{100}\right) \times 6$

ポリビニルアルコールとビニロンについて，分子量の比＝質量の比より，次式が成り立つ。

$$\frac{\overset{\text{ビニロン}}{\longrightarrow} M + \left(\dfrac{M}{44} \times \dfrac{x}{100}\right) \times 6}{\underset{\substack{\text{ポリビニル} \\ \text{アルコール}}}{\longrightarrow} M} = \frac{0.461\,\text{g}}{0.440\,\text{g}}$$

M を消去すると，　$1 + \left(\dfrac{1}{44} \times \dfrac{x}{100}\right) \times 6 = 1 + \dfrac{0.021}{0.440}$

よって，　$x = 35\,\%$

問3　ジアミン $H_2N-(CH_2)_m-NH_2$ とジカルボン酸 $HOOC-(CH_2)_n-COOH$ を縮合重合させて得られる重合物のくり返し単位は，次式のように表される。

（図：縮合重合による重合物のくり返し単位の構造式）

　$\xrightarrow{\text{縮合重合}}$ $\underset{\text{重合物のくり返し単位}}{\left(N-(CH_2)_m-N-C-(CH_2)_n-C\right)}$

重合物中のN原子（原子量14）の含有率（質量%）は 10.0% であるから，くり返し単位中に含まれるN原子も 10.0% である。くり返し単位1個に含まれるN原子の数は2個であるから，次式が成り立つ。

$$\frac{\overset{N}{\overset{\downarrow}{14 \times 2}}}{\underset{\substack{\uparrow \\ CH_2}}{14(m+n)} + \underset{\substack{\uparrow \\ NHCO}}{43 \times 2}} \times 100 = 10.0\%$$

よって，　$m + n = 13.8 \fallingdotseq 14$

192 第5編 高分子化合物

105

| 問1 ④ | 問2 | **a** —⑥ | **b** —④ | **c** —② | 問3 ③ |

問1 共重合体の分子量は，$104x + 54y$ で表される。

共重合体一分子中に含まれる炭素数は全部で $8x + 4y$ 個であるから，全部の炭素原子が占める式量は $12(8x + 4y)$ で表される。

よって，次式が成り立つ。

$$(104x + 54y) : 12(8x + 4y) = 100\,g : 90.0\,g$$

$$\therefore y = 4x\,(x : y = 1 : 4)$$

問2 共重合体の平均分子量について，次式が成り立つ。

$$5.12 \times 10^4 = 104x + 54y \quad\quad\quad\quad\quad\quad\cdots\cdots(1)$$

問1 より，$y = 4x$ $\quad\quad\quad\quad\quad\quad\cdots\cdots(2)$

式(1)，式(2)より，$x = 160$，$y = 640$

共重合体一分子に付加しうる H_2 分子の数は，共重合体一分子に含まれる二重結合(C＝C)の数と等しい(題意により，ベンゼン環には付加しないものとする。)。この数は y と同じで，$\boxed{6}.\boxed{4} \times 10^{\boxed{2}}$ 個である。

問3 アクリロニトリル分子(CH_2＝CH－C≡N)がもつシアノ基 －C≡N が，NBR 中にも含まれる。

アクリロニトリル－ブタジエンゴム(NBR)

106

| 問1 ② | 問2 ④ | 問3 ⑤ | 問4 | **x** —③ | **y** —⑦ | **z** —⓪ |

ポリエステル H$\{$O－R－CO$\}_n$ OH の平均重合度 n を，理論的に考察する問題である。問題文にそって，その考え方を正確に把握しよう。

問 1 問題文に示された式(1)〜(3)が，官能基の物質量(または数)に着目して誘導されていることに注意して，下線部の考え方を次図に示すような簡単な例で確認してみよう。

$$\text{平均重合度 } n = \frac{\text{反応前の単量体の総数}}{\text{反応後の高分子の分子数}} = \frac{\text{反応前の○(または●)の総数}}{\text{反応後の○(または●)の総数}}$$

$$= \frac{10}{3} \fallingdotseq 3.3$$

上の例をもとに，平均重合度 n を一般的に表すと，式(1)よりヒドロキシ基は反応前に 1 mol，反応後に $1-p$〔mol〕になったので，

$$n = \frac{1\,\text{mol}}{1-p\,[\text{mol}]} = {}^{\text{ア}}\boxed{\dfrac{1}{1-p}} \quad\cdots\cdots(4)$$

問 2 w が極めて小さいとき，$K' = \dfrac{K}{w}$ は極めて大きくなるので，式(3)は次のように近似できる。

$$p = 1 + \frac{1}{2K'}(1-\sqrt{1+4K'}) = 1 + \frac{1}{2K'} - \frac{\sqrt{1+4K'}}{2K'} \fallingdotseq 1 - \frac{\sqrt{4K'}}{2K'} = 1 - \frac{1}{\sqrt{K'}}$$

これを変形すると，$\dfrac{1}{1-p} = \sqrt{K'}$

よって，式(4)より $n = {}^{\text{イ}}\boxed{\sqrt{K'}}$

問 3 式(4)より，$20 = \dfrac{1}{1-p}$ $\quad \therefore\ p = \dfrac{19}{20}$

はじめにあった $-$COOH は 1 mol で，反応した $-$COOH は $\dfrac{19}{20}$ mol であるから，

$$\frac{\frac{19}{20}\,\text{mol}}{1\,\text{mol}} \times 100 = \underline{95}\ \%$$

問 4 式(4)より，$111 = \dfrac{1}{1-p}$ $\quad \therefore\ p = \dfrac{110}{111}$

式(2)に $p = \dfrac{110}{111}$，$w = 3.0 \times 10^{-4}$ を代入すると，

194 第5編 高分子化合物

$$K = \frac{\dfrac{110}{111} \times 3.0 \times 10^{-4}}{(1 - \dfrac{110}{111}) \times (1 - \dfrac{110}{111})} = 3.66 \fallingdotseq \boxed{3}.\boxed{7} \times 10^{\boxed{0}}$$

〔別解〕 w が極めて小さいので，式(5)の近似式を用いることができる。$n = \sqrt{K'} = \sqrt{\dfrac{K}{w}}$ に $n = 111$，$w = 3.0 \times 10^{-4}$ を代入すると，

$$111 = \sqrt{\frac{K}{3.0 \times 10^{-4}}} \qquad \therefore K = 3.69 \fallingdotseq \boxed{3}.\boxed{7} \times 10^{\boxed{0}}$$

第3章　天然高分子化合物

107

問1　③　　問2　③　　問3　[1]－④　　[2]－③　　問4　③

問1　各糖類は，次のように分類される。

単糖類 $C_6H_{12}O_6$…フルクトース，グルコース，ガラクトース

二糖類 $C_{12}H_{22}O_{11}$…マルトース，ラクトース，セロビオース

多糖類 $(C_6H_{10}O_5)_n$…デンプン，デキストリン，グリコーゲン

（注）　デンプン，デキストリン，グリコーゲンはいずれも α-グルコースの縮合重合体である。デンプンを加水分解していくと，分子量がデンプンよりやや小さいデキストリンを経て，二糖類のマルトース，さらに単糖類のグルコースへと変化していく。グリコーゲンは動物デンプンともよばれ，動物のエネルギー貯蔵物質である。

短期攻略のツボ

糖類の分類

分子式

単糖類 $C_6H_{12}O_6$

$$2C_6H_{12}O_6 \xrightarrow{-H_2O \text{ 二糖類}} C_{12}H_{22}O_{11}$$

$$n\,C_6H_{12}O_6 \xrightarrow{-n\,H_2O \text{ 多糖類}} (C_6H_{10}O_5)_n$$

オリゴ糖（$n = 2 \sim 10$）

$$n\,C_6H_{12}O_6 \xrightarrow{-(n-1)H_2O} H\!\left(C_6H_{10}O_5\right)_{\!n}OH$$

問2　①（誤）　単糖類のグルコースとフルクトースは，ともに還元性を示す。しかし，その鎖状構造は，グルコースの方はホルミル基（アルデヒド基）をもつが，フルクトースの方はホルミル基をもたずカルボニル基（ケトン基）をもつ。

CH₂OH 鎖状グルコース／鎖状フルクトース 構造式

鎖状グルコース　　　　鎖状フルクトース

（注）　ケトンは一般に還元性を示さないが，$R-\overset{\displaystyle\cdot}{C}O-CH_2OH$ のような構造では還元性を示す。

②（誤）　スクロースは，α-グルコースと β-フルクトースが脱水縮合した構造をもつが，還元性を示す構造をつくるのに必要なヒドロキシ基$-OH$ がそれぞれ結合に使われているため，還元性を示さない。

③（正） グルコースは，環状構造でも鎖状構造でも，ともに5個のヒドロキシ基—OH をもつ。

（水溶液中での平衡）

（注） 不斉炭素原子の数

　　α-グルコース　鎖状グルコース　β-グルコース
　　　　5　　　　　　　4　　　　　　　5

④（誤） グルコースやフルクトースを完全にアルコール発酵させると，次式に示すように，1分子のグルコースやフルクトースから<u>2分子</u>のエタノールと2分子の二酸化炭素が生じる。

$$C_6H_{12}O_6 \xrightarrow[\text{発酵}]{\text{酵母菌}} 2C_2H_5OH + 2CO_2$$

　グルコースなど　　　　エタノール　二酸化炭素

⑤（誤） β-グルコースの縮合重合体であるセルロースを加水分解すると，二糖類のセロビオースを経て，グルコースを生じる。一方，α-グルコースの縮合重合体であるデンプンを加水分解すると，二糖類のマルトースを経て，グルコースを生じる。

短期攻略のツボ
加水分解

多糖類 →(酵素)→ 二糖類 →(酵素)→ 単糖類 →×→ 加水分解できない
       →(酸)→   →(酸)→

デンプン →(アミラーゼ)→ マルトース →(マルターゼ)→ グルコース ＋ グルコース
    (⋯→ デキストリン ⋯→)

スクロース →(インベルターゼ)→ グルコース ＋ フルクトース

ラクトース →(ラクターゼ)→ グルコース ＋ ガラクトース

セルロース →(セルラーゼ)→ セロビオース →(セロビアーゼ)→ グルコース ＋ グルコース

インベルターゼ(スクラーゼ)によるスクロースの加水分解は転化ともよばれ，その生成物(グルコース＋フルクトース)は転化糖とよばれる。

問3 デンプンの水溶液にヨウ素溶液を加えると，ヨウ素デンプン反応が起こって，青色～青紫色に呈色する。デンプンの水溶液に唾液を加えて室温で放置すると，唾液中に含まれている酵素アミラーゼ（ 1 ）の作用により，デンプンが加水分解され，二糖類のマルトースが生じる。二糖類や単糖類は，ヨウ素デンプン反応を示さないが，還元性を示す。このため，加水分解後の溶液にフェーリング液（ 2 ）を加えて加熱すると，酸化銅(I) Cu_2O の赤色沈殿が生じる。

(注) ヨウ素デンプン反応は，α-グルコースの縮合重合体に起こる反応で，高分子のらせん構造内にヨウ素分子が入り込むことにより呈色する。

デンプン分子のらせん構造（呈色しているときの状態）

問4 ① デンプンもセルロースも，酸を触媒として完全に加水分解すると，単糖類のグルコースになる。

② デンプンは，酵素アミラーゼによって加水分解され，二糖類のマルトースになる。セルロースは，アミラーゼによっては加水分解されないが，酵素セルラーゼによって加水分解され，二糖類のセロビオースになる。

③ デンプンは多数の α-グルコースが縮合した構造をもち，セルロースは多数の β-グルコースが縮合した構造をもつ。

④ デンプンやセルロースなど炭水化物(糖類)は，一般式 $C_m(H_2O)_n$ で表される。

⑤ デンプンやセルロースなど多糖類は，還元性を示さないので，フェーリング液を還元しない。

以上より，セルロースには当てはまるが，デンプンには当てはまらない記述は，③である。

198 第5編　高分子化合物

108

| 問1 ⑥ | 問2 ④ | 問3 ⑥ | 問4 ⑥ | 問5 ④ |

問1 ①（誤）　タンパク質中の α-アミノ酸（約20種）のうち，グリシンのみ不斉炭素原子をもたない。

$$
\underset{\text{α-アミノ酸}}{\overset{\displaystyle R \quad \text{不斉炭素原子（R $\neq$ H のとき）}}{H-\underset{NH_2}{\overset{|}{\underset{|}{C}}}-COOH}}
\qquad
\underset{\text{グリシン}}{H-\underset{NH_2}{\overset{H}{\underset{|}{\overset{|}{C}}}}-COOH}
$$

②（誤）　タンパク質を構成する天然の α-アミノ酸には，システインやメチオニンのように，元素として H，C，N，O の他に S を含むものがある。

$$
\text{システイン}\quad H-\underset{NH_2}{\overset{CH_2SH}{\underset{|}{\overset{|}{C}}}}-COOH
\qquad
\text{メチオニン}\quad H-\underset{NH_2}{\overset{CH_2CH_2SCH_3}{\underset{|}{\overset{|}{C}}}}-COOH
$$

③（誤）　α-アミノ酸の水溶液は，酸性のものから塩基性のものまで種々ある。

水溶液

$$
\text{例　グルタミン酸}\quad H-\underset{NH_2}{\overset{(CH_2)_2COOH}{\underset{|}{\overset{|}{C}}}}-COOH \qquad \text{酸性}
$$

$$
\text{リシン}\quad H-\underset{NH_2}{\overset{(CH_2)_4NH_2}{\underset{|}{\overset{|}{C}}}}-COOH \qquad \text{塩基性}
$$

④（誤）　α-アミノ酸は，結晶中では次のような双性イオン（両性イオン）の状態で存在しており，酸の水溶液にも塩基の水溶液にも反応してよく溶ける。

例　アラニン

$$
H-\underset{NH_3^+}{\overset{CH_3}{\underset{|}{\overset{|}{C}}}}-COOH
\xleftarrow{\text{酸（H$^+$）}}
\underset{\text{双性イオン}}{H-\underset{NH_3^+}{\overset{CH_3}{\underset{|}{\overset{|}{C}}}}-COO^-}
\xrightarrow{\text{塩基（OH$^-$）}}
H-\underset{NH_2}{\overset{CH_3}{\underset{|}{\overset{|}{C}}}}-COO^- + H_2O
$$

⑤（誤）　アミド結合 $-NHCO-$ をもつナイロン66を加水分解すると，ヘキサメチレンジアミンとアジピン酸が生成する。α-アミノ酸は生成しない。

$$
\{NH-(CH_2)_6\,NHCO-(CH_2)_4\,CO\}_n \;+\; 2n\;H_2O
$$

ナイロン66

$$
\longrightarrow\; n\;H_2N-(CH_2)_6\,NH_2 \;+\; n\;HOOC-(CH_2)_4\,COOH
$$

ヘキサメチレンジアミン　　　　　アジピン酸
（ジアミン）　　　　　　　　（ジカルボン酸）

⑥（正）α-アミノ酸にニンヒドリン溶液を加えて温めると，赤紫色に呈色する。この反応は，ニンヒドリン反応とよばれ，アミノ酸の検出に用いられる。(この反応は，タンパク質でも呈色する。)

> **短期攻略のツボ**
> α-アミノ酸の分類
> 〔中性アミノ酸〕… ┌──1分子中──┐
> 　　　　　　　　　 −COOH 数 = −NH₂ 数
> 　　　グリシン，アラニン，チロシン，システイン，メチオニンなど
> 〔酸性アミノ酸〕… −COOH 数 > −NH₂ 数
> 　　　グルタミン酸 HOOCCH₂CH₂CHCOOH　など
> 　　　　　　　　　　　　　　　　|
> 　　　　　　　　　　　　　　　NH₂
> 〔塩基性アミノ酸〕… −NH₂ 数 > −COOH 数
> 　　　リシン H₂NCH₂CH₂CH₂CH₂CHCOOH　など
> 　　　　　　　　　　　　　　　　　|
> 　　　　　　　　　　　　　　　　NH₂

問2 ①（正）この反応を，ビウレット反応という。トリペプチド以上（ペプチド結合 −NHCO− 2個以上）のペプチドであれば，この反応で赤紫色を呈する。これは，加えた Cu^{2+} がペプチド結合部位で配位結合を形成するためである。タンパク質（ポリペプチド）は，多数のペプチド結合をもつので，この反応が起こる。

②（正）この反応を，キサントプロテイン反応という。分子内にベンゼン環をもつタンパク質やアミノ酸は，この反応で黄色になり，さらに塩基性にすると橙黄色になる。これは，分子内のベンゼン環がニトロ化されるためである。

（注）ベンゼン環をもつ α-アミノ酸

　フェニルアラニン　⌈◯⌉−CH₂−CH−COOH
　　　　　　　　　　　　　　　　|
　　　　　　　　　　　　　　　NH₂

　チロシン　HO−⌈◯⌉−CH₂−CH−COOH
　　　　　　　　　　　　　　|
　　　　　　　　　　　　　　NH₂

③（正）酵素はタンパク質の一種であり，その触媒作用は温度や pH の影響を受けやすい。反応速度が最大になる温度（最適温度）は，一般に 35～40℃付近で，これより温度が高くなるとタンパク質の変性が進むため，急激に反応速度が低下する。また，反応速度が最大になる pH（最適 pH）は，中性付近であるものが多いが，酵素によって異なる。

酵素の例	最適 pH
アミラーゼ（だ液中）	約7（中性付近）
ペプシン（胃液中）	約1.5（酸性）
トリプシン（すい液中）	約8（塩基性）

④（誤）タンパク質を加熱したり，タンパク質に酸・塩基，アルコール，重金属イオンなどを作用させると，変性が生じる。これは，タンパク質の立体構造が変化するためであり，ペプチド結合が切れるためではない。

⑤（正）タンパク質は，その構成成分により単純タンパク質と複合タンパク質に分類される。

　　単純タンパク質：加水分解すると，アミノ酸のみを生じるタンパク質
　　複合タンパク質：加水分解すると，アミノ酸以外に，糖類，色素，核酸，脂質，リン酸
　　　　　　　　　　などを生じるタンパク質

（注）タンパク質は，その形状により球状タンパク質と繊維状タンパク質に分類される。球状タンパク質は，水や酸・塩基，塩の水溶液にコロイド溶液となって溶けるが，繊維状タンパク質は，一般に水に溶けにくい。

問3 グリシン2分子とアラニン1分子からなる鎖状トリペプチドの一つは，次のような構造をもつ。

$$\text{N末端 } H-N-CH_2-C-N-CH_2-C-N-C^*H-C-OH \text{ C末端 } (C^* は不斉炭素原子)$$

グリシン(Gly)残基　グリシン(Gly)残基　アラニン(Ala)残基

これを簡略化して表すと，

Gly－Gly－Ala*

その他の構造も同様にして表すと，以下のようになる。

Gly－Ala*－Gly，Ala*－Gly－Gly

各トリペプチドには，不斉炭素原子を1個もつAla*が含まれるので，それぞれ1組の光学異性体が存在する。よって，光学異性体も含めると，トリペプチドは全部で3×2＝6種類ある。

問4 この反応は，タンパク質を構成するアミノ酸に，システインやメチオニンのような硫黄Sを含むものがあるために起こる。このとき生じる黒色沈殿は硫化鉛PbSであり，この反応は硫黄Sの検出に利用される。

（注）卵白に含まれるタンパク質は，アルブミンやグロブリンである。

問5 アミノ酸は，等電点において，ほとんどが正・負電荷のつり合った双性イオンになっており，水溶液に電圧をかけてもアミノ酸は移動しない。pHを等電点より小さくすると，陽イオンの濃度が大きくなり，陰極側に移動するようになる。また，pHを等電点より大きくすると，陰イオンの濃度が大きくなり，陽極側に移動するようになる。

アミノ酸A，B，Cの等電点(pH)は，Aが3.22，Bが6.00，Cが9.72であるから，pHが8の緩衝液中では，それぞれ次のようなイオンになる。

Aの等電点　緩衝液 3.22　＜　8 ⊖ **Aは陰イオン**	Bの等電点　緩衝液 6.00　＜　8 ⊖ **Bは陰イオン**	緩衝液　Cの等電点 8　＜　9.72 ⊕ **Cは陽イオン**

よって，**A**と**B**は陽極側に移動し，**C**は陰極側に移動する。

短期攻略のツボ

〔例〕中性付近の水溶液

202 第5編 高分子化合物

109

問1 | ア |-④ | イ |-② | ウ |-⑥ | エ |-④ | オ |-② | カ |-⑥
問2 ④ 問3 ⑤

この問題では，水溶液中におけるアミノ酸の状態を考察するために，まずカルボキシ基（−COOH）をもつ酢酸とアミノ基（−NH₂）をもつメチルアミンのそれぞれについて，水溶液中における状態を検討する。次にそれらをもとにアミノ酸の状態を推定する。

問1 | ア |～| ウ |

pH を 4.78 にしたとき，$[H^+] = 10^{-4.78}$ mol/L であるから，K_{a1} の式より，

$$K_{a1} = \frac{[CH_3COO^-] \times 10^{-4.78} \text{mol/L}}{[CH_3COOH]} = 10^{-4.78} \text{mol/L} \qquad \therefore \frac{[CH_3COO^-]}{[CH_3COOH]} = \boxed{1}_{\text{ア}}$$

pH を 2.78 にしたとき，同様に，

$$K_{a1} = \frac{[CH_3COO^-] \times 10^{-2.78} \text{mol/L}}{[CH_3COOH]} = 10^{-4.78} \text{mol/L} \qquad \therefore \frac{[CH_3COO^-]}{[CH_3COOH]} = \boxed{\frac{1}{100}}_{\text{イ}}$$

pH を 6.78 にしたとき，同様に，

$$K_{a1} = \frac{[CH_3COO^-] \times 10^{-6.78} \text{mol/L}}{[CH_3COOH]} = 10^{-4.78} \text{mol/L} \qquad \therefore \frac{[CH_3COO^-]}{[CH_3COOH]} = \boxed{100}_{\text{ウ}}$$

| エ |～| カ |

pH を 10.6 にしたとき，$[H^+] = 10^{-10.6}$ mol/L であるから，K_{a2} の式より，

$$K_{a2} = \frac{[CH_3NH_2] \times 10^{-10.6} \text{mol/L}}{[CH_3NH_3^+]} = 10^{-10.6} \text{mol/L} \qquad \therefore \frac{[CH_3NH_2]}{[CH_3NH_3^+]} = \boxed{1}_{\text{エ}}$$

pH を 8.6 にしたとき，同様に，

$$K_{a2} = \frac{[CH_3NH_2] \times 10^{-8.6} \text{mol/L}}{[CH_3NH_3^+]} = 10^{-10.6} \text{mol/L} \qquad \therefore \frac{[CH_3NH_2]}{[CH_3NH_3^+]} = \boxed{\frac{1}{100}}_{\text{オ}}$$

pH を 12.6 にしたとき，同様に，

$$K_{a2} = \frac{[CH_3NH_2] \times 10^{-12.6} \text{mol/L}}{[CH_3NH_3^+]} = 10^{-10.6} \text{mol/L} \qquad \therefore \frac{[CH_3NH_2]}{[CH_3NH_3^+]} = \boxed{100}_{\text{カ}}$$

問2 同様の計算により，pH が7付近（pH6.78～7.78）の水溶液では，$[CH_3COO^-]$は $[CH_3COOH]$の 100 倍～1000 倍となり，ほとんどが A $\underline{CH_3COO^-}$の状態になることがわかる。また，pH が7付近（pH7.6～8.6）の水溶液では，$[CH_3NH_3^+]$は$[CH_3NH_2]$の 1000 倍～100 倍となり，ほとんどが B $\underline{CH_3NH_3^+}$の状態になることがわかる。

（注）pH7付近から pH を大きくしていくと，$[CH_3COO^-]$はさらに大きくなるが，$[CH_3NH_3^+]$は小さくなる。一方，pH を小さくしていくと，$[CH_3NH_3^+]$はさらに大きくなるが，$[CH_3COO^-]$は小さくなる。

問3 考察1～4より，酢酸のカルボキシ基とメチルアミンのアミノ基の水溶液中における状態がわかったので，これを踏まえてカルボキシ基とアミノ基を合わせもつアミノ酸 $H_2NCH(R)COOH$ の水溶液中における状態を推定すればよい。pH が7付近の水溶液では，カルボキシ基とアミノ基の大部分が電離していると考えられるので，C $\underline{H_3N^+CH(R)COO^-}$（**c**）の状態（双性イオンの状態）が主なものになる。pH を小さくしていくと，アミノ基の電離が

さらに進み，カルボキシ基の電離が抑えられていくので，$_D\underline{H_3N^+CH(R)COOH}$ (**a**)の状態（陽イオンの状態）が主なものになる。一方，pHを大きくしていくと，カルボキシ基の電離がさらに進み，アミノ基の電離が抑えられていくので，$_E\underline{H_2NCH(R)COO^-}$ (**b**)の状態（陰イオンの状態）が主なものになる。

考察5より，水溶液中におけるアミノ酸は，どのような pH であってもイオンの状態で存在することがわかる。なお，α-アミノ酸では，カルボキシ基とアミノ基が分子内の同じ炭素原子に結合しているので，それぞれの基が互いに多少の影響を受ける。本問で示した考察は，このような影響を無視して，アミノ酸の状態の主要な変化をとらえたものである。

110

> 問1 ① 問2 ① 問3 ③

問1 くり返し単位 $C_6H_{10}O_5$ の式量は 162 であるから，分子量 6.0×10^6 のセルロース $(C_6H_{10}O_5)_n$ の重合度 n（くり返し単位の数）は，

$$n = \frac{6.0 \times 10^6}{162} = 3.70 \times 10^4$$

セルロース分子

くり返し単位1個の長さは 0.40nm であるから，このセルロース分子の長さは，

0.40nm $\times\ 3.70 \times 10^4 \fallingdotseq 1.5 \times 10^4$ nm

問2 マルトースの加水分解反応は，次の(1)式で表される。

$$\underset{\text{マルトース}}{C_{12}H_{22}O_{11}} + H_2O \longrightarrow \underset{\text{グルコース}}{2\,C_6H_{12}O_6} \qquad\qquad \cdots\cdots(1)$$

また，グルコースのアルコール発酵は，次の(2)式で表される。

$$C_6H_{12}O_6 \longrightarrow 2\,C_2H_5OH + 2\,CO_2 \qquad\qquad \cdots\cdots(2)$$
$$\underset{\text{エタノール}}{}$$

(1)式より，マルトース $C_{12}H_{22}O_{11}$（モル質量 342g/mol）500g から得られるグルコースの物質量は，

$$\frac{500\,\text{g}}{342\,\text{g/mol}} \times 2 = \frac{500 \times 2}{342}\,\text{mol}$$

(2)式より，生成したグルコースから得られるエタノール C_2H_5OH（モル質量 46g/mol）の最大質量は，

$$\left(\frac{500 \times 2}{342}\,\text{mol} \times 2\right) \times 46\,\text{g/mol} \fallingdotseq 269\,\text{g}$$

問3　発生したアンモニア NH_3 の物質量は，

$$\frac{224\,\text{mL}}{22.4 \times 10^3\,\text{mL/mol}} = 1.00 \times 10^{-2}\,\text{mol}$$

NH_3 1分子に含まれる N 原子は1個なので，NH_3 1.00×10^{-2} mol に含まれる N 原子の物質量は，1.00×10^{-2} mol である。

したがって，このタンパク質 875 mg に含まれていた N 原子(モル質量 14 g/mol)の質量は，
$1.00 \times 10^{-2}\,\text{mol} \times 14\,\text{g/mol} = 0.140\,\text{g}$ (140 mg)

以上より，このタンパク質に含まれる窒素の質量%は，

$$\frac{140}{875} \times 100 = 16.0\,\%$$

(注)　単純タンパク質を構成する成分元素の質量%は，タンパク質の種類によらず，ほぼ一定になっている。(C 50〜55％, O 19〜24％, N 15〜19％, H 7〜8％)

111

問1　④　問2　⑤　問3　④

問1　核酸(ポリヌクレオチド)は，単量体に相当する,ヌクレオチドが，鎖状に縮合重合した構造をもつ高分子化合物である。ヌクレオチドは,五炭糖(ペントース)と,リン酸と有機塩基からなる。五炭糖と有機塩基からなる部分は，ヌクレオシドとよばれる。

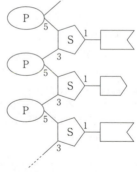

核酸には，DNA(デオキシリボ核酸)と RNA(リボ核酸)の2種類が存在する。DNA を構成する五炭糖(デオキシリボース $C_5H_{10}O_4$)は，RNA を構成する五炭糖(リボース $C_5H_{10}O_5$)と比べて，酸素原子が1個少ない。

（注） DNAとRNAの違い

	DNA	RNA
構成する五炭糖	S / H デオキシリボース $C_5H_{10}O_4$	S / OH リボース $C_5H_{10}O_5$
構成する有機塩基	アデニン(A) グアニン(G) シトシン(C) チミン (T)	アデニン(A) グアニン(G) シトシン(C) ウラシル(U)

デオキシリボース: $HO-H_2C^5$、C^4、C^3、C^2、C^1、脱水縮合するところ、リボースはここがOHである

DNAは遺伝情報を伝え，RNAはその情報に従ってタンパク質を合成する。

短期攻略のツボ

DNAは，単量体のヌクレオチドどうしが糖部分（3位の−OH）とリン酸部分（−OH）で縮合重合してできたポリヌクレオチドである。

問2 有機塩基(あ)〜(え)の間で，形成される水素結合(⋯)は，N−H⋯NとN−H⋯O=Cの2種類である。また，二重らせん構造が形成されるには，2本鎖分子間の距離がほぼ一定に保たれる必要があるので，環を2個もつ塩基と環を1個もつ塩基との間で水素結合がつくられる。これらのことに注意すると，次図のように，(あ)は(え)と2つの水素結合を，(い)は(う)と3つの水素結合を，それぞれつくることがわかる。

問3 **エ** 2本鎖のDNAに含まれる4種類の塩基は，問2の解説で示したように，決まった組合せの2種類の塩基対（あ－え，い－う）となって存在する。これにより，各塩基の数について次の関係が成り立つ。

（あ）の数＝（え）の数　　　　（い）の数＝（う）の数
〔アデニン(A)の数＝チミン(T)の数〕　〔グアニン(G)の数＝シトシン(C)の数〕

ある2本鎖のDNAに含まれる（あ）の数の割合が20％のとき，（え）の数の割合も20％であるから，（い）の数の割合＝（う）の数の割合＝$\dfrac{100-20\times 2}{2}$＝<u>30</u>％

オ 塩基対（あ－え）がつくる水素結合は2つであるが，塩基対（い－う）がつくる水素結合は3つなので，塩基（い）または（う）の数の割合が大きい2本鎖のDNAは，含まれる水素結合の総数が多い。このため二重らせん構造がこわれにくく，熱による変性は<u>起こりにくい</u>。

(注) DNAとRNAの違い

	DNA	RNA
構成する五炭糖	デオキシリボース $C_5H_{10}O_4$	リボース $C_5H_{10}O_5$
構成する有機塩基	アデニン(A) グアニン(G) シトシン(C) チミン (T)	アデニン(A) グアニン(G) シトシン(C) ウラシル(U)

DNAは遺伝情報を伝え，RNAはその情報に従ってタンパク質を合成する。

短期攻略のツボ

DNAは，単量体のヌクレオチドどうしが糖部分(3位の−OH)とリン酸部分(−OH)で縮合重合してできたポリヌクレオチドである。

問2　有機塩基(あ)〜(え)の間で，形成される水素結合(⋯)は，N−H⋯NとN−H⋯O=Cの2種類である。また，二重らせん構造が形成されるには，2本鎖分子間の距離がほぼ一定に保たれる必要があるので，環を2個もつ塩基と環を1個もつ塩基との間で水素結合がつくられる。これらのことに注意すると，次図のように，(あ)は(え)と2つの水素結合を，(い)は(う)と3つの水素結合を，それぞれつくることがわかる。

問3　エ　2本鎖のDNAに含まれる4種類の塩基は，問2の解説で示したように，決まった組合せの2種類の塩基対（あーえ，いーう）となって存在する。これにより，各塩基の数について次の関係が成り立つ。

　　　　　（あ）の数 ＝ （え）の数　　　　　　（い）の数 ＝ （う）の数
　〔アデニン(A)の数 ＝ チミン(T)の数〕　〔グアニン(G)の数 ＝ シトシン(C)の数〕

ある2本鎖のDNAに含まれる（あ）の数の割合が20％のとき，（え）の数の割合も20％であるから，（い）の数の割合 ＝ （う）の数の割合 ＝ $\dfrac{100 - 20 \times 2}{2}$ ＝ <u>30</u>％

　オ　塩基対（あーえ）がつくる水素結合は2つであるが，塩基対（いーう）がつくる水素結合は3つなので，塩基（い）または（う）の数の割合が大きい2本鎖のDNAは，含まれる水素結合の総数が多い。このため二重らせん構造がこわれにくく，熱による変性が<u>起こりにくい</u>。

第4章　生活と高分子化合物　**207**

第4章　生活と高分子化合物

112

問1　③　　問2　④　　問3　a－⑤　　b－⑥

問1　①（誤）　ナイロンは，絹や羊毛の主成分(タンパク質)とよく似た化学構造をもつ合成繊維であり，ビニロンは木綿の主成分(セルロース)とよく似た化学構造をもつ合成繊維である。

②（誤）　アクリル繊維は，羊毛と性質は似ているが，化学構造は異なっている。

（注）　アクリル繊維は，主にアクリロニトリルを付加重合させてつくられる。

$$n\ CH_2=CH \longrightarrow \begin{bmatrix} CH_2-CH \\ | \\ CN \end{bmatrix}_n$$
$$\quad\quad | $$
$$\quad\quad CN$$

アクリロニトリル　　　　ポリアクリロニトリル

③（正）　銅アンモニアレーヨンやビスコースレーヨンは，セルロースからつくられる再生繊維である。

④（誤）　ポリエステル(ポリエチレンテレフタラート)は，火をつけると，融解しながら黒煙を上げて燃え，黒褐色の塊を残す。

⑤（誤）　ナイロンは，天然繊維と比べて吸湿性にとぼしい。

問2　①（誤）　鎖状構造をもつポリエチレンは，熱可塑性プラスチックであり，加熱するとやわらかくなる。

②（誤）　三次元網目構造をもつフェノール樹脂は，熱硬化性プラスチックであり，加熱してもやわらかくならない。

③（誤）　ポリ塩化ビニル $\begin{bmatrix} CH_2CHCl \end{bmatrix}_n$ は，燃焼させると塩化水素 HCl を発生するが，硫黄 S 原子を含まないので，硫化水素 H_2S を発生することはない。

④（正）　ポリスチレンは，発泡ポリスチレン(発泡スチロール)として，断熱材，緩衝材，梱包材として大量に使用されている。

⑤（誤）　鎖状構造をもつポリプロピレンは，熱可塑性プラスチックであり，耐熱性はない。フライパンの表面加工には，耐熱性，不燃性，耐薬品性をもつポリテトラフルオロエチレン(フッ素樹脂) $\begin{bmatrix} CF_2CF_2 \end{bmatrix}_n$ が用いられている。

問3　**a**　陽イオン交換樹脂は，分子中にスルホ基－SO_3H などの酸性基を多く含む。この樹脂に電解質水溶液を通すと，酸性基から生じる H^+ と電解質の陽イオンが交換される。

208 第5編 高分子化合物

A

よって，溶液Lから Na$^+$ と Mg^{2+} が除去できる。

b 純水を得るためには，溶液M中の Cl$^-$ をすべて OH$^-$ と交換すればよい。これには物質Xとして陰イオン交換樹脂を用いる。陰イオン交換樹脂は，分子中に $-$N$^+$R$_3$OH$^-$（RはCH$_3$ などのアルキル基）などの塩基性基を多く含む。この樹脂に電解質水溶液を通すと，塩基性基から生じる OH$^-$ と電解質の陰イオンが交換される。

B

短期攻略のツボ

イオン交換樹脂
 Ⓐ 陽イオン交換樹脂　R$-$SO$_3$H
 Ⓑ 陰イオン交換樹脂　R$-$CH$_2-$N$^+$(R')$_3$OH$^-$
R$-$はポリスチレンを母体としたもの

〔例〕 NaClaq $\longrightarrow$ Ⓐ $\longrightarrow$ H$^+$ Cl$^-$ $\longrightarrow$ Ⓑ $\longrightarrow$ H$_2$O

$-$SO$_3$(H) ↔ (Na$^+$)　　$-$N$^+$(R)$_3$(OH) ↔ (Cl$^-$)

（用途） 海水の真水化，硬水の軟化，金属イオンの回収（除去）・分離，アミノ酸の濃縮

第4章　生活と高分子化合物　**209**

113

問1　$\boxed{\text{ア}}$ — ②　$\boxed{\text{イ}}$ — ⑤　$\boxed{\text{ウ}}$ — ③　　問2　③　　問3　④

問1　$\boxed{\text{ア}}$　一般に，高分子化合物は電気を通しにくいが，ポリアセチレン $\{CH=CH\}_n$ にヨウ素を加えると，金属に近い電気伝導性を示すようになる。このような高分子化合物を，導電性高分子という。

$\boxed{\text{イ}}$　ポリメタクリル酸メチル(メタクリル樹脂)は有機ガラスともよばれ，比較的硬質で透明度が高いので，航空機の窓，眼鏡レンズ，水槽，光ファイバーケーブルなどに用いられる。

$$\left[\begin{array}{c} CH_2-C(CH_3) \\ | \\ COOCH_3 \end{array}\right]_n$$

ポリメタクリル酸メチル

$\boxed{\text{ウ}}$　酢酸セルロース(ジアセチルセルロース)は，人工透析用の透析膜として，また，海水を淡水化するときに用いる逆浸透膜として，役立っている。

$$\{C_6H_7O_2(OH)(OCOCH_3)_2\}_n$$

ジアセチルセルロース(アセテート)

〔参考〕　"逆浸透"とは

溶液側に浸透圧以上の圧力を加えると，通常の浸透とは逆向きに，溶液側から溶媒側へ，逆浸透膜を通って溶媒分子の浸透が進む。

問2　ポリ乳酸やポリグリコール酸は，生分解性高分子の一種である。生分解性高分子は，微生物の作用によって，生体内や自然環境の中で安全な物質に分解されていく。ポリ乳酸でつくられた手術糸は，体内で一定期間が経過すると，分解・吸収されるので，抜糸しなくて済む。

ポリ乳酸 $\left[\begin{array}{c} CH_3 \\ | \\ O-CH-C \\ \| \\ O \end{array}\right]_n$　　ポリグリコール酸 $\left[\begin{array}{c} O-CH_2-C \\ \| \\ O \end{array}\right]_n$

ポリ乳酸が完全に分解すると，ポリ乳酸の繰り返し単位(式量72)1mol あたり，CO_2 が 3mol 発生する。

$$-O-\underset{}{\overset{CH_3}{CH}}-\underset{\overset{\|}{O}}{C}-\,(式量72) \overset{分解}{\Longrightarrow} 3CO_2$$

1mol　　　　　　　　　　　　3mol

よって，ポリ乳酸 x〔g〕が完全に分解して，標準状態の CO_2 が 16.8L 発生したとすると，次式が成り立つ。

210 第5編　高分子化合物

$$\frac{x\,\text{(g)}}{72\,\cancel{n}\,\text{(g/mol)}}\,\Bigg|\,\times\,\cancel{n}\,\Bigg|\,\times 3 = \frac{16.8\,\text{L}}{22.4\,\text{L/mol}}\,\Bigg|$$

　　　ポリ乳酸　　　繰り返し単位　　　　CO_2
　　　(mol)　　　　(mol)　　　　　　(mol)

$\therefore x = \underline{18}\,\text{g}$

（注）　上の計算式からわかるように，高分子の物質量を経ずに，直接繰り返し単位の物質量を表す式（nを用いない式）をつくることもできる。

$$\frac{x\,\text{(g)}}{72\,\text{g/mol}}\,\Bigg|\,\times 3 = \frac{16.8\,\text{L}}{22.4\,\text{L/mol}}\,\Bigg|$$

　　　繰り返し単位　　　　CO_2
　　　(mol)　　　　　　(mol)

問3　ポリアクリル酸ナトリウム $\text{\{CH}_2\text{CH(COONa)\}}_n$ は水溶性の高分子化合物であるが，架橋化して三次元網目構造としたものは，高い吸水性・保水性をもつ物質になる。このような高分子化合物は高吸水性高分子とよばれ，おむつや土壌保水剤として役立っている。乾燥したこの高吸水性高分子の繰り返し単位（式量94）1個あたり a 個の H_2O 分子（分子量18）が吸収されたとすると，次式が成り立つ（架橋部分は題意により無視）。

$$\frac{10\,\text{g}}{94\,\cancel{n}\,\text{(g/mol)}}\,\Bigg|\,\times\,\cancel{n}\,\Bigg|\,\times a = \frac{48\,\text{g}}{18\,\text{g/mol}}\,\Bigg|$$

　高吸水性高分子　　　繰り返し単位　　　吸収された H_2O
　（mol）　　　　　　（mol）　　　　　（mol）

$$\left(\text{または，}\quad\frac{10\,\text{g}}{94\,\text{g/mol}}\,\Bigg|\,\times a = \frac{48\,\text{g}}{18\,\text{g/mol}}\,\Bigg|\right)$$

　　　　　　　繰り返し単位　　　吸収された H_2O
　　　　　　　（mol）　　　　　（mol）

$\therefore a \fallingdotseq \underline{25}$

第4章　生活と高分子化合物　**209**

113

問1　ア －②　イ －⑤　ウ －③　問2　③　問3　④

問1　ア　一般に，高分子化合物は電気を通しにくいが，ポリアセチレン $\{CH=CH\}_n$ にヨウ素を加えると，金属に近い電気伝導性を示すようになる。このような高分子化合物を，導電性高分子という。

イ　ポリメタクリル酸メチル(メタクリル樹脂)は有機ガラスともよばれ，比較的硬質で透明度が高いので，航空機の窓，眼鏡レンズ，水槽，光ファイバーケーブルなどに用いられる。

$$\{CH_2-C(CH_3)\ \underset{COOCH_3}{|}\}_n$$

ポリメタクリル酸メチル

ウ　酢酸セルロース(ジアセチルセルロース)は，人工透析用の透析膜として，また，海水を淡水化するときに用いる逆浸透膜として，役立っている。

$$\{C_6H_7O_2(OH)(OCOCH_3)_2\}_n$$

ジアセチルセルロース（アセテート）

[参考]　"逆浸透"とは

溶液側に浸透圧以上の圧力を加えると，通常の浸透とは逆向きに，溶液側から溶媒側へ，逆浸透膜を通って溶媒分子の浸透が進む。

問2　ポリ乳酸やポリグリコール酸は，生分解性高分子の一種である。生分解性高分子は，微生物の作用によって，生体内や自然環境の中で安全な物質に分解されていく。ポリ乳酸でつくられた手術糸は，体内で一定期間が経過すると，分解・吸収されるので，抜糸しなくて済む。

$$\text{ポリ乳酸}\ \left[O-\underset{\underset{O}{\|}}{\overset{\overset{CH_3}{|}}{CH}}-C\right]_n \qquad \text{ポリグリコール酸}\ \left[O-CH_2-\underset{\underset{O}{\|}}{C}\right]_n$$

ポリ乳酸が完全に分解すると，ポリ乳酸の繰り返し単位(式量72)1mol あたり，CO_2 が3mol 発生する。

$$-O-\underset{\underset{O}{\|}}{\overset{\overset{\textcircled{C}H_3}{|}}{\textcircled{C}H}}-\textcircled{C}-\ (\text{式量}72)\ \overset{\text{分解}}{\Longrightarrow}\ 3\textcircled{C}O_2$$

$$1\text{mol} \qquad\qquad 3\text{mol}$$

よって，ポリ乳酸 x〔g〕が完全に分解して，標準状態の CO_2 が 16.8L 発生したとすると，次式が成り立つ。

210 第5編　高分子化合物

$$\frac{x\,[\text{g}]}{72\,\cancel{n}\,[\text{g/mol}]} \,\bigg|\, \times \cancel{n} \,\bigg|\, \times 3 = \frac{16.8\,\text{L}}{22.4\,\text{L/mol}} \,\bigg|$$

ポリ乳酸　　　繰り返し単位　　　　CO_2
(mol)　　　　　(mol)　　　　　(mol)

$$\therefore x = \underline{18\,\text{g}}$$

(注)　上の計算式からわかるように，高分子の物質量を経ずに，直接繰り返し単位の物質
量を表す式（n を用いない式）をつくることもできる。

$$\frac{x\,[\text{g}]}{72\,\text{g/mol}} \,\bigg|\, \times 3 = \frac{16.8\,\text{L}}{22.4\,\text{L/mol}} \,\bigg|$$

繰り返し単位　　　　　CO_2
(mol)　　　　　　(mol)

問3　ポリアクリル酸ナトリウム $-\!\!\!-[CH_2CH(COONa)]_n\!\!-\!\!\!$ は水溶性の高分子化合物である
が，架橋化して三次元網目構造としたものは，高い吸水性・保水性をもつ物質になる。この
ような高分子化合物は高吸水性高分子とよばれ，おむつや土壌保水剤として役立っている。
乾燥したこの高吸水性高分子の繰り返し単位（式量94）1個あたり a 個の H_2O 分子（分子量
18）が吸収されたとすると，次式が成り立つ（架橋部分は題意により無視）。

$\begin{array}{c} -\text{CH}_2-\text{CH}- \\ \mid \\ \text{COO}^-\text{Na}^+ \end{array}$ （式量94）　$\overset{\text{H}_2\text{O 分子 a 個}}{\underset{\text{吸収}}{\Longrightarrow}}$　$\begin{array}{c} -\text{CH}_2-\text{CH}- \\ \mid \\ \text{COO}^-\text{Na}^+ \end{array}$

1個

$$\frac{10\,\text{g}}{94\,\cancel{n}\,[\text{g/mol}]} \,\bigg|\, \times \cancel{n} \,\bigg|\, \times a = \frac{48\,\text{g}}{18\,\text{g/mol}} \,\bigg|$$

高吸水性高分子　　　繰り返し単位　　　吸収された H_2O
(mol)　　　　　　(mol)　　　　　　(mol)

$$\left(\text{または,} \quad \frac{10\,\text{g}}{94\,\text{g/mol}} \,\bigg|\, \times a = \frac{48\,\text{g}}{18\,\text{g/mol}} \,\bigg| \right.$$

繰り返し単位　　　吸収された H_2O
(mol)　　　　　　(mol)

$$\therefore a \fallingdotseq \underline{25}$$

MEMO

④ 20230121